# 现代卫生填埋场的设计与施工

钱学德　郭志平
施建勇　卢廷浩　编著

中国建筑工业出版社

**图书在版编目（CIP）数据**

现代卫生填埋场的设计与施工/钱学德等编著. —北京：
中国建筑工业出版社，2001.5
ISBN 978-7-112-04591-4

Ⅰ.现… Ⅱ.钱… Ⅲ.①垃圾处理厂-建筑设计②垃圾
处理厂-工程施工 Ⅳ.X705

中国版本图书馆 CIP 数据核字（2001）第 04992 号

现代卫生填埋是世界各国处理城市固体废弃物的主要方法。填埋场的建设必须具备合适的水文、地质和环境条件，并要进行专门的规划、设计、精心施工和科学管理，严格防止对周围环境造成污染。它应建有不透水的衬垫系统和淋滤液收集、处理系统；还要提供填埋废气的排除或回收通道；并对淋滤过程中产生的水、气和附近地下水源进行监测。本书系统论述了填埋场地的选定，废弃物的工程性质，淋滤液和填埋废气的产出机理，并对填埋场各组成系统的设计、施工方法作了详细介绍。对于近年来与此有关的环境土工方面的研究成果和美国环保部门的有关规定也作了较多的介绍和评述。书中附有大量插图和参考文献，对主要的分析计算方法均有算例，可供工程技术人员实际使用，也可供大专院校有关专业师生和科研人员作参考。

**现代卫生填埋场的设计与施工**

钱学德　郭志平
施建勇　卢廷浩　编著

\*

中国建筑工业出版社出版、发行（北京西郊百万庄）

各地新华书店、建筑书店经销

北京建筑工业印刷厂印刷

\*

开本：787×1092 毫米　1/16　印张：18½　字数：447 千字
2001 年 5 月第一版　2008 年 6 月第三次印刷
印数：6001—7500 册　定价：**26.00** 元
ISBN 978-7-112-04591-4
（10041）

# 前　言

由于经济快速发展，城市化扩大，居民消费水平日益提高，我国城市垃圾处置及污染防治已成为环境保护的突出问题。目前，我国人均年产垃圾已达 450kg 以上，城市垃圾年产出量超过 1 亿吨，年增长率为 8%～10%，已与发达国家相接近。由于长期缺乏科学管理和合理处置，全国每年都有上百起垃圾污染事故发生。一个不合格的垃圾堆场就是一个大的再生污染源，其污染延续时间可以长达数十年甚至上百年。一旦地下水源和周围土壤被污染，想用人工方法实施再净化，技术上将十分困难，其费用也极其昂贵。

现代卫生填埋工程（城市固体废弃物填埋场）是世界各地处理城市固体废弃物的主要方法。一个现代卫生填埋场的建设必须具备合适的水文、地质和环境条件，并要进行专门的规划、设计，精心的施工和科学的管理。为严格防止地下水被污染，它应建有淋滤液的收集和处理系统，还要提供填埋废气（主要为沼气和二氧化碳）的排除或回收通道，并对淋滤过程中产生的水、气和附近地下水源进行监测，还必须满足一定的防洪标准。

我国卫生填埋工程起步较晚，目前各大城市的垃圾填埋场大多还达不到严格防止再生污染的要求，与国外发达国家相比尚有较大差距。随着城市建设的逐步规范，两个文明程度的进一步提高，居民的环保意识和对周围环境的要求将愈来愈高，建设一批高标准的、对周围环境不产生二次污染的大型卫生填埋场已是政府、人民和有关部门的共同要求。但目前国内对卫生填埋场建设尚无统一的规范或标准，也缺少全面、系统论述现代卫生填埋场规划、设计、施工方法的书籍，介绍国外这方面经验的资料也较少。各级城建、环保等有关部门和设计、施工单位的工程技术人员以及高校、科研单位有关专业的师生及研究人员都迫切希望有一本全面介绍这方面知识的书籍，本书的编写和出版将填补这一领域的空白。

本书第一作者，河海大学兼职教授，旅美学者钱学德博士长期在美从事卫生填埋场的设计、施工和计划审定工作，现为美国密歇根州环保署官员，负责对卫生填埋场计划的技术审查和核批，并在密歇根大学开设"卫生填埋工程的设计和施工"这门课程。本书就是根据他讲授该门课程的英文讲稿进行编译和撰写的。书中系统论述了填埋场地的选定、固体废弃物的工程性质、淋滤液和填埋场气体的产出机理，并对填埋场各组成系统的设计、施工方法进行详细介绍，对于近年来与此有关的环境土工方面的研究成果和美国联邦环保局和州环保署的有关规定也作了较多的介绍和评述。书中附有大量插图和参考文献，对主要的计算分析方法均有算例，便于实际应用。参加本书编译和撰写工作的有河海大学郭志平教授（第一、二、三、六、十一、十三、十四章），施建勇教授（第四、五、十、十五章）和卢廷浩教授（第七、八、九、十二章），由郭志平教授负责统稿并作部分修改，中文初稿曾经由钱博士过目。

由于缺少国内填埋工程建设的资料，本书所介绍的内容基本上是国外的（主要是美国的），未能紧密结合国内的实际情况，书中某些理论观点、技术方法、施工经验仅能提供给国内有关单位及技术人员作参考。我们希望国内同行经过实践和总结能尽早订出我们自己的规范和标准，出版出能反映我国卫生填埋工程技术水平和工程经验的书籍。如果本书能对此有所帮助，则编者们将感到无比欣慰。

　　本书编写、出版过程中得到河海大学岩土工程研究所和深圳市下坪固体废弃物填埋场的大力支持，编者十分感谢。由于水平所限，书中出现错误或不当之处，在所难免，还望读者不吝施教。

　　本书的出版得到"教育部优秀青年教师教学科研奖励计划"和"江苏省高校跨世纪学术带头人培养计划的资助。

编　者
2000 年 12 月于南京

# 目　录

第一章　绪论……………………………………………………………………………… 1
1.1　填埋场的形式及组成 ……………………………………………………………… 2
1.2　复合衬垫系统 ……………………………………………………………………… 5
　　参考文献 ………………………………………………………………………………… 8
第二章　填埋场场址的选定 ……………………………………………………………… 9
2.1　资料收集 …………………………………………………………………………… 10
2.2　选择场址的标准 …………………………………………………………………… 11
2.3　钻探与取样 ………………………………………………………………………… 12
2.4　土料料场勘察 ……………………………………………………………………… 13
2.5　实验室试验方法 …………………………………………………………………… 15
2.6　可行性报告的准备工作 …………………………………………………………… 15
　　参考文献 ……………………………………………………………………………… 16
第三章　压实粘土衬垫 …………………………………………………………………… 17
3.1　传统压实粘土和填埋场粘土衬垫的比较 ………………………………………… 17
3.2　土的压实与渗透 …………………………………………………………………… 19
3.3　压实粘土衬垫的设计 ……………………………………………………………… 22
3.4　土块对透水性的影响 ……………………………………………………………… 27
3.5　砾石含量对土体透水性的影响 …………………………………………………… 30
3.6　冻融对土体透水性的影响 ………………………………………………………… 31
　　参考文献 ……………………………………………………………………………… 35
第四章　柔性膜衬垫 ……………………………………………………………………… 38
4.1　材料类型和土工膜的厚度 ………………………………………………………… 38
4.2　土工膜在填埋场中的使用 ………………………………………………………… 39
4.3　土工膜的拉伸与摩擦 ……………………………………………………………… 41
4.4　不平衡摩擦力导致的拉伸应力 …………………………………………………… 44
4.5　沉降引起的拉应力 ………………………………………………………………… 47
4.6　土工膜的伸出和锚固槽 …………………………………………………………… 49
4.7　通过衬垫的渗漏量估算 …………………………………………………………… 56
　　参考文献 ……………………………………………………………………………… 61
第五章　土工聚合粘土衬垫（GCL） …………………………………………………… 63
5.1　钠膨润土的构造 …………………………………………………………………… 63
5.2　土工聚合粘土衬垫类型和目前应用情况 ………………………………………… 64
5.3　钠膨润土的水化作用 ……………………………………………………………… 67
5.4　土工聚合粘土衬垫的工程特征和性状 …………………………………………… 68
5.5　通过土工织物的渗出势能 ………………………………………………………… 72

  5.6　土工聚合粘土衬垫与压实粘土衬垫的区别 ……………………… 73
  　　参考文献 ……………………………………………………………… 75
第六章　固体废弃物的工程性质 ……………………………………………… 76
  6.1　固体废弃物的组成 ………………………………………………… 76
  6.2　固体废弃物的重力密度 …………………………………………… 79
  6.3　固体废弃物的含水量 ……………………………………………… 80
  6.4　固体废弃物的孔隙率 ……………………………………………… 82
  6.5　固体废弃物的透水性 ……………………………………………… 82
  6.6　固体废弃物的持水率和凋萎湿度 ………………………………… 83
  6.7　固体废弃物的强度 ………………………………………………… 84
  　　参考文献 ……………………………………………………………… 87
第七章　填埋场淋滤液的特性 ………………………………………………… 90
  7.1　影响淋滤液产出量的因素 ………………………………………… 90
  7.2　工作条件下淋滤液产出率的估算 ………………………………… 91
  7.3　封闭条件下淋滤液产出率的估算——水量平衡法 ……………… 93
  7.4　填埋场淋滤液特性的水文估算模型（HELP） …………………… 99
  　　参考文献 ……………………………………………………………… 104
第八章　淋滤液的排放 ………………………………………………………… 107
  8.1　淋滤液排水层的构成 ……………………………………………… 107
  8.2　土质排水层与反滤层 ……………………………………………… 110
  8.3　土工织物滤水层的设计 …………………………………………… 112
  8.4　土工网淋滤液排水层的设计 ……………………………………… 121
  8.5　排水层最大淋滤液水头的估算 …………………………………… 128
  　　参考文献 ……………………………………………………………… 135
第九章　淋滤液收集系统 ……………………………………………………… 137
  9.1　底面坡降 …………………………………………………………… 137
  9.2　淋滤液收集槽 ……………………………………………………… 138
  9.3　淋滤液收集管的选定 ……………………………………………… 140
  9.4　淋滤液收集管的变形与稳定 ……………………………………… 143
  9.5　淋滤液收集池及提升管 …………………………………………… 150
  9.6　淋滤液收集泵 ……………………………………………………… 152
  　　参考文献 ……………………………………………………………… 158
第十章　填埋沉降 ……………………………………………………………… 159
  10.1　固体废弃物沉降机理 ……………………………………………… 159
  10.2　覆盖土层的效应分析 ……………………………………………… 160
  10.3　填埋场沉降速率 …………………………………………………… 162
  10.4　固体废弃物的压缩性 ……………………………………………… 166
  10.5　固体废弃物沉降的估算 …………………………………………… 169
  10.6　估算填埋场沉降的其他方法 ……………………………………… 173

10.7  填埋场地基沉降估算 ……………………………………… 175
　　参考文献 ……………………………………………………… 178
**第十一章　填埋场稳定分析** ……………………………………… 181
11.1  填埋场边坡破坏的型式 ……………………………………… 181
11.2  机理分析及土的工程性质 …………………………………… 184
11.3  边坡土体的稳定性 …………………………………………… 185
11.4  边坡位置多层衬垫系统的稳定性 …………………………… 188
11.5  固体废弃物的稳定性 ………………………………………… 197
　　参考文献 ……………………………………………………… 202
**第十二章　气体收集系统** ………………………………………… 203
12.1  填埋场气体的生成 …………………………………………… 203
12.2  影响填埋场气体生成的因素 ………………………………… 204
12.3  填埋场气体的流动 …………………………………………… 205
12.4  气体收集系统的类型与组成 ………………………………… 207
12.5  填埋场气体的处理 …………………………………………… 213
12.6  气体收集系统的设计 ………………………………………… 215
　　参考文献 ……………………………………………………… 218
**第十三章　最终覆盖系统** ………………………………………… 220
13.1  最终覆盖系统的组成 ………………………………………… 220
13.2  最终覆盖无限边坡稳定分析 ………………………………… 224
13.3  土体侵蚀控制 ………………………………………………… 230
13.4  沉降和下陷的影响 …………………………………………… 237
13.5  地震的考虑 …………………………………………………… 239
　　参考文献 ……………………………………………………… 239
**第十四章　土质构筑物的施工** …………………………………… 241
14.1  基底的处理 …………………………………………………… 241
14.2  土质衬垫的施工 ……………………………………………… 242
14.3  饯台的施工 …………………………………………………… 249
14.4  淋滤液收集槽的施工 ………………………………………… 250
14.5  砂土排水铺盖的施工 ………………………………………… 255
14.6  地下排水层的施工 …………………………………………… 255
14.7  填埋覆盖的施工 ……………………………………………… 256
14.8  含水量和密度的现场测定 …………………………………… 257
14.9  施工质量保证和质量控制 …………………………………… 259
　　参考文献 ……………………………………………………… 262
**第十五章　土工合成材料的铺设** ………………………………… 264
15.1  材料的运输和相应的测试 …………………………………… 264
15.2  土工膜的铺设 ………………………………………………… 265
15.3  土工网的铺设 ………………………………………………… 279

15.4　土工织物的铺设……………………………………………… 280

15.5　土工复合材料的铺设………………………………………… 283

15.6　土工聚合粘土衬垫的铺设…………………………………… 284

**参考文献**………………………………………………………… 286

# 第一章 绪 论

现代卫生填埋工程是有控制地处理城市固体废弃物的一种方法。城市固体废弃物一般包括生产垃圾、商业垃圾和生活垃圾。一个现代化城市的固体废弃物每天可高达数十吨以上，经过分选以后，大部分均要集中堆放到某一场地。一个开敞的、没有严格控制措施的垃圾堆，将是一个巨大的污染源，其淋滤液会污染地下水或附近的水源；排出的气体会污染空气，还会孳生蚊蝇，引来昆虫、鼠类和鸟；如果采用焚烧，则产生的烟和臭气会严重污染空气，有时还有毒；丑陋的外形也大大影响城市美好的形象。所有这些在一个规划、设计、运行和维护均很科学合理的现代卫生填埋工程中都是不存在的。现代卫生填埋工程简称卫生填埋场或填埋场，就是在铺设有良好防渗性能衬垫的场地上，将固体废弃物铺成一定厚度的薄层，加以压实，并加土覆盖。其场地必须具有合适的水文、地质和环境条件，并要进行专门的规划、设计，严格施工和加强管理。为严格防止周围环境被污染，必须设有一个淋滤液收集和处理系统，还要提供气体（主要为甲烷和二氧化碳）的排除或回收通道，并对填埋过程中产生的水、气和附近的地下水进行监测，还需能达到抵御百年一遇以上洪水的设计标准。图1.1为一现代卫生填埋场的简图。

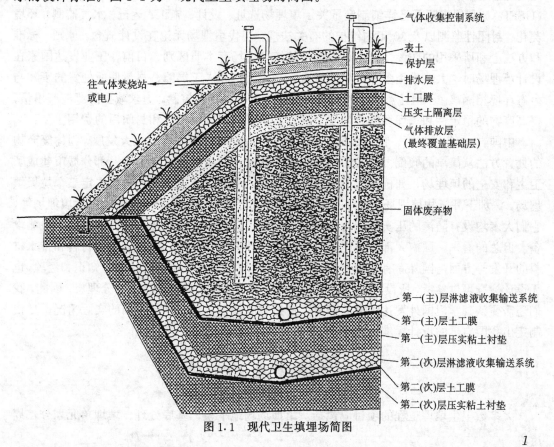

图 1.1 现代卫生填埋场简图

在填埋工程中，选择合适的场地往往是一个最重要的环节，决定性的关键是它对民众健康的影响程度，尽管为此可能会使工程变得比较复杂或需要较高的费用。同时，选择合适的场地不但可以降低工程造价，也可以使运行、监测、维护及回收淋滤液等长期费用大大降低。选址以后第二个重要环节就是设计和施工。环境土工研究领域的一个重要课题就是对卫生填埋场提出科学合理的设计原理和施工程序，以保证填埋单元短期和长期的稳定性以及它的运行性能。特别重要的是要保证衬垫系统的强度、稳定性以及耐久性。合适的设计方法应能保证填埋场和废弃物在整个施工、运行（堆填废弃物）和封闭阶段都是稳定的。根据设计要求选择合适的施工材料和进行施工质量控制同样十分重要。在场地调查时搜集充分可靠的资料，采用已被证明了的科学设计方法可大大减少填埋场对周围环境可能带来的危害。

中国自改革、开放以来，随着经济发展和都市规模的扩大，城市固体废弃物的产出量逐年增加，1995 年统计全国工业固体废弃物产出 6.5 亿 t（不含乡镇企业），历年累计堆存量已达 66.41 亿 t，占地 55085 公顷，并以每年 8%～10% 的速度递增。全国城市垃圾产出量已达 1.0 亿 t/天以上，人均日产量超过 1kg。面对数量这么庞大的固体废弃物，为了减少对环境的危害和利用有限的土地资源，必须大力发展现代化的卫生填埋场，使城市固体废弃物达到无害化的最终归宿。

目前，卫生填埋方法在各发达国家应用非常广泛，例如英国在 1978 年～1979 年占废物处置量的 89%，前西德 1979 年占 62%，日本是以谋求废物能源化为目标的国家，但填埋处理量在 1979 年仍占 52%。在美国，每年填埋处置的废弃物占 80%，美国联邦环保局（USEPA）和很多州都已详细制定了关于填埋场选址、设计、施工、运行、水气监测、环境美化、封闭性监测以及 30 年内维护的有关法规。现代填埋场无论在设计概念、原则、标准和方法上和所采用的防渗、排水材料都与传统填埋场有本质区别。目前，工业发达国家在设计填埋场时，大多采用多重屏障的概念，利用天然和人工屏障，尽量使所处置的废物与生态环境相隔离。不但注意淋滤液的末端处理，更强调首端控制，力求减少淋滤液产出量，提高废物的稳定性和填埋场的长期安全性，尽量降低填埋场操作和封闭后的费用。

中国自 60 年代以后，特别是近年来，固体废弃物填埋技术有了很大发展，固体废弃物的处置方法从简单的倾倒、分散的堆放向集中处置、卫生填埋方向发展。部分城市建成了卫生和安全的填埋场，如杭州天子岭垃圾填埋场，北京阿苏卫、北神树、安定三个垃圾填埋场，深圳下坪废物填埋场，上海的老港填埋场和江镇堆场，佛山市五峰山卫生填埋场等，它们大多均设有防渗的压实粘土衬垫和淋滤液及气体收集系统，还有气、水污染的检测设备。但总的看来，国内大部分已建的填埋场在设计理论和方法，高性能防渗材料和排水材料的开发等方面与国外尚有较大差距，设计人员对填埋场设计还缺乏足够的知识和经验，也无设计标准可供参考，所设计的填埋场不仅耗资大，而且其安全性也不十分理想。因此，我们还需要认真学习国外发达国家的经验，通过实践加以总结，结合我国的实际情况，尽快制定出我国自己的设计标准和法规来。

## 1.1　填埋场的形式及组成

大多数卫生填埋工程的项目应包括：填埋场场地平整，基底处理，填埋单元划分，周边和单元之间的通道，衬垫系统，淋滤液收集系统，气体收集系统，封顶级配，封顶剖面，雨水管理系统，地下水监测系统和填埋气体监测系统等。

图 1.2 表示固体废弃物的堆填过程和封闭后的情况。不同填埋单元之间的相互联系和填埋的次序在填埋场设计中十分重要，根据这些单元如何组合，从几何外形来看，一般可将填埋场的型式分成四类（见图 1.3）。

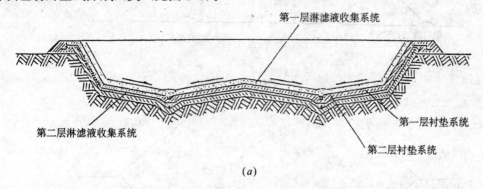

(a)

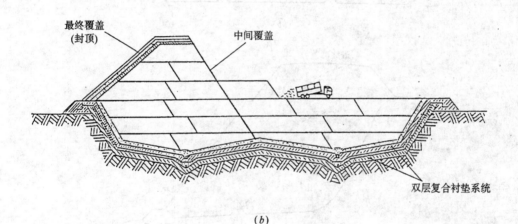

(b)

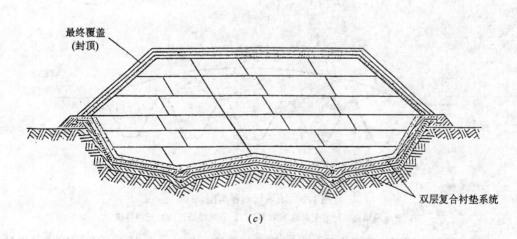

(c)

图 1.2　废弃物填埋过程和封闭

(a) 填埋单元基底和淋滤液收集系统；(b) 填埋场固体废弃物的堆填；(c) 封顶后的封闭填埋场

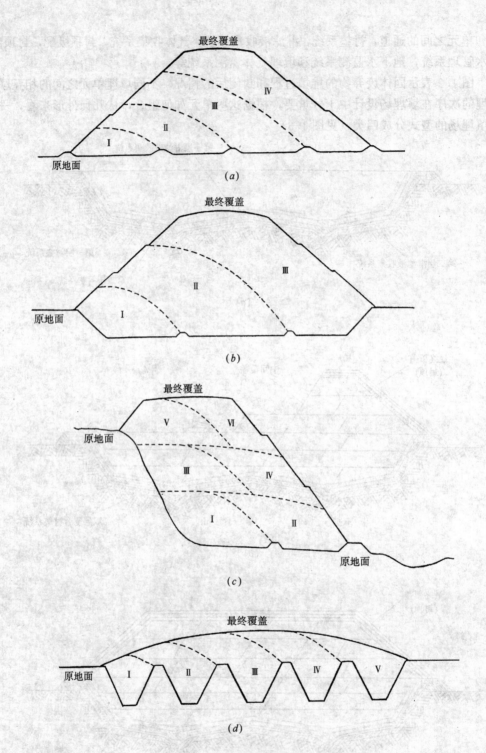

图 1.3　填埋场四种类型

(a) 平地堆填；(b) 地上和地下堆填；(c) 谷地堆填；(d) 挖沟堆填

(1) 平地堆填：填埋过程只有很小的开挖或不开挖（图 1.3a），通常适用于比较平坦且地下水埋藏较浅的地区。

(2) 地上和地下堆填：填埋场由同时开挖的大单元双向布置组成，一旦两个相邻单元填满了,它们之间的面积也就填满了(图1.3b),通常用于比较平坦但地下水埋藏较深的地区。

(3) 谷地堆填:堆填的地区位于天然坡度之间（图1.3c），它可能包括少许地下开挖。

(4) 挖沟堆填:与地上和地下堆填相类似,但其填埋单元是狭窄的和平行的（图1.3d）。通常仅用于比较小的废物沟。

在现代卫生填埋场设计中最重要的关键部位包括衬垫系统,淋滤液收集系统,气体收集系统和最终覆盖（封顶）系统。

衬垫系统位于填埋场底部和四侧,它是一种水力屏障,用来隔离固体废弃物以免对填埋场四周的土和地下水产生污染。衬垫系统是填埋场最重要的组成部分。填埋场淋滤液是由于降水经过废弃物过滤和对废弃物压榨产生的,它是一种典型的污染液,若不加处理排入周围土体及地下水中,将对土体和地下水产生严重污染。淋滤液收集系统用来收集填埋场中产生的淋滤液并将其排放至废水处理站或集水池集中进行处理。城市固体废弃物分解时会产生大量气体,其中两个主要成分为甲烷（$CH_4$）和二氧化碳（$CO_2$）,气体收集系统用来收集废弃物中有机成分分解时产生的气体,收集后的气体可以用来发电或有控制地进行燃烧。对填埋场进行封顶的目的是尽量减少封闭后降水对填埋场的渗入以减少淋滤液的产出。

## 1.2　复合衬垫系统

发挥填埋场封闭系统正常功能的关键部位是单层或多层的衬垫,图1.4至图1.8表示美国常用的几种衬垫的剖面图。这些衬垫剖面的大致使用时间为:1982年以前,单层粘土衬垫（图1.4）;1982年,单层土工膜衬垫（图1.5）;1983年,双层土工膜衬垫（图1.6）;1984年,单层复合衬垫（图1.7）;1987年以后,带有两层淋滤液收集系统的双层复合衬垫（图1.8）。

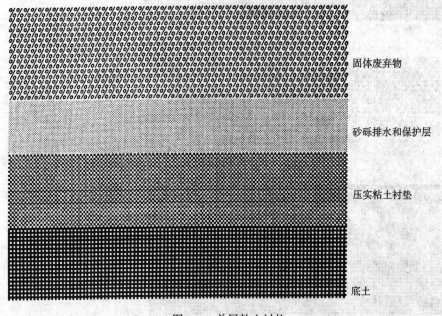

固体废弃物

砂砾排水和保护层

压实粘土衬垫

底土

图1.4　单层粘土衬垫

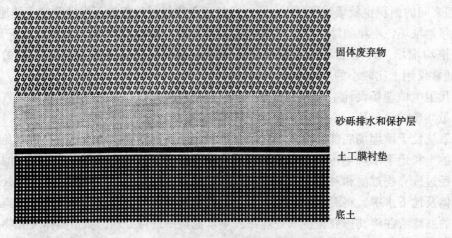

固体废弃物

砂砾排水和保护层

土工膜衬垫

底土

图 1.5 单层土工膜衬垫

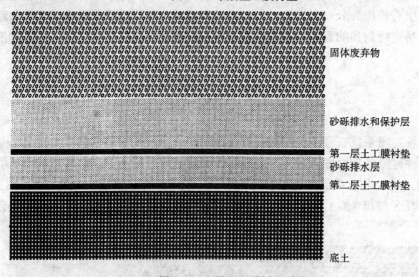

固体废弃物

砂砾排水和保护层

第一层土工膜衬垫
砂砾排水层
第二层土工膜衬垫

底土

图 1.6 双层土工膜衬垫系统

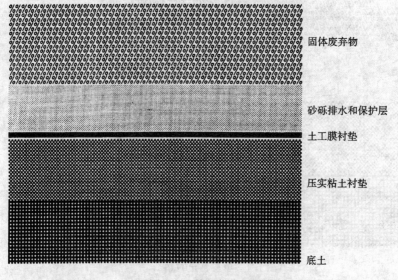

固体废弃物

砂砾排水和保护层

土工膜衬垫

压实粘土衬垫

底土

图 1.7 单层复合衬垫系统

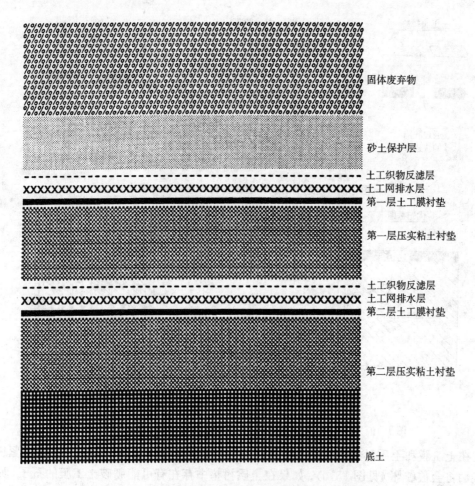

图中标注（从上到下）：

- 固体废弃物
- 砂土保护层
- 土工织物反滤层
- 土工网排水层
- 第一层土工膜衬垫
- 第一层压实粘土衬垫
- 土工织物反滤层
- 土工网排水层
- 第二层土工膜衬垫
- 第二层压实粘土衬垫
- 底土

图1.8  双层复合衬垫系统

在美国，根据新环保法的要求，带有主、次两层淋滤液收集系统的双层复合衬垫已被广泛应用于城市固体废弃物填埋场。双层复合衬垫从底部到顶部由以下部分组成（参见图1.8）：底层为厚度不小于3m的天然粘土或0.9m厚的第二层压实粘土衬垫；然后依次向上为第二层合成材料衬垫，二次淋滤液收集系统，0.9m厚的第一层压实粘土衬垫，第一层合成材料衬垫，首次淋滤液收集系统；顶部是0.6m厚的砂砾铺盖保护层。淋滤液收集系统则由一层土工网和土工织物组成。合成材料衬垫的厚度应大于1.5mm，底层和压实粘土衬垫的渗透系数应小于或等于$1 \times 10^{-7}$cm/s。

复合衬垫可以克服单层土工膜衬垫偶然存在破洞、接缝等缺陷。图1.9为复合衬垫工作过程的草图，并和单独的土工膜或土质衬垫进行对比。若在土工膜上有一个洞，而它下面的土层渗水性又较强，则淋滤液将极易经过这个洞渗出。单独的土质衬垫虽然透水性较低，但渗流将在整个面上发生。对于复合衬垫，液体虽然很容易经过土工膜中的孔洞流出，但会遇到透水性很低的压实粘土，阻止它继续向下渗透，因此，经过土工膜中孔洞的泄漏量会因而大大减少。同时，经过土质衬垫的泄漏量又因在其上设置有土工膜，尽管膜上偶然存在有孔洞或接缝处有缺陷，但因为经过土质衬垫的流动面积大大减少了，泄漏液体的流动速率将大为降低，泄漏量也可大为减少。

为了有效地实现复合的目标，土工膜的铺设必须和土质衬垫形成紧密的水力接触。通

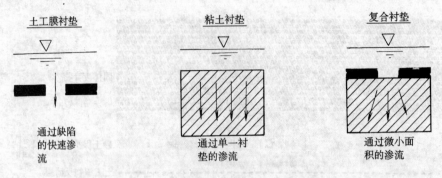

图 1.9  经过土工膜、土和复合衬垫的渗流模式

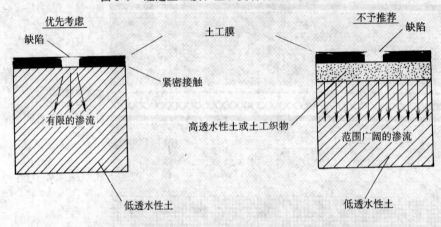

图 1.10  为使土工膜和压实粘土紧密接触复合衬垫的合理设计

常不能在土工膜和土质衬垫之间用高透水性的材料如砂垫层或土工织物隔开，否则紧密的水力接触将会被破坏（见图1.10）。如果在土质衬垫中存在有可能刺破土工膜的石子，则必须加以剔除，或将专门经过挑选的土料作为隔离层放在与土工膜的接触面上。为了获得紧密的接触，设置土工膜的压实粘土衬垫表面要用滚筒式碾压机碾压光滑。另外，土工膜在铺设和回填时都应尽量减少折皱。

## 参 考 文 献

1. Daniel, D. E., (1993a) "Landfill and Impoundments," Geotechnical Practice for Waste Disposal, Chapter 5, Edited by David E. Daniel, Chapman & Hall, pp. 97-112.
2. 钱学德，郭志平 (1995). 美国的现代卫生填埋场、水利水电科技进展，Vol. 15，No. 5～6，pp. 8—12, pp. 27—31
3. 钱学德，郭志平 (1997). 填埋场复合衬垫系统. 水利水电科技进展，Vol. 17，No. 5，pp. 64—68

# 第二章　填埋场场址的选定

填埋场场址应符合有关占地与岩土技术设计的法规，并为民众所接受。为列出满足这些法规的场地名单，可以废弃物产出地（居民区或工业区）为中心，以拖运废弃物的最大距离为半径，在所在地区的道路图上画一个圆，如图 2.1 所示。这个半径称作搜索半径。然后在这个圆所在区域范围内寻找合适的场址。若在此区域内找不到合适场址，则可适当加大搜索半径。如果一个地区内存在一个以上的废物产出地，则需要选择一个各产地均满意的折衷地点作为搜索区域的中心，在选址开始前要组织关心搜索半径和搜索中心的各废物产地进行充分讨论。一个合适的填埋场场址应能为当地居民、各企事业单位和市政当局所接受。由于取得民众的同意是填埋场选址过程中的决定因素，场地的选定过程应尽早通知受影响的民众。对有关部门制定的占地法规也应仔细研究，特别是法规中一些可变通的条文有时会对选址有很大帮助。总之，填埋场选址是一个十分复杂的过程，需要认真对待。

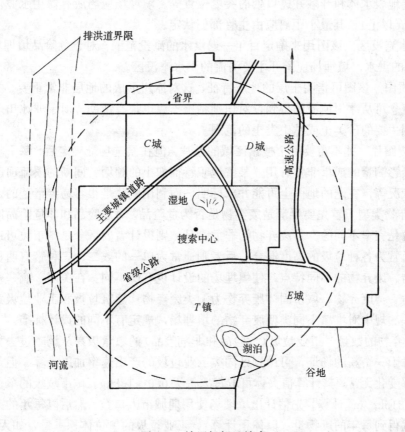

图 2.1　填埋场场址搜索

## 2.1 资 料 收 集

需对各种地图和其他信息加以研究以收集搜索区域内的有关资料,如地形图,土壤分布图,土地使用规划,运输方案以及废弃物的种类和数量等,下面将逐项详加讨论。

1. 地形图　区域地形图应指明地势高低,天然地表水排水方式,溪流和湿地等,从而在选址时避开排水带和湿地。争论往往发生于填埋场能否设置于水源补给带,这需要通过与有关部门协商解决。

2. 土壤分布图　主要用于农业的土壤分布图,可以表明地表土的土壤类型。对于天然衰减型的填埋场,选址时这些图有一定作用,但对于封闭式填埋场,其作用已不大。

3. 土地使用规划　这个规划用以表明分区限制范围。可以限制将农田或林地作为填埋场址,还能指明在搜索区域内地点较远但能满足分区标准的可能地点。

4. 交通图　交通图应标明公路、铁路以及机场的位置,可用来确定开发填埋场所需的运输线路。若建设填埋场衬垫所需的粘土需从远处拖运,则此图可用来计算拖运的距离。还必须仔细研究通向候选场址道路的允许轴荷载以提出对路况的改进意见。

5. 用水规划　这些图通常不会很快用到,但一旦候选场址确定后,就必须调查所在区域的供水情况。规划中应指明私人和公共井的分布和出水量;主要和次要的饮用水供水路线;设置于地表水体和开敞井进口处的突堤位置等。填埋场应与所有饮用水源保持一安全距离（400m 以上）,其最小距离应由主管部门认定。

6. 洪水淹没区　该图用来确定百年一遇洪水的淹没范围,对于危险品填埋场,需考虑500 年一遇的洪水。填埋场应避开主要河流的洪水淹没区。

7. 地质图　该图可指明土层的地质特征,这对冰川形成的地层非常重要。关于岩土类型的一般概念可从冰川地质图得到,对识别粘土土源也很有帮助。对于非冰川地质,它也可用来识别主要的砂类土或粘土类土的范围。

8. 航测图片　并不需要整个搜索区域的航片,但在候选场址确定后,每一场址的航片或最好是摄影测量的成果非常有用。某些地貌特征如小的湖塘、间断的溪流河床以及现时土地利用状况等,在老的地图上可能并未标明,而利用航片是很容易弄清楚的。

9. 废弃物类型　首先要弄清楚废弃物是否为危险品。对危险品和非危险品废弃物的处理方式通常是完全不同的。若废弃物为非危险品,则设计者要区分是城市垃圾还是工业垃圾,前者通常为各种垃圾的高度混合,后者则通常为单一的或二、三种带有明显特点的垃圾的混合物。废弃物的不同特点,使填埋场的设计也有所不同。在美国,有些州将危险品废弃物定为Ⅰ类废弃物;城市固体废弃物为Ⅱ类废弃物;建筑垃圾和工业垃圾为Ⅲ类废弃物。在有关法规中对堆填不同类型废弃物的填埋场,规定有不同的设计标准。

10. 废弃物的数量　工业垃圾（危险品和非危险品）的数量极易从调查过去积累的记录中算出。对于一个新的场址,可由别处同类工业垃圾的产出速率加以推算。但是城市垃圾的产出速率变化无常,其计算值大体可取每人每天 $0.9 \sim 1.8 \mathrm{kg}$,城市垃圾的单位体积重量可按 $650 \sim 815 \mathrm{kg/m^3}$ 计算。先估计出填埋场使用期城市人口数,然后以每年的人口数乘以产出速率就得到每年的废物量（以体积计算）。工业垃圾的单位体积重量,如无合适资料,可通过实验室试验确定。

11. 填埋场容积  填埋场容积等于废弃物总的体积加上每天覆盖、中间覆盖及最终覆盖土的体积。对大多数城市废弃物填埋场，每天用土覆盖是一定要进行的，其与废弃物体积之比约为1∶4～1∶5。中间覆盖和最终覆盖的体积就等于覆盖面积乘以覆盖层的厚度。

12. 填埋场设备的有效利用  虽然这一项并不包括在开发填埋场计划内，但有些资料在规划阶段仍应注意搜集。如为了拖运污泥，特别当它含水量极高或有毒时，就需要特殊的运输卡车。而用来压实固体废弃物的碾压设备将直接影响到填埋场废弃物的填埋容量。

13. 对回收和焚烧的取舍  应对全部或部分废弃物进行回收或焚烧的可能性进行研究。只要工艺过程允许，有时市政当局会责令对废弃物进行回收。但在有些情况下，回收和焚烧虽然技术上是可行的，经济上却是不合算的，因此，对回收和焚烧在技术上和经济上的可行性均应进行验证。为了堆积焚烧后的灰尘，焚烧仍会使填埋场容积减少，而且如果灰尘有毒，还应改变设计。从环保的观点出发，如果技术上和经济上可行，应尽可能多地回收废物，然后再将其剩余部分烧掉。

14. 现有填埋场的利用  在合理的拖运距离内，对现有填埋场可利用的容积应充分研究。在现有填埋场内处理垃圾其费用要比开发和经营一个新的填埋场少得多。在经营填埋场时，有些隐秘的费用（如地下水井监测及需要调整的购货合同支出）会被超过。在某些紧急情况下（例如因法律诉讼原因，填埋场不能按期建成），计划场址周围现有填埋场的名单就很有用了。

15. 资金  开发一个填埋场的费用是很高的。前期勘测、技术文件的准备及填埋场建设等所需的资金都应按计划筹措。对投标准备各阶段的正确计算及所需资金的流向均需研究。和编制预算的人一起对资金的合理利用进行讨论也是必不可少的。为使民众能够满意，筹集资金是一项很艰巨的任务。

## 2.2  选择场址的标准

一般来说，填埋场应设于离湖泊、河流、湿地、洪水淹没区、供水井和机场等一定距离之外。另外，也不允许设于可能对现有地下水或地表水产生污染的区域内。若场址不符合选址的有关标准，就需要尽早取得主管部门批准。下面根据美国联邦环保局（USEPA，1991）和密歇根州环保署（MDEQ，1993）的有关规定，说明填埋场选址应保持的距离：

1. 地下水隔离  城市固体废弃物填埋场应保持与地下水位的最小间距（从主要衬垫顶部算起）：(a) 离天然地下水位3m；(b) 离持久降低的地下水位2.1m。地下水位是指通过重力截留控制的水位，通过抽水控制的地下水位不能认为是持久的。

2. 湖泊与溪流  填埋场不应设于离大湖600m或离内陆湖和溪流120m范围内。因为担心经过废弃物的地面径流会和湖水或河水接触，应建立对地表水定期监测的制度。

3. 供水井  填埋场不应设于离供水井600m范围内，这个规定至少对处于梯度低位的井应严格遵循。若填埋场可能设于禁止范围内，应取得主管部门批准。

4. 洪水淹没区  洪水淹没区是指遭遇百年一遇洪水时内陆或沿海附近被水淹没的低地或平原地区。填埋场不应建于百年一遇的洪水淹没区内。如果河流的堤防确能抵御洪水侵袭，则填埋场可建在次要河流的洪水淹没区内，但决不可建于主要河流的淹没区内。与此有关的潜在问题是暴雨径流的控制问题。

5. 机场　填埋场不应建于离涡轮式飞行器机场跑道末端 3000m 范围内或离仅由活塞式飞行器使用的机场跑道末端 1500m 范围内。这些规定是为了避免鸟类带来的危险，鸟类是由于填埋场中有适合它们的食物而被吸引来的。若候选的场址可能选在禁止范围以内，则应取得机场管理部门的许可。

6. 湿地　湿地是指频繁持久地被地表水淹没或饱和的区域，适合于饱和土条件下生长的植物在这里长得很茂盛。湿地通常包括沼泽地、浅水滩地、泥炭地以及类似区域。填埋场不应建于湿地内。但要明确湿地的范围通常十分困难，有些湿地可能已在图上标明，而在很多情况下地图上不是缺少就是标错，若对此有疑问，应去有关部门查询。

7. 断层带　断层是地壳表面的裂缝或破碎带，一边地层沿断层层面相对另一边地层发生错位。若断层带内存在全新统期内（最近一万年以内）产生的错位，则填埋场不应建于离断层带 60m 范围内，除非填埋场业主或经营者能证明将距离缩短到 60m 以内，仍能保证填埋场设施结构的完整性。

8. 地震活动带　地震活动带指该地区在 250 年内由于地震引起的最大水平加速度超过 0.1g 的可能性在 10% 以上。地面运动是指岩体的运动而不是土或人工材料如混凝土等的运动。地震活动会在填埋场和地基土体的稳定性上增加一个侧向加速度。填埋场不应设于地震活动带内，除非能论证所有填埋场封闭结构包括衬垫、淋滤液收集系统以及地表水控制系统均设计成能抵御最大地震水平加速度而且场址也是稳定的。

9. 不稳定地区　不稳定的固体废弃物填埋场场址其地基对天然或人为造成的事态或外力十分敏感，所产生的沉降或位移可使填埋场整体性受到损害。这些地区包括软弱地基（高压缩性土层）和对物体运动很敏感的场址（如滑坡体）以及可能隐藏着塌陷、洞穴的喀斯特地层。如果填埋场需建于不稳定地区，必须提供证据说明已在填埋场设施的设计中加入工程监测的内容以保证这些结构单元的完整性不被破坏。

## 2.3　钻探与取样

进行岩土工程与水文地质勘测的目的主要是为了得到场址不同土层的资料以及一套场址的底土剖面图和地下水分布图。

填埋场土质勘测的主要项目包括：细粒土的 Atterberg 界限、土样颗粒分布、粘土类土层的裂缝分布、每一土层的厚度、基岩埋深、基岩的鉴别（可由区域地质图确定）、天然含水量以及粘土层的饱和度等。其中最后两项可用来确定粘土层中地下水位的大致位置和是否存在潜水位，这对布置限制地下水位的监测井有用。在整个土工勘测期间应有有经验的岩土工程师或水文地质工作者在场，应有详细的钻孔记录，包括文字说明和观察结果。为了确定场址土质分层和地下水条件，需打多少钻孔可能有不同看法，但对场址土层形成过程（地质条件）的清楚概念在制定开发策略时是很有用的。如无特殊需要，钻孔的布置应遵循下列原则：

1. 钻孔布置范围至少应比废弃物计划堆填范围大 25% 以上；

2. 在第一个公顷面积内应安排 5 个孔位或略少一些，以后每增加 1hm² 面积增加 2 个孔位，所有孔位应均匀分布在整个区域内；

3. 钻孔应钻至填埋场计划基底下至少 7.5m，某些有选择的钻孔应钻至基岩以确定基岩的埋深。

就填埋场设计而言,通过钻孔可以识别土的类型、基岩埋深和有效地下水含水层的深度或厚度。有些场址的基岩或含水层可能埋藏很深,则可用这些场址的局部地质资料来推估,但为了验证,有一、二个孔应打入含水层或基岩至少 2m。

为合理制订布孔计划,需具备一定的工程地质和水文地质知识。必须注意,上述钻孔布置仅提供了一条控制线,实际孔数和地下水观测井数会超过最小的建议数,虽然有时情况相反,较少的钻孔仍能圆满地确定场址的土层。由于在现场使用钻探设备其费用是一次性结算的,如果所有钻孔能一次钻完,其费用会省一些(可以减少设备进场的费用)。

钻孔时,常使用对开式取土器取样,无论隔 1.5m 取一个样或连续取样,都是为了在钻进过程中确定土性。用对开式取土器取样也可和标准贯入试验(ASTM D—1586)❶ 同时进行。用 63.5kg 重的锤由 76cm 高处自由落下将一内径为 35mm 的对开式取土管分三次打入土内,每次打入 15cm,并记录其击数,以后两次共打入 30cm 的击数作为标准贯入击数 N。当遇到很硬的表层材料时,取土器应至少打 50 下并达到能取样的距离,土样可直接从对开式取土器内取出。

在取出土样并对其进行描述后,对凝聚类土样就可进行无侧限压缩试验,将手动的或袖珍式贯入仪垂直土层方向刺入土样约 6.5mm,可直接从仪表上读出无侧限抗压强度。然后将有代表性的土样放入容器内密封,编上号,即可送土工实验室作进一步的试验。

对于硬的含砾粘土,用 Shelby 薄壁取土器无法取样,可用 California 取土器采取原状土样。这种取土器和 ASTM D—3550 描述的束节式取土器类似。它是一个内径 54mm 的厚壁取样管,内部嵌有四个 102mm 高,内径为 47.5mm 的黄铜环刀,土样就保存在环刀内。取出的土样在野外用手动贯入仪测出无侧限抗压强度之后,竖直放入密封容器内,编上号,运至土工实验室作进一步试验。

连续从软到极坚硬的土层可用 Laskey 取土器取样,Laskey 取土器还可以在设置监测井和测压计之前测定相应的土层厚度,也可按深度求得可靠的土体体积。此取土器为厚壁,内径 73mm 取土管长 1.20m,用 63.5kg 重的锤从 76cm 高处自由落下将其打入土中。用此法取出的土样在野外进行无侧限压缩试验后,双重密封于 1 加仑(3.785kg)冰箱袋(冷藏袋)中,贴上标签,运至土工实验室作进一步试验。为了进行土层上部重新压实后的渗透性分析,可在不同钻孔位置用土钻(手摇钻)收集部分土样,将土样装入麻袋,贴上标签,并送至实验室进行试验。

钻探结束后,除用作监测井或设置测压管的钻孔外,其余钻孔均需灌浆封孔。当将空心杆土钻移去时,立即将混有 2% 重量膨润土的水泥浆灌入孔中直至地面。土钻作为一表面防护措施是为了防止表层土因有水或为无粘性土而引起孔口坍塌。

## 2.4　土料料场勘察

在地基勘测和废弃物类型调查基础上,可提出所选场址的概念(框架)设计,然后和主管部门进行商讨并取得他们的批准。对于天然衰减型的填埋场所需建筑土料很少而封闭

---

❶ ASTM 指美国材料试验协会,D—1586 是标准贯入试验的编号。

式填埋场建筑土料却十分重要。对于封闭式填埋场，其衬垫设计是一个主要项目，适合于衬垫和覆盖所需的土料种类决定料场勘测的内容。如果衬垫材料是粘土，而其排水铺盖是洁净砂，则对这两种土料来源的鉴别对填埋场建设是不可缺少的。在 2.1 节已给出的推荐范围内，还必须获得这些材料有效性能的原始资料，并进行有关这些材料性质的详细勘测。下面将讨论填埋场建设中使用的每一种土料的勘测要点。

1. 粘土料　粘土可用作主层和第二层衬垫材料，可用试坑和钻孔找出拟开发的粘土料场的垂直和水平扩展范围，所需试坑和钻孔数需与有关部门商定，试坑或钻孔的位置应均匀分布于同一网格图上。

地质图上应标明地质成因、试验结果、土的分类以及每一主要土层的目视描述。土的层次应根据试坑柱状图或钻孔柱状图加以标明，在衬垫施工中应尽可能不使用厚度小于 1.5m 的粘土层。在拟使用的粘土层中至少应取 2～3 个土样进行颗粒分析试验和 Atterberg 界限试验。

由于要求粘土衬垫在压实后其渗透系数应小于 $1×10^{-7}$cm/s，如何判别这类土料可能有不同看法，若缺少足够的资料，可利用下列特征来鉴别粘土料场能否提供低渗透的衬垫土料：液限为 20%～30%，塑限为 10%～20%，细粒土（$d<0.075$mm）含量大于 50%，粘粒（$d<0.002$mm）含量大于 25%。

颗粒分布特征会影响压实后土的渗透性。具有典型反 S 形颗粒分布的土料较易压实达到低透水性，而某些粘粒含量很高但级配不好的土料反而不易压实。将有代表性的土料进行修正普氏击实试验（相当中国的重型击实试验），每根击实曲线至少应有 5 个试验点。研究压实期间压实度和含水量之间的关系以及压实后粘土衬垫的渗透性非常重要，为此，应对压实试样的渗透性进行研究以找出在不同含水量和压实度情况下的渗透带。已有学者指出（Mitchell，1976）在比最优含水量稍湿的条件下压实的粘土，其透水性比稍干于最优含水量时的压实粘土为低，在稍湿于最优含水量下压实，在现场可产生较好的揉合效果。

2. 砂料　砂料被用作排水铺盖或粘土封顶上的保护层。作为排水层的主要特性是要有较高的透水率（$k=1×10^{-2}～1×10^{-3}$cm/s）。通常 $d<0.075$mm 的颗粒含量少于 5% 的洁净砂可以提供较高的透水率，粗砂极易通过清洗来满足透水性的要求。

用于粘土料场的试坑或钻孔数同样可用于砂土料场，应尽量避免从层厚小于 1.5m 的砂层中取样。仅需对代表性砂样做两种试验，即对从试坑或钻孔中收集到的 2～3 个砂样分别做颗粒分析试验和在相对密实度为 80%～90% 条件下做渗透试验。顺便指出，洁净砂的透水性与压实度无关。

3. 粉砂料　在填埋场封顶隔离层（粘土层）上需要设置 60～90cm 或更厚一些的粉砂层以保护隔离层不受冻融和干旱的影响，因为反复冻融和干裂将增加压实粘土的透水性。识别粉砂料场的试坑和钻孔数可以和粘土料场或砂土料场一样或少些，通常对该类土层无需特殊的说明，但必须注明是粉砂质垆姆（粉质壤土）。

4. 表层土料　表层土料是用来覆盖在填埋场最终封盖以上的，通常在填埋场施工时从地面挖出的表土就能堆储起来供以后使用。但如果在场址没有足够的表土，仍应找到需增加的土源，为此可请教当地的农艺师或园艺师。有时在土料用来播种之前，还需要增加一些肥料和对 pH 值进行调整。虽然在初始阶段并无必要进行详细的肥力试验，但如果需要，在找到表土源以后，进行肥力试验也是必要的。

14

5. 对周围环境的影响　对有些填埋场，这可能成为一个非常重要的问题。填埋场可能遇到植物群、动物群、地下水、地表水及周围空气质量等问题，对这些问题的详细讨论已超出本书范围，然而应和有关部门一起讨论以找出每一问题的确实要求。

6. 概念设计　在技术文件中应提出填埋场概念设计方案，提出有关基底高程，填埋场容量，衬垫材料及厚度，淋滤液收集系统设计和淋滤液的处理方案（在场内处理或场外处理），填埋场最终形态和封顶设计，地表水演算以及填埋场最终利用方案等各方面的结论。对于重要的填埋场，在这个阶段尚须进行某些工程分析。

7. 补救方案　若场址地下水有可能被污染时，应在技术报告中提出可采取的补救措施。对于较小的填埋场这可能不太重要，但对于较大的危险品填埋场，当发生意外事故时应采取的补救措施在早期阶段就应研究。经过仔细分析，可能发现在现定场址其补救措施化费太大或在技术上不可行，需要强化衬垫及淋滤液收集系统的设计或甚至放弃现定的场址。

## 2.5　实验室试验方法

一般来说，每个钻孔至少应取四个试样提供实验室试验，以根据统一分类标准（中国国家标准GBJ 145—90）对土进行分类，别的试验项目则按岩土设计要求而定。试样应从覆盖整个场址的不同钻孔中选取以正确代表原位土体的特性。这些试验包括 Atterberg 界限、颗粒分析和土体含水量试验在内均可按美国材料试验协会 ASTM 标准（或中国国家标准 GB/T 50123—1999）进行，应用这些试验的结果可根据统一分类标准对所有试样进行分类。

原状土样的渗透试验从存在于场址各有代表性的凝聚类土层中取土，试验用柔壁渗透仪进行，每一试样均应固结并加回压以使其充分饱和。柔壁渗透仪渗透试验的程序可见 ASTM D5084—90（也可利用常规的三轴压力室进行）。

压实土的渗透试验是为了评价场址土料能否用作衬垫或堤防建筑。每项压实渗透试验包括按统一分类标准对土进行分类、修正普氏击实试验（重型击实试验）和对压实土样进行渗透试验。在渗透试验之前应将土样重塑成其干密度为最大干密度的 90%，含水量则取最优含水量及比最优含水量各高、低 2% 三种，这些重塑土样的渗透试验仍在柔壁渗透仪中进行。

强度试验使用 Shelby 薄壁取土器或 California 取土器从填埋场可能进行挖掘的面积上取出的凝聚类土样。试验目的是为了取得用于稳定分析的抗剪强度参数。试验由无侧限压缩试验和测孔隙压力的固结不排水三轴试验组成。无侧限压缩试验是为了取得短期或不排水条件下的总应力强度参数，它相当于刚开挖时的条件，试验方法可按 ASTM D2166 或 GB/T 50123—1999 执行。测孔隙压力的固结不排水三轴试验是为了取得长期的或排水条件下的有效强度参数，试验方法可按 ASTM D4767 或 GB/T 50123—1999 执行。

固结试验（压缩试验）用原状土样进行，试验目的是为了取得地基土的压缩性参数，其方法可按 ASTM D2435 或 GB/T 50123—1999 执行。

## 2.6　可行性报告的准备工作

可行性报告的目的是论证是否存在一特定的场址可用作处理特定废弃物的卫生填埋场。在此类报告中应提出的项目在美国某些州已由有关部门明确规定。但为了取得建设的许可，详尽的技术资料和其它必要的法律手段（如取得填埋场所在乡镇当局的认可）还是必不可少的。

1. 岩土技术资料　所在区域地质情况的详细说明，包括基岩的分布图或埋深，未固结单元的分布以及地表的地形图等。区域地形图要用 30～60cm 的间距画出等高线。

2. 水文地质资料　地下水埋深，水流方向，垂直与水平的水力梯度，是否存在地下水分流以及有效蓄水层的埋深等均需勘测。为了取得这些资料，必须设置地下水勘测井，为摸清场址水文地质情况而需的勘测井总数需与有关部门商定。但至少应在地下水面25％的范围内设置第二口井，形成一个测压管群以求出垂直梯度。所有的观测井和测压管均应适当扩大，其目的是为了清理细小颗粒和钻孔岩屑等并清洁井筛以利水的流入，扩孔后井中的水质也能保持稳定。扩井的方法是从井中抽取 2～3 倍容积的水。由于抽水，在一段时间内井水位将不能保持稳定，何时恢复稳定水位取决于井周的土层，对粘土类土恢复时间要长一些，砂土类土则很快就能恢复。应当注意，井水位可能在一年内产生波动（季节性波动）也可能在较长时间内产生变动。因此井水位在一年内应观测多次以找到季节性高水位。

在填埋场堆填垃圾之前，对场址现有水质也应有所评价，要从所有的观测井和测压管中收集水样并进行试验以列出适合于废弃物类型的参数表。

## 参 考 文 献

1. Bagchi，A.，(1990) "Design，Construction，and Monitoring of Sanitary Landfill，" John Wiley & Sons，Inc.，New York，NY 10158-0012.

2. MDEQ，(1993) "Act 641 Rules，" Michigan Department of Environmental Quality，Waste Management Division，Lansing，Michigan，May 3.

3. USEPA，(1991b) "Federal Register，Part Ⅱ，40 CFR Parts 257 and 258，Solid Waste Disposal Facility Criteria；Final Rule，" U. S. Environmmental Agency，Washington，D. C.，October 9.

# 第三章　压实粘土衬垫

压实粘土被广泛用于填埋场衬垫和废弃物的拦蓄，用来覆盖新的废弃物处理单元和封闭旧的废弃物处理场地。在美国，几乎所有的主管单位都要求在设计压实粘土衬垫和覆盖时，其渗透系数必须小于或等于某一指定的最大值。最具有代表性的数字是，粘土衬垫和用来封闭危险品废弃物、工业废弃物和城市固体废弃物的土，其渗透系数必须小于或等于 $1 \times 10^{-7} \mathrm{cm/s}$。

## 3.1　传统压实粘土和填埋场粘土衬垫的比较

目前，设计工程师通常均要求粘土衬垫在一定的含水量范围内被压实，并达到某一最小干密度。图 3.1 所示的"理想区"表示建立在目前常规实践基础上的含水量和干密度关系。设计者通常要求压实土的干密度大于或等于实验室击实试验求出的最大干密度的某一百分数 $P$，$P$ 被称为压实度。Herrmann 和 Elsbury（1987）指出，若采用以标准普氏击实试验（轻型）求得的最大干密度，$P$ 通常为 95%；采用以修正普氏击实试验（重型）求得的最大干密度，$P$ 则为 90%。填筑含水量的范围随土的性状而定，对粘土衬垫和覆盖而言，该值可比用标准或修正普氏击实试验求出的最优含水量大零到四个百分点。

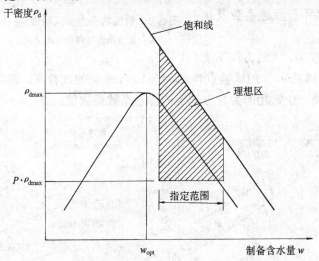

图 3.1　确定压实粘土衬垫含水量和干密度理想区的传统做法

(Daniel and Benson, 1990)

图 3.1 所示理想区是由工程实践经验得出的，例如在公路地基、建筑填方、堤防和土坝等方面的应用。该区主要以需要得到一个具有足够强度和有限压缩性的最小干密度为目的。粘土衬垫压实时含水量较 $w_{opt}$ 略大是因为在稍湿条件下压实可使土的渗透系数 $k$ 减小

（Lambe 1958，Mi chell 等. 1965，Boynton & Daniel，1985）。

为了说明击实试验的含水量和干密度如何影响压实粘土的渗透系数，Mitchell 等（1965）对此作了深入研究，他认为击实能和击实方法对压实粘土的渗透系数影响最大。对于一定的压实方法，增加压实能会使土的渗透系数 $k$ 值减少（见图 3.2）。

将图 3.2 的击实曲线重绘于图 3.3，空心符号表示试验点的 $k > 1 \times 10^{-7}$cm/s，实心符号表示试验点的 $k \leqslant 1 \times 10^{-7}$cm/s。图 3.3 中的理想区包含了所有 $k \leqslant 1 \times 10^{-7}$cm/s 的点而不包括 $k > \times 10^{-7}$cm/s 的点。显然，图 3.3 中理想区的形状与图 3.1 是不同的。

Boutwell 和 Hedges（1989）在图 3.4 中绘出了渗透系数和抗剪强度的等值线，图中理想区采用 $P = 95\%$，填筑含水量高于最优含水量 $0 \sim 4\%$，区域内所有试验点均符合 $k \leqslant 1 \times 10^{-7}$cm/s，但是区域的形状和边界与渗透系数及抗剪强度线毫无联系。

以上研究结果表明，常规方法不能成功地区分 $k \leqslant 1 \times 10^{-7}$cm/s 的试验点和 $k > 1 \times 10^{-7}$cm/s 的试验点，而对压实粘土衬垫而言，$1 \times 10^{-7}$cm/s 是一个常用的为官方规定的渗透系数最大值。

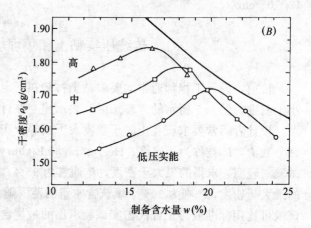

图 3.2　粉质粘土击实试验资料（Mitchell 等 1965）
（A）渗透系数与制备含水量关系；（B）击实曲线

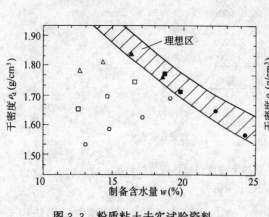

图 3.3　粉质粘土击实试验资料
（Mitchell 等 1965）

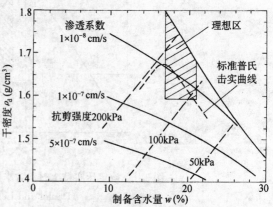

图 3.4　渗透系数和抗剪强度等值线图
（Boutwell 等，1989）

对设计粘土衬垫和覆盖的工程师来说,抗剪强度和渗透系数并不是唯一关注的参数,其它需要考虑的因素还有：干裂的可能性,对化学侵蚀的抵抗能力,上覆土工膜的界面摩擦和发生沉降时不产生裂缝的抗变形能力等。显然,建立一个合适的理想区的最好办法是先测量各有用的参数然后将它们与土的含水量和干密度建立关系。因为对大部分粘土衬垫和覆盖来说,渗透系数是一个关键参数,所以通常要把注意力首先集中到保证得到一个较低的渗透系数上。当以渗透系数为基础的含水量—干密度理想区建立以后,再仔细考虑其它因素并相应调整已建立的理想区。表 3.1 对传统的压实粘土和填埋场粘土衬垫作了一个比较。

**传统压实粘土和填埋场粘土衬垫之比较** 表 3.1

| | 设 计 标 准 | 施 工 要 求 |
|---|---|---|
| 传统压实粘土 | 高承载力（抗剪强度）<br>低压缩性 | 压实层厚通常为 20～30cm<br>压实度 $P=90\%\sim95\%$<br>含水量在最优含水量附近 |
| 填埋场<br>粘土衬垫 | 渗透率 $k\leqslant1\times10^{-7}$cm/s<br>抗干裂<br>高抗剪强度 | 压实后压实层厚不大于 15cm<br>压实度 $P=90\%\sim95\%$<br>含水量比最优含水量略高 |

## 3.2　土的压实与渗透

在进行低透水率粘土衬垫施工时,一个最重要的方面是对土进行合理的重塑和压实。因此,设计合格的粘土衬垫的关键是建立所选土料的干密度、含水量和渗透系数之间的关系。建立这种关系所用到的最主要的实验室测试方法是击实试验和渗透试验。这一节将叙述这两种试验的一些基本知识。

### 3.2.1　击实试验

压实粘土衬垫的合理设计应建立在各类特定土料的试验数据基础上,现场测试的数据应优于实验室测试数据。但是在现场通过一系列试验来确定压实参数,其费用几乎是无法承受的。对设计工程师而言,可以使用最接近现场压实条件的室内试验方法。然而,室内试验永远不可能完美地模拟现场笨重的压实机械在土层上反复压实的过程。即使室内试验方法能完全符合现场的压实条件,现场施工时的压实功能也不可能事先确定并准确地逐点加以变化。基于这些事实,试验者很难提出一个简单合理的压实能供实验室测试用。

一个合理的近似方法是在实验室选择几个能包括现场预测值在内的压实能,以便求得的含水量和干密度等参数可适用于任何合适的压实条件。这个方法和 Mundell 和 Bailey (1985) 描述的方法相似。

标准普氏击实试验（ASTM D698）和修正普氏击实试验（ASTM D1557）是国际上实验室两种常用的实验方法,其击实标准与中国国家标准 GB/T 50123—1999《土工试验方法标准》中采用的轻型击实试验和重型击实试验相同。为了使击实能包括的范围更广,Daniel 和 Benson (1990) 提出了一种新的击实试验标准,叫折减普氏击实试验,它的试验设备和试验程序与标准普氏试验相同,不同在于以每层 15 击代替了每层 25 击。这意味着折减的普氏击实试验其击实能比标准普氏击实低。各种击实试验方法的比较见表 3.2。可以看出,中国国标的重型击实试验击实筒较大，土样体积也较大，但每层击数由 25 击增加到 56 击，单位击实功能仍与修正普氏击实试验相同，但由于体积大，周边影响减小，其测试精度比修正普氏试验为高。

各种击实标准的比较 表 3. 2

| 仪器型号 | | 击 实 筒 | | | 击锤质量 (kg) | 落高 (cm) | 层数 | 每层击数 | 单位击实功能 (kJ/m³) |
|---|---|---|---|---|---|---|---|---|---|
| | | 直径 (cm) | 高度 (cm) | 体积 (cm³) | | | | | |
| 中国 GB/T50123—1999 | 轻型 | 10.2 | 11.6 | 948 | 2.5 | 30.5 | 3 | 25 | 592.2 |
| | 重型 | 15.2 | 11.6 | 2104 | 4.5 | 45.7 | 5 | 56 | 2684.9 |
| ASTM | 标准普氏 | 10.16 | 11.65 | 943.1 | 2.5 | 30.48 | 3 | 25 | 591.6 |
| | 修正普氏 | 10.16 | 11.65 | 943.9 | 4.5 | 45.7 | 5 | 25 | 2682.7 |
| 折减普氏 | | 10.16 | 11.65 | 943.9 | 2.5 | 30.48 | 3 | 15 | 355.0 |

对大多数填土工程而言，修正的普氏击实能代表了现场压实能的上限，标准普氏击实能代表中间值，而折减的普氏击实能可以代表典型的粘土衬垫或覆盖压实能的下限。这三种普氏击实试验已可以覆盖现场压实能预测值的全部范围。

图 3.5 中三条曲线称为击实曲线，表示分别由标准、修正和折减的普氏击实试验测出的干密度和含水量之间的关系。提出折减普氏法的

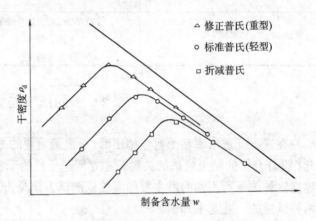

图 3.5　三种普氏击实试验曲线（Daniel 等 1990）

主要目的是使干密度—含水量关系的试验点分布得更广一些。

一条击实曲线的获得要准备几个（通常需 5 至 6 个）不同含水量的土样，每个土样按试验标准用同样的击实程序在击实筒内打成一个已知体积的模块，然后测出每个击实土样的干密度 $\rho_d$ 和含水量 $w$。

在以干密度为纵轴，含水量为横轴的坐标系里点出试验点，将各点以光滑曲线连接便成击实曲线。画一条光滑的击实曲线通常需要 5～6 个点，因此需要用 5～6 个不同含水量的土样来做试验，这些点应分布在峰值的两侧。

干密度的峰值为最大干密度，用 $\rho_{dmax}$ 表示，对应于 $\rho_{dmax}$ 的含水量称为最优含水量，以 $w_{opt}$ 表示。对所选土料在一定击实能下求出击实曲线的主要目的就是为了确定最优含水量和最大干密度。

图 3.5 右上方的那根黑线称作饱和线，是表示完全饱和土的干密度与含水量关系曲线，其数学方程为

$$\rho_d = \rho_w / [w + (1/G_s)] \tag{3.1}$$

其中 $G_s$ 是土粒的相对密度（约 2.6 至 2.8），$\rho_w$ 是水的密度（＝1g/cm³）。如果土粒的相对密度改变，饱和线的位置也会改变。从理论上说，不可能有试验点位于饱和线之上，但在

实际试验中，常有一些点会稍高于饱和线，这是因为土的多变性和在测量 $w$ 和 $\rho_d$ 时存在误差。

Benson 和 Boutwell（1992）总结了测自 26 个粘土衬垫土料的 $\rho_{dmax}$ 和 $w_{opt}$，发现若假定 $G_s = 2.75$，则处于最优状态土的饱和度约为 71%～98%，平均饱和度为 85%，这说明压实粘土衬垫非常接近完全饱和状态。

**例 3.1**　对某一用作衬垫的粘质土料，修正普氏法测出 $\rho_{dmax} = 1.86 \text{g/cm}^3$，$w_{opt} = 14\%$，土性指标 $G_s = 2.75$，$\rho_w = 1 \text{g/cm}^3$，可求得孔隙比 $e = (G_s \cdot \rho_w / \rho_d) - 1 = (2.75 \times 1.0 / 1.86) - 1 = 0.48$，饱和度 $S_r = (w \cdot G_s / e) \times 100\% = (0.14 \times 2.75 / 0.48) \times 100\% = 80.2\%$。

### 3.2.2　渗透性试验

土体渗透率的大小常用渗透系数来表示，渗透系数是达赛定律的比例系数，达赛定律可用下式表示：

$$q = kiA = k \cdot (\Delta H / L) \cdot A \qquad (3.2)$$

式中　　$q$——渗流量，$\text{cm}^3/\text{s}$；

　　　　$k$——渗透系数，$\text{cm/s}$；

　　　　$i$——水力梯度，$= \Delta H / L$；

　　　$\Delta H$——经过土体的水头损失，$\text{cm}$；

　　　　$L$——渗径长度，$\text{cm}$；

　　　　$A$——垂直于渗流方向的土样横截面积，$\text{cm}^2$。

击实试验完成以后，每个击实土样都应进行渗透试验以确定土样的渗透系数。击实粘土试样的渗透系数可在实验室中通过用硬壁或柔壁渗透仪的常水头或变水头渗透试验测得。

硬壁渗透仪的简图如图 3.6 所示，渗透仪包括一个刚性筒或刚性盒以盛放供试验用的土样。刚性筒通常为圆形，由金属、塑料或玻璃制成（玻璃筒用来测试带有化学物质或废液的试样）。渗透液体沿着圆柱形土样的轴向流动，流向可以是从顶部到底端或从底端到顶部。向上的渗流虽可帮助赶出土样内的气体，但要小心的是不要使土样发生液化或使没有约束的土样向上移动。

硬壁渗透仪的主要优点是价钱便宜，使用方便，大部分材料包括化学腐蚀性材料在内均可使用。然而，侧壁渗漏很难避免，而且多数硬壁渗透仪的外加压力不能控制。虽然从原则

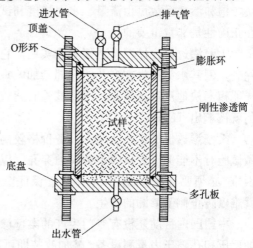

图 3.6　硬壁压模渗透仪

上说，也可以使用反压力来消除刚性室土样内的气泡。反压力是指对流进流出的液体施加压力，通过压缩气泡，使气体溶解于孔隙水，试样孔隙水中的气体体积就可缩小，饱和度增加。但到目前为止，还没有发现反压力能被很好地用在刚性室中（Edil and Erickson，1985）。

柔壁渗透仪如图 3.7 所示，试样直径为 7.24cm，高 5.08～7.62cm。试样上下端均用多孔板和试样帽封闭，四周包以柔性橡皮膜，放在试样室内。试样两端的双向排水管可用来

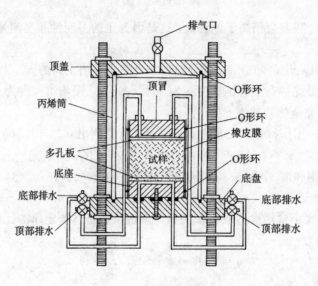

排气口

顶盖

顶冒

O形环

丙烯筒

O形环
橡皮膜

多孔板

试样

O形环

底座

底盘

底部排水

底部排水

顶部排水

顶部排水

图 3.7  柔壁渗透仪

排除系统内的气体，施加反压力使土样饱和或与压力传感器相联以测量土样的孔隙压力检验饱和度。试样室内充水并传压给包在试样外的橡皮膜，使橡皮膜与试样紧贴以减小或消除侧壁渗漏。

试样充分饱和后，要在一定压力下固结，固结压力由现场衬垫上覆压力决定。固结完成后，通过在试样顶部和底端施加不同压力形成水力梯度。渗流通常从底端流向顶部，入流量和出流量可以在某一时间段内测出。

饱和渗透系数可由流量、水力梯度和试样的直径算得。在试验操作时，确保每一步骤在正确性是非常重要的。

柔壁渗透仪比硬壁渗透仪更为实用，它不存在侧壁渗漏问题，几乎每种土（颗粒材料除外，因其水头损失在多孔的端部会加大）都能用柔壁渗透仪作试验。因为试样室内的土样能相当快地用反压饱和，所以试验时间较短。更重要的是试样的饱和度能在渗透试验之前就被求出（Daniel，1994）。

柔壁渗透仪的主要问题为设备价格较高，且较复杂，含有某些化学物质或废液的土样做试验时不能保证橡皮膜不被腐蚀穿孔，以及在很低的有效侧限应力作用下进行试验比较困难。必须要有足够的侧限应力才能保证橡皮膜紧贴土样，在有效侧限应力低于14kPa时，就难以防止侧壁渗漏的产生。

中国国内目前还没有专门生产的柔壁渗透仪，但利用常规三轴压缩试验的压力室以及加反压和孔隙压力量测设备，略加改装即可进行渗透试验，同样可达到柔壁渗透仪的效果。为测试从现场取来的原状土样的渗透系数，柔壁渗透仪应该是适用于几乎各种情况的最好的渗透仪。

## 3.3  压实粘土衬垫的设计

一个合格的粘土衬垫其透水率必须很低（$k \leqslant 1 \times 10^{-7}$cm/s），并有足够的抗剪强度和最小的收缩势以防脱水开裂。压实粘土衬垫设计的目标就是找出含水量和干密度的理想区，在理想区内的压实土样应具有：$a$）低透水率；$b$）足够的抗剪强度和（$c$）干燥时收缩势最小。

### 3.3.1　低透水率

要建立$k\leqslant1\times10^{-7}$cm/s的压实土样含水量—干密度范围，其步骤大致如下（Daniel 和Bensen，1990）：

1. 在实验室分别用三种（修正、标准和折减）普氏击实能击实土样以求得如图 3.5 所示的击实曲线，每种击实能下大约需5～6 个不同含水量的试样。

2. 每个击实试样还要作渗透试验以确定其渗透系数。要注意确保试验的精度，每个重要环节如饱和度，反压力和有效侧限应力等均要仔细选择。测得的渗透系数与制备含水量关系如图 3.8。

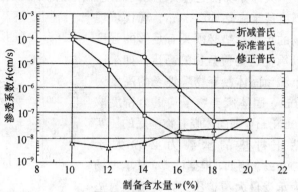

图 3.8　渗透系数和制备含水量的关系（Danie & Wu，1993）

3. 重绘含水量—干密度试验

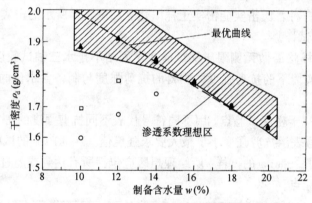

图 3.9　考虑透水性的理想区（Daniel & Wu，1993）

点，用不同符号代表不同渗透系数的击实试验，如图 3.9 所示。图中空心符号表示$k>1\times10^{-7}$cm/s 的试样，实心符号表示$k\leqslant1\times10^{-7}$cm/s 的试样。所画的理想区应包括所有达到或超过设计标准（$k\leqslant1\times10^{-7}$cm/s）的试验点。在建立理想区时，作一些人为判断也是可以的。

上述步骤包括进行击实和渗透两种试验，在三种不同的击实能下，每种击实能均需5～6 个土样，或者说对每种土料要做15～18 个击实和渗透试验以供分析。这就要求有一个完善的岩土工程实验室能在几周内完成这一系列的试验。对于一个重要的粘土衬垫或覆盖系统的设计，要进行的试验数量，整理数据需要的时间和试验经费都应当得到保证。

有必要时，对室内击实试样还需做化学废弃物相容性试验，试验目的是为了测定化学废液透过土体时含水量—干密度的关系。为了测试化学相容性，要选择接近理想区底部的1～2 个试样进行测试。

最后，良好的施工环境比控制含水量和干密度更重要。对土料进行充分搅拌，层与层之间有效的联结,为避免干裂或冰冻而对压实层进行适当保护以及监理人员严格的检查,这些都是确保一个高质量粘土衬垫和覆盖的必要条件。

### 3.3.2 足够的抗剪强度

大部分现代卫生填埋场的高度都相当高,为的是创造巨大的填埋空间。一些填埋场的高度甚至高达 60～70m。现代填埋场的土质衬垫必须具有足够的强度以承受这些覆盖物的高压。如果一个城市固体废弃物填埋场的高度为 70m,固体废弃物平均重力密度取 10kN/m³,则固体废弃物基底的压实粘土衬垫的承载力必须大于 700kPa。例如,根据计算,某填埋场为承受最大覆盖压力,其粘土衬垫所需强度需达 200kPa,则为了要建立一个具有所需抗剪强度为 200kPa

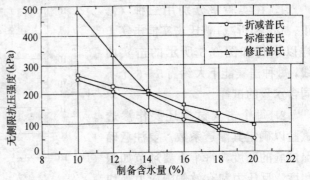

图 3.10　无侧限抗压强度与制备含水量关系

(Daniel & Wu, 1993)

以上的击实试样的含水量—干密度理想区,可采取以下步骤:

1. 在实验室用三种普氏击实能击实土样以建立如图 3.5 所示的击实曲线。每种击实能下约需 5～6 个不同试样。

2. 每个击实试样均需做无侧限压缩试验或不固结不排水三轴试验以确定每个试样在不同含水量不同击实能下的抗剪强度。测得的抗剪强度与制备含水量的关系如图 3.10 所示。

3. 重绘含水量—干密度试验点,用不同符号代表不同抗剪强度的击实试样,如图 3.11 所示。图中空心符号表示抗剪强度小于最大要求强度值(200kPa)的试样,实心符号表示抗剪强度大于或等于 200kpa 的试样。所绘理想区应包括所有达到或超过设计标准(抗剪强度≥200kPa)的试验点。

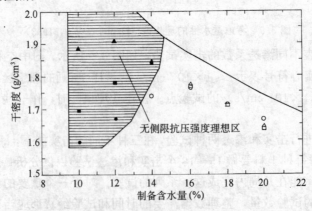

图 3.11　考虑无侧限抗压强度的理想区 (Daniel & Wu, 1993)

上述步骤包括进行击实试验和强度试验,在三种不同击实能下,每种击实能均需 5～6 个土样,或者说每种土料要做 15～18 个击实和强度试验以供分析。

### 3.3.3 最小收缩势

用于固体废弃物填埋场低透水性衬垫和覆盖的肥粘土在压实时含水量通常均高于最优含水量，其目的是为了施工时减少压实粘土衬垫的渗透系数。然而，在相对干旱或粘土易受季节性干旱影响的地区，如果衬垫万一发生脱水，这项措施可能会起反作用。因为在比较潮湿的条件下压实的粘土，脱水干燥会产生很大的裂缝。

问题的核心在于当压实土的填筑含水量增加时，土的收缩势也在增加。而土质衬垫几乎都是在比最优含水量潮湿的条件下压实的，为的是要满足压实土的渗透系数不超过 $1 \times 10^{-7}$cm/s。虽然按照有关法规，这种高于 $w_{opt}$ 的压实措施是有效的。但在这种条件下施工，对干旱甚至半干旱的地区并不见得一定合适，因为在那些地区表层粘土在干旱期可能会脱水开裂。因此，要找到一种压实途径，使土料压实后，既具有较低的渗透系数又具有较小的收缩势，这一点十分重要。

根据研究结果，对于干旱地区或因各种原因可能导致脱水的工程设施，为了设计出低透水性的压实粘土衬垫和覆盖，其有效的设计准则可概括如下：

1. 用含砂量较高的土料。DeJong 和 WarKentin（1965），Kleppe 和 Olson（1985）均指出土体脱水收缩将随粘粒含量增加而加大。粘质砂土综合了低透水性和低压缩性的特点，可以减小干旱时土的收缩量。如果没有粘质砂土，也可以考虑将当地合适的砂料和经过加工的粘土（如钠膨润土或非膨胀性粘土如高岭土等）进行混和。

2. 在低填筑含水量下压实。Daniel 和 Wu（1993）的研究表明，有些土在相对干的状态下用较高的压实能压实，仍能同时达到低透水性和低收缩势的要求，即使出现脱水状态，土体的收缩和干裂也极轻微。

3. 要特别注意覆盖系统。Boynton 和 Daniel（1985）指出，如果上覆压力很小，干燥脱水后的粘土虽会遇水膨胀，但不能恢复到原来的低透水性。由于覆盖系统中的粘土隔离层所受应力比衬垫系统来自上覆废弃物的压力低得多，故脱水干燥会使该系统有遭受持久损害的较大危险。

4. 保护好粘土隔离层。很薄的一层表土或没有上覆物的土工膜都不能防止下垫的压实土层干裂。然而，在湿润地区用足够厚的土层覆盖或在干旱地区使用有表土保护的土工膜能有效地防止下垫压实粘土衬垫的干燥脱水。设计人员应考虑使用复合土工膜或保护土层以防止覆盖系统中隔离层的干裂。对于位于很干燥的底土上的粘土衬垫，因为干土的吸力比衬垫大得多，所以应考虑用土工膜将粘土衬垫和很干的底土隔开。在干燥的场址，防止低透水性肥粘土隔离层干裂的唯一实用方法可能就是在隔离层的上面或下面放上土工膜。

根据研究结果，要设计一个透水性低收缩势又很小的压实粘土衬垫，一个合理的途径是使土的填筑含水量最小。当然，在这个最小填筑含水量下压实的土，其渗透系数仍应小于 $1 \times 10^{-7}$cm/s。关键是如何确定所选土料的填筑含水量。

Daniel 和 Wu 于 1993 年在美国 Texas 州西部考察了一种粘质土，根据研究结果，认为防止该土发生干裂的体积应变合格值为小于或等于 4%。如以此为设计标准，为建立室内击实试样达到体积应变合格值的含水量—干密度理想区，可采取以下步骤：

1. 在实验室用三种普氏击实能击实试样，求出如图 3.5 所示的击实曲线。每种击实能下约需 5~6 个土样。

2. 每个击实试样均要进行体积收缩试验（见 ASTM D427 或 GB/T 50123—1999），以确定每个试样在不同含水量不同击实能下的体积应变值。测得的体积应变与制备含水量的关系如图 3.12 所示。

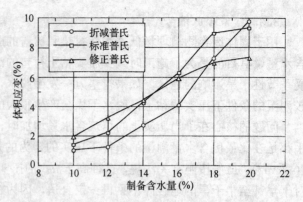

3. 重绘含水量—干密度试验点，用不同符号表示击实试样有不同的体积应变，如图 3.13 所示。图中空心符号表示体积应变大于最大适应值(4%)的土样，实心符号表示体积应变小于或等于 4% 的土样。画出的理想区应包括所有达到或超过设计标准的试验点。

上述步骤包括对土样进行击实试

图 3.12　干燥引起的体积应变与制备含水量的关系
(Daniel & Wu，1993)

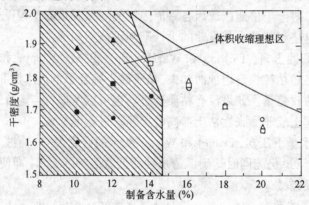

图 3.13　考虑体积收缩的理想区 (Daniel & Wu，1993)

验和体积收缩试验，三种击实能每种需 5～6 个土样，即每种土料需进行 15 至 18 个击实试验和体积收缩试验。但是衬垫材料防止脱水干裂的体积应变合格值必须在以上步骤开始之前就已确定。

### 3.3.4　达到所有设计标准的理想区

其目标是将压实标准（合适的含水量和干密度）与透水率（$k \leqslant 1 \times 10^{-7} \text{cm/s}$）、无侧限抗压强度（例如最小值为 200kPa）和干燥引起的体积收缩（例如取体积应变最大值为 4%）联系起来。先尝试分别界定符合每个设计标准的理想区，再通过叠加界定出同时达到三个标准的理想区。

渗透系数随制备含水量和不同击实能变化的曲线如图 3.8，满足 $k \leqslant 1 \times 10^{-7} \text{cm/s}$ 的含水量—干密度理想区见图 3.9。无侧限抗压强度在 45 至 480kPa 之间变化（图 3.10），满足击实土样无侧限抗压强度超过 200kPa 的含水量—干密度理想区见图 3.11。在三种击实能下击实的试样，因干燥引起的体积收缩应变与制备含水量的关系见图 3.12，满足体积收缩应变不超过 4% 的含水量—干密度理想区见图 3.13。

将满足透水率、体积收缩应变和无侧限抗压强度标准的理想区一起叠加绘于图 3.14，则同时满足三个设计标准的理想区极易求出。此研究表明，将某种粘质砂土压实成既具有低透水性、又有足够强度，在干燥时又具有最小的收缩势和不开裂的隔离衬垫材料，只要控制合适的填筑含水量和干密度，是完全可以做到的。

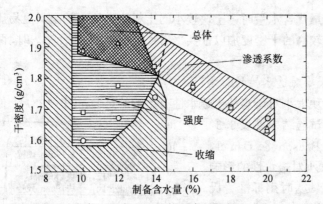

图 3.14　同时满足透水率、强度和收缩势要求的理想区（Daniel & Wu，1993）

## 3.4　土块对透水性的影响

岩土工程师常遇到的一个难题是如何将室内试验测得的土的特性参数推广应用于现场。尤其是现场压实土的透水性通常和室内试验结果差别甚大。导致这种差异的因素之一是由于室内击实试样与现场压实土的结构不同。除非现场和实验室的土样处于同样的压实状态，否则它们的透水性就会有明显差异。而要使两种土的压实条件相似，除压实能之外，还必须仔细控制影响压实土结构的各种因素。

Daniel（1984，1987）对压实土现场渗透系数作了多次研究，他的一个重要发现是实验室测得的渗透系数有时会比现场压实土的渗透系数低一个甚至几个数量级，而造成这种差别的原因主要是因为室内试样和现场压实土的土块大小不同。Benson 和 Daniel（1990）通过更深入的研究表明，高塑性压实粘土的渗透系数受压实土料中土块尺寸的影响很大。

### 3.4.1　土块尺寸对击实曲线的影响

两组标准普氏击实曲线见图 3.15，一组土块较小（4.8mm），一组土块则较大（19mm）（Benson 及 Daniel，1990）。从图中看出，击实曲线受土块大小的影响十分明显。两条曲线的形状和最优含水量值均不同，但最大干密度值则几乎相等，土块尺寸小的土料其击实曲线比较平缓，说明对制备含水量不太敏感，其最优含水量比土块尺寸大的土料约低3 个百分点。

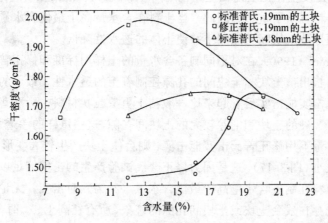

图 3.15　标准和修正的普氏击实曲线（Benson & Daniel，1990）

当含水量低于最优含水量时，土块较小的土料比土块大的土料更易压实，这可从图中土块较小的土具有较高的干密度加以证实，实际上当含水量低于$w_{opt}$时，两种土料内的土块都很硬。

### 3.4.2 土块大小对透水性的影响

第一个提出土块大小对压实粘土透水性有影响的是Daniel（1984），他对不同土块大小的粘土做了试验，试验结果见表3.3。更深入的研究（Benson & Daniel，1990）表明，土块大小对透水性的影响对于在含水量低于$w_{opt}$时用标准普氏击实能击实的土样最为显著（见图3.16）。当制备含水量为12～16％时，土块大的击实试样，其渗透系数比土块小的试样可高出4～6个数量级。当土样制备含水量为18％～20％时，土块湿软且较粘，土块大小对土样透水性影响不大，土块大的试样其渗透系数反而略低于土块小的试样。这说明

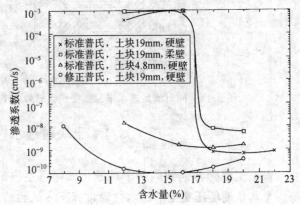

图3.16　渗透系数与制备含水量关系
（Benson & Daniel，1990）

相对较高的制备含水量能使土块变软而易于压实，这种又软又湿的土块对压实土的透水性影响不大，这是因为软的、易重塑的土块无论多大尺寸均能充分变形和压缩，直到成为一个透水性很小的均匀块体。

**土块大小对压实粘土透水性的影响**（Daniel，1984）　　　　　　　　**表3.3**

| 土块平均直径（mm） | 9.5 | 4.8 | 1.6 |
|---|---|---|---|
| 渗透系数（cm/s） | $3\times10^{-7}$ | $2\times10^{-8}$ | $9\times10^{-9}$ |

### 3.4.3 颗粒定向与土块结构的关系

根据Olsen（1962）提出的土块理论，压实粘土中大部分水流发生在粘土土块间相对较大的孔隙内，而不是发生在土块内粘土颗粒之间（图3.17）。根据土块理论，又软又湿的土块比又硬又干的土粘且易于重塑。因此，当土料在含水量高于最优含水量时压实，又湿又软的土块因重塑而导致土块间孔隙减小并使土体的透水性降低。

Benson和Daniel（1990）在对不同制备含水量的土样用标准和修正普氏击实能击实后的相片进行分析后指出：土块和土块间的孔隙控制着土的透水性。最干的土料（含水量为12％）用标准普氏击实能击实后看起来比一般粘土更象粒状材料，标准普氏击实能不能有效地同时压紧又干又硬的土块和消除较大的土块间孔隙，这些试样的渗透系数必然很大。但在同样的制备含水量下用修正普氏击实能击实，则会使土块产生较大变形，大的孔隙减少，其渗透系数就比较小（图3.17），这是因为修正普氏试验产生的击实能足以同时压实又干又硬的土块。而当土料在制备含水量高于最优含水量（20％）时击实，无论标准或修正普氏击实试验均未发现存在残余土块或土块间孔隙的迹象，所有在高于$w_{opt}$时击实的土样，其渗透系数都很小。显然，在击实过程中，土块和土块间的孔隙控制着击实试样的透水性。

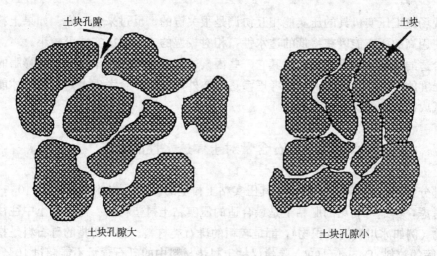

图 3.17　经过土块孔隙的水流

压实时也可通过土的干密度辨别是否存在大的土块孔隙。土的干密度较低表明存在着大的有时甚至可见的土块孔隙，而不存在大的甚至可见的土块孔隙的土其干密度均较高。

击实试样的渗透系数与干密度的关系可见图 3.18，从图可看出初始干密度大于 1.63g/cm³ 的试样，其渗透系数均小于 $1 \times 10^{-7}$ cm/s。而 1.63g/cm³ 的干密度相当于标准普氏击实试验最大干密度的 93%，修正普氏击实试验最大干密度的 82%。

为使形成土块的高塑性粘土获得较小的透水率，必须打碎土块，消除土块间大的孔隙。压实土的干密度值为土块间大孔隙的消除程度提供了一个间接测量方法。

### 3.4.4　实验室试验和设计中需注意的问题

这里要提出一个很重要的问题：在实验室里应怎样来制备土样？是按常规先将土料风干、碾碎，再过 5mm 的筛（为提供一个标准的、可反复进行的制样方法，这样做是最好的）。还是使制备的土样含水量和土块大小都接近现场预测值？最合乎逻辑的结论应该是如果实验室测试打算获得代表现场结果的数据，那么土块大小、干湿条件和室内击实试验的其它细节应该尽可能地接近现场条件。

现场的施工过程要被设计成确保粘土土块能被充分重塑并能消除土块间大孔隙的过程。Daniel（1987）建议要在能使土块重塑的重压下对土料进行压实，上面给出的论据与这个概念是一致的。土块可以用以下两种方法中的任一种进行破坏：

1. 将土料湿润成高填筑含水量以产生柔软稀薄的土块。这些土块易被重塑成没有大孔隙的土体。（假定土料在高含水量下仍可正常施工）。

2. 土料在低填筑含水量下压实，但需用相当重的碾压机具以破碎土块并消除土块间大孔隙。

对工程人员来说，使土料的填筑含

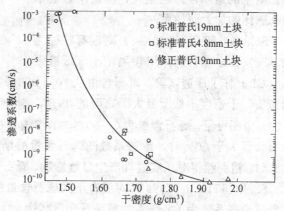

图 3.18　渗透系数和干密度的关系

(Benson & Daniel，1990)

水量和现场施工压实机具的压实能相互协调是很关键的，反过来也一样。如果土料相对较干就需使用高的压实能以获得低的透水性，相对较湿的土所需压实能可较小。

最合适的填筑含水量还决定于其它一些因素，如对土体长期干燥脱水或膨胀的担心和对抗剪强度的考虑等。工程人员除考虑渗透系数外，还应综合考虑上列因素后才能决定采用相对低或高的填筑含水量范围。

## 3.5 砾石含量对土体透水性的影响

大部分正规的废弃物处理单元，其压实粘土衬垫的渗透系数必须小于 $1 \times 10^{-7} cm/s$。从经济上考虑，当地可利用的肥粘土是最合适的压实粘土衬垫材料。但粘质土中往往夹有很多沉积物（例如冰川期的沉积物），都是较粗的砾石类材料。这里所指的砾石料是指不能通过 5mm 筛的粒料。Daniel (1990) 曾建议粘土衬垫材料中的砾石含量不能超过 $10\% \sim 20\%$，美国很多州的管理机构对衬垫材料中砾石的含量都有严格的限制。

如果土中砾石含量太高，就要对土料过筛以去掉石子，或者采用能从松散土层中将石子剔除的专用机具。但对于湿而粘的土料，专用机具易被堵塞而不起作用，有些工程只能由工人用手将砾石从松散土层中消除掉。任何情况下清除砾石的工作都很困难而且化费较大。因此到底限制多少砾石含量最合适，有时成为一个重要的经济问题和后勤安排问题。

Holtz 和 Lowitz (1957) 对砂质、粉质和粘质土做了不同含砾量的击实试验。他们发现当砾石含量达到土料总量的 1/3（重量比）时，砾石开始影响细粒土的压实，当砾石含量达到总量的 2/3 时，细粒材料通常已不足以充分填满大颗粒间的孔隙。他们还发现所有的砾土混合料，其细粒土的孔隙比也会随砾石含量的增加而加大 $40\% \sim 50\%$，即使是在最优含水量下击实也是如此。而细粒土的孔隙比对土的透水性影响很大，渗透系数通常随孔隙比的加大而加大。

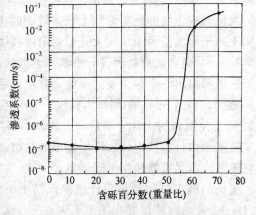

图 3.19　砾石含量对压实冰渍物渗透系数的影响
(Shakoor & Cook, 1990)

Shakoor 和 Cook (1990) 对混有粒径为 12.7～19mm 砾石的冰川粉质粘土（低液限粘土 CL）作了渗透试验。砾石含量从 $10\%$ 到 $80\%$，以重量比 $10\%$ 递增。试样用标准击实能击实，干密度不低于最大干密度的 $95\%$，制备含水量为 $w_{opt} \pm 2\%$。试验结果总结于图 3.19，由图可见，砾石含量为 0～50% 时，渗透系数在 $(1 \sim 2) \times 10^{-7} cm/s$ 范围内变化；当砾石含量大于 50% 时，渗透系数随砾石含量的增加而急剧增大。这说明当砾石含量达到 50% 时，粗颗粒将对压实过程产生显著影响，砾石颗粒间的孔隙已不能被细粒料充分填实。

Shelly 和 Daniel (1993) 对混有不同砾石含量的两种粘质土作了击实和渗透试验，砾石本身的渗透系数为 170cm/s。当砾石含量高达 $50\% \sim 60\%$ 时，压实后砾土混合料的渗透系数仍小于 $1 \times 10^{-7} cm/s$（见图 3.20），说明在含量小于 60% 时，砾石对混合料的透水性影响不大。而当砾石含量大于 $50\% \sim 60\%$ 时，粘质土不能填满砾石颗粒间的孔隙，可导致混合

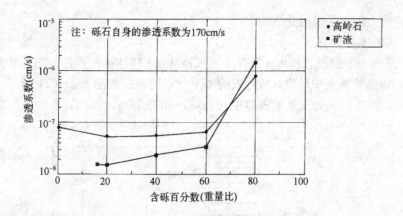

图 3.20  两种砾土混合料的渗透系数随砾石含量的变化（Sheley & Daniel，1993）

料具有很高的透水率。该研究结果与 Shakoor 与 Cook（1990）是一致的。另外，他们还发现非砾石成分的含水量能提供一个估价粘—砾混合料渗透系数的有用方法。当非砾石成分的制备含水量比单独由非砾石成分进行击实试验求得的最优含水量高约 4 个百分点时，就能得到两种砾土混合料的最小渗透系数。因此，如果被压实的土料中有不同含量的砾石，为了控制施工质量，首先要关心的是非砾石成分的含水量而不是整个砾土混合料的含水量。

Shelly 和 Daniel（1993）提供的研究结果表明，在室内试验得到严格控制的条件下，砾石含量高达 60% 的粘质土在击实时仍能得到小于 $1 \times 10^{-7}$cm/s 的渗透系数。Shakoor 和 Cook（1990）发现砾石含量高达 50% 的冰渍土，对其渗透系数仍不会产生不利影响。以上对三种不同的土料独立进行的两项研究表明，混有 50%～60% 砾石的粘质土在压实后仍能得到小于 $1 \times 10^{-7}$cm/s 的渗透系数。根据这些结果，合理的评价似乎是土质衬垫材料中砾石含量不应超过 50%。

然而，上述研究结果都是在严格控制的实验室条件下而不是在现场条件下得到的。实验室试验时砾石颗粒不可能发生离散。而离散后砾石颗粒间互相隔离的空洞因其孔隙不可能被粘质土填满而会增加土质衬垫的整体透水性。因此，即使含砾量达到 50%～60% 的土料仍能获得小于 $1 \times 10^{-7}$cm/s 的渗透系数在理论上是可能的，仍要仔细考虑施工过程中砾石的离散程度。使用机械器具（如拌土机等）可使材料充分、仔细地混合，现场施工操作也应注意尽量避免或减轻砾石的离散。而且有些材料比较脆弱，使砾石颗粒比其它材料更易离散。因此，最终决定土质衬垫材料中砾石的容许含量值，必须视各工程项目的具体情况而定。一般来说，砾土混合料的均匀度越大，砾石颗粒离散的可能性越小，砾石容许含量就越大。

## 3.6  冻融对土体透水性的影响

许多实验室和现场的研究表明，冻融能使压实细粒土的渗透系数增加 1～2 个数量级（Eimmie 等，1992；Othman，1992）。这些研究表明冻融过程中形成的冰透镜体能使土中产生网状裂缝，从而导致透水性的加大。

环保部门经常要求注意保护土质衬垫不产生冰冻，因为他们确信冻融会增加衬垫的透水性。例如，美国威斯康星州管理规程就要求在每年 12 月 31 日前必须对土质衬垫设置至少 1.2m 厚的热力隔离层以防止冰冻。

### 3.6.1 土的冰冻过程

图 3.21 是在一个封闭系统内（没有外界水补给）土体冰冻过程的简图。当表面气温低于土的温度时，热量从土中散发，所形成的温度分布剖面图如图 3.21 (a) 所示。如果表面温度低于 0℃，冰冻区就会发展到土体中（Taylor 和 Luthin，1978）。

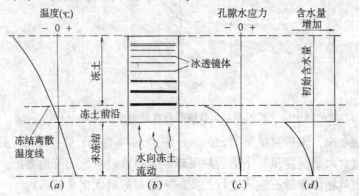

图 3.21 封闭系统土体的冰冻（Benson & Othnar，1993）

当土体温度降至低于 0℃时，在较大孔隙中形成冰的结晶核。当水成冰时，因为六角形晶体结构晶格的扩张，水的体积约增大 9%。随着冰晶增多，它们相互挤压，同时影响到土的颗粒，冰挤压周围土体使其发生移动、重新排列和固结（Andersland 和 Anderson，1978）。

一个部分冰冻的土层称为冰冻前沿，它将已冻未冻的土体分隔开（图 3.21 (b)）。发生在冰冻前沿的热力学过程产生孔隙吸力（负孔隙压力）如图 3.21 (c) 所示（Williams，1966；Konrad 和 Morgenstern，1980）。形成的水力梯度使水从未冰冻的土体流向冰冻的土体（图 3.21 (b)）。水向冰冻土的流动是通过非冰冻土体含水量的减少（图 3.21 (d)）和在冰冻面下发现垂直收缩裂缝而得到证实的。

流入冰冻层的水在冰冻层内结冰，如果有足够的水在冰冻层内积累，就会形成冰透镜体（图 3.21(b)）。冰透镜体的厚度和间距决定于冰冻速率的相对大小和水的可利用程度。靠近较冷的土样顶部，冰冻速率较大，形成的冰透镜体小而密。在土样较深处，冰冻速率较小而上覆压力较大。温度梯度愈低，冰透镜体的间距愈大，增加的上覆压力也会减少冰透镜体的密集程度，因为它减小了使水流向冻土区的孔隙吸力（Konrad 和 Magenstern，1982）。因此，土体内裂缝在靠近表面出现比较频繁，而随着深度增加裂缝出现的频率也会减小。

### 3.6.2 冻融引起土体透水性的变化

Chamberlain 和 Gow（1979）发现冻融后土的透水性将增加 10 至 100 倍，对于天然沉积的粉土和粘土，透水性的增加是由于在冻融过程中土体内出现裂缝。Chamberlain 等（1990）还进一步指出，冻融对压实粘土的透水性同样有类似的影响。他们在最优含水量下击实 5 个粘土试样，接着连续冻融 15 个循环并选择某几个循环融解后的试样测定其渗透系数，其中 4 个试样的渗透系数增加了 1~2 个数量级。最初几个循环增加比较快，大约 9 个循环以后渗透系数不再增大。他们将渗透系数的增大归因于冻融过程中形成了肉眼可见的水平和竖直裂缝。

Benson 和 Othman（1993）压实了一个大试样（低液限粘土 CL）直径为 300mm，高 914mm，如图 3.22 所示。并在美国威斯康星州冬天的气候里将它埋入地下两个月。图 3.23（a）表示气温和冰冻深度随时间的变化，对应于最低气温约−20℃，最大的冰冻深度为 560mm。冻融循环次数在表面最多（4 次），随深度增加而减少，见图 3.23（b）。图 3.24 表示土样温度和含水量随深度的变化。表 3.4 列出了土样渗透系数随深度的变化情况，冻融时土样渗透系数约增大两个数量级，这主要是由于在冰冻土样中产生网状裂缝所致。土体渗透系数的显著增大发生在第一个冻融循环以后，三次循环后渗透系数就不再增大。另外，渗透系数的增大与土样的制备含水量和冰冻方向无关（一个方向和三个方向的冻融，其渗透系数相同）

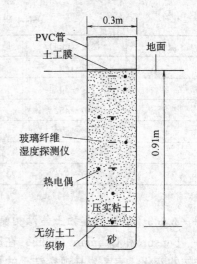

图 3.22　用于野外冻融的大试样
（Benson & ofhman，1993）

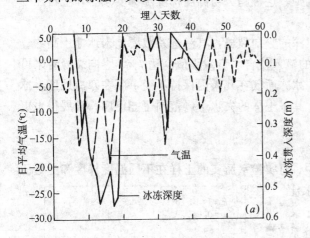

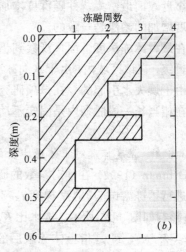

图 3.23　不同时间气温和冰冻深度的变化（a）以及冻融循环随深度的变化（b）
（Benson & Othman，1993）

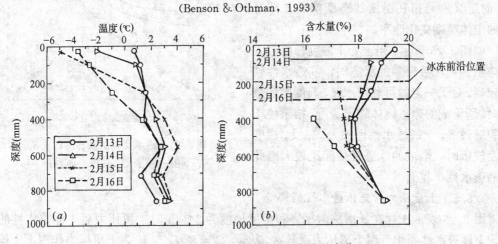

图 3.24　试样温度及含水量随深度的变化
（Benson & Othman，1993）

| 层号 | 深度（mm） | 是否在冰冻面之上 | 渗透系数（cm/s） | 裂缝间距（mm） |
|---|---|---|---|---|
| 1 | 0～140 | 是 | $8\times10^{-6}$ | 水平12　竖向3 |
| 2 | 140～307 | 是 | $2\times10^{-6}$ | 水平竖向均为15 |
| 3 | 307～452 | 是 | $1\times10^{-6}$ | 水平竖向均为20 |
| 4 | 452～572 | 是 | 未测 | 水平竖向均为25 |
| 5 | 572～711 | 否 | $1\times10^{-6}$ | 竖向干燥裂缝间距60mm |
| 6 | 711～914 | 否 | $2\times10^{-8}$ | 无裂缝 |

### 3.6.3　冻融引起的土体结构变化

Benson 和 Othman（1993）在研究冻融对大型土体透水性影响的同时，还考察了土体结构的变化，表3.4是观察结果的总结。对大型土样的肉眼观察显示，在冻融过程中土样内出现了大量的水平和竖直裂缝，而这些裂缝正是导致土体透水性增大的主要原因。这些裂缝靠近表面最密集，并随深度增加而减少，这种趋势与温度梯度随深度减小和上覆压力随深度增加的趋势是一致的。

在最大冰冻深度下面，观察到仍有很深的竖向裂缝，其渗透系数要比未冰冻土高约一个数量级。在该区域内，由于水向冰冻区的流入使含水量减小值高达7%，竖向裂缝看来可能是由干燥失水引起的。在该项研究中，冰冻面仅在几天内保持不变，而在寒冷地区，冰冻面在相当长一段时期内是固定不动的，其下土体的失水干燥范围可能更广，开展得也更深。

### 3.6.4　温度梯度对土体透水性的影响

Othman（1992）在他对参数的研究中，对实验室压实的土样在不同温度梯度和上覆压力下进行了冻融试验。温度梯度 $T_G$ 对透水比 $K_r$ 的影响如图 3.25 所示。透水比 $K_r$ 的定义是 $K_r=K/K_0$，$K$ 是指土体冻融后的渗透系数，$K_0$ 则是土体的初始渗透系数。温度梯度 $T_G$ 的定义则是指在温度状态变换后立即开始的土体温度变化速率。

如图 3.25 所示，当土处于温度梯度较大和冻融循环次数较多的状态时，其透水性就比较高。对于一定的可利用水量，温度梯度最大时，所形成的冰透镜体靠得最近，结果使土中裂缝最多，土的透水性也最大。相反，温度梯度较低时，形成的冰透镜体间距较大因此土的透水性也较低。

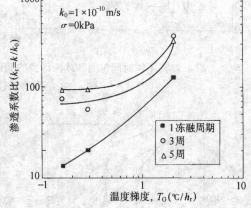

图 3.25　透水比和温度梯度的关系
（Benson & Othman，1993）

### 3.6.5　上覆压力对土体透水性的影响

图 3.26 表示土样在 3 次冻融循环和温度梯度为 2℃/h 时上覆压力对土体透水性的影响，土体透水性变化可用上覆压力系数 $C_0$ 表示，$C_0=K/K^*$，$K$ 为上覆压力作用下土体的

渗透系数，$K^*$ 为当上覆压力为零时土体的渗透系数。

从图 3.26 可以看出，当上覆压力增加时，上覆压力系数 $C_\sigma$ 减小，因此上覆压力作用下的土体，其渗透系数也随之减小。

冻融过程中上覆压力作用的影响有三个方面：首先，它减小了冰冻前沿的吸力，从而限制冰冻区冰透镜体的形成和扩展；第二，上覆压力的增加降低了冰冻前沿土的透水性（Konard 和 Morgenstern，1982，Penner 和 Walton，1978），而冰冻前沿吸力较小和渗透系数较低又使得可用来形成冰透镜体的水减少了；第三，当土解冻时，上覆压力使土体中

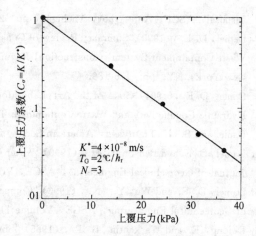

图 3.26　上覆压力系数和上覆压力的关系
(Banson & Othman，1993)

的孔隙和裂缝受到压缩，使水流通道变窄，因此土的透水性也会降低。

<h1 align="center">参 考 文 献</h1>

1. Andersland，O. B. and Anderson，D. M.，(1978) "Geotechnical Engineering for Cold Regions," McGrae-Hill Book Co.，Inc.，New York，NY.

2. Benson，C. H. and Daniel，D. E.，(1990) "Influence of Clods on Hydraulic Conductivity of Compacted Clay," Journal of Geotechnical Engineering，ASCE，Vol. 116，No. 8，pp. 1231-1248.

3. Benson，C. H. and Boutwell，G. P.，(1992) "Compaction Control and Scale-Dependent Hydraulic Conductivity of Clay Liners," Proceedings of Fifth Annual Mddison Waste Conference，University of Wisconsin，Madison，Wisconsin，pp，62-83.

4. Benson，C. H. and Othman，M. A.，(1993) "Hydraulic Conductivity of Compacted Clay Frozen and Thawed In Situ," Journal of Geotechnical Engineering，ASCE，Vol，119，No. 2，pp. 276-294.

5. Boutwell，G. P. and Hedges，C.，(1989) "Evaluation of Waste-Retention Liners by Multivariate Statistics," Proceedings of 12th International Conference on Soil Mechanics and Foundation Engineering，Rio De Janerio，Brazil，Vol. 2，pp，815-818.

6. Boynton，S. S. and Daniel，D. E.，(1985) "Hydraulic Conductivity Test on Compacted Clay," Journal of Geotechnical Engineering，ASCE，Volume 111，No. 4，pp. 465-478.

7. Chamberlain，E. J. and Gow，A. J.，(1979) "Effect of Freezing and Thawing on the Permeability and Structure of Soils," Engineering Geology，Vol，13 No. 1，pp. 73-92.

8. Chamberlain，E. J.，Iskander，I.，and Hunsiker，S. E.，(1990) "Effect of Freeze-Thaw on the Permeability and Macrostructure of Soils," Proc.，Int. Symp. on Frozen Soil Impacts on Agriculture，Range，and Forest Lands，Spokane，Washington，pp. 145-155.

9. Corser，P. and Cranston，M.，(1991) "Observations on Long-Term Performance of Composite Clay-Liners and Covers," Geosynthetic Design and Performance，Vancouver Geotechnical Society，Vancouver，British Columbia，Canada.

10. Daniel，D. E.，(1984) "Predicting Hydraulic Conductivity of Clay Liners," Journal of Geotechnical Engineering，ASCE，Volume 110，No. 4，pp. 285-300.

11. Daniel，D. E.，(1987) "Earth Liners for Waste Disposal Facilities," Geotechnical Practice for Waste

Disposal, ASCE, Ann Arbor, Michigan, pp. 21-39.

12. Daniel, D. E. , (1990) "Summary Review of Construction Quality Control for Compacted Soil Liners," Waste Containment System: Construction, Regulation, and Performance, ASCE, R. Bonaparte, ed. , New York, NY. pp. 175-189.

13. Daniel, D. E. , (1994) "State-of the Art: Laboratory Hydraulic Conductivity Tests for Saturated Soils," Hydraulic Conductivity and Waste Contaminant Transport in Soil, ASTM STP 1142, Edited by D. E. Daniel and S. J. Trautwein, American Society for Testing and Materials, Philadelphia, pp. 30-78.

14. Daniel, D. E. and Benson, C. H. , (1990) "Water Content-Density Criteria for Compacted Soil Liners," Journal of Geotechnical Engineering, ASCE, Volume 116, No. 12, pp. 1811-1830.

15. Daniel, D. E. and Wu, Y. -K. , (1993) "Compacted Clay Liners and Covers for Arid Sites," Journal of Geotechnical Engineering, ASCE, Volume 119, No. 2, pp. 223-237.

16. DeJong, E. and Warkentin, B. P. , (1965) "Shrinkage of Soil Samples with Varying Clay Content," Canddian Geotechnical Journal, Vol. 2. No. 1, pp. 16-22.

17. Edil, T. B. and Erickson, A. E. , (1985) "Procedure and Equipment Factors Affecting Permeability Testing of A Bentonite-Sand Liner Material," Hydraulic Barriers in Soil and Rock, ASTM STP 874, Edited by A. I. Johnson, R. K. Frobel, N. J. Cavalli, and C. B. Pettersson, American Society for Testing and Materials, Philadelphia, pp. 155-170.

18. Hawkins, R. H. and Horton, J. H. , (1965) "Bentonite as a Protective Cover for Buried Radioactive Waste," Health Physics, Vol. 13, No. 3, pp. 287-292.

19. Herrmann, J. G. and Elsbury, B. R. , (1987) "Influence Factors in Soil Liners Construction for Waste Disposal Facilities," Geotechnical Practice for Waste Disposal, ASCE, Ann Arbor, Michigan, pp. 522-536.

20. Holtz, W. G. and Lowitz, C. W. , (1957) "Compaction Characteristics of Gravelly Soils," Special Technical Publication No. 232, ASTM, Philadelphia, PA, pp. 70-83.

21. Kleppe, J. H. and Olson, R. E. , (1985) "Desiccation Cracking of Soil Barriers," Hydraulic Barriers in Soil and Rock, ASTM 874, pp. 263-275.

22. Konrad, J. M. and Morgenstern, N. R. , (1980) "Mechanistic Theory of Ice lens Formation in Fine-Grained Soils," Canadian Geotechnical Journal, Vol. 17 No. 4 pp. 473-486.

23. Konrad, J. M. and Morgenstern, N. R. , (1982) "Effects of Applied Pressure on Freezing Soils," Canadian Geotechnical Journal, Vol. 19, No. 4, pp. 494-505.

24. Lambe, T. W. , (1958a) "The Permeability of Compacted Fine-Grained Soils," Special Technical Publication 163, ASTM, Philadelphia, pp. 55-67.

25. Mitchell, J. K. , Hopper, D. R. , and Campanella, R. G. , (1965) "Permeability of Compacted Clay," Journal of Soil Mechanics and Foundation Engineering ASCE, Vol. 91, No. 4, pp. 41-65.

26. Montgomery, R. J. and Parson, L. J. , (1989) "The Omega Hillss Final Cover Test Plot Study: Three-Year Data Summary," Presented at the 1989 Annual Meeting of the Nationa Solid Waste Management Association, washington, D. C.

27. Mundell, J. A. and Bailey, B. , (1985) "The Design and Testing of a Compacted Clay Barrier Layer to Limit Percolation through Landfill Covers," Hydraulic Barriers in Soil and Rock, Special Technical Publication 874, ASTM, Philadelphia, pp. 246-262.

28. Olsen, h. W. , (1962) "Hydraulic Flow through Saturated Clays," Clays and Clay Minerals, Vol. 9, No. 2, pp. 131-161.

29. Othman, M. A. , (1992) Effect of Freeze-Thaw on the structure and Hydraulic Conductivity of

Compacted Clays, Ph. D. Thesis, University of Wisconsin-Madison, Madison. Wisconsin.

30. Penner, E. and Walton, T., (1978) "Effects of Temperature and Pressure on Frost Heaving," Int. Symp. of Ground Freezing, Ruhr University, Bochum, Germany.

31. Shakoor, A. and Cook, B. D., (1990) "The Effect of Stone Content, Size, and Shape on the Engineering Properties of a Compacted Silty Clay," Bulletin of Assocation of Engineering, Geologists, XXVII (2), PP. 245-253.

32. Shelley, T. L. and Daniel, D. E., (1993) "Effect of Gravel on Hydraulic Conductivity of Compacted Soil Liners," Journal of Geotechnical Engineering, ASCE, Volume 119, No. 1, pp. 54-68.

33. Taylor, G. S. and Luthin, J. N., (1978) "A Model for Coupled Heat and Moisture Transfer during Soil Freezing," Candian Geotechnical Journal, Vol, 15, No, 4, pp. 548-555.

34. WDNR, (1988) "Landfill Location, Performance, and Design Criteria," Wisconsin Administrative Code, Chapter NR 504, Department of Natural Resources, Madison, Wisconsin.

35. Williams, P. J., (1966) "Pore Pressure at A Penetrating Frost Line and their Prediction," Geotechnique, London, England, Vol. XVI, No. 3, pp. 187-208.

36. Zimmie, T. F., LaPlante, C. M., and Bronson, D., (1992) "The Effects of Freezing and Thawing on the Permeability of Compacted Clay'Landfill Covers and Liners," Environmental Geotechnology, Proceedings of the Mediterranean Conference on Environmental Geotechnology, A. A. Balkema Publishers, pp. 213-218.

37. 钱学德，郭志平 (1997). 填埋场粘土衬垫的设计与施工. 水利水电科技进展, Vol. 17, No. 4, pp. 55-59

38. 黄婉荣，郭志平 (2000). 填埋场压实粘土衬垫防干裂试验研究. 河海大学学报, Vol. 28, No. 6, 2000

# 第四章 柔性膜衬垫

土工膜是用于填埋工程的三种主要土工合成材料之一（另两种分别是土工网和土工织物）。土工膜是一种相对较薄的柔性热塑或热固聚合材料，通常在厂内加工定型后运至使用地点。由于其固有的不透水性，被广泛应用于填埋场的建设。用于填埋工程的土工膜常作为水、气的隔离层。

## 4.1 材料类型和土工膜的厚度

土工膜是由一种或几种聚合物，再加上一系列附加剂，如：碳黑、色料、充填物增塑剂、催化剂、交联化工产品、抗降解材料以及杀虫剂等制成的。用来制造土工膜的聚合物包括多种化学稳定性和基本结构不同的塑料和橡胶。聚合材料分类如下：

（1）热塑塑料，如聚氯乙烯（PVC）

（2）晶状热塑材料，如高密聚乙烯（HDPE），超低密聚乙烯（VLDPE），以及条状低密聚乙烯（LLDPE）

（3）热塑合成橡胶。如氯化聚乙烯（CPE）和氯磺化聚乙烯（CSPE）

用来生产土工膜最常见的聚合材料是 HDPE、PVC、CSPE 和 CPE。土工膜的厚度从 0.5mm 到 3.0mm 不等，除 HDPE 至少需 1.5mm 才能使缝合良好外，建议土工膜的最小厚度为 0.75mm。一些土工膜可以通过与钢筋网一起压制形成格子纹以增加抗拉强度和尺度方面的稳定性。

按 ASTM E-96 试验标准进行了水、气穿透土工膜的测试，不同土工膜的测试结果列于表 4.1。

**水气从不同土工膜中透过的情况**（USEPA，1988） 表 4.1

| 土 工 膜 | 厚 度（mm） | 水 气 通 过 率 | |
|---|---|---|---|
| | | $L /(m^2 \cdot d)$ | $g /(m^2 \cdot d)$ |
| PVC（聚氯乙烯） | 0.76 | $2.28 \times 10^{-3}$ | 1.9 |
| CPE（氯化聚乙烯） | 1.0 | $4.83 \times 10^{-4}$ | 0.4 |
| CSPE（氯磺化聚乙烯） | 1.0 | $4.83 \times 10^{-4}$ | 0.4 |
| HDPE（高密聚乙烯） | 0.76 | $2.34 \times 10^{-5}$ | 0.2 |
| HDPE（高密聚乙烯） | 2.5 | $2.19 \times 10^{-6}$ | 0.006 |

相关的测试是甲烷（$CH_4$）通过土工膜的情况。这种比空气轻的气体将从垃圾与土工膜的交界面处上升。不同土工膜的甲烷通过率列于表 4.2。

| 土　工　膜 | 厚　度（mm） | mL/（m² · d 100kPa） |
|---|---|---|
| PVC（聚氯乙烯） | 0.25 | 4.4 |
| PVC（聚氯乙烯） | 0.50 | 3.3 |
| LLDPE（条状低密聚乙烯） | 0.46 | 2.3 |
| CSPE（氯磺化聚乙烯） | 0.81 | 0.27 |
| CSPE（氯磺化聚乙烯） | 0.86 | 1.6 |
| HDPE（高密聚乙烯） | 0.61 | 1.3 |
| HDPE（高密聚乙烯） | 0.86 | 1.4 |

## 4.2　土工膜在填埋场中的使用

用作柔性膜垫层的土工膜应不透水气，通常由连续的聚合物薄层制成。土工膜并不是绝对不透水气（事实上没有绝对不透水气的材料），只是相对于土工织物或填土，甚至是粘性土而言，它是不透水、气的。由水气渗透试验测得的渗透系数典型值在 $0.5 \times 10^{-10}$ cm/s 到 $0.5 \times 10^{-13}$ cm/s 之间。因此土工膜的主要功能往往是用来隔断水气。用于填埋工程的土工膜其类型可描述如下：

1. 高密聚乙烯土工膜（HDPE）

在垃圾处理工程中高密聚乙烯土工膜（HDPE）是应用最广泛的土工膜，对于填埋场衬垫（第一层和第二层）、填埋场封盖、污水池衬垫、废水处理设施、沟渠衬垫、浮动覆盖和储水池衬垫等，它均有最好的耐久性。

HDPE 土工膜是用高分子聚乙烯由平板挤压机压制而成的。可以压制出 0.75mm、1.0mm、1.25mm、1.5mm、2.0mm、2.5mm、3.0mm 和 3.5mm 等不同的厚度。HDPE 土工膜的特征和优点包括：

A. 化学稳定性：衬垫的化学稳定性通常是设计过程中最关键的因素。HDPE 是所有土工膜中化学稳定性最好的。典型的填埋场淋滤液对由 HDPE 组成的衬垫不构成威胁。

B. 低渗透性：HDPE 的低渗透性可以确保地下水不会渗过衬垫，雨水不会透过封盖，甲烷不会从气体排放系统泄出。

C. 紫外光稳定性：HDPE 具有良好的抗紫外光老化特性，HDPE 中的炭黑加强了其抗紫外光的能力。在 HDPE 土工膜中不用增塑剂，因而没有暴露在紫外光下被分解的疑虑。

2. 超低密聚乙烯（VLDPE）土工膜

超低密聚乙烯（VLDPE）衬垫用于柔韧性要求更高的填埋场，优良的弹性使它能适应不平整的填埋场地表面。它是填埋封盖、池塘衬垫、淋滤液衬垫、污水池衬垫、饮用水控制、沟渠和水池衬垫的理想材料。

VLDPE 土工膜是用聚乙烯树脂压制而成的，它在整个加工过程中都具有优良而可靠的性能。VLDPE 土工膜的厚度可以是 1.0mm、1.25mm、1.5mm、2.0mm 和 2.5mm。VLDPE 土工膜的特征和优点包括：

A. 多轴拉伸性：VLDPE 表现出的高延伸率使之能适应不均匀沉降和不平整的地表面，且不危及衬垫的整体性。

*B*. 抗拉开裂特性：VLDPE 有很好的抗拉开裂特性。它能承受多种环境应力而不像其他衬垫那样开裂。

*C*. 抗刺破特性：由于其柔韧性，VLDPE 具有良好的抗刺破能力。它能很好地适应基底岩石和其他不规则的物体，消除了被刺破的可能性。

*D*. 化学稳定性：在多数情况下，VLDPE 能隔绝危害环境的淋滤液和其他化学物，其化学稳定性仅次于 HDPE。

*E*. 低渗透性：VLDPE 的低渗透性能防止地下水污染、雨水浸透以及封盖气体泄出。

*F*. 紫外光稳定性：VLDPE 抗紫外光分解特性比市场上多数衬垫要好。

3. 考克斯西尔 (Coex seal)

考克斯西尔是西尔公司制造的一种高性能的共压土工膜。它是由一个 VLDPE 的核心和层间互间的 HDPE 组成。VLDPE 大约占总膜厚的 60%，而每层 HDPE 大约占 20%。这项革新使 HDPE 和 VLDPE 的多数优越的特性，汇合到一种土工膜中，其结果使共压土工膜获得了更高的强度和环境稳定性。考克斯西尔土工膜的厚度可以是 1.0mm、1.5mm、2.0mm 和 2.5mm，其应用范围很广。其特性和优点包括：

*A*. 多轴拉伸特性：考克斯西尔的设计提供了比 HDPE 更高的延伸率和比 VLDPE 更高的拉伸强度。它能适应不均匀沉降和抵抗较高的拉应力水平而不破坏。

*B*. 抗拉开裂特性：考克斯西尔具有优异的抗拉应力开裂性能，甚至超过了最新的 HDPE 树脂。VLDPE 核心增加了抵抗潜在环境应力开裂的安全性。

*C*. 抗刺破特性：考克斯西尔能适应基底不规则材料（砾石，树枝等）的能力，这是相当重要的因素，因为刺破可能发生在土工膜铺设后，直到渗漏检测系统检测到有渗漏时才能被发现，而这时再进行修补往往花费较大。

*D*. 紫外光稳定性：考克斯西尔的紫外光稳定性是非常好的。由于阳光是造成性能降低的主要原因，因此衬垫能否抵抗强阳光照射是非常重要的。考克斯西尔中的 HDPE 具有很好的紫外光保护作用。

*E*. 易缝接性：连接在考克斯西尔表层的 HDPE 提供了一个均匀的连接表面，且在正常热粘和压连后仍有较高的缝接强度。

*F*. 化学稳定性和渗透性：土工膜的化学稳定性通常是设计中最重要的方面。因为淋滤液和化学物质将与土工膜接触，所以土工膜的化学稳定性能否得到保证是很重要的。考克斯西尔化学稳定性在大多数情况下与 HDPE 相当且渗透性比 VLDPE 要低。

*G*. 易安装性：位于考克斯西尔中心的 VLDPE 使之更具柔韧性，较 HDPE 更易贴近土壤，对粘土衬垫复合系统有显著的优点，而其表层的高密性使之较 VLDPE 更易缝接，这些特征使得安装铺设更有效而经济。

4. 织物土工膜

一种在土工膜表面增加一层粗糙织物的方法已经开始使用了。这种特殊的土工织物加强了合成纤维衬垫与土、土工织物以及其他土工合成纤维的表面摩擦，显著增强了其抗滑稳定性。上覆土依靠较大的摩擦力固定在衬垫上，具有安全意识的工程师能够采取措施来改善陡坡的安全性。表 4.3 列出了织物土工膜与各种材料之间直剪试验得到的摩擦角和凝聚力。西尔公司称土工织物土工膜为摩擦西尔，Gundle 衬垫系统有限公司称它为 Gundline HDT. 一个具摩擦特性的外表可以加到任何聚乙烯土工膜的一面或两面。织物土工膜在两面顶和底都有 15 到 25.4cm 的平整边缘。平整的表面易于缝接，也便于铺设前检验其核心的厚度和强度。织物土工膜厚度可以是 1.5mm、2.0mm 和 2.5mm，分别有不同的用途。

织物土工膜与各种材料间的最高摩擦系数　　　　　　　　　表 4.3

| 与土工织物土工膜接触的材料 | 摩 擦 角（°） | 凝 聚 力（kPa） |
|---|---|---|
| 滤水沙 | 37 | 1.0 |
| 粘土 | 29 | 6.0 |
| 无纺土工织物 | 32 | 2.2 |

4.3　土工膜的拉伸与摩擦

已经有各种各样的拉伸试验来确定土工膜的强度。习惯上用标准拉伸试验来实现对原材料的质量控制和检验，在这个试验中只用很小的一块试样。标准拉伸试验的试样宽度对 HDPE 和 VLDPE 为 0.635cm，对 PVC 和 CSPE-R 为 2.54cm。HDPE，VLDPE，PVC 和 CSPE-R 的标准拉伸试验结果见图 4.1。图 4.1 表明如筋土工膜 CSPE-R 强度最高，但当加筋破坏时强度急剧下降；HDPE 土工膜在抗拉伸试验中出现了一个名义屈服点，然后强度缓慢下降，当其真正破坏时，应变大约可达 1000%；VLDPE 和 PVC 土工膜反应相对平缓，应力缓慢增加直到应变达到 700% 和 45% 破坏。从这些曲线得到的特征数据为（Koerner，1994）：

最大应力（PVC 和 VLDPE 和极限应力，CSPE-R 的加筋破坏应力，HDPE 的屈服应力）

最大应度（PVC 和 VLDPE 的极限应变，CSPE-R 的加筋破坏应变，HDPE 的屈服应变）

模量（应力应变曲线初始斜率）

极限应力（完全破坏时）

极限应变（完全破坏时）

图 4.1 中四种材料的有关数据列于表 4.4 的第一栏中，虽然所有列出的强度值均有效，但是我们常关注的是象 PVC 和 VLDPE 材料的允许应变对应的应力，或象 CSPE-R 加筋材料破坏时的应力以及 HDPE 材料的屈服应力等。无论如何有一点必须承认，聚合物是粘弹性材料，应变起着重要的作用。

1.5mm HDPE 1.0mm VLDPE 0.76mm VLDPE 0.78mm

CSPE 的拉伸试验（Koerner，1994）　　　　　　　　　表 4.4

| 试 验 特 性 | 标准拉伸试验（图 4.1） | | | | 宽条拉伸试验（图 4.2） | | | | 轴对称拉伸试验（图 4.4） | | | |
|---|---|---|---|---|---|---|---|---|---|---|---|---|
| | HDPE | VLDPE | PVC | CSPE-R | HDPE | VLDPE | PVC | CSPE-R | HDPE | VLDPE | PVC | CSPE-R |
| 最大应力（MPa） | 19 | 8 | 21 | 55 | 16 | 8 | 14 | 31 | 23 | 10 | 15 | 31 |
| 相应应变（%） | 17 | 500+ | 480 | 19 | 15 | 406+ | 210 | 23 | 12 | 75 | 100 | 13 |
| 模量（MPa） | 330 | 76 | 31 | 480 | 450 | 69 | 20 | 300 | 720− | 170− | 100− | 350− |
| 极限应力（MPa） | 14 | 8 | 21 | 6 | 19 | 8 | 14 | 3 | 23 | 10 | 15 | 31 |
| 相对应变（%） | 500+ | 500+ | 480 | 110 | 400+ | 400+ | 210 | 79 | 25 | 75 | 100 | 13 |

注释："＋"＝未坡坏，"－"偏离值

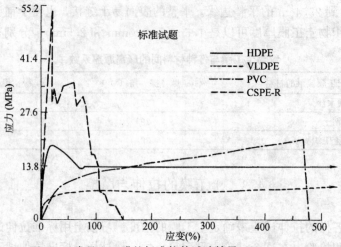

图 4.1  常见土工膜的标准拉伸试验结果（Koerner 1994）

前述标准拉伸试验的一个主要缺陷是试样中心部位的收缩，且是一维状态而不是处于现场状态。因此就需要统一宽度和选择更大宽度的试样，我们采用了宽 20mm 的土工膜试样来试验。图 4.2 同样表示图 4.1 中四种土工膜材料的拉伸应力应变关系曲线，不同的是试样宽度为 200mm，这种试验称为宽条拉伸试验。每种材料曲线的总体形状一样，但各"感兴趣"点的值有所不同，试验结果列于表 4.4 的第二栏中。200mm 的宽条试验结果较哑铃形窄条形试样更靠近设计值，因为在设计过程中常假定衬垫为平面应变状态（例如在边坡稳定计算中）。

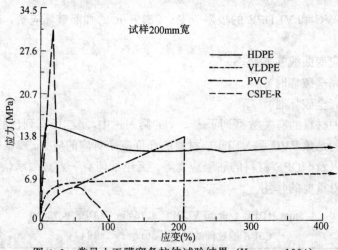

图 4.2  常见土工膜宽条拉伸试验结果（Koerner 1994）

有时需要考虑土工膜受非平面应力下的拉伸情况，紧贴土工膜处的局部变形就属于这种情况。填埋场的封顶或在逐渐沉降的固体废弃物中沿竖向铺设的土工膜是最典型的例子。这种情况可由一个放在空容器的土工膜来模拟，如图 4.3 所示。盖的部分要密封好，在土工膜上方放置一些重物，然后加压直至破坏。图 4.4 表示与图 4.1 和图 4.2 中同样的四种土工膜在轴对称静压力作用下的应力应变关系曲线，这些试验结果也列于表 4.4 中，从而可以对不同的拉伸试验进行对比。注意这与前述其他试验有较大的不同。显然，如果进行功能模拟设计的话，对现场情况合理的模拟是非常需要的。

　　沿填埋场边坡铺放的土工膜的合理设计准则是土——土工膜以及土工膜——土工织物之间的相互摩擦。一般是覆盖土层从土工膜上滑落，有时也会发生土工膜破坏（或是拉出了锚沟），沿着低摩擦面向下滑动。现在有许多论文在研究土工膜与多种其他材料表面（土和土工合成材料）交界面之间的摩擦力。Martin. et al. 这方面早期工作的结果（1984）列在表 4.5。从表 4.5（a）中可见，土与土工膜之间的摩擦角总是低于土与土之间的摩擦角。土工膜越光滑坚硬，它与土的摩擦角就越小（如 HDPE）。相反，较粗糙较柔软的土工膜（CSPE-R 和 EPDM-R）具有相对较高的摩擦角。表 4.5（b）和（c）给出了土工膜与土工织物以及土与土工织物的摩擦角，这些系数是沿边坡在衬垫之上或之下铺设的土工织物设计所必需的。更详细的关于土工膜摩擦力的讨论参见第 11 章。

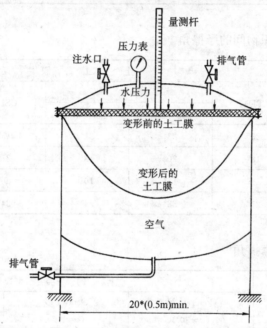

图 4.3　三维轴对称土工膜拉伸设备示意图（Koerner 1990）

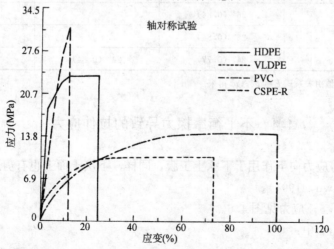

图 4.4　轴对称静压力作用下不同土工膜的应力-应变关系曲线（koerner 1990）

（a）土与土工膜的摩擦角

| 土 工 膜 | | 土 的 类 型 | | |
|---|---|---|---|---|
| | | Concrete 砂 ($\varphi=30°$) | Ottawa 砂 ($\varphi=28°$) | Mica Schist 砂 ($\varphi=26°$) |
| EPDM | | 24° (0.77)* | 20° (0.68) | 24° (0.91) |
| PVC | 粗糙 | 27° (0.88) | | 25° (0.96) |
| | 光滑 | 25° (0.81) | | 21° (0.79) |
| CSPE | | 25° (0.81) | 21° (0.72) | 23° (0.87) |
| HDPE | | 18° (0.56) | 18° (0.61) | 17° (0.63) |

（b）土工膜与土工织物间的摩擦角

| 土 工 织 物 | 土 工 膜 | | | | |
|---|---|---|---|---|---|
| | EPDM | PVC | | CSPE | HDPE |
| | | 粗 糙 | 光 滑 | | |
| 针刺无纺 | 23° | 23° | 21° | 15° | 8° |
| 热粘无纺 | 18° | 20° | 18° | 21° | 11° |
| 单丝有纺 | 17° | 11° | 10° | 9° | 6° |
| 加筋有纺 | 21° | 28° | 24° | 24° | 10° |

（c）土与土工织物摩擦角

| 土 工 织 纺 | 土 的 类 型 | | |
|---|---|---|---|
| | Concrete 砂 ($\varphi=30°$) | Ottawa 砂 ($\varphi=28°$) | Mica Schist 砂 ($\varphi=26°$) |
| 针刺无纺 | 30° (1.00) | 26° (0.92) | 25° (0.96) |
| 热粘无纺 | 26° (0.84) | | |
| 单丝有纺 | 26° (0.84) | | |
| 加筋有纺 | 24° (0.77) | 24° (0.84) | 23° (0.87) |

* 圆括号内的效率值由关系式 $E=\mathrm{tg}\delta/\mathrm{tg}\varphi$ 得来。

## 4.4  不平衡摩擦力导致的拉伸应力

上覆土层的剪应力向下作用于下承土工膜，同样，下层土面上也有剪应力作用于土工膜（Koerner 和 Hwu，1991）。

状态图见图 4.5，应力见图 4.6。

图 4.5 和图 4.6 中：

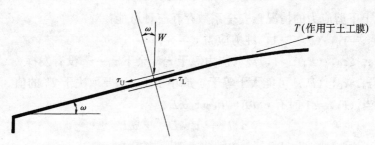

图 4.5　作用于有上覆土层的土工膜剪应力和拉应力

图中　　$\tau_u = C_{au} + (W\cos\omega)\tan\delta_U$　　　$\tau_u = C_{aL} + (W\cos\omega)\tan\delta_L$

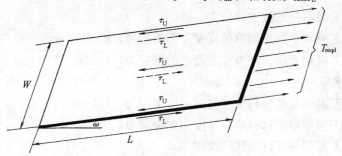

图 4.6　不平衡摩擦力引起土工膜的拉应力

$T_t$——土工膜上总拉力，kN；

$W$——土工膜总重量，kN；

$L$——土工膜长度，m；

$w$——土工膜宽度，m；

$\omega$——坡角，°；

$\tau_u$——土工膜和上层土间剪应力，kPa；

$\tau_L$——土工膜和下层土间剪应力，kPa；

$c_{au}$——土工膜和上层土间的凝聚力，kPa；

$c_{aL}$——土工膜和下层土间的凝聚力，kPa；

$\delta_u$——土工膜和上层土间的摩擦角，°；

$\delta_L$——土工膜和下层土间的摩擦角，°。

图 4.5 中的状态可能有三种不同的情况：

若 $\tau_u = \tau_L$，土工膜处于纯剪切状态，这对大多数土工膜来说都无关紧要；

若 $\tau_u < \tau_L$，土工膜处于剪应力等于 $\tau_u$ 的纯剪状态，且 $\tau_u - \tau_L$ 的平衡并没发挥作用；

若 $\tau_u > \tau_L$ 土工膜处于剪应力等于 $\tau_L$ 的纯剪状态中，$\tau_u - \tau_L$ 必须由土工膜的张力来平衡。

后一种情况是这部分设计过程的关键，这种情况发生在土工膜上层的界面摩擦强（像砂或砾石一类材料）而下层的界面摩擦弱（象高含水率的粘土一类材料）。设计的基本方程如下，由不平衡的摩擦力引起的土工膜张力见图 4.6，这样对整个土工膜可以表示为：

$$(F_s)_s = \frac{抗滑力}{滑动力} = \frac{T_t + \tau_L wL}{\tau_u wL} \tag{4.1}$$

式中　$(F_s)_s$——滑动安全系数。

对不同上下剪应力的情况，安全系数存在三种可能：

($a$) 若 $\tau_u = \tau_L$，$(F_s)_s > 1$，纯剪应力 $\tau_u = \tau_L$；

($b$) 若 $\tau_u < \tau_L$，$(F_s)_s > 1$，纯剪应力等于 $\tau_u$，余下 $\tau_u - \tau_L$ 没有发挥；

($c$) 若 $\tau_u > \tau_L$，$(F_s)_s$ 可能大于等于 1 或小于 1，这要取决于 $T_t$ 的值。

对于 ($c$)，当 $(F_s)_s = 1$ 时有 $\tau_u w L = T_t + \tau_L w L$

$$T_t = \tau_u w L - \tau_L w L$$
$$T_t / w = (\tau_u - \tau_L) L$$

即

$$T = (\tau_u - \tau_L) L = \tau_u L - \tau_L L = S_u - S_L$$

式中　$T$——土工膜单位宽度上的拉力，kN/m；

$S_u$——土工膜和上层土间单位宽度上的剪应力，kN/m；

$S_L$——土工膜和下层土间单位宽度上的剪应力，kN/m。

在下面的推导中：

$S$——土工膜和相邻材料单位宽度上的剪应力，kN/m；

$C$——土工膜和相邻材料单位宽度上的凝聚力，kN/m；

$\delta$——土工膜和相邻材料间的摩擦角，°；

$c$——土工膜和相邻材料的凝聚力，kPa；

$N$——土工膜单位宽度上作用的法向力，kN/m；

$\gamma$——上覆土层的容重，kN/m³；

$H$——上覆土层的厚度（垂直于斜坡方向），m。

由于：$S = c + N \mathrm{tg} \delta$ 和 $C = cL$

$$N = \gamma H L \cos \omega$$
$$S_u = c_{au} L + \gamma H L \cos \omega \tan \delta_u$$
$$S_L = c_{aL} L + \gamma H L \cos \omega \tan \delta_L$$
$$T = (c_{au} - c_{aL}) L + \gamma H L \cos \omega (\tan \delta_u - \tan \delta_L)$$
$$T_{req} = [(c_{au} - c_{al}) + \gamma H \cos \omega (\tan \delta_u - \tan \delta_L)] L \qquad (4.2)$$
$$T_{允许} = \sigma_{允许} t$$
$$(F_s)_M = T_{允许} / T_{req}$$

式中　$T_{req}$——土工膜单位宽度上需要的张力，kN/m；

$T_{允许}$——土工膜单位宽度上允许的张力，kN/m；

$\sigma_{允许}$——土工膜的允许拉应力，kPa；

$t$——土工膜的厚度，m；

$(F_s)_M$——土工膜的拉伸安全系数。

然后比较单位宽度拉力值 $T$ 和图 4.7 中简要列出的不同土工膜的允许强度，加筋土工膜取目标值 $T_{破坏}$，半晶体土工膜为 $T_{屈服}$，非加筋柔性土工膜为 $T_{允许}$（在一定应变时）。注意这些曲线应由宽条拉伸试验如 ASTM D4885 测得。

因为这些从试验室测得的强度值通常不采取局部安全系数来降低，所以设计的最终安全系数 $F_s$ 应该取相当保守的数值。

**例 4.1**　已知土坡坡角 $\omega = 18.4°$（即 1：3），坡长 $L = 100$m；上覆土层 $H = 90$cm；上覆

土层容重 $\gamma = 18kN/m^3$，土工膜允许抗拉强度（$T_{允许}$）为 30kN/m。土工膜对上层土剪应力参数 $c_{au} = 0kPa$，$\delta_u = 14°$。对下层土 $c_{cL} = 2.3kPa$，$\delta_L = 5°$。计算土工膜中张应力和安全系数。

**解** 由式（4.2）

$$
\begin{aligned}
T_{req} &= [(c_{au} - c_{aL}) + \gamma H \cos\omega (\tan\delta_u - \tan\delta_L)]L \\
&= [(0 - 2.3) + (18)(0.9)(\cos 18.46°)(\tan 14° - \tan 5°)](100) \\
&= [(0 - 2.3) + (18)(0.9) + (0.949)(0.249 - 0.087)](100) \\
&= [(0 - 2.3) + (18)(0.9)(0.949)(0.162)](100) \\
&= [-2.3 + 2.49] \times (100) \\
&= 19kN/m
\end{aligned}
$$

$$(F_s)_M = T_{允许}/T_{req} = 30/19 = 1.58$$

如果计算的安全系数值太低，可以将上层土做成阶梯形（减小土坡长度）或使用下层表面具有较高凝聚力或较高摩擦力的衬垫，来提高 $c_{aL}$ 和（或）$\delta_L$，从而改变设计提高 $F_s$。

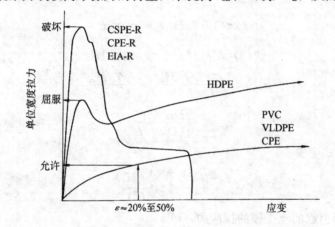

图 4.7　各种土工膜拉伸特性（Koerner and Hwu，1991）

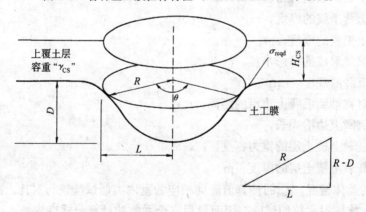

图 4.8　上覆土层压力和沉降引起土工膜的拉伸应力（Koerner and Hwu，1991）

## 4.5　沉降引起的拉应力

当土工膜下层发生沉降而其上又有覆盖土层时，超载引起的力具有空间性，这将导致一定的拉伸应力。当填埋场上部完全封闭或是被废弃的填埋场下部的垃圾尚未压密实时,常常会发生这样的沉降。土工膜的拉伸应力值取决于发生沉降区域的大小和覆盖土的性质。(Koerner and Hwu,1991)。

计算简图见图 4.8,其中关键的假定是变形后土工膜的形状。分析时,认为变形后土工膜的形状为球心沿对称轴逐渐降低的球面。对更坏的情况,假定土工膜固定于沉降区域,土工膜所需拉伸应力 $\sigma_{\text{rep}}$ 推导如下:

圆周长:$C = 2\pi L$;$t$ 为土工膜的厚度。

由 4.8

$$R^2 = (R - D)^2 + L^2$$

$$R^2 = R^2 - 2RD + D^2 + L^2$$

$$R = \frac{D^2 + L^2}{2D}$$

从图 4.8 $\sum M_0 = 0$,有

$$\int_0^L (2\pi r) dr \gamma_{\text{cs}} H_{\text{cs}} \gamma = \sigma_{\text{req}} t C R$$

$$(2/3)\pi L^3 \gamma_{\text{cs}} H_{\text{cs}} = \sigma_{\text{req}} t (2\pi L) R$$

$$\sigma_{\text{req}} = \frac{2/3 \pi L^3 \gamma_{\text{cs}} H_{\text{cs}}}{t(2\pi L) R} = \frac{L^2 \gamma_{\text{cs}} H_{\text{cs}}}{3 t R}$$

$$\sigma_{\text{req}} = \frac{2DL^2 \gamma_{\text{cs}} H_{\text{cs}}}{3t(D^2 + L^2)} \tag{4.3}$$

对多层覆盖土,上式变成

$$\sigma_{\text{req}} = \frac{2DL^2 \left(\sum \gamma_i H_i\right)}{3t(D^2 + L^2)} \tag{4.4}$$

式中 $\sigma_{\text{req}}$——沉降引起的土工膜的拉应力,kPa;

$\gamma_{\text{cs}}$——上覆土层重力密度,kN/m³;

$H_{\text{cs}}$——上覆土层的厚度,m;

$t$——土工膜的厚度,m;

$R$——沉降形成的球形半径,m;

$D$——沉降的深度,m;

$L$——对称轴到沉降上边沿的距离,m;

$C$——沉降上边沿周长,m;

$\gamma_i$——任一上覆土层的重力密度,kN/m³;

$H_i$——任一上覆土层的厚度,m。

考虑现场的具体情况,$\sigma_{\text{req}}$ 的计算值需同相应的室内类似试验进行对比。推荐试验为如图 4.3 所示的三维轴对称拉伸试验,因而最后安全系数的计算公式变成:

$$(F_s)_{\text{sub}} ——\sigma_{允许}/\sigma_{\text{req}}$$

式中 $(F_s)_{\text{sub}}$——土工膜抵抗由沉降引起拉伸应力的安全系数;

$\sigma_{允许}$——三维轴对称拉伸试验测得的土工膜允许拉伸应力,kPa;

$\sigma_{\text{req}}$——沉降引起的土工膜的拉伸应力,kPa。

因为 $\sigma_{允许}$ 的值直接取自实验,而没有以局部安全系数的形式给予任何折减,所以 $F_s$ 应

取相对保守的数值。

**例 4.2** 已知上覆土层厚 $H_{cs}=0.9144\text{m}$，覆盖土层重力密度 $\gamma_{cs}=15.8\text{kN/m}^3$，产生了 $0.3048\text{m}$ 深和半径为 $0.9144\text{m}$ 的局部沉降，土工膜厚 $1.0\text{mm}$，允许拉应力 $\sigma_{允许}=5781.5\text{kPa}$。试确定土工膜抵抗拉伸应力的安全系数。

**解** 由式（4-3）

$$\sigma_{req} = \frac{2DL^2\gamma_{cs}H_{cs}}{3t(D^2+L^2)}$$

$$= \frac{(2)(0.3048)(0.9144)^2(15.8)(0.9144)}{(3)(1\times10^{-3})[(0.3048)^2+0.9144^2]} = 2642.16\text{kPa}$$

$$\sigma_{允许} = 5781.5\text{kPa}$$

$$(F_s)_{sub} = \sigma_{允许}/\sigma_{req} = 5781.5/2642.16 = 2.2 \quad 可以接受$$

## 4.6 土工膜的伸出和锚固槽

在土坡顶端土工膜（也包括土工网）的末端通常有一段水平伸出，然后伸进锚固槽内。锚固槽用土回填并适当压密（koerner，1990）。用混凝土完全锚固衬垫通常并不使用，这是因为衬垫破坏比土工膜从锚固槽中拔出更不利，尽管两者都应避免。

### 4.6.1 伸出长度设计

对于设计，分别有两种情况要分析：一种是土工膜只伸出而不加以锚固（例如渠道衬垫），另一种是伸出和锚固两者都要考虑（例如水库和填埋场）。图 4.9 表示第一种情况以及相应的作用力和应力。要注意的是上覆土层由于自重而提供法向应力，但不分担衬垫上的摩擦力，这是因为土体随土工膜移动、开裂，丧失了整体性。

由图 4.9，按力的平衡方程，推导出相应的设计方程：

由 $\sum F_V=0$，得

$$T_{允许}\sin\beta = 0.5V_{GM}L_{R0}$$

因为 $q_u = q_L = d_{cs}\gamma_{cs}$

$$V_{GM} = \frac{2T_{允许}\sin\beta}{L_{R0}} \tag{4.5}$$

由 $\sum F_H=0$，得

$$T_{允许}(\cos\beta) = F_u + F_L$$

其中

$$T_{允许} = \sigma_{允许}t$$

$$\sigma_{允许} = \sigma_{极限}/F_s$$

另

$$F_u = q_uL_{R0}\tan\delta_u（在后面的分析中略去）$$

$$F_L = (q_L + 0.5V_{GM})L_{R0}\tan\delta_L$$

或

$$F_L = [q_L + 0.5(2T_{允许}\sin\beta/L_{R0})]L_{R0}\tan\delta_L$$

$$T_{允许}(\cos\beta) = q_LL_{R0}\tan\delta_L + T_{允许}\sin\beta\tan\delta_L \tag{4.6}$$

$$T_{允许}(\cos\beta - \sin\beta\tan\delta_L) = q_LL_{R0}\tan\delta_L$$

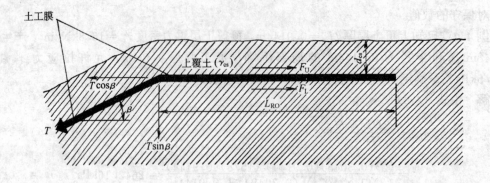

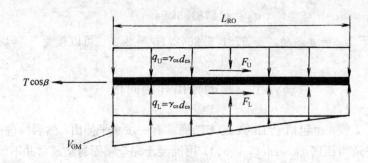

图 4.9　土工膜伸出部分横断面与相应应力及受力图

$$T_{允许} = \frac{q_L L_{R0} \tan\delta_L}{\cos\beta - \sin\beta \tan\delta_L} \qquad (4.7)$$

式中　$T_{允许}$——土工膜单宽允许应力，kN/m；

　　　$\sigma_{允许}$——土工膜允许应力，kPa；

　　　$\sigma_{极限}$——土工膜极限应力，例如屈服或破坏，kPa；

　　　$F_s$——土工膜强度安全系数；

　　　$t$——土工膜厚度，m；

　　　$V_{GM}$——土工膜引起的竖向力，kPa；

　　　$L_{R0}$——伸出长度（未知），m；

　　　$\delta_L$——土工膜与土之间的摩擦角，°；

　　　$q_L$——表面压力，kPa；

　　　$d_{cs}$——上覆土层厚度，m；

　　　$\gamma_{cs}$——上覆土层重力密度，kN/m³。

以下例子阐述了上述概念和方程的应用。

**例 4.3**　考虑一0.75mm 厚的 $VLDPE$ 土工膜，其允许应力为 2023.5kPa（等于极限应力或强度的一半），边坡为 1：3，要求确定使用锚固时的伸出强度。分析时采用覆盖土层厚 0.3048m，重力密度 13.17kN/m³，与土工膜的摩擦角为 20°。

**解**　由以上建立的设计方程有

$$T(\cos\beta) = 2023.5(0.75 \times 10^{-3})\cos 18.4°$$
$$= 1.469 \text{kN/m}$$
$$T(\sin\beta) = 0.487 \text{kN/m}$$

$$q_{\mathrm{L}} = d_{\mathrm{cs}}\gamma_{\mathrm{cs}} = (0.3048)(13.17) = 4.014\mathrm{kN/m}$$

代入式 4.6 得

$$T(\cos\beta) = q_{\mathrm{L}}\tan\delta_{\mathrm{L}}(L_{\mathrm{R0}}) + T\sin\beta\tan\delta_{\mathrm{L}}$$

$$1.469 = 4.014(\tan20°)(L_{\mathrm{R0}}) + 0.487(\tan20°)$$

$$L_{\mathrm{R0}} = 0.884\mathrm{m}, 取 0.9\mathrm{m}$$

注意该计算值很大程度上依赖于分析中采用的允许应力值。要充分利用土工膜的强度将需要较长的伸出长度或加以锚固,然而这不是所希望的,土工膜被拔出而不发生破坏,也许是个好现象,这要具体情况具体分析。

### 4.6.2　锚固槽的设计

对伸出部分加以锚固的情况见图 4.10。这种构造需要更多重要的假定来考虑锚固槽中的应力状态和其阻力形成机理。为了建立静力平衡方程,假设在锚固槽端有一个无摩擦的滑轮(见 4.10),将土工膜考虑成连续形式。

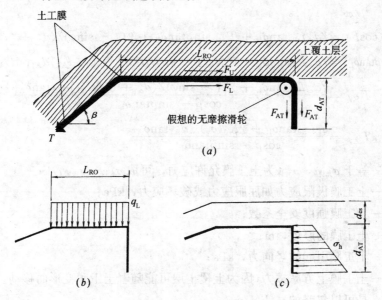

图 4.10　有锚固的土工膜伸出部分横断面图与相对应的应力及受力图

由图 4.10,按力的平衡方程,可推导得相应的设计方程:

由 $\sum F_{\mathrm{V}} = 0$,得

$$T_{允许}(\sin\beta) = 0.5V_{\mathrm{GM}}L_{\mathrm{R0}}$$

因为 $q_{\mathrm{u}} = q_{\mathrm{L}} = \gamma d_{\mathrm{cs}}$ 和 $P_{\mathrm{L}} = P_{\mathrm{R}} = K_0\gamma(d_{\mathrm{cs}} + 0.5d_{\mathrm{AT}})d_{\mathrm{AT}}$,

$$V_{\mathrm{GM}} = \frac{2T_{允许}\sin\beta}{L_{\mathrm{R0}}}$$

由 $\sum F_{\mathrm{H}} = 0$,得

$$T_{允许}(\cos\beta) = F_{\mathrm{u}} + F_{\mathrm{L}} + 2F_{\mathrm{AT}} \tag{4.8}$$

因为在锚固槽设计中 $F_{\mathrm{u}}$ 常可略去,故有

$$T_{允许}(\cos\beta) = F_{\mathrm{L}} + 2F_{\mathrm{AT}}$$

51

$$F_L = q_L L_{R0} \tan\delta_L + 0.5 V_{GM} L_{R0} \tan\delta_L$$
$$= q_L L_{R0} \tan\delta_L + 0.5(2 \times T_{允许} \sin\beta / L_{R0}) L_{n0} \tan\delta_L$$
$$= q_L L_{R0} \tan\delta_L + T_{允许} \sin\beta \tan\delta_L$$

因为 $q_L = \gamma d_{cs}$,
$$F_L = \gamma d_{cs} L_{R0} \tan\delta_L + T_{允许} \sin\beta \tan\delta_L$$
$$F_{AT} = (\sigma_h)_{ave} d_{AT} \tan\delta_{AT}$$
$$(\sigma_h)_{ave} = K_0 (\sigma_v)_{ave}$$

因为 $K_0 = 1 - \sin\varphi$ 和 $(\sigma_v)_{ave} = \gamma(d_{cs} + 0.5 d_{AT})$,
$$(\sigma_h)_{ave} = (1 - \sin\varphi)\gamma(d_{cs} + 0.5 d_{AT})$$

所以
$$F_{AT} = (1 - \sin\varphi)\gamma(d_{cs} + 0.5 d_{AT}) d_{AT} \tan\delta_{AT}$$

可导得

$$T_{允许}(\cos\beta) = \gamma d_{cs} L_{R0} \tan\delta_L + T_{允许} \sin\beta \tan\delta_L + 2(1 - \sin\varphi)\gamma(d_{cs} + 0.5 d_{AT} \tan\delta_{AT})$$

$$T_{允许}(\cos\beta - \sin\beta \tan\delta_L) = \gamma d_{cs} L_{R0} \tan\delta_L + 2 \times (1 - \sin\varphi)\gamma(d_{cs} + 0.5 d_{AT}) d_{AT} \tan\delta_{AT}$$

$$T_{允许} = \frac{\gamma d_{cs} L_{R0} \tan\delta_L + 2(1 - \sin\varphi)\gamma(d_{cs} + 0.5 d_{AT}) d_{AT} \tan\delta_{AT}}{\cos\beta - \sin\beta \tan\delta_L} \tag{4.9}$$

或
$$T_{允许} = \frac{q_L L_{R0} \tan\delta_L + 2 K_0 (\sigma_v)_{ave} d_{AT} \tan\delta_{AT}}{\cos\beta - \sin\beta \tan\delta_L} \tag{4.10}$$

式中　$T_{允许}$——等于 $\sigma_{允许} t$, $\sigma_{允许}$ 为土工膜允许应力, 可取 $\sigma_{允许} = \sigma_{极限}/F_s$;

　　　　$\sigma_{极限}$——土工膜极限应力如屈服应力或破坏应力, kPa;

　　　　$F_s$——土工膜强度安全系数;

　　　　$t$——土工膜的厚度, m;

　　　$V_{GM}$——土工膜引起的竖向力, kPa;

　　　　$F_u$——土工膜上方摩擦力(因为上覆土层可能随着土工膜变形而移动。因而假设它是可以忽略的), kN/m;

　　　　$F_L$——土工膜下方的摩擦力, kN/m, $F_L = q_L L_{R0} \tan\delta$, $q_L$ 为表面压力可取为 $\gamma d_{cs}$;

　　　　$d_{cs}$——上覆土层厚度, m;

　　　　$\gamma$——覆土重力密度, kN/m³;

　　　　$\delta_L$——土工膜和土之间的摩擦角, °;

　　　$L_{R0}$——(未知)伸出长度, m;

　　　　$P$——作用于锚固槽壁上的侧向土压力, kN/m;

　　　$F_{AT}$——锚固槽壁和土工膜之间的摩擦力, kN/m, $F_{AT} = (\sigma_h)_{ave} (d_{AT}) \tan\delta$;

　　$(\sigma_h)_{ave}$——锚固槽平均水平应力, kPa;

　　$(\sigma_v)_{ave}$——锚固槽平均垂直应力, kPa, $(\sigma_v)_{ave} = \gamma H_{ave}$;

　　　$H_{ave}$——锚固槽平均深度, m;

　　　　$K_0$——静止土压力系数, $K_0 = 1 - \sin\varphi$;

　　　　$\varphi$——回填土内摩擦角, °;

$d_{AT}$——（未知）锚固槽深，m。

**例4.4** 重复例4.3的问题，0.75mm 厚的 *VLDPE* 土工膜，允许应力 2023.5kPa，1∶3 的边坡，土工膜上覆盖土层厚 0.3048m，重力密度 13.17kN/m³（回填土重力密度也为 13.17kN/m³），衬垫与土之间的摩擦角为 20°，土体的内摩擦角为 30°。确定带 0.3048m 深锚固槽的伸出长度及锚固槽深度为零的伸出长度，并对前题进行校核。

**解** 应用前面基于图4.10建立起来的设计方程。由式（4.8），有

$$T_{允许}(\cos\beta) = F_u + F_L + 2F_{AT}$$

$$\sigma_{允许}t(\cos\beta - \sin\beta\tan\delta) = 0 + q_L(\tan\delta)(L_{R0}) + 2K_0(\sigma_v)_{ave}\tan\delta(d_{AT})$$

因为 $\qquad \sigma_{允许}t = (2023.5)(0.75 \times 10^{-3}) = 1.518\text{kN/m}$

故有 $\qquad 1.518(\cos18.4° - \sin18.4°\tan20°) = 0 + (1.014)\tan20°(L_{R0})$

$$+ 2(0.5)(0.457)(13.17)\tan20°(d_{AT})$$

即 $\qquad 1.518(0.834) = 1.4610L_{R0} + 2.1916d_{AT}$

$$1.266 = 1.4610L_{R0} + 2.1916d_{AT}$$

当 $d_{AT} = 0.3048\text{m}$ 时，$L_{R0} = 0.2743\text{m}$；而 $d_{AT} = 0\text{m}$ 时，$L_{R0} = 0.8839\text{m}$。（与例4.3的结果吻合得很好）

如图 4.11 所示，土工膜伸出并锚固，这在填埋工程中被广泛应用。为了建立静力平衡方程，在图 4.11 中锚固槽顶底两端假定了两个无摩擦的滑轮，以保证土工膜的连续性。

由图 4.11，按力的平衡方程，可以推导出相应的设计式：

由 $\sum F_V = 0$，得

$$T_{允许}(\sin\beta) = 0.5V_{GM}L_{R0}$$

因为 $q_u = q_L = \gamma d_{cs}$，$P_L = P_R = K_0\gamma(d_{cs} + 0.5d_{AT})d_{AT}$ 及 $W_T = W_B = \gamma(d_{cs} + d_{AT})L_{AT}$，得

$$V_{GM} = \frac{2T_{允许}\sin\beta}{L_{R0}}$$

由 $\sum F_H = 0$，得

$$T_{允许}(\cos\beta) = F_u + F_L + 2F_{AT} + 2F_{AB} \qquad (4.11)$$

因为在锚固槽设计中 $F_u$ 常可忽略，故有

$$T_{允许}(\cos\beta) = F_L + 2F_{AT} + 2F_{AB}$$

$$F_L = q_L L_{R0}\tan\delta_L + 0.5V_{GM}L_{R0}\tan\delta_L$$

$$= q_L L_{R0}\tan\delta_L + 0.5(2T_{允许}\sin\beta/L_{R0})L_{R0}\tan\delta_L$$

$$= q_L L_{R0}\tan\delta_L + T_{允许}\sin\beta\tan\delta_L$$

因为 $q_L = \gamma d_{cs}$，有

$$F_L = \gamma d_{cs}L_{R0}\tan\delta_L + T_{允许}\sin\beta\tan\delta_L$$

$$F_{AT} = (\sigma_h)_{ave}d_{AT}\tan\delta_{AT}$$

$$(\sigma_h)_{ave} = K_0(\sigma_v)_{ave}$$

因为 $K_0 = 1 - \sin\varphi$ 和 $(\sigma_v)_{ave} = \gamma(d_{cs} + 0.5d_{AT})$，

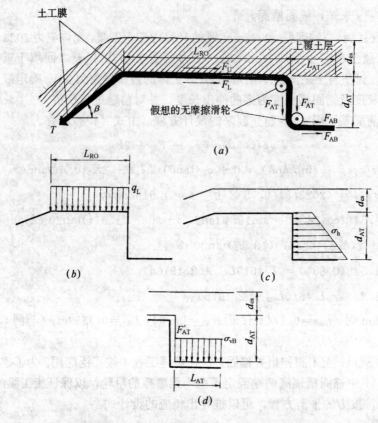

图 4.11　带锚固槽的土工膜伸出部分横断面图以及相应的应力、受力图

所以　　　　　　　　$(\sigma_{\mathrm{h}})_{\mathrm{ave}} = (1 - \sin\varphi)\gamma(d_{\mathrm{cs}} + 0.5d_{\mathrm{AT}})$

$$F_{\mathrm{AT}} = (1 - \sin\varphi)\gamma(d_{\mathrm{cs}} + 0.5d_{\mathrm{AT}})d_{\mathrm{AT}}\tan\delta_{\mathrm{AT}}$$

$$F_{\mathrm{AB}} = \sigma_{\mathrm{vB}}L_{\mathrm{AT}}\tan\delta_{\mathrm{AT}}$$

因为 $\sigma_{\mathrm{vB}} = \gamma(d_{\mathrm{cs}} + d_{\mathrm{AT}})$,

导得;　　　　　　　$F_{\mathrm{AB}} = \gamma(d_{\mathrm{cs}} + d_{\mathrm{AT}})L_{\mathrm{AT}}\tan\delta_{\mathrm{AT}}$

$$T_{允许}(\cos\beta) = \gamma d_{\mathrm{cs}}L_{\mathrm{R0}}\tan\delta_{\mathrm{L}} + T_{允许}\sin\beta\tan\delta_{\mathrm{L}}$$

$$+ 2(1 - \sin\varphi)\gamma(d_{\mathrm{cs}} + 0.5d_{\mathrm{AT}})d_{\mathrm{AT}}\tan\delta_{\mathrm{AT}}$$

$$+ 2\gamma(d_{\mathrm{cs}} + d_{\mathrm{AT}})L_{\mathrm{AT}}\tan\delta_{\mathrm{AT}}$$

$$T_{允许}(\cos\beta - \sin\beta\tan\delta_{\mathrm{L}}) = \gamma d_{\mathrm{cs}}L_{\mathrm{R0}}\tan\delta_{\mathrm{L}} + 2(1 - \sin\varphi)\gamma(d_{\mathrm{cs}} + 0.5d_{\mathrm{AT}})\tan\delta_{\mathrm{AT}}$$

$$+ 2\gamma(d_{\mathrm{cs}} + d_{\mathrm{AT}})L_{\mathrm{AT}}\tan\delta_{\mathrm{AT}}$$

$$T_{允许} = \frac{\gamma d_{\mathrm{cs}}L_{\mathrm{R0}}\tan\delta_{\mathrm{L}} + 2(1 - \sin\varphi)\gamma(d_{\mathrm{cs}} + 0.5d_{\mathrm{AT}})d_{\mathrm{AT}}\tan\delta_{\mathrm{AT}} + 2\gamma(d_{\mathrm{cs}} + d_{\mathrm{AT}})L_{\mathrm{AT}}\tan\delta_{\mathrm{AT}}}{\cos\beta - \sin\beta\tan\delta_{\mathrm{L}}}$$

(4.12)

或　　　　　　$T_{允许} = \dfrac{q_{\mathrm{L}}L_{\mathrm{R0}}\tan\delta_{\mathrm{L}} + 2[K_0(\sigma_{\mathrm{v}})_{\mathrm{ave}}d_{\mathrm{AT}} + \sigma_{\mathrm{vB}}L_{\mathrm{AT}}]\tan\delta_{\mathrm{AT}}}{\cos\beta - \sin\beta\tan\delta_{\mathrm{L}}}$　　　(4.13)

式中　$T_{允许}$——土工膜张力，kN/m；

$F_{\mathrm{u}}$——土工膜上方摩擦力，因为上覆土层可以随膜变形而移动，该项可以忽略，kN/m；

54

$F_{\rm L}$——土工膜下方的摩擦力，kN/m；

$F_{\rm AT}$——土工膜与锚固槽壁间的摩擦力，作用在土工膜上，kN/m；

$F_{\rm AB}$——土工膜与锚固槽底的摩擦力，kN/m；

$q_{\rm L}$——表面压力，kPa，取 $\gamma d_{\rm cs}$；

$P$——作用在锚固槽壁上的土压力，kN/m；

$W$——锚固槽底上作用的竖向力，kN/m；

$d_{\rm cs}$——上覆土层的厚度，m；

$\gamma$——土的重力密度，kN/m³；

$\delta_{\rm L}$——土工膜伸出部分与土之间的摩擦角，°；

$L_{\rm R0}$——土工膜伸出部分的长度，m；

$(\sigma_{\rm h})_{\rm ave}$——锚固槽内平均水平应力，kPa，取 $K_0(\sigma_{\rm v})_{\rm ave}$；

$(\sigma_{\rm v})_{\rm ave}$——锚固槽半深度处竖向应力，kPa，取 $\gamma H_{\rm ave}$；

$K_0$——静止土压力系数，取 $1-\sin\varphi$；

$\varphi$——回填土内摩擦角，°；

$H_{\rm ave}$——锚固槽平均深度，m，取 $d_{\rm cs}+d_{\rm AT}/2$；

$\delta_{\rm AT}$——锚固槽内土工膜与回填土间摩擦角，°；

$d_{\rm AT}$——锚固槽深度，m；

$L_{\rm AT}$——锚固槽宽度，m；

$\sigma_{\rm vB}$——由回填土引起的锚固槽底竖向应力，kPa，取 $\gamma(d_{\rm cs}+d_{\rm AT})$。

**例 4.5**　计算锚固槽的锚固能力，土工膜伸出长度为 0.9144m，上覆土层厚 0.3048m。锚固槽宽为 0.6096m，深也为 0.6096m，边坡角 18.4°（1∶3），土体重力密度 14.49kN/m³，土体摩擦角为 30°，土与土工膜之间摩擦角 20°。

**解**　$q_{\rm L}=\gamma d_{\rm cs}=14.49\times0.3048=4.416{\rm kPa}$

$$K_0=1-\sin\varphi=1-0.5=0.5$$

$$(\sigma_{\rm v})_{\rm ave}=\gamma(d_{\rm cs}+0.5d_{\rm AT})$$

$$=14.49\times(0.3048+0.5\times0.6096)=8.813{\rm kPa}$$

$$\sigma_{\rm vB}=\gamma(d_{\rm cs}+d_{\rm AT})=14.49\times(0.3048+0.6096)=13.250{\rm kPa}$$

锚固槽的锚固力可由式（4.13）计算

$$T=\frac{q_{\rm L}L_{\rm R0}\tan\delta_{\rm L}+2[K_0(\sigma_{\rm v})_{\rm ave}d_{\rm AT}+\sigma_{\rm vB}L_{\rm AT}]\tan\delta_{\rm AT}}{\cos\beta-\sin\beta\tan\delta_{\rm L}}$$

$$=\frac{4.416(0.6096)(\tan20°)+2[(0.5)(8.813)(0.6096)+(13.25)(0.6096)]\tan20°}{\cos18.4°-(\sin18.4°)(\tan20°)}$$

$$=\frac{9.653}{0.834}=11.57{\rm kN/m}$$

作为双衬垫系统，设计者会遇到各种可能的选择，目前在填埋场工程中锚固槽横断面采用的两种典型结构可见第十五章图 15.1 和图 15.2，其主要考虑是保持土工膜的完整，防止表面水渗漏。

简要提一下，许多制造厂被指定生产 45cm 深的锚固槽和 90cm 长的伸出长度部件。从上面可以看出，不同的土工膜和膜厚需要进行不同的分析，因而这种计算是十分简化的。采用上述提出的模型，任何一种情况都可以求得解答。即使是有土工织物和（或）土工网与土工膜联合作用（置于土工膜上方、下方或上下），然后加以锚固，也可以用类似的办法求得解答。

## 4.7 通过衬垫的渗漏量估算

渗漏量的估算（根据设计，通过前期表现预测淋滤液的泄漏量）应该以现有运行良好的类似设计，特别是有渗漏监测系统的设计为依据。作为这些信息的替代，可用偏保守的设计来估计预期渗漏率。

液体和垃圾成分通过土工膜其原理与穿过土质垫层是不同的。淋滤液穿过衬垫的主要方式是从土工膜的孔、缝间流过并在土体间产生渗流。淋滤液从不破裂、不被刺穿、没有缺陷、没有加筋破坏的土工膜透过的主要方式为分子扩散。扩散发生在梯度集中处，服从Fick第一定律，穿过土工膜的扩散速率比在土质垫层（包括压实粘土）中要低，对于合成纤维衬垫，影响衬垫效果最关键的是衬垫的渗透性，包括土工膜内部结构缺陷引起的不连续纤维和针孔。

图 4.12 表示了三种类型的衬垫

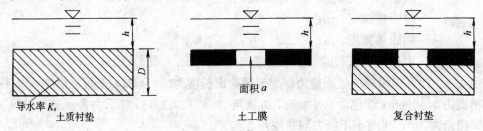

图 4.12　土质垫层、土工膜和复合垫层

（1）低透水性压实粘土衬垫

（2）土工膜衬垫

（3）土工膜衬垫/土体合成衬垫

下面先计算三种衬垫的渗漏率，然后比较隔水效果。

### 4.7.1　压实土衬垫的渗漏率

用达西定律来计算压实土层的渗漏率，达西定律为流体通过多孔介质的方程，表达式为：

$$Q = k_s i A \tag{4.14}$$

式中　$Q$——通过衬垫的渗漏量，$cm^3/s$；

　　　$k_s$——土体的渗透系数，cm/s；

　　　$i$——水力梯度；

　　　$A$——流体穿过的面积，$cm^2$。

如果土体饱和，没有土壤吸收，则水力梯度为：

$$i = (h + D)/D \tag{4.15}$$

式中　$i$——水力梯度；

$h$——衬垫上方水头，m（见图 4.12）；

$D$——土衬垫厚度，m。

举个例子，一个 0.9m 的水头作用在衬垫上，衬垫的渗透系数为 $1\times10^{-7}$cm/s，渗漏率为 $1.152\times10^{-8}$m³/（m²·d）。若渗透系数上升或下降，则渗漏率应作相应的变化（表 4.6）。

**水头为 0.9m 的土垫层渗漏率计算**（USEPA，1991a）　表 4.6

| 渗 透 系 数（cm/s） | 渗 漏 率（$\times10^{-8}$m³/（m²·d）） |
|---|---|
| $1\times10^{-6}$ | $1.152\times10$ |
| $1\times10^{-7}$ | $1.152$ |
| $1\times10^{-8}$ | $1.152\times10^{-1}$ |
| $1\times10^{-9}$ | $1.152\times10^{-2}$ |

### 4.7.2　土工膜衬垫的渗漏率

图 4.12 中描述的第二种衬垫是土工膜。假定土工膜衬垫中有一个或多个小圆孔（缺陷），这些孔被彼此分隔开，使得每个孔的渗漏都可以独立于其他孔。衬垫上的水头 $h$ 为常量，而土工膜下方土体的透水性相当高（地基土对土工膜上小孔的渗漏没有阻力）。若小孔的大小和形状已知，用伯努利方程可以估计穿过土工膜上孔的渗漏率。

伯努利方程

$$Q = C_b a (2gh)^{0.5}$$

式中　$Q$——土工膜的渗漏量，cm³/s；

$C_b$——渗流系数，对圆孔大约值为 0.6；

$a$——土工膜中一个圆孔的面积，cm²；

$g$——重力加速度，981cm/s²；

$h$——衬垫上水头，cm。

举例说明，若单孔面积为 1cm²，水头是 30cm。计算渗漏量为 15m³/d。若每 4047m² 一个孔，则渗漏率为 $3.7\times10^{-3}$m³·d/m²。其他情况的渗漏率计算见表 4.7。Giroud 和 Bonaparte（1989a）提到质量控制良好时，每 4047m² 一个孔是典型情况。如果质量控制不好，每 4047m²30 个孔也是常见的。他们还提到大多数孔洞均很小（<0.1cm²），但偶尔也能发现大孔洞。在计算无孔渗流的渗漏率时（见表 4.7），假定任意液体的渗漏量为水蒸汽通过量所控制，$1.123\times10^{-8}$m³/（m²·d）的渗漏量相当于一个典型的 1.5mm 厚的 HDPE 土工膜的水蒸汽通过量。

**土工膜上水头为 30cm 时的渗漏率计算**　表 4.7

| 孔的大小（cm²） | 每 4047m² 孔的数量 | 渗漏率 [m³/（m²·d）] |
|---|---|---|
| 无孔 | 0 | $1.123\times10^{-8}$ |
| 0.1 | 1 | $3.7\times10^{-4}$ |
| 0.1 | 30 | $1.123\times10^{-2}$ |
| 1 | 1 | $3.7\times10^{-3}$ |
| 1 | 30 | $1.123\times10^{-1}$ |
| 10 | 1 | $3.7\times10^{-2}$ |

### 4.7.3 复合衬垫的渗漏率

图 4.12 中描述的第三种衬垫为复合衬垫。复合衬垫是一种土工膜与一层低透水性土相互紧密接触组成的衬垫，被广泛应用于城市固体废弃物填埋场和危险品填埋场。

复合衬垫的渗漏是因为水穿过土工膜的缺陷或渗过土工膜而形成的。在土工膜有缺陷的情况下，通过复合衬垫的渗漏率明显低于高渗透性土上有相似缺陷土工膜的渗漏率。

滞留的液体处于填埋场复合衬垫土工膜的上面。若土工膜有缺陷，则液体首先通过土工膜的缺陷，然后通过土工膜与低透水性土间的一段空间，最后进入并通过低透水性土层，如图 4.13 所示。处于土工膜与土层间隙的水流称为界面流，界面流流经的区域称为湿化区，土层中的水流经过湿化区变为垂直方向，$R$ 为湿化区的半径。

复合衬垫的两个组成部分（即土工膜与低透水性土层）之间的接合质量是控制通过衬垫渗漏率的关键因素，因为这决定了湿化区的半径（图 4.13）。接合条件定义如下：(Bonaparte et al.，1989)

接合较好的条件对应的是：铺设的土工膜折皱尽可能少，低透水性土层要充分密实，其上表面要光滑。

接合较差的情况对应的是：土工膜铺设有一定的折皱，低透水性土层没有很好地密实，表面也不光滑。

其它影响复合衬垫渗漏率的因素有土工膜缺陷的大小和数量，土工膜下低透水性土的渗透系数，以及土工膜上积累的液体水头。若为静水条件，则水头等于液体深度（图 4.14a）；若液体沿斜坡自由流动（图 4.14b），则其水头由下式给出：

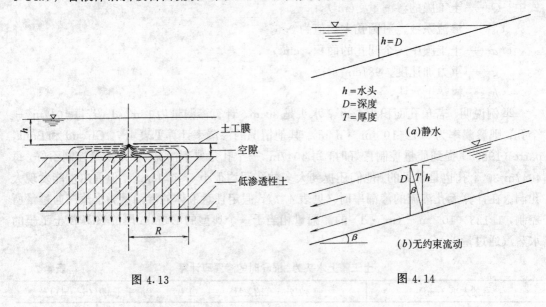

图 4.13

图 4.14

$$h = D\cos^2\beta$$

式中　$h$——衬垫上水头，cm；

　　　$D$——衬垫上液体深度，cm；

　　　$\beta$——坡角。

Giroud 和 Bonaparte（1989b）通过分析研究和模型测试提出了下面两个经验公式来计

算穿过复合衬垫中土工膜上一个圆孔的渗漏量：

对于接合较好的情况：

$$Q = 0.21a^{0.1}h^{0.9}k_s^{0.74}$$

对接合较差的情况：

$$Q = 1.15a^{0.01}h^{0.9}k_s^{0.74}$$

式中　$Q$——复合衬垫中土工膜上有一小圆孔的渗漏率，$m^3/s$；

　　　$a$——土工膜上小圆孔的面积，$m^2$；

　　　$h$——土工膜上水头，$m$；

　　　$k_s$——复合衬垫中低透水土层的渗透系数，$m/s$。

上述式中假定通过土层的水力梯度为1，这些式子不是同一量纲的，只能用下列单位：$Q$（$m^3/s$），$a$（$m^2$），$h$（$m$）和 $k_s$（$m/s$）。

如果土工膜与下层土接合良好，渗漏率大约为上式计算值的1/5。例如：假定复合衬垫中土工膜每 $4047m^2$ 有一个 $1cm^2$ 的小孔，下层土的渗透系数为 $1\times10^{-7}cm/s$（$1\times10^{-9}m/s$），水头为30cm。土工膜与土间的结合较差，则计算渗漏率为 $8.986\times10^{-7}m^3 \cdot d/m^2$。

**30cm 水头下复合衬垫的渗漏率计算值**（USEPA，1991a）　　　　　表 4.8

| 下层土的渗透系数<br>（cm/s） | 土工膜上孔的大小<br>（$cm^2$） | 每 $4047m^2$ 的孔数 | 渗漏率<br>$10^{-6}m^3/（m^2 \cdot d）$ |
|---|---|---|---|
| $1\times10^{-6}$ | 0.1 | 1 | 3.37 |
|  | 0.1 | 30 | 114.58 |
|  | 1 | 1 | 4.49 |
|  | 1 | 30 | 146.03 |
|  | 10 | 1 | 5.62 |
| $1\times10^{-7}$ | 0.1 | 1 | 0.674 |
|  | 0.1 | 30 | 21.34 |
|  | 1 | 1 | 0.90 |
|  | 1 | 30 | 26.96 |
|  | 10 | 1 | 1.12 |
| $1\times10^{-8}$ | 0.1 | 1 | 0.112 |
|  | 0.1 | 30 | 3.37 |
|  | 1 | 1 | 1.12 |
|  | 1 | 30 | 4.49 |
|  | 10 | 1 | 0.225 |
| $1\times10^{-9}$ | 0.1 | 1 | 0.225 |
|  | 0.1 | 30 | 0.674 |
|  | 1 | 1 | 0.034 |
|  | 1 | 30 | 0.674 |
|  | 10 | 1 | 0.034 |

### 4.7.4 三种衬垫的比较

把三种衬垫在不同的假定条件下作一比较是非常有用的（见表4.9），为了讨论方便每种衬垫又分为差、好、极好，美国联邦环保局（USEPA）要求用于城市固体废弃物填埋场和危险品填埋场压实土的渗透系数不得超过 $1×10^{-7}$cm/s。因此导水率为 $1×10^{-7}$cm/s 的压实土垫层在表4.9中就列为"好"衬垫，而渗透系数在其10倍以上的压实土就称为"差"衬垫。在"1/10"以下的称为极好衬垫。

土衬垫、土工膜衬垫和复合衬垫的渗漏率计算值（USEPA，1991a）　　　表4.9

| 衬垫类型 | 衬垫整体质量 | 主 要 参 数 设 定 值 | 渗漏率 $10^{-6}$m³/ (m²·d) |
|---|---|---|---|
| 压实土 | 差 | $k_s=1×10^{-6}$cm/s | 1347.96 |
| 土工膜 | 差 | 每 4047m² 30 个孔 $a=0.1$cm² | 11233.0 |
| 复合型 | 差 | $k_s=1×10^{-6}$cm/s，每 4047m² 30 个孔，$a=0.1$cm² | 112.33 |
| 压实土 | 好 | $k_s=1×10^{-7}$cm/s | 134.80 |
| 土工膜 | 好 | 每 4047m² 一个孔　$a=1$cm² | 3706.89 |
| 复合型 | 好 | $k_s=1×10^{-7}$cm/s，每 4047m² 一个孔，$a=1$cm² | 0.90 |
| 压实土 | 极好 | $k_s=1×10^{-8}$cm/s | 13.48 |
| 土工膜 | 极好 | $k_s=1×10^{-8}$cm/s，每 4047m² 一个孔，$a=0.1$cm² | 370.69 |
| 复合型 | 极好 | $k_s=1×10^{-8}$cm/s，每 4047m² 一个孔，$a=0.1$cm² | 0.112 |

对土工膜衬垫，有大量小孔（30 孔/4047m²，每个孔面积 0.1cm²）的衬垫被称为较差的衬垫，Giroud 和 Bonaparte 指出只有在最差的施工质量时才有可能产生大量的缺陷。"好"的土工膜衬垫应有很好的施工质量加以保证。而"极好"的土工膜衬垫则假定每 4047m² 只有一个小孔。对所有在表4.9中计算的复合衬垫的渗漏率，都假定土工膜与土之间接合较差，由表4.9可见，复合衬垫（即使差到很低的标准）也较单独的压实土衬垫或土工膜衬垫有明显的防渗性。

为了最大限度地发挥复合衬垫的效能，土工膜必须在下层低透水性的土上铺设好以获取良好的水力接合（通常称作紧密接合）。如图4.15所示，复合衬垫必须限制土体渗流在一定范围内，液体不能从土工膜和土体接触面的侧边绕过。要确保良好的水力接触，在铺设土工膜之前，土质垫层必须用钢滚筒碾平，且土工膜最后铺设时只能有很少的折皱。另外，高透水性材料，象砂垫层和土工织物，不要放在土工膜与低透水性土层之间（图4.15），因为这将破坏两种垫层的复合作用。

如果土体中有岩石或石块刺破土工膜，则要除去这些石块或在岩体表面铺上一层低透水性的防渗材料，也可以在铺设前用振动筛筛去过大的石块。应有相应的机械既可以筛除石块也可以将其集中运至松软的土垫层上。可以用石块含量较小或石块较小的材料或经过加工后的材料作为土质垫层的最上一层。（即作为土工膜基础的那一层）

图4.16表示由现场试验得到的在压实粘土衬垫和复合衬垫下渗漏液的对比结果。在同一地点同一面积上有两种填埋单元，一个以压实粘土衬垫为主，另一个以复合衬垫为主，两个单元中用同样的方法填埋同种类型同样数量的固体废弃物。图4.16表明复合衬垫下的渗漏较压实粘土下少得多。

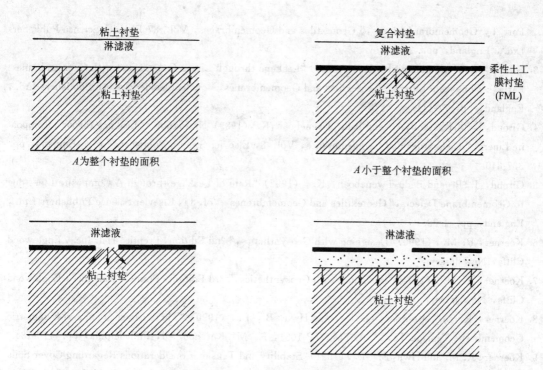

图 4.15 土垫层与复合垫层

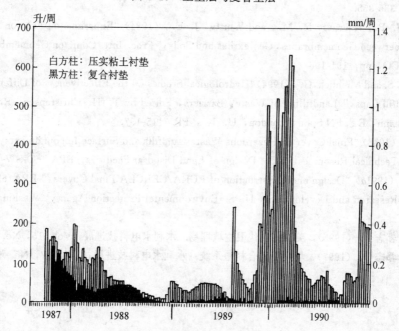

图 4.16 现场试验条件下压实粘土垫层和复合衬垫收集的渗漏液对比 (Melchior and Miehlich 1994)

# 参 考 文 献

1. Bonaparte, R., Giroud, J. P. and Gross, B. A., (1989) "Rates of Leakage through Landfill Liners," Proceedings of Geosynthetics'89, Vol. I, IFAI, St. Paul, Minnesota, pp. 18-29.
2. Giroud, J. P. and Bonaparte, R., (1989a) "Leakage through Liners Constructed with Geomembranes

Part I. Geomembrane Liners," Geotextiles and Geomembranes, Vol. 8, Elsevier Science Publishers Ltd., England, pp. 27-67

3. Giroud, J. P. and Bonaparte, R., (1989b) "Leakage through Liners Constructed with Geomembranes-Part II. Composite Liners," Geotextiles and Geomembranes, Vol. 8, Elsevier Science Publishers Ltd., England, pp, 71-111.

4. Giroud, J. P., Khatami, A., and Badu-Tweneboah, K., (1989) "Evaluation of Leakage through Composite Liners," Geotextiles and Geomembranes, Vol. 8, Elsevier Science Publishers Ltd., England, pp. 337-340.

5. Giroud, J. P. and Badu-Tweneboah, K., (1992) "Rate of Leakage through A Composite Liner due to Geomembrane Defects," Geotextiles and Geomembranes, Vol. 11, Elsevier Science Publishers Ltd., England, pp. 1-28.

6. Koerner, R. M., (1990) "Designing with Geosynthetics," 2nd Edition, Prentice Hall Inc., Englewood Cliffs, New Jersey.

7. Koerner, R. M., (1994) "Designing with Geosynthetics," 3rd Edition, Prentice Hall Inc., Englewood Cliffs, New Jersey.

8. Koerner, R. M., Koerner, G. R., and Hwu, B. -L., (1990) "Three Dimensional Axi-Symmetric Geomembrane Tension Test," ASTM STP 1081, R. M. Koerner, ed, Philadelphia, pp. 170-184.

9. Koerner, R. M. and Hwu, B. -L., (1991) "Stability and Tension Considerations Regarding Cover Soils on Geomembrane Lined Slopes," Geotextiles and Geomembranes, Elsevier Science Publishers Ltd., England, pp. 335-355.

10. Martin, J. P., Koerner, R. M., and Whitty, J. E., (1984) "Experimental Friction Evaluation of Slippage between Geomembranes, Geotextiles and Soils," Proc. Intl. Conf. on Geomembranes, IFAI, Denver, CO, pp, 191-196.

11. Melchior, S. and Miehlich, G., (1994) "Hydrological Studies on the Effectiveness of Different Multilayered Landfill Caps," Landfilling of Waste: Barriers, Edited by T. H. Christensen, R. Cossu, and R. Stegmann, E & FN Spon, London, U. K., PP. 115-137.

12. USEPA, (1988) "Final Cover on Hazardous Waste Landfills and Surface Impoundments," U. S. EPA Guide to Technical Resources for the Design of Land Disposal Facilities, EPA/530-SW-88-047.

13. USEPA, (1991a) "Design and Construction of RCRA/CERCLA Final Covers," EPA/625/4-91/025, Office of Research and Development, U. S. Environmental Protection Agency, Washington, D. C., May.

14. 钱学德, 郭志平. (1995), 美国的现代卫生填埋场. 水利水电科技进展, Vol. 15, No. 5, pp. 8-12

15. 钱学德, 郭志平. (1997), 填埋场复合衬垫系统. 水利水电科技进展, Vol. 17, No. 5, pp. 64-68

# 第五章  土工聚合粘土衬垫（GCL）

一层低透水的压实粘土是大多数废弃物填埋场衬垫和覆盖系统中的必要组成部分。过去几年里，几种被叫做土工聚合粘土衬垫的薄预制粘土铺盖已经发展起来，并被建议代替衬垫和覆盖系统中的压实土层。土工聚合粘土衬垫可以作为废弃物填埋场的必要组成部分，或者如有些人提出的那样，逐步部分或全部取代低透水压实粘土衬垫。

土工聚合粘土衬垫是将膨润土夹在土工织物中间或连接在土工膜上混合制成的。它们能利用轻型设备安装，这可以尽量减小对下卧层的损害，同时也容易铺设在边坡上。而且土工聚合衬垫不象压实粘土衬垫，在压载下不产生固结排水，而当粘土衬垫因固结排出的水流入垫层中的排水层时，经常会被误认为是衬垫被破坏了。

## 5.1  钠膨润土的构造

钠膨润土是描述水成沉积物和火山灰风化形成的粘土矿物蒙脱石的术语。钠膨润土由致密的电离带电小晶片组成。小晶片里边或它们之间存在正负电荷分割带。极性分子，比如水分子，被这种独特粘土构造中的正负电荷吸引或与其相互作用。极性分子一接触到膨润粘土，就楔进膨润土晶格中间，使他们分离并膨胀起来（图 5-1），这种膨胀使水化膨润土（hydrated bentomite）具有极低的透水性。水化膨润土晶格组成一个几乎不可透过的迷宫，它限制了可能的液体入侵（图 5.2）。水化膨润土可以在有限的（仅需相当于 10cm 高砂土的覆盖）压力下达到很低的透水性。钠膨润土性能列出如下：（Eith, et al, 1991, Colloid, 1993）：

| | |
|---|---|
| 液限 | $500 \sim 600$ |
| 塑限 | $30 \sim 60$ |
| 渗透系数 | $<1 \times 10^{-9} cm/s$ |
| 阴离子交换能力 | 90meq/100g |
| 比表面积 | 700m²/g |
| 晶格尺寸 | $0.2 \sim 2\mu m$ |
| 体积密度 | 80.82g/cm³ |
| pH 值 | 9 |
| 含水量 | 24%（料场） |
| | 8%（加工过） |

膨润土是应用范围十分广泛的一种粘土矿物，美国及中国的膨润土资源均很丰富。但美国主要开采的是钠膨润土，而中国则以生产钙膨润土为主，钙膨润土的理化性能和工艺性能均较钠膨润土为差，有时不能满足工程要求，需要经过酸碱处理，改造成人工（或改性）的钠膨润土以提高其工程性能，如粘结性、膨胀性、抗剪性、抗压性等。

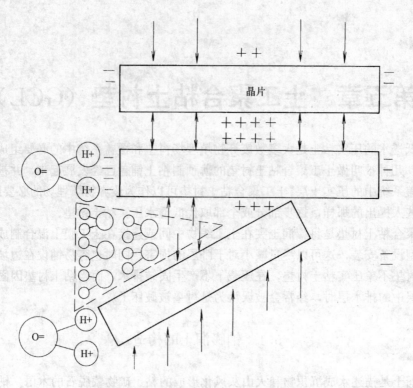

图 5.1　致密的电离带电钠膨润土晶格

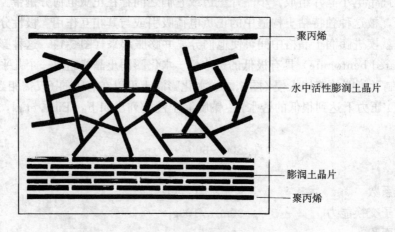

聚丙烯

水中活性膨润土晶片

膨润土晶片

聚丙烯

图 5.2　水化膨润土晶片

## 5.2　土工聚合粘土衬垫类型和目前应用情况

目前生产的每一种膨润土土工合成材料，都由不同的土工合成聚合物组成，且各自使用了独特的制造工艺。(Eith, et, al 1991; Estovnell and Daniel, 1992)

**Claymax**

这种三重组合的粘土衬垫，由 James Clem 公司在美国佐治亚州 Fairmunt 制造。它由以下几部分组成：以有狭长切口的 $140g/m^2$ 有纺聚丙烯薄膜土工织物为底，铺上可溶性胶粘接的细粒状钠膨润土，上覆 35g/m² 的粘丝土工织物（图 5.3）。制造工艺程序如下：把胶状物放置在底部的土工织物上，以 4.9kg/m² 比率将细粒状膨润土分散在胶体中，在粘土层上盖上轻重量组构物，最后加热这种复合系统使之成为约 18% 含水量的材料。连续不断的生产线切出 4.1m 宽，成卷长度 30.5m 的单件，并封闭在塑料袋里便于装运。

**Bentomat**

Bentomat 由位于佐治亚州 Villa Rica 的 Colloid 环境技术工程公司制造。它是三重复合型材料，但与 claymax 有些特定的不同点。细粒状 Voeclay 钠膨润土（"CS"级别）夹在两层针刺无纺聚丙烯土工织物之间，然后通过针制机械缝合起来。因为针穿过各组构部分而使其成为一个整体（图 5.3）。

下部土工织物是 170g/m² 的成品，而上部的组成物是 120g/m² 的土工织物。膨润土以 4.9kg/m² 比率分布。这种材料制成 4.1~4.6m 宽，每卷长约 30.5m。

**Gundseal**

Gundseal 由美国休斯顿 Gundle Lining Systems 公司制造。这种材料由一层 0.5mm 厚带有固化钠膨润土的土工膜衬垫组成，并通过专门的水基胶结工艺将膨润土固定在土工膜上（图 5.3）。目前粘土用量为 4.9kg/m²。土工膜可以是高密聚乙烯（HDPE），也可以是超低密聚乙烯（VLDPE），或者是压挤型聚乙烯。此材料成卷生产，宽 5.3m，长约 61m。

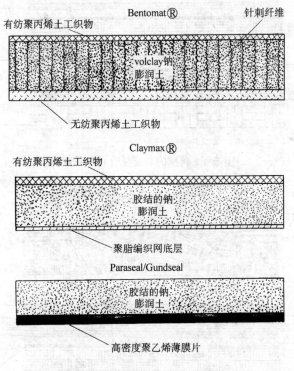

图 5.3 土工聚合衬垫的三种类型

**Bentofix**

这种产品由德国 Nane Fasertechnik GmbH 制造。它是三重合成物：无纺针刺土工织物顶层，膨润土层和无纺针刺土工织物底层。底层土工织物为典型的双层无纺织物，由 PET 和 PP 纤维构成；另外还有一种是由 300g/m² 高密聚乙烯纤维制成的，这些是单层的无纺织物。膨润土为至少含 70% 蒙脱石矿物的活性膨润土。使用独特的密闭混合工艺将粘土与苏打粉形成活化钠或者胶溶。顶层土工织物由 300g/m² 的 PET 纤维单层无纺织物组成，或者是一层 450g/m² 的高密聚乙烯纤维的单层无纺织物。通过一个针刺工艺过程，赋于这种合成物一定的强度。

图 5.4 是最近几年广泛用于城市固体废弃物填埋场的典型双层复合衬垫系统的横断面图。图 5.5 表示用土工聚合粘土衬垫代替上层压实粘土衬垫的情况，这可以减小衬垫系统的总厚度，从而增加填埋场的库容，图 5.6 和图 5.7 是常用于已有固体废弃物填埋场加高工程的衬垫系统的横断面。在图 5.7 中一层土工格栅被用作对衬垫系统的加筋放置在衬垫系统的底部，这可以防止由于已有填埋场过大的压缩性和局部的不均匀性引起差异沉降从而在衬垫系统中产生过大的拉应力。

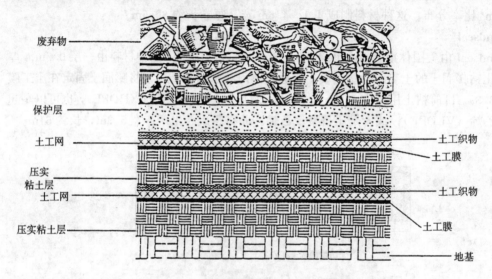

图 5.4 典型的双层复合衬垫系统

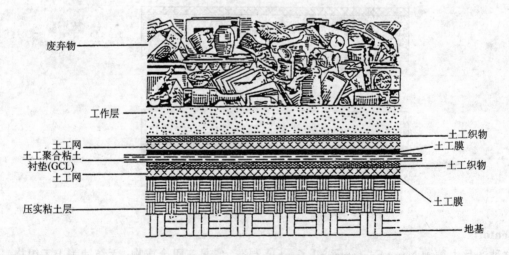

图 5.5 带有土工聚合粘土衬垫的双层复合衬垫系统

66

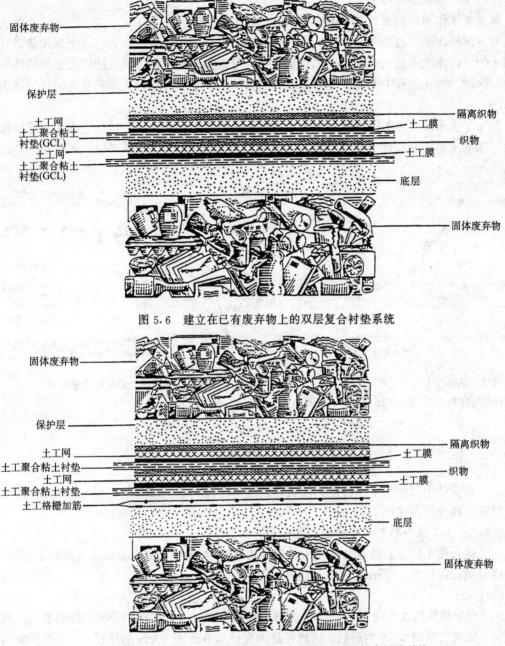

图 5.6　建立在已有废弃物上的双层复合衬垫系统

固体废弃物

保护层

土工网
土工聚合粘土衬垫(GCL)
土工网
土工聚合粘土衬垫(GCL)

隔离织物
土工膜
织物
土工膜
底层

固体废弃物

固体废弃物

保护层

土工网
土工聚合粘土衬垫
土工网
土工聚合粘土衬垫
土工格栅加筋

隔离织物
土工膜
织物
土工膜

底层

固体废弃物

图 5.7　建立在已有废弃物上带有土工格栅的双层复合衬垫系统

## 5.3　钠膨润土的水化作用

　　干粘土对液体的吸收力是很强的，它能使水自然地充满粘土孔隙，然后继续吸水直到最后达到平衡。比如，一块干土样品放在湿房间里，当土体中孔隙逐渐被水充满时，它仍持总体积不变。按定义，当湿度达到100％时，土处于缩限状态。此后粘土继续吸水，但总体积增加，含水量超过塑限，最后达到液限。在液限状态下，土不再有可测到的抗剪强度，而其性状象一种粘滞液体了。

与自来水作用的钠膨润土一维膨胀试验已由 Shan 和 Daniel（1991）完成。在极小的上覆压力下体积改变将近 200%（图 5.8），这个现象没有特别价值，因为已有书面报告估计膨润土的自由膨胀可达1200%（Crim，1968）。也可选择逐渐增加试样上的压力且保持体积不变，这样，水化过程中的膨胀压力可以测出。从图 5.8 中可看到无体积变化时压力约为 135kPa。

图 5.9 表示浸没在不同周围压力的水中时膨润土的水化和膨胀性状。它表明在低压缩压力下膨润土的完全水化（即：其膨胀停止时间）需要约 100 小时，或者说 4 天时间。（Colloid，1993）

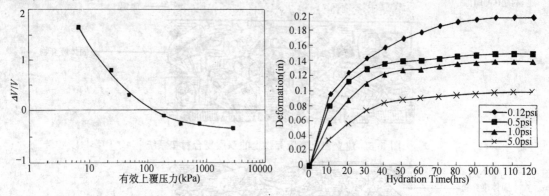

图 5.8　钠膨润土与水在有效上覆压力作用下　　　　图 5.9　钠膨润土水化和膨胀性状
　　对应的体积变化（Shan and Daniel，1991）

## 5.4　土工聚合粘土衬垫的工程特征和性状

土工聚合粘土衬垫的工程特征和性状包括透水性，膨胀和收缩性，冻结和融化性能，抗剪强度等，现分别叙述如下：

### 5.4.1　土工聚合粘土衬垫的透水性

土工聚合粘土衬垫的透水性可用一系列方法来确定。每种产品又有其各自的确定方法，以下将分别加以讨论。（Eith，et al，1991）

**Claymax**

STS专家使用污水水流对 Claymax 的透水性做了测试。试验在一个有柔性侧壁的三轴渗透仪（见第三章图 3.7）内进行。试验样品为直径 7.1cm 高 13cm 的沙柱，一个圆形断面的 Claymax 放在沙子上。将样品放置于柔性橡胶膜内并密封三轴室，允许样品与淋滤液发生水化作用 48 小时。48 小时水化作用后，对试样加反压力饱和，使孔隙应力参数 B 保持为 0.95，或比试验前大一些。淋滤液从底部流向试样，记录下的渗透体积及对应时间可以决定渗透性。整个试验需 4 天时间，结果渗透系数大约为 $8\times10^{-10}$cm/s。

Geosevice 公司对有效应力 20kPa 下直径为 1cm 的 Claymax 样品做了类似试验。用反压技术达到饱和后（B>0.954），样品在柔壁渗透仪内被固结至有效应力为 200kPa，再用水力梯度为 1000 的变水头法测试其透水性能。经过几天试验，稳定的渗透系数约为 $2\times10^{-10}$cm/s。

J&L 实验室也使用柔壁三轴渗透仪对 Claymax 做了一系列试验，但用的是常水头法，水力梯度在 5 到 60 之间。渗透物分别为脱气水，自来水，脱气蒸馏水、城市填埋场淋滤液（来自宾州，纽约州，弗吉尼亚州，马里兰州和新泽西州）经 75 次试验，得出渗透系数在 $3 \times 10^{-9}$cm/s~$5 \times 10^{-10}$cm/s 之间。

膨润土对不同渗透物的透水性（Colloid 1993）         表 5-1

| 渗　透　物 | $k$ 值（cm/s） |
|---|---|
| 水 | $1.0 \times 10^{-9}$ |
| 城市固体废弃物填埋场淋滤液 | $8.0 \times 10^{-10}$ |
| 海水（3.5%含盐量） | $3.6 \times 10^{-9}$ |
| 氰化钠溶液（600ppm） | $6.8 \times 10^{-10}$ |
| Uan 肥料（32%） | $3.5 \times 10^{-9}$ |
| 汽油 | $7.4 \times 10^{-10}$ |
| 柴油 | $8.0 \times 10^{-10}$ |

### Bentomat

最近 J&L 实验室使用一个 15cm 的柔壁渗透仪就膨润土的透水性作了一系列试验。试验使用了未加处理的天然膨润土充填料和设计适合于有机物液体作用的处理过的膨润土。所有试验都用 55kPa 的有效应力和 0.3, 3.6, 7.6, 10.7m 的水头。蒸馏脱气水，来自宾州一个城市填埋场的淋滤液分别与处理过和未处理过的膨润土做实验，这样共有四种情况。经过一系列这四种测试，给出的渗透系数值在 $5.6 \times 10^{-9}$cm/s 至 $5.8 \times 10^{-10}$cm/s 之间。可以有趣地注意到：当与淋滤液作用时，处理过的膨润土比自然状态下性能好些。

不同渗透物下 Bentomat 的透水性汇总见表 5-1。表 5-2 表示对应不同沉降时 Bentomat 透水性能的变化。

对应不同沉降的 Bentomat 透水性能（Colloid，1993）         表 5-2

| 样　品 | d/L | 拉应变（%） | 初　始 $k$ (cm/s) | 最小 $k$ (cm/s) | 最大 $k$ (cm/s) |
|---|---|---|---|---|---|
| B-IHS-2-D | 0.325 | 5.0 | $6 \times 10^{-9}$ | $1 \times 10^{-9}$ | $7 \times 10^{-9}$ |
| B-IHS-3-B | 0.347 | 6.0 | $1 \times 10^{-9}$ | $7 \times 10^{-9}$ | $1 \times 10^{-9}$ |
| B-IHS-1-E | 0.504 | 12.0 | $1 \times 10^{-9}$ | $8 \times 10^{-9}$ | $5 \times 10^{-9}$ |

d/L：每单位长度垂直偏移量

### Bentofix

为确定 Bentofix 透水性能，已做了室内试验，Scheu et al 于 1990 作了报告。试样安装在三轴室里，水流从其底部一直贯穿到其顶部，试验用水是脱气水，反压力保证试样饱和。试样直径 10cm 时，渗透系数值从 $5 \times 10^{-9}$cm/s 到 $1 \times 10^{-8}$cm/s。承压情况下渗透系数是 $1 \times 10^{-9}$cm/s，压缩情况下膨润土厚度大约是初始厚度的一半。叠合区域上的渗透性试验也做了，得出结论约为 $1 \times 10^{-8}$cm/s，这一数值等于产品本身（一层时）的值。

### Gundseal

这种 Gundseal 的组成部分之一是一层土工膜，通过它的垂直透水性极低。渗透系数值由土工膜底层的蒸气渗透性控制，约为 $1 \times 10^{-13}$cm/s 或者更小。

### 5.4.2 膨胀和收缩性状

从刚刚描述过的水化和渗透性状中可以看到液体使粘土饱和而粘土饱和后的渗透性确实很低。如果因某种原因，液体从系统中排出，体积将减小而收缩。但这样的膨胀与收缩仅当边界条件允许体积增加时，才有可能是双向的。在通常现场条件下不会发生，因为这些地方的上覆和下卧材料的摩擦阻力阻碍了衬垫自由的体积变化。举个例子，将前面所说四种市售的土工聚合粘土衬垫先处于干燥状态，然后与自来水充分水化，10 天后再被风干。在无侧限状态下，高塑性粘土薄层上最有可能找到裂纹。但是，这些情况是在没有任何法向应力时进行的，不能看成典型现场的代表情况。压力肯定会趋向于使粘土的状况变得更加连续，而且甚至可能消除干缩裂纹。可以进一步合理推论，如果因覆盖于土工聚合粘土衬垫上的土工膜有一处孔洞而发生渗漏，可能由于它的自然特性而使衬垫持续漏水。

这里提出了一个需要认真考虑的问题：任何类型土工聚合粘土衬垫在现场安装后必须尽可能快地施加法向压力。这样将限制其体积改变，也有利于叠合缝的水封作用。

### 5.4.3 冻结与融化性状

Claymax 冻融试验由 GeoServiecs 公司完成 (Eith, et al, 1991)。他们调查了分别是 0、1、5 和 10 次冻融循环对渗透性能的影响。

试验过程中，Claymax 样品先水化然后承受无侧限下交替冻融循环。数次循环后将样品放进三轴渗透仪中固结，再测出渗透系数。

经反压力饱和，将其拿出三轴渗透室，使之承受 0、1、5 和 10 次冻融循环。再将样品放进三轴室使其反压力饱和至有效应力 20kPa，然后在有效应力 200kPa 下固结 24 小时。试样的渗透系数用变水头试验测定。施加最大水力梯度约 1000。经历 0、1、5 和 10 次冻融循环的 Claymax 试样的透水性结果分别是：$4 \times 10^{-10}$cm/s，$3 \times 10^{-10}$cm/s，$2.2 \times 10^{-10}$cm/s 和 $1.5 \times 10^{-10}$cm/s。试验发现当冻融循环次数增加到 10 次以上时渗透系数才稍有减小。受冻时样品厚度微有增加，但融化后减小到原有厚度。这些数据表明经 Claymax 工艺制造的膨润土在这个试验条件下不易冻结。考虑到 Bentomat 和 Gurdseal 的性质特征，类似的试验结果不难预想。

### 5.4.4 抗剪强度

土工试验早已建立起这样一个观念：土的抗剪强度和试验方法很有关系，且很大程度上取决于试样的排水情况。在固结和剪切阶段均有不同的情况，如下列几种饱和土试验类型：

(1) 不固结不排水试验 (UU)，或快剪试验，普遍应用于新近沉积的低透水性土；

(2) 固结不排水试验 (CU)，或固结快剪试验，一般应用于低透水性土的固结沉降，也应用于其他类型土；

(3) 固结排水试验 (CD)，或慢剪试验，一般用于强透水土的固结沉降，或是很慢的加载情况。

显然在土工聚合粘土衬垫抗剪强度试验开始之前，其剪切破坏方式应该能预料到。土工聚合粘土衬垫中的膨润土非常干燥 (含水量约 15～70%)。干燥膨润土坚硬，但饱水后抗剪强度极低。Shan 和 Daniel (1991) 报告中提到土工聚合粘土衬垫中干燥未加筋膨润土内摩擦角 $\varphi$ 大约为 30°，但饱水后 $\varphi$ 值下降至 10°左右。土工聚合粘土衬垫最坏的情形是上覆土工膜有一处大漏洞，渗漏使粘土饱和而处于不固结不排水或是快剪状态。此时内摩擦角可能降低到接近于 0，仅具有极小的凝聚力支持抗剪强度。其间的变化有无穷多种，直到另一种极端即固结排水条件使内摩擦角增至最大而具有接近于 0 的凝聚力。

图 5.10，5.11 列出两条强度包线，可以决定强度参数 $\varphi$ 和 $c$。图 5.10 表明经自来水饱和的钠膨润土 Claymax 在 CD 条件下的峰值强度包线，固结水化过程是 2-3 星期，剪切期需 3～5 天（Shan and Deniel，1991），正如对饱水膨润粘土预期的那样，抗剪强度参数的确较低（$\varphi=9°$，$c=4kPa$）。

图 5.11 表示不同含水量情况下 Gundseal 的直剪试验结果（Daniel，et al.，1993），其直线破坏包线由回归分析算出，破坏包线的内摩擦角和凝聚力汇总于表 5.3。

当膨润土的含水量增加时，不加筋的 GCL（如 Claymax 及 Gundseal）内部抗剪强度将降低。Daniel 等（1993）发现当含水量由 17％增至 100％时，GCL 的排水抗剪强度降低较快，然后在较大含水量情况下保持

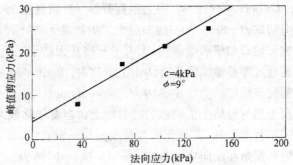

图 5.10　自来水饱和的 claymax 峰值强度包线（Shan and Daniel，1991）

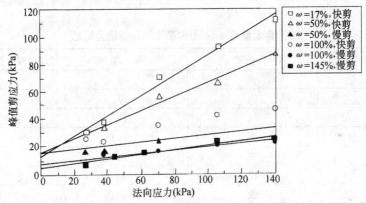

图 5.11　不同含水量条件下 Gundseal 峰值强度包线（Daniel，et al.，1993）

相对不变（见表 5.3）。同时，不加筋的 GCL 抗剪强度也随着剪切速率的降低而减小，Daniel 等使用位移速率 0.26mm/min 及 0.0003mm/min 对 Gundseal 试样进行直剪试验，试样的名义含水量为 100％，测出位移速率为 0.0003mm/min 时的峰值强度仅为位移速率为 0.26mm/min 时的一半（见表 5.3）。

图 5.12 是用自来水饱和的钙膨润土 Bentofix 的峰值强度破坏包线

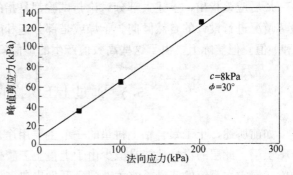

图 5.12　自来水饱和的 Bentofix 峰值强度包线（Scheu，et al.，1990）

(Scheu，et al.，1990)。此产品有穿透整体的纤维（垂直剪切面），联结着上下两层土工织物。最典型的试验细节没有给出，但抗剪强度参数比非纤维钠膨润土Claymax高出不少：$\varphi = 30°$和$c = 8kPa$。原因是膨润土类型，垂直纤维的作用或是试验条件的不同。抗剪强度问题很复杂，只有根据具体场地条件和产品的具体情况进行试验才能正确确定抗剪强度设计参数。

Gilbert 等（1996）用大型直剪仪（剪切盒宽290mm，长430mm）对Bentomat产品进行剪切试验。Bentomat的底层土工织物是无纺针刺聚丙烯土工织物，而上层土工织物为有纺狭长切口的聚丙烯薄膜，聚丙烯纤维从无纺土工织物刺入经过膨润土层至有纺土工织物，纤维通过摩擦被锚固于有纺土工织物内。Bentomat的试样经过无离子水水化，用于试验其内部抗剪强度的剪切速率约为0.05mm/min。Bentomat试样的破坏主要发生于GCL内部膨润土层与有纺土工织物的接触面上，当剪位移较大时，针刺加筋纤维的大多数将从有纺土工织物上脱开。其峰值破坏包线不是一根直线，如图5.13所示。试验结果表明，Bentomat的内摩擦角在法向应力为3.45～23.0kPa时约为18°，而在法向应力为23.0～69.0kPa时近似为30°。

与不加筋的GCL（Claymax或Gundseal）相比，Bentofix或Bentomat中的加筋纤维可使GCL的内部抗剪强度增加。在充分饱和的条件下，加筋GCL的内部峰值强度约为不加筋GCL的两倍。

不同含水量 Gundseal 内摩擦角和凝聚力汇总 表 5.3

| 名义含水量（%） | 剪 切 速 率 | 凝 聚 力（kPa） | 摩 擦 角（°） |
|---|---|---|---|
| 17 | 快 | 13 | 36 |
| 17 | 慢 | 10 | 22 |
| 50 | 快 | 15 | 27 |
| 50 | 慢 | 15 | 7 |
| 100 | 快 | 19 | 12 |
| 100 | 慢 | 8 | 7 |
| 145 | 慢 | 5 | 9 |

最后应该指出，上述大部分讨论与试验都是指的饱和试样。这也反应出工程设计师用最坏情况进行设计的自然倾向。干燥或是部分饱和时，粘土抗剪强度试验给出相对较高的$\varphi$和$c$值。但实际上，由于这些高数值产生的虚假安全感可能已达到危险的边缘。

## 5.5　通过土工织物的渗出势能

如前所述，土工聚合粘土衬垫的一个主要用途是代替第一层或第二层土工膜下面的复合粘土层。此层的设计功能是减少由于上覆土工膜微小缺陷导致的渗漏量。根据可以允许的第二层排水系统的流量，有关部门已开发出典型设计。

作为第一层复合衬垫的底部，膨润土薄片将直接设置于第二排水和收集层上，即渗漏检测层的下面。因此，在成卷设置或者在水化和水化后续过程中，有人担心位于产品底层的土工织物能否有足够的包容膨润土颗粒的能力。对第二层由相对较薄土工网组成的收集区，这种包容能力尤其重要。膨润土颗粒的渗出会严重堵塞排水层，而且薄片中膨润土的流失会减弱产品防止渗漏的能力。现对各类产品中土工织物层包容膨润土的能力描述如下：（Eith et al，1991）

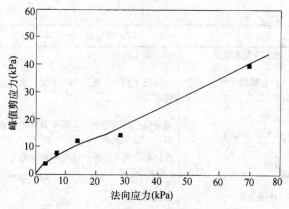

图 5.13　无离子水饱和的 Bentomat 峰值
强度包线（Gibert，et al.，1996）

**Claymax**

J&L 测试公司已经做了室内试验，评估在水化或水化后续过程中底层及上覆土工织物包容膨润土材料的能力，而且为了估计通过土工织物的渗出势，试验在加载条件下进行。

有纺狭长切口的薄膜土工织物证明可有效地包容膨润土。试验包括静载和水力导水性试验。然而，同类试验表明上覆的粘丝土工织物在包容膨润土方面无效。无论在铺设时和铺设后，还是在水化和加载过程中，薄片的宽松边缘允许材料渗出。

制造商推荐的 Claymax 铺设方法是将狭长切口有纺土工织物正面朝上而将粘丝土工织物正面朝下。因此在产品下边和在下卧土工网上边设置一层独立的土工织物是有必要的。提供的薄片重迭区宽为 15cm，这对补偿处理过程中的正常流失和在试验时观察到的边缘挤压造成的材料流失是足够的了。

**Bentomat**

对压载条件下，水化和水化后续过程中上覆和下卧土工织物包容膨润土材料的能力，还没有特别的实验室试验来估计它。制造商建议 Bentomat 应该铺设成使稍重的无纺土工织物朝上而使稍轻土工织物朝下。提供的接口迭合区是 15cm，整卷叠合区是 23cm。

**Bentofix**

没有具体产品的现成试验结果评估上下层土工织物包容膨润土的能力，制造商推荐的最小迭合区是 30cm。

**Gundseal**

没有具体产品结果。底部的土工膜层完全包容膨润土。制造商推荐的最小叠合区是 15cm。

## 5.6　土工聚合粘土衬垫与压实粘土衬垫的区别

压实粘土衬垫与土工聚合粘土衬垫的区别列于表 5.4 中

压实粘土衬垫与土工聚合粘土衬垫之区别（摘自 USEPA，1993C）　　　表 5.4

| 特　　征 | 压 实 粘 土 衬 垫 | 土 工 聚 合 衬 垫 |
|---|---|---|
| 1. 材料 | 天然土或土与膨润土的混合物 | 膨润土，粘合剂，土工织物与土工膜 |
| 2. 施工方法 | 现场施工 | 工厂加工，现场铺设 |
| 3. 厚度 | 约 60～90cm | 约 12～15mm |
| 4. 渗透系数 | $\leqslant 1\times10^{-7}$cm/s | $\leqslant (1\times10^{-9}\sim5\times10^{-9})$ cm/s |
| 5. 材料方便程度 | 不可能在任何地点均能找到合适的材料 | 材料可由工厂运至任何地点 |

| 特　　　　征 | 压 实 粘 土 衬 垫 | 土 工 聚 合 衬 垫 |
|---|---|---|
| 6. 施工速度和难易 | 慢，施工复杂 | 快，仅需简单铺设 |
| 7. 施工期因干燥而被损伤的可能性 | 材料近乎饱和，施工期易干裂；会产生固结水 | 材料基本上是干的，施工期不会干裂；但对某些材料，存在重叠宽度问题，不产生固结水 |
| 8. 质量保证的难易 | 质量保证步骤很复杂，需要高度熟练和有知识的监理人员 | 相对较简单，仅需直接的，常规的监理 |
| 9. 费用 | 变化幅度很大，估价约为每平方英尺 0.50～5.00 美元 | 对于大的场地，每平方英尺仅需 0.42～0.60 美元 |
| 10. 使用经验 | 已应用多年 | 最近才使用 |

有关压实粘土衬垫和土工聚合粘土衬垫各自的优势可综合归纳如下：

压实粘土衬垫的优势：

(1) 多数管理部门均要求使用压实粘土衬垫，使用其它类型衬垫可能需要相当于压实粘土衬垫的论证；

(2) 如果当地有大量合适的粘土土料，选择压实粘土衬垫是必然的；

(3) 压实粘土衬垫厚度较厚，实际上不会被刺穿；

(4) 压实粘土衬垫较厚，并采取分层复合施工，任何一层产生的小缺陷，整体反应相对不灵敏；

(5) 应用压实粘土衬垫已有多年历史，有较丰富的经验；

(6) 对压实粘土衬垫已建立起合理的质量保证步骤。

土工聚合粘土衬垫的优势：

(1) 土工聚合粘土衬垫较薄，可以减少对填埋空间的消耗，具有经济优势（可有较多的空间用来填埋）和环境优势（减少堆积垃圾的土地消耗）；

(2) 土工聚合粘土衬垫施工既快又简单；

(3) 土工聚合粘土衬垫可由工厂运至任何地点，与当地有无合适的材料无关；

(4) 铺设土工聚合粘土衬垫不需要重型设备，这对设置于可压缩废弃物上的最终封盖及其下为土工合成材料的第一层衬垫系统特别合适，因为前者要用重型设备进行压实是很难的，而后者的弱点正是害怕施工设备会对其造成损害；

(5) 土工聚合粘土衬垫的铺设仅需很少的运输工具，用于移动和压实所消耗的能量也很低，有利于减少空气污染，这对某些空气污染特别反感的地区可能很重要；

(6) 恶劣的气候条件（例如冰冻）可能使压实粘土衬垫的施工推迟，而对土工聚合粘土衬垫则不成问题；

(7) 土工聚合粘土衬垫施工时不需要水，适用于缺乏水源的干旱地区；

(8) 因为土工聚合粘土衬垫是在工厂制造的，其完整性和均匀性能得到保证，并不需要在每个地点再详细记述材料特征，而对压实粘土衬垫，这却是必须的；

(9) 土工聚合粘土衬垫可以承受较大的差异沉降，其承受能力可能比压实粘土衬垫大很多；

(10) 土工聚合粘土衬垫的质量保证步骤比压实粘土衬垫要简单得多；

（11）土工聚合粘土衬垫比压实粘土衬垫更易于修补；

（12）土工聚合粘土衬垫比压实粘土衬垫更能经受住冻融及干湿循环的考验；

（13）土工聚合粘土衬垫在施工期不会因干燥而受损害，施工后也很少产生这个问题；

（14）因为土工聚合粘土衬垫比压实粘土衬垫轻，可使最终封盖系统下面废弃物的沉降减少。

# 参 考 文 献

1. Colloid，(1993) "Bentomat," Colloid Environmental Technologies Company, Arlinton Heights, Iliinois.

2. Daniel, D. E. , Shan, H. -Y. , and Anderson J. D. , (1993) "Effects of Partial Wetting on the Performance of the Bentonite Component of A Geosynthetic Clay Liner," Proceedings of Geosynthetics'93, Vol. 3, Vancouver, March, pp. 1483—1496

3. Eith, A. W, Boschuk, J. , and Koerner, R. M. , (1991) "Prefabricated Bentonite Clay Liners," Geotextiles and Geomembranes, Vol. 10, Elsevier Science Publishers Ltd. , England, pp. 193—217.

4. Estornell, P. M. and Daniel, D. E. , (1992) "Hydraulic Conductivity of Three Geosynthetic Clay Liners. " Journal of Geotechnical Engineering, ASCE, Vov. 118, N0. 10, pp. 1592—1606.

5. Gilbert, R. B. , Fernandez, F. , and Horsfield, D. W. , (1996) "Shear Strength of Reinforced Geosynthetic Clay Liner," Journal of Geotechnical Engineering, ASCE, Vol. 122, No. 4, pp. 259—266.

6. Grim, R. E. , (1968) "Clay Mineralogy," 2nd Edition, McGraw-Hill, New York.

7. Scheu, C. , Johannessen, K. , and Soathoff, F. , (1990) "Nonwoven Bentonite Fabrics-A New Fiber Reinforced Mineral Liner System," 4th International Conference of Geotextiles, Geomembranes and Related Products, The Hague, pp. 467—472.

8. Shan, H. -Y. and Daniel. D. E. , (1991) "Results of Laboratory Tests on A Geotextile/Bentonite Liner Material," Geosynthetics 91, Vol. 2, Industrial Fabrics Association International, St. Paul, MN, pp. 517—535.

9. USEPA (1993c) "Report of Workshop on Geosynthetic Clay Liners," U. S. Environmental Protection Agency. Office of Research and Development, Washington, D. C. , EPA/600/R-93/171, August.

# 第六章　固体废弃物的工程性质

对填埋场进行设计与审批时均需进行广泛的岩土工程分析以论证所有填埋系统均已设计成符合长期运行的要求.若填埋场的安全和造价对废弃物工程性质变化反应十分灵敏,则在分析中正确选用废弃物工程性质将非常重要。然而,由于成分复杂,包罗万象,废弃物的工程性质变化范围非常大且随时间改变,并且不易直接量测。已公布的资料很有限,而量测与反算这些性质的条件又往往是不很清楚的。

除了影响对填埋场性能的估价外,由于废弃物的流动通常用入场重量来计算,而填埋场的容量则用体积来计算,在现场要将废弃物压实,还要堆土覆盖。因此废弃物的重力密度(重度)和压缩性对填埋场的经济利用评价有很大影响。总之,废弃物工程性质的选用会对诸如填埋场建设资金、垃圾倾倒费用、填埋单元的寿命和建设周期等问题产生很大的影响。

在设计填埋场进行工程分析时,需用到的废弃物工程性质列于表6.1,从表中可明显看出,废弃物的重力密度是个最重要的参数。

**城市固体废弃物工程性质的使用**　　　　　　　　　　　　　　　　　表6.1

| 工程分析项目 | 重力密度 | 含水量 | 孔隙率 | 透水性 | 持水率 | 抗剪强度 | 压缩性 |
|---|---|---|---|---|---|---|---|
| 衬垫设计 | ✓ | | | | | | |
| 淋滤液计算 | ✓ | ✓ | ✓ | ✓ | | | |
| 淋滤液收集系统设计 | ✓ | | | | | | |
| 地基沉降 | ✓ | | | | | | |
| 填埋场沉降 | ✓ | | ✓ | | | | ✓ |
| 地基稳定 | ✓ | | | | | ✓ | |
| 边坡稳定 | ✓ | | | | | ✓ | |
| 淋滤液回流计划 | ✓ | ✓ | ✓ | ✓ | | | |
| 填埋容量 | ✓ | ✓ | | | | | ✓ |

确定城市固体废弃物的工程性质很困难,因为:(Fassett 等,1994)

(1) 填埋材料组成成分的不一致,使各种性质变化范围很大;

(2) 想获得能代表现场条件足够大小的试样很困难;

(3) 废弃物成分不稳定的特点使取样和试验都很困难,至今没有公认的取样和试验方法;

(4) 废弃物的性质还随时间而变。

关于废弃物的工程性质,包括重力密度、含水量、孔隙率、透水性、持水率、凋蔫湿度和抗剪强度等将在本章以下各节分别讨论,其压缩特性则放在第10章中讨论。

## 6.1　固体废弃物的组成

固体废弃物一般常由很多成分组成,这些成分时常是多孔的和非饱和的。通过对多种类型废弃物的分析和广泛查阅现有文献，可将废弃物大致分成：$a$. 食物垃圾，$b$. 园林垃圾，$c$. 各种纸制品，$d$. 塑料、橡胶和皮革制品，$e$. 纺织品，$f$. 木材，$g$. 金属制品，$h$. 玻璃和陶瓷制品以及 $i$. 灰尘、碎砖、乱石及污泥等。各种成分的数量随不同废弃物类型而变，就是同一类废弃物，其成分也会随时间不同而变化。表 6.2 及表 6.3 列出了美国明尼苏达州（MN）首府 Minneapolis 及 St. Paul 市和加利福尼亚州（CA）Sunnyvale 市居民生活垃圾、商业垃圾和工业垃圾各种组成成分的比较，表 6.4 则列出加州 Davis 市居民区固体废弃物典型组成成分的逐年变化情况，可供参考。

**1988 年美国明尼苏达州首府地区各种类型废弃物组成比较**（CalRecovery, Inc., 1993）**表 6.2**

| 成　　分 | 居民生活垃圾 (%) | 商业垃圾 (%) | 工业垃圾 (%) |
|---|---|---|---|
| 食物垃圾 | 8.8 | 6.5 | 3.0 |
| 纸张 | 34.0 | 61.2 | 52.7 |
| 塑料 | 7.3 | 8.0 | 18.5 |
| 庭院垃圾 | 23.8 | 1.7 | 0.3 |
| 木材废弃物 | 3.5 | 5.6 | 12.8 |
| 零星有机物 | 8.9 | 5.3 | 4.5 |
| 玻璃 | 4.9 | 3.6 | 0.8 |
| 金属 | 4.9 | 4.6 | 3.9 |
| 其他 | 3.9 | 3.5 | 3.4 |
| 合计 | 100.0 | 100.0 | 100.0 |

表中各项均为重量百分比。

**1991 年美国加州 Sunnyvale 市各种类型废弃物组成比较**（CalRecovery, Inc., 1993）**表 6.3**

| 成　　分 | 居民生活垃圾 (%) | 商业垃圾 (%) | 工业垃圾 (%) |
|---|---|---|---|
| 食物垃圾 | 8.6 | 18.8 | 2.5 |
| 纸张 | 40.8 | 51.8 | 44.2 |
| 塑料 | 7.6 | 12.4 | 22.8 |
| 纺织品及皮革 | 1.5 | 0.8 | 1.2 |
| 橡胶及轮胎 | 1.0 | 1.4 | 0.4 |
| 庭院垃圾 | 25.5 | 5.0 | 5.1 |
| 木材废弃物 | 1.1 | 0.4 | 9.0 |
| 零星有机物 | 4.3 | 1.0 | 0.3 |
| 玻璃 | 4.4 | 3.5 | 2.3 |
| 金属 | 3.5 | 4.4 | 7.9 |
| 其他 | 1.3 | 0.4 | 4.2 |
| 合计 | 100.0 | 100.0 | 100.0 |

表中各项均为重量百分比

**美国加州 Davis 市居民区固体废弃物典型组成**（Tchobanoglous 等，1993）　**表 6.4**

| 成　　分 | 重　量　百　分　比 | | | |
|---|---|---|---|---|
| | 1971 年 | 1978 年 | 1984 年 | 1990 年 |
| 有机物： | | | | |
| 　食物垃圾 | 13.5 | 9.8 | 16.0 | 7.6 |
| 　纸张 | 33.4 | 28.9 | 22.7 | 34.1 |
| 　硬纸板 | 14.2 | 12.3 | 10.5 | 8.9 |
| 　塑料 | 3.1 | 6.7 | 11.4 | 11.8 |
| 　纺织品 | 3.9 | 1.5 | 7.8 | 1.9 |
| 　橡胶 | 1.3 | 1.2 | 1.0 | 2.4 |
| 　皮革 | | 0.1 | | 0.1 |
| 　庭院垃圾 | 1.0 | 17.7 | 8.1 | 16.5 |
| 　木材 | 2.3 | 0.8 | 4.3 | 2.2 |
| 　零星有机物 | 2.0 | 3.1 | 0.5 | |
| 无机物： | | | | |
| 　玻璃 | 13.0 | 10.4 | 9.2 | 6.1 |
| 　锡罐（铁皮罐） | 6.1 | 5.2 | 3.1 | 3.6 |
| 　铝罐 | 0.2 | 1.5 | 0.8 | 0.3 |
| 　其它金属 | 5.8 | 0.7 | 1.6 | 3.7 |
| 　烂泥、灰尘等 | 0.2 | 0.1 | 3.0 | 0.8 |

注：本表所有资料均在当年 10 月第一个两周内收集。

考虑到一部分废弃物成分极易被生物降解，一部分可被缓慢的降解，而另一些都不能被生物降解或只能非常缓慢的降解，建议在工程应用中用以下方法加以分类：

1. 有机物（O）

*A.* 容易腐烂的物品（OP），单分子体和低阻抗聚合物，易被生物降解，包括：食物垃圾，庭院垃圾，动物垃圾以及被这些垃圾污染的物品；

*B.* 不易腐烂的物品（ON），高阻抗聚合物，生物降解缓慢，包括：纸张，木材，纺织品，皮革，塑料，橡胶，油类，油漆，油脂，化学药品以及有机泥炭等。

2. 无机物（I）

*A.* 能分解的（ID），主要为锈蚀程度不同的各种金属；

*B.* 不能分解的（IN），包括：玻璃，陶瓷，矿质土，毛石，矿渣，泥渣，灰土，混凝土和砌体碎片等。

后三组（ON，ID，IN）可能含有形成大孔隙的物品，包括空的容器如各种箱子、板条箱、罐头、瓶子、壶、坛、鼓、桶、管子等；扁平或细长的物件如梁、薄板、金属板等；还有大体积物品如家具、破旧设备、汽车部件等。

1990 年调查的美国居民区固体废弃物典型组成列于表 6.5，对岩土工程分类来说，仅凭视觉检查是不够的，必须补充一些特性指标如重度、含水量、有机质含量、相对密度（比重）和颗粒粒径分析等。表 6.6 列出城市固体废弃物及其各组成成分的相对密度值，以供参考。

**1990 年全美居民区固体废弃物典型组成**

（Tchobanoglous 等，1993）

表 6.5

| 成　　分 | 重量百分比 | |
|---|---|---|
| | 范围 | 典型值 |
| 有机物 | | |
| 　食物垃圾 | 6～18 | 9.0 |
| 　纸张 | 25～40 | 34.0 |
| 　硬纸板 | 3～10 | 6.0 |
| 　塑料 | 4～10 | 7.0 |
| 　纺织品 | 0～4 | 2.0 |
| 　橡胶 | 0～2 | 0.5 |
| 　皮革 | 0～2 | 0.5 |
| 　庭院垃圾 | 5～20 | 18.5 |
| 　木材 | 1～4 | 2.0 |
| 无机物 | | |
| 　玻璃 | 4～12 | 8.0 |
| 　锡罐（铁皮罐） | 2～8 | 6.0 |
| 　铝制品 | 0～1 | 0.5 |
| 　其他金属 | 1～4 | 3.0 |
| 　烂泥，灰土等 | 0～6 | 3.0 |
| 总计 | | 100.0 |

**城市固体废弃物及其组成成分的相对密度**

（CalRecovery, Inc., 1993）

表 6.6

| 材　　料 | 相对密度 |
|---|---|
| 城市固体废弃物 | 0.64～1.2 |
| 铜 | 8.8～8.95 |
| 聚乙烯： | |
| 　　高密 | 0.94～0.97 |
| 　　中密 | 0.92～0.94 |
| 　　低密 | 0.92 |
| 聚丙烯 | 0.90 |
| 聚苯乙烯 | 1.04～1.1 |
| 聚氯乙烯（PVC） | 1.15～1.35 |
| 纸张 | 0.7～1.15 |
| 橡胶制品 | 1.0～2.0 |
| 木材 | 0.4～0.87 |
| 土： | |
| 　　干燥，松散 | 1.2 |
| 　　潮湿，松散 | 1.3 |

## 6.2 固体废弃物的重力密度

城市固体废弃物的重力密度变化幅度很大，由于它是自然形成的，成分复杂多变，且受处置方式和环境条件的影响。各填埋场经营者用不同方式来处置进场的垃圾，所达到的密实度也不一样。一般来说，正确估计城市固体废弃物重力密度的主要困难是：a) 如何将每天覆盖的土与废弃物隔开；b) 如何估计重力密度随时间和深度的变化，因为各填埋场报上来的数据大多只能反映填埋场表层附近的重力密度；c) 如何正确获取废弃物含水量的数据。因此，在确定城市固体废弃物重力密度之前，必须首先弄清楚某些条件，包括：a) 固体废弃物的组成，每天覆土情况和含水量；b) 对废弃物的压实方法和密实度；c) 测定重力密度试验点所处深度和 d) 废弃物的填埋时间。

城市固体废弃物的重力密度可以通过多种途径量测，如可在现场用大尺寸试样盒、试坑或用勺钻取样在实验室测定；也可测出填埋体积和进场废弃物以及覆盖土料的重量，算出重力密度；可以应用地球物理方法用 $\gamma$ 射线在原位测井中测定；还可以测出废弃物各组成成分的重力密度，然后按其所占百分比估计整个废弃物的重力密度。在现场或实验室直接测试的结果比较可靠，如果试验条件控制得好，试样尺寸较大（试坑或试样盒取样），则其试验结果可能是最可靠的。最不可靠的是那些直接计算出来的数据，例如由进场固体废弃物的重量和现场填埋体积估算出来的结果。

表 6.7 给出城市固体废弃物平均重力密度资料的归纳。所提供的重力密度变化范围为 $3.1 \sim 13.2 kN/m^3$，其变化范围之所以这么大，是由于倒入的垃圾成分不同，每天覆土量不同，以及含水量和压实程度不同等原因造成的。

**城市固体废弃物的平均重力密度**（Sharma 等，1990）　　　　表 6.7

| 资 料 来 源 | 废 弃 物 填 埋 条 件 | | 重力密度（$kN/m^3$） |
|---|---|---|---|
| Sowers（1968） | 卫生填埋场，压实程度不同 | | $4.7 \sim 9.4$ |
| NAVFAC（1983） | 卫生填埋场 | a) 未粉碎 轻微压实 | 3.1 |
| | | 中度压实 | 6.2 |
| | | 压实紧密 | 9.4 |
| | | b) 粉碎 | 8.6 |
| NSWMA（1985） | 城市垃圾 | 刚填埋时 | $6.7 \sim 7.6$ |
| | | 发生分解和沉降以后 | $9.8 \sim 10.9$ |
| Landva 及 Clark（1986） | 垃圾和覆盖土之比为 10：1 至 2：1 | | $8.9 \sim 13.2$ |
| EMCON（1989） | 垃圾和覆盖土之比为 6：1 | | 7.2 |

由于后续废弃物上覆压力的作用，先倾入废弃物的重力密度会因体积的瞬时压缩而加大，也会因随时间增加的附加压缩而增大。在 Earth Techrology（1988）的报告中，给出了在美国洛杉矶附近 puente Hills 填埋场进行现场和实验室研究的重力密度和深度关系曲线，其结果是根据开挖取样进行室内试验和用 $\gamma$ 射线在钻孔中测定的，见图 6.1 中的虚线。其值从表层的 $3.3 kN/m^3$ 变化到 60m 深处的 $12.8 kN/m^3$。根据已发表的现代卫生填埋场现场废弃物初

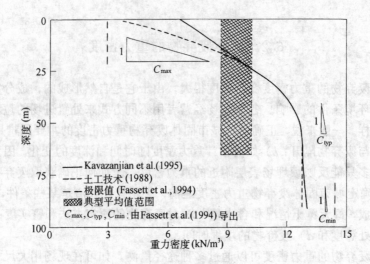

图 6.1　城市固体废弃物的重力密度剖面（Kavazanjian 等，1995）

始密度和 Fassett 等（1994）给出的废弃物压缩量，Kavazanjian 等（1995）又给出了一条表示废弃物重力密度和填埋深度的关系曲线，见图 6.1 中的实线。Fassett 等（1994）还给出废弃物重力密度的上下极限为 3.0kN/m³ 至 14.4kN/m³，也示于图中。对于缺少当地资料的填埋场，在进行工程分析时，图 6.1 可供估计城市固体废弃物重力密度作参考。

现今大多数填埋场均对废弃物进行适度压实，其压实比通常为 2∶1 至 3∶1，对于现代城市固体废弃物填埋场，经过压实后的固体废弃物，其平均重力密度通常可取 8.6 至 10.8kN/m³，如图 6.1 所示。

## 6.3　固体废弃物的含水量

在填埋场设计中，废弃物的含水量有两种不同的定义方法，一为废弃物中水的重量与废弃物干重之比，常用于土工分析，即：

$$w = (W_w/W_s) \times 100 \tag{6.1}$$

式中　$w$——用重量比表示的固体废弃物含水量，%；

　　　$W_w$——固体废弃物中水的重量；

　　　$W_s$——固体废弃物的干重。

另一定义为固体废弃物中水的体积和废弃物总体积之比，常用于水文和环境工程分析，即：

$$\theta = (V_w/V) \times 100 \tag{6.2}$$

式中　$\theta$——用体积比表示的固体废弃物含水量，%

　　　$V_w$——固体废弃物中水的体积；

　　　$V$——固体废弃物总体积。

如果已知用重量比或体积比表示的任一含水量，则两种含水量可用下式互换：

$$\theta = [w \cdot \gamma/(100 + w)\gamma_w] \times 100 \tag{6.3}$$

$$w = [\theta \cdot \gamma_w/(100\gamma - \theta\gamma_w)] \times 100 \tag{6.4}$$

式中　$\gamma$——固体废弃物的重力密度，kN/m³；

　　　$\gamma_w$——水的重力密度，9.81kN/m³。

其余符号同前，$\theta$ 及 $w$ 均用百分数表示。

填埋场城市固体废弃物的含水量，在很大程度上与下列互相关联的因素有关，包括：废弃物的原始成分，当地气候条件，填埋场运用方式（如是否每天往填埋垃圾上覆土），淋滤液收集和排放系统的有效程度，填埋场生物分解过程中产生的水分数量以及从填埋场气体中脱出的水分数量等（Mitchell 及 Mitchell，1992）。

Sowers（1968）指出，固体废弃物的原始含水量一般为 10～35%（重量比）。图 6.2 给出了加拿大全境各种垃圾试样的有机含量与含水量之间的关系（Landva 及 Clark，1990），一般来说，含水量将随有机含量的增加而增大。另外，城市固体废弃物的含水量还受季节气候变化的影响，表 6.8 表示美国加利福尼亚州 North Somta Clara 城的废弃物含水量（重量比）随季节变化的情况。城市固体废弃物的含水量还因填埋地点的不同而发生变化，这是由于各地的气候条件、填埋操作方式和固体废弃物组成不同而造成的。表 6.9 列出了美国不同地区城市固体废弃物不同的含水量值（重量比）。

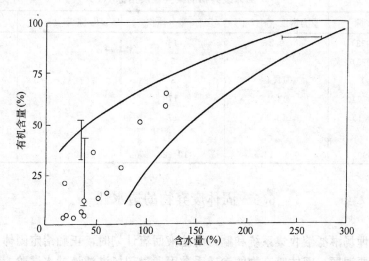

图 6.2　加拿大老填埋场试样的有机含量与含水量关系（Landva & Clark，1990）

城市固体废弃物的含水量随季节变化情况（CalRecovery，Inc.，1993）　　　**表 6.8**

| 取 样 季 节 | 居民区垃圾（%） | 商业垃圾（%） | 商业及工业垃圾（%） |
|---|---|---|---|
| 春季 | 29.3 | 19.1 | 13.1 |
| 夏季 | 24.7 | 16.3 | 10.9 |
| 秋季 | 34.7 | 30.2 | 19.4 |
| 冬季 | 34.1 | 27.1 | 21.2 |
| 年平均 | 30.7 | 23.2 | 16.2 |

注：1. 试样取自美国加州 North Santa Clara 城
　　2. 含水量均为重量百分比

美国不同地区城市固体废弃物的含水量（CalRecovery，Inc.，1993）　　　**表 6.9**

| 地区 | Akron，OH | Baltimore，MD | LosAngeles，CA | Richmond，CA | Sunngvale，CA | Tacoma，WA |
|---|---|---|---|---|---|---|
| 含水量（重量%） | 26 | 35 | 21 | 22 | 31 | 35 |

## 6.4 固体废弃物的孔隙率

孔隙率定义为废弃物孔隙体积与总体积之比。孔隙率 $n$ 和孔隙比 $e$（孔隙体积与干物质体积之比）之间有以下关系：

$$n = e/(1+e) \tag{6.5}$$

或

$$e = n/(1-n) \tag{6.6}$$

根据城市固体废弃物的成分和压实程度，其孔隙率通常可取 $40\%\sim52\%$，比一般压实粘土衬垫的孔隙率（约为 $40\%$）要高。表 6.10 给出了城市固体废弃物的一些工程性质指标，包括初始含水量（体积比），初始孔隙率和孔隙比，以及更多的重力密度。必须注意表中的含水量是以体积比表示的，与一般岩土工程中应用的含水量不同。

固体废弃物的某些性质指标 表 6.10

| 资料来源 | 重力密度（kN/m³） | 含水量（体积%） | 孔隙率（%） | 孔隙比 |
|---|---|---|---|---|
| Rovers 等（1973） | 9.2 | 16 | | |
| Fungaroli（1979） | 9.9 | 5 | | |
| Wigh（1979） | 11.4 | 8 | | |
| Walsh 等（1979） | 14.1 | 17 | | |
| Walsh 等（1981） | 13.9 | 17 | | |
| Schroeder 等（1984） | | 28 | 52 | 1.08 |
| Oweis 等（1990） | 6.3~14.1 | 10~20 | 40~50 | 0.67~1.0 |

## 6.5 固体废弃物的透水性

在设计填埋场淋滤液收集系统和制订淋滤液回流计划时，正确给定固体废弃物的水力参数是一个重要课题。固体废弃物的渗透系数可通过现场淋滤液抽水试验，大尺寸试坑渗漏试验或实验室大直径试样的渗透试验求出。图 6.3 给出加拿大四个填埋场试坑中测定的废弃物重力密度与渗透系数的关系，图中渗透系数是指渗流稳定以后，垃圾碎片将要填塞孔隙之前，水位下降中间阶段的值，其大小（$1\times10^{-3}\sim4\times10^{-2}$cm/s）与洁净的砂砾相当（Landva 及 Clark，1990）。

利用美国密歇根州一个运行中的填埋场三年现

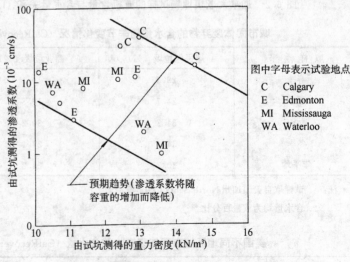

图 6.3　现场试坑测出的重力密度及渗透系数
（Landva 及 Clark，1990）

场实测资料，Qian（1994）推算出主要淋滤液收集系统中降水量和淋滤液产出体积之间随时间的变化关系，废弃物的渗透系数可由渗流移动时间，水力梯度及废弃物层厚求出，其值约为 $9.2 \times 10^{-4} \sim 1.1 \times 10^{-3} \mathrm{cm/s}$。

表 6.11 综合城市固体废弃物渗透系数的试验资料，从中可看出，填埋场城市固体废弃物的平均渗透系数的数量级约为 $10^{-3} \mathrm{cm/s}$。

城市固体废弃物渗透系数资料综合 表 6.11

| 资 料 来 源 | 重力密度（kN/m³） | 渗透系数（cm/s） | 测 定 方 法 |
|---|---|---|---|
| Fungaroli 等（1979） | 1.1～4.1 | $1 \times 10^{-3} \sim 2 \times 10^{-2}$ | 粉状垃圾，渗透仪测定 |
| Schroder 等（1984） | | $2 \times 10^{-4}$ | 由各种资料综合 |
| Oweis 等（1980） | 6.4（估计） | $10^{-3}$ 量级 | 由现场试验资料估算 |
| Landva 等（1990） | 10.0～14.4 | $1 \times 10^{-3} \sim 4 \times 10^{-2}$ | 试坑 |
| Oweis 等（1990） | 6.4 | $1 \times 10^{-3}$ | 抽水试验 |
| Oweis 等（1990） | 9.4～14.1（估计） | $1.5 \times 10^{-4}$ | 变水头现场试验 |
| Oweis 等（1990） | 6.3～9.4（估计） | $1.1 \times 10^{-3}$ | 试坑 |
| Qian（1994） | | $9.2 \times 10^{-4} \sim 1.1 \times 10^{-3}$ | 由现场试验资料估算 |

## 6.6 固体废弃物的持水率和凋蔫湿度

持水率是指经过长期重力排水后土或废弃物所能保持的体积含水量，凋蔫湿度则是通过植物蒸发后土或废弃物中剩下的最低体积含水量值。这两个含水量此处均以体积比来定义。持水率和凋蔫湿度两者之差，也就是土或废弃物中可利用的水分含量或持水能力。某种土所能保持的水分与土的结构质地有关，重质土比轻质土可保持更多的水分，图 6.4 表示不同土类这些特征的变化情况。

固体废弃物的持水率对于判断填埋场淋滤液的形成非常重要，超过持水率的水将成为淋滤液排出；在淋滤液回流设计中它也是一个主要的参数。固体废弃物的持水率随外加压力的大小和

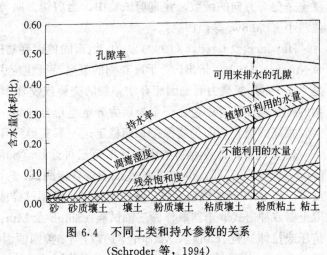

图 6.4 不同土类和持水参数的关系
（Schroder 等，1994）

废弃物分解程度而变，其值约为 $22.4\% \sim 55\%$，而压实粘土衬垫的持水率约为 $35.6\%$（Tchobanoglous，1993；Sharma 及 Lewis，1994）。

Sharma 及 Lewis（1994）建议城市固体废弃物持水率的典型值可取 $22.4\%$，在填埋场运行水文计算模型（HELP 模型）说明 3 中（Schroder 等，1994）所采用的城市固体废弃物持水率为 $29.2\%$。压实的电厂粉煤灰持水率典型值为 $18.7\%$，而电厂炉灰的持水率则为 $26.6\%$（Sharma 及 Lewis，1994）。来自居民和商业区的未压实混合垃圾，其持水率约为 $50\%$ $\sim 60\%$。一些研究文献中已发表的城市固体废弃物持水率值，综合列于表 6.12。

城市固体废弃物的凋蔫湿度约为8.4%～17%，而压实粘土衬垫的凋蔫湿度约为29%。在HELP模型说明3中（Schroder等，1994）所采用的城市固体废弃物凋蔫湿度为7.7%。Sharma及Lewis（1994）建议对城市固体废弃物、压实的火电厂粉煤灰和炉灰的凋蔫湿度可分别取8.4%、4.7%和6.5%。

城市固体废弃物持水率值　表6.12

| 资　料　来　源 | 持水率（体积%） |
| --- | --- |
| Rovers及Farquhar（1973） | 30.2 |
| Fungaroli及Steiner（1979） | 34.2 |
| Walsh及Kinman（1979） | 31.8 |
| Wigh（1979） | 36.7 |
| Walsh及kinman（1981） | 40.4 |
| Schroder等（1994） | 29.2 |
| Sharma及Lewis（1994） | 22.4 |

影响城市固体废弃物持水率的主要因素有上覆压力、压实方式和废弃物的组成。一般来说，如果城市固体废弃物的组成保持不变，则它的持水率将随上覆压力和压实能的增加而减小。显然，废弃物含有的有机成分如纸张、硬纸板、纺织品等愈多，它的持水率也愈高。

## 6.7　固体废弃物的强度

象土一样，城市固体废弃物的强度也随法向荷载的增加而增大。可是，由于城市固体废弃物有机质含量高并具纤维形态，其性状不象典型的土，反而更接近于纤维质的泥炭（Howland及Landva，1992）。影响城市固体废弃物强度特性的因素包括（Fassett等，1994）：a）有机质和纤维素含量；b）废弃物的年龄和分解程度；以及c）填埋年代（指不同年代填埋场的组成成分、压实方式和每日覆盖土的数量等）。同时，城市固体废弃物的强度也是剪切方向的函数，在直剪试验中，当剪切方向与废弃物堆填层面平行时，抗剪强度值最小（Landva等，1984）。

Howland及Landva（1992）认为，城市固体废弃物的强度特征主要是摩擦，但Mitchell及Mitchell（1992）指出，对于废弃物的凝聚特征也应引起足够的重视（他们认为这或许不是"真正的"凝聚力而是因废弃物颗粒的交叠或咬合作用引起的）。因此，在城市固体废弃物的抗剪强度计算中包含一个凝聚力分量也是合理的。这一观点可以通过在填埋场中已观察到很高的竖直切面仍能保持长期稳定这一事实得到有力支持。

估算城市固体废弃物的强度目前有三种途径（Singh及Murphy，1990；Howland及Landva，1992），即：a）在实验室或现场直接测试；b）通过破坏实例或荷载试验资料进行反算；及c）间接的现场测试。室内试验包括重塑试样或完全扰动试样的直剪试验，用薄壁取土器或冲击式取土器取样做三轴试验（Singh及Murphy，1990）以及取出试样的无侧限抗压或拉伸试验（Fang及Marphy，1977）等。美国缅因州中心填埋场曾在现场制作了16ft$^2$（约1.5m$^2$）的混凝土剪切盒，完成六组直剪试验，其法向力是通过堆放大的混凝土块加上去的（Richardson及Reynolds，1991）。

用大直剪试验做出的结果见图6.5和图6.6（Landva及Clark，1990）。对自然状态和干燥状态下废弃物的检验表明，它们均具有粒状和纤维状的特征。因此，在大型直剪试验中，和粒状土一样，当然能得到摩擦参数，从图6.5和6.6可以看出，其内摩擦角$\varphi$约在24°～41°之间。但从图上也可以看出，这些材料也存在有一个0～23kPa的凝聚力参数$c$。

由破坏面或荷载试验结果反算强度参数的方法在很多文献中都提到过。美国很多填埋场在进行边坡稳定分析时都采用了根据加州Monterey Park填埋场现场荷载试验得出的抗剪强度参数（Singh 及 Marphy，1990）。别的资料也可从新泽西州 Global 填埋场的破坏面反算出（Dvirnoff 及 Munion，1986）。Singh 及 Murphy（1990）通过观察南加州很多填埋场在地震期间安然无恙的事例，经过反算也求得了有关的强度资料。由于地震后填埋场边坡并未发生破坏，反算凝聚力 $c$ 和内摩擦角 $\varphi$ 时，可假定边坡的安全系数等于 1.0，这样反算得到的强度是最小的资用强度，因此这种假定是偏于安全的。

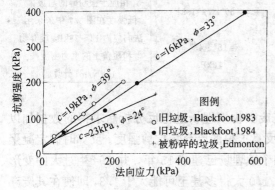
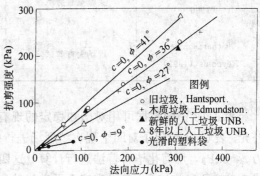

图 6.5  大直剪试验结果（1）（图中英文为试样　　　图 6.6  大直剪试验结果（2）（图中英文
产地，Landva & Clark，1990）　　　　　　　　　为试样产地，Landva & Clark，1990）

　　通过直接量测（如直剪试验）得到的强度数据，可用抗剪强度和法向应力的关系加以描述，如图 6.5、6.6 那样。而由破坏面或荷载试验反算而得的抗剪强度常为同时满足平衡方程的两个解，即凝聚力 $c$ 和内摩擦角 $\varphi$。这是利用已知条件（安全系数＝1.0）去确定两个未知量 $c$ 和 $\varphi$ 的结果。Singh 及 Murphy（1990）根据室内及现场试验以及通过反算得到的强度资料，以 $c$ 及 $\varphi$ 作为坐标归纳于一张图中，即图 6.7，图中阴影部分为他们所建议的可在稳定分析中使用的强度参数范围。

　　在对城市固体废弃物抗剪强度进行评价时，Kavazanjian 等（1995）认为，用以进行极限平衡分析的强度参数，还必须考虑废弃物的压缩和应变协调等因素。他们对城市固体废弃物抗剪强度的评价，主要是根据实例反算和现场试验得出的结果，除了由大直剪试验得出的一组数据外，其它室内试验得出的抗剪强度资料均未采用。因为室内试验的废弃物试样是经过重塑的，

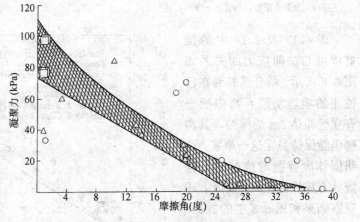

图 6.7  城市固体废弃物强度资料的归纳
（Singh & Murphy，1990）

同时尺寸又太小，它们不能和城市固体废弃物填埋场的不均匀性相适应，因此，这些试验数据是不可靠的。

　　被认为是可靠的并可用于废弃物抗剪强度校核的野外和室内试验数据被归纳于表6.13 中。

| 参 考 文 献 | 资料取得方式 | 结　　果 | 说　　明 |
|---|---|---|---|
| Pagotto 及 Rimoldi (1987) | 由荷载板试验反算 | $\varphi=22°$<br>$c=29kPa$ | 无关于废弃物类型和试验步骤的资料 |
| Landva 及 Clark (1990) | 实验室直剪试验 | $\varphi=24°,\ c=22kPa$<br>至 $\varphi=39°,\ c=19kPa$ | 正应力在 480kPa 以下，相应于被粉碎的垃圾，低强度在图 6.7 中未采用 |
| Richardson 及 Reynolds (1991) | 现场大直剪试验 | $\varphi=18°\sim43°$<br>$c=10kPa$ | 法向应力 14～38kPa 废弃物和覆盖土的重力密度按 $15kN/m^3$ 计算。 |

表 6.13 中的数据可用对已知稳定的现有废弃物填埋场进行反分析后求得的数据加以补充。表 6.14 给出了对四个现有填埋场进行反算求得的废弃物抗剪强度。反算时假定凝聚力 $c=5kPa$，用简化毕肖普法进行计算。这四个填埋场已建成 15 年，并未产生过大的变形或有其它不稳定迹象，其稳定安全系数显然比 1.0 大得多甚至可能大于 1.3，即使在其废弃物抗剪强度计算中采用 1.2 的安全系数，还是偏于安全的。

现有填埋场边坡反算结果（Kavazanjian 等，1995）　　表 6.14

| 填　埋　场 | 平　均　边　坡 | | 最　陡　边　坡 | | 废　弃　物　强　度 $\varphi$ | | |
|---|---|---|---|---|---|---|---|
| | 高（m） | 坡比 | 高（m） | 坡比 | $F_s=1.0$ | $F_s=1.1$ | $F_s=1.2$ |
| Lopez Canyon，CA | 120 | 1：2.5 | 35 | 1：1.7 | 25 | 27 | 29 |
| OII，CA | 75 | 1：2 | 20 | 1：1.6 | 28 | 30 | 34 |
| Babyion，NY | 30 | 1：1.9 | 10 | 1：1.25 | 30 | 34 | 38 |
| Private，OH | 40 | 1：2 | 10 | 1：1.2 | 30 | 34 | 37 |

注：$F_s$ 为安全系数，假定 $c=5kPa$。

表 6.13 及 6.14 中的抗剪强度与法向应力的关系如图 6.8 所示，结合观察到在已使用的填埋场废弃物中挖一直立壁面达 6m 的深沟，其沟壁仍能保持稳定这一事实，说明固体废弃物的抗剪强度包线具有双线性性质。根据上述观察结果和图 6.8 中的数据，Karazanjiom 等（1995）在填埋场城市固体废弃物的稳定分析中提出了一条折线形的摩尔—库伦强度包线，当法向应力低于 30kPa 时，取 $c=24kPa$，$\varphi=0°$；当法向应力大于 30kPa 时则取 $c=0$，$\varphi=33°$。

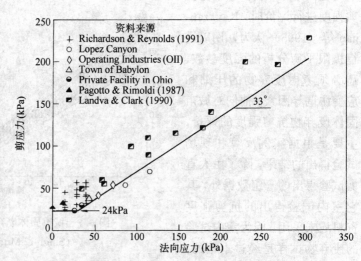

图 6.8　固体废弃物的抗剪强度（Kavazanjian 等，1995）

对于长期稳定分析，抗剪强度参数的变化主要决定于有关的填埋废弃物特性。对卫生填埋场的垃圾种类来说，并无直接的证据表明其抗剪强度会随时间发生重大变化。如果废弃物内因较多的局部分解而留下软弱带或空穴，其整体抗剪强度当然要减小，但这种强度衰减很难通过室内剪切试验被察觉出来。

一方面，城市固体废弃物象土一样，其强度随法向应力（或侧限压力）的增加而增大；另一方面，由于它的高有机质和纤维素含量，使它的性状不象无机土而更接近于富含纤维的泥炭（Landva 及 La Rcchelle，1983）。城市固体废弃物的纤维素含量可以保持不变，但易腐烂的有机质含量却随时间而减少，因此其岩土工程性质随时间推移产生一些变化也是可以想象的。另外，城市固体废弃物可能非常不均匀，因此在某一个部位所取的试样并不能充分代表它的"平均"性能（Howland 及 Landva，1992）

废弃物的填埋年代也是一个影响因素。例如，20 世纪 60 年代，用于包装的塑料制品数量猛增，Landva 及 Clark（1990）注意到塑料袋间的摩擦角仅为 9°（见图 6.6）。但废物流中的塑料制品并未使城市固体废弃物的平均单位体积强度降至 9°。Landva 及 Clark（1990）曾测出一塑料含量极高的破碎废弃物的内摩擦角为 24°（见图 6.5）。

到了 1990 年代，城市固体废弃物的性状又和以前不同，可利用的填埋空间变得愈来愈珍贵，增加废弃物的压实度被看作是在同一空间内填埋更多废弃物的主要途径。另外，更加密实的每日覆盖土也使填埋物的平均密度增加。但层状废弃物和每日覆盖土的密度增加，是否会使其强度相应增加，这一点还不很清楚。增加废弃物的重复利用对其组成和强度有多大影响也是个未知数。

也许有关城市固体废弃物强度确定的最大问题与其基本原理有关。那就是莫尔—库伦理论是否同样适用于废弃物？由于城市固体废弃物可产生很大的变形而不破坏，应取对应多大应变时的剪应力作为强度值才合适呢？Singh 和 Murphy（1990）用谢尔贝薄壁取土器取样做过城市固体废弃物的三轴压缩试验，在应变达到 30% 以后，应力仍在持续增长，并无达到一稳定值的迹象。在美国加州 Monterey Park 进行的荷载试验中，一超载的填埋物边坡产生了很大的变形，但仍无明显的破坏面（Singh 和 Murphy，1990）。根据以上事实和其他资料，Singh 和 Murphy 断定，用莫尔—库伦理论来描述固体废弃物的强度特征可能是不合适的。在填埋场设计中，穿过废弃物的边坡破坏可能不是一个重要问题。

填埋场稳定破坏常发生于衬垫系统内的接触面或下卧软土层中。因此，当进行稳定分析必须估计废弃物的强度特性时，和应考虑不同材料的应变协调性一样，正确计算软弱接触面和不良地基的强度特性是更为重要的。

## 参 考 文 献

1. CalRecovery, Inc., 1993 "Handbook of Solid Waste Properties," Published by Governemntal Advisory Associates, Inc., New York, NY.

2. Dvirnoff, A. H. and Munion, D. W., (1986) "Stability Failure of A Sanitary Landfill," International Symposium on Environmental Geotechnology, H. Y. Fang, Editor.

3. Earth Technology, (1988) "In-Place Stability of Landfill Slopes, Puents Hills Landfill, Los Angeles, California," Report No. 88-614-1, prepared for the Sanitation Districts of Los Angeles County, The Earth Technology Corp., Long Beach, CA.

4. Fang, H. Y., Slutter, R. G., and Koerner, R. M., (1977) "Load Bearing Capacity of Compacted Waste Disposal Materials," Proceedings of the Specialty Session on Geotechnical Engineering and Envi-

ronmental Control, 9th ICSMFE, Tokyo, Japan, 1977.

5. Fassett, J. B., Leonards, G. A., and Repetto, P. C., (1994) "Geotechnical Properties of Municipal Solid Wastes and Their Use in Landfill Design," Waste Tech'94, Landfill Technology, Technical Proceedings, Charleston, SC, January 13 to 14.

6. Fungaroli, A. A. and Steiner, R. L., (1979) "Investigation of Sanitary Landfill Behavior," Vo. 1, Final Report, U. S. Environmental Protection Agency, Cincinnati, Ohio, EPA-600/2-79/053a, p. 331.

7. Howland, J. D. and Landva, A. O., (1992) "Stability Analysis of A Municipal Solid Waste Landfill," Proceedings of ASCE Specialty Conference on Stability and Performance of Slope and Embankments- I, Berkeley, CA, June 28-July 1, pp. 1216-1231.

8. Kavazanjian, S., Jr., Matasovi, N., Bonaparte, R., and Schmertmann, G. R., (1995) "Evaluation of MSW Properties for Seismic Analysis," Proceedings of GeoEnvironment 2000, Geotechnical Special Publication No. 46, ASCE, New Orleans, LA, Februany 24 to 26.

9. Landva, A. O., Clark, J. I., Weisner, W. R., and Burwash, W. J., (1984) "Geotechnical Engineering and Refuse Landfills," Sixth National Conference on Waste Management in Canada, Vancouver, BC.

10. Landva, A. O. and Clark, J. I., (1986) "Geotechnical Testing of Waste Fill," Proceedings of Canadian Geotechnical Conference, Ottawa, Ontario, pp. 371-385.

11. Landva, A. O. and Clark, J. I., (1990) "Geotechnical of Waste Fill," Geotechnics of Waste Fills-Theory and Practice, ASTM STP 1070, Arvid Landva and G. David Knowles, Eds., Philadelphia, pp. 86-103.

12. Landva, A. O. and La Rochelle, P., (1983) "Compressibility and Shear Characteristics of Radforth Peats," Testing of Peats and Organic Soils, P. M. Jarrett, ed., ASTM, STP 820, Philadelphia, PA.

13. Mitchell, R. A. and Mitchell, J. K., (1992) "Stability Evaluation of Waste Landfills," Proceedings of ASCE Specialty Conference on Stability and Performance of Slope and Embankments- I, Berkeley, CA, June 28-July 1, pp. 1152-1187.

14. Oweis, I. and Khera, R., (1986) "Criteria for Geotechnical Construction of Sanitary Landfills," *Int. Symp. on Envir. Geotech*, H. Y. Fang, ed., Lehigh University Press, Bethlehem, PA, Vol. 1, pp. 205-222.

15. Oweis, I. S., Smith, D. A., Allwood, R. B., and Greene, D. S, (1990) "Hydraulic Characteristics of Municipal Refuse," *journal of Geotechnical Engineering*, ASCE, Vol. 116, No. 4, pp. 539-553.

16. Qian, X. D., (1994c) "Analysis of Allowable Reintroduction Rate for Landfill Leachate Recirculation," Michigan Department of Environmental Quality, Waste Management Division, November.

17. Richardson, G. and Reynolds, D., (1991) "Geosynthetic Considerations in A Landfill on Compressible Clays," *Proceedings of Geosynthetics'91*, Vol. 2, Atlanta, GA, Industrial Fabrics Association International, St. Paul, MN.

18. Rovers, F. A. and Farquhar, G. J., (1973) "Infiltration and Landfill Behavior," *Journal of Environmental Engineering*, ASCE, Vol. 99, No. 5, pp. 671-690.

19. Schroder, P. R., Gibson, A. C., and Smolen, M. D., (1984a) "The Hydrologic Evaluation of Landfill Performance (HELP) Model, Volume I, Documentation for Version I," U. S. Environmental Protection Agency, Office of Solid Waste and Emergency Response, Washington, D. C., EPA/530-SW-84-010, June.

20. Schroder, P. R., Dozier, T. S., Zappi, P. A., McEnore, B. M., Sjostrom, J. W., and Peyton, R. L., (1994) "The Hydrological Evaluation of Landfill Performance (HELP) Model, Engineering Documentation for Version 3," EPA/600/R-94/168b, Risk Reduction Engineering Laboratory, Office

of Research and Development, U. S. Environmental Protection Agency, Cincinnati, Ohio, September.

21. Sharma, H. D. , Dukes, M. T. , and Olsen, D. M. , (1990) "Field Measurements of Dynamic Moduli and Poisson's Ratios of Refuse and Underlying Soils at A Landfill Site," *Geotechnics of Waste Fills-Theory and Practice*, ASTM STP 1070, Arvid Landva and G. David Knowles, Eds. , Philadelphia, pp. 57-70.

22. Sharma, H. D. and Lewis, S. P. , (1994) "Waste Containment System, Waste Stabilization, and Landfills," John Wiley & Sons, Somerset, New Jersey.

23. Singh, S. and Murphy, B. , (1990) "Evaluation of the Stability of Sanitary landfills," *Geotechnics of Waste Fills-Theory and Practice*, ASTM STP 1070, Arvid Landva and G. David Knowles, Eds. , Philadelphia.

24. Sowers, G. F. , (1968) "Foundation Problem in Sanitary Land Fills," *Journal of Sanitary Engineering*, ASCE, Vol. 94, No. 1, pp. 103-116.

25. Sowers, G. F. , (1973) "Settlement of Waste Disposal Fills," Proceedings of the 8th International Conference on Soil Mechanics and Foundation Engineering, Moscow, Vol, 1, pp. 207-210.

26. Tchobanoglous, T. , Theisen, H. , and Vigil, S. , (1993) "Integrated Solid Waste Management, Engineering Principles and Management Issues," McGraw-Hill, Inc.

27. Walsh, J. J. and Kinman, R. N. , (1979) "Leachate and Gas Production under Controlled Moisture Conditions," Land Disposal: Municipal Solid Waste, D. W. Shultz ed. , 5th Annu. Res. Symp. , U. S. Environmetnal Protection Agency, Cincinati, Ohio, EPA-600/9-79/023, pp. 41-57.

28. Walsh, J. J. and Kinman, R. N. , (1981) "Leachate and Gas from Municipal Solid Waste Landfill Simulators," Land Disposal: Municipal Solid Waste, D. W. Shultz ed. , 7th Annu. Res. Symp. , U. S. Environmetnal Protection Agency, Cincinnati, Ohio, EPA-600/9-81/002a, pp, 67-93.

29. Wigh, R. J. , (1979) "Boone County Field Site Interim Report," U. S. Environmental Protection Agency, Cincinnati, Ohio, EPA-600/2-79/580.

30. 钱学德, 郭志平 (1998). 城市固体废弃物 (MSW) 的工程性质. 岩土工程学报, Vol. 20, No. 5, pp. 1-6

# 第七章 填埋场淋滤液的特性

淋滤液由水或者其它液体透过废弃物产生，也可由废弃物自重挤压作用产生。因此淋滤液定义为水或其它液体与废弃物作用产生的一种液体。淋滤液是包含一定数量溶解物质或悬浮物质的污液。部分落在填埋场上的降水（雨或者雪）在向下渗流时和废弃物发生物理化学反应（图7.1），渗透水还可以溶解由废弃物自重作用挤出的液体（如由造纸厂废弃物挤出的孔隙流体），因此渗透水在淋滤液的产生中扮着十分重要的角色。但也应当注意到即使没有水渗透过废弃物，还会有少量的污液因生物化学反应而形成，在这样的液体中化合物的浓度将是很高的。渗透水冲淡污物又有助于淋滤液形成的作用，淋滤液的数量增加是由于渗透水，同时渗透水又稀释污物的浓度。淋滤液的质量和数量对填埋场设计都是重要的因素。

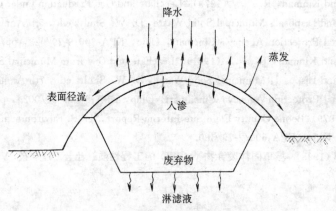

图7.1 填埋场淋滤液的产出

## 7.1 影响淋滤液产出量的因素

影响淋滤液数量的因素有以下几个，简短讨论如下：（Bagchi，1990）

1. 降水量 降落在填埋场的雨雪量显著地影响着淋滤液的数量，降水量数量由地理位置决定。

2. 地表水的浸入 有时填埋场基础建在地表水以下，地表水浸入填埋场增加了淋滤液数量。

3. 遮蔽条件 废弃物由于自重作用受挤压时排出的孔隙水将会增加淋滤液的数量。非饱和的废弃物继续吸收水直到饱和，因此干燥的废弃物将会减少淋滤液的形成。但必须注意到实际上沟槽作用导致水流经废弃物时来不及释放出化学物质或被废弃物吸收。因此水的吸收量远远少于实验室或小尺寸现场试验所预计的值。污水或者液体将会增加填埋场淋滤液的数量。

4. 顶盖设计　淋滤液数量在填埋场封闭和最终覆盖后将显著减少。这有两个原因：生长于顶盖表层土上的植物由于蒸发作用显著地减少可浸润性水份以及低渗透性粘土削弱了渗透作用。一个合理的顶盖设计将显著减少填埋场封闭后的淋滤液数量。

5. 干燥气候下淋滤液的产生速率可能会很低，甚至为零。但湿润气候下淋滤液产生速率可能相当高。逐渐封闭时，淋滤液产生速率通常是最高的，在运用期填埋场淋滤液产生速率不断降低，淋滤液产生速率变化趋势见图 7.2。该图是某个有双层土工膜的固体废弃物填埋场的数据。在填埋期淋滤液产生速率月平均接近 3400 升/（公顷·天）。封闭后的头几年淋滤液平均产生速率仅为 60 升/（公顷·天）。

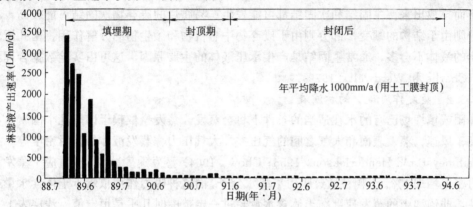

图 7.2　某固体废弃物填埋场的淋滤液产出速率（Bonaparte，1995）

## 7.2　工作条件下淋滤液产出率的估算

淋滤液数量主要依赖于难以预测的降水量。填埋场在工作条件下和封闭条件下淋滤液产生的速率相差很大，淋滤液数量的计算方法也是不同的。工作条件下淋滤液产生速率的估计用来决定位于填埋场底部的淋滤液收集管的空间位置及淋液收集池尺寸；而封闭后淋滤液产生速率的估计用于决定长期的管理费用。淋滤液在填埋场填埋期产生速率比较高，在顶盖建成后一般会减少。这一节讨论如何估计填埋期淋滤液数量，封闭期淋滤液数量估计在下节讨论。

淋滤液主要是由降水和填埋场中废弃物挤出的孔隙液体而产生的，易腐烂的废弃物分解也产生水或其它液体。根据美国加州某个填埋场进行的研究，因分解作用从水中产生的淋滤液是 4.17cm/m（CWPCB，1961），从实际设计的目的出发，由于分解作用从水中产生的淋滤液体积可以忽略不计。地表径流也可导致淋滤液数量的增加，但是一个设计恰当的填埋场是不容许地表水流到废弃物中去的，所以这个问题就不在此讨论。但如果已建成的填埋场地表水不可避免，那么必须由水文学原理估计出地表径流水的体积。淋滤液产生速率在工作条件下由下列方程导出：

$$L_A = P + S - E - (F_c - M) \tag{7.1}$$

式中　$L_A$——工作条件下淋滤液产生速率，cm/h；

　　　$P$——降水量，cm；

$S$——孔隙挤出水，cm；

$E$——水份蒸发量，cm；

$F_c$——废弃物持水率，cm；

$M$——填埋场废弃物初始含水量，cm。

各地区降水量可参阅气象资料。在实际填埋场中估计 $S$，$E$ 和 $F_c$ 是困难的，下面作一些讨论。

### 7.2.1　由孔隙挤压产生的淋滤液体积

当某层废弃物埋置于填埋场时，该层废弃物细孔中液体在其自重和它上面各层的重力作用下而排放出来。主固结和次固结都可能发生。易腐烂的废弃物次固结可能较高，其原因部分则由于结构的蠕变，部分则由于废弃物中有机物和微生物的分解作用。由孔压作用而排出的液体不会多，通常主固结是产生承压液体的主要原因，这可由实验数据合理预计出来（Charlie 和 Wardwell，1979）。

### 7.2.2　蒸发作用减少的淋滤液

降雨或填埋场已有的水在适当的条件下将会蒸发。蒸发量依赖于以下几个因素：如环境温度、风速、蒸发表面和大气之间的气压差、大气压力、蒸发液体的相对密度等。据报道（Veihmeyer and Henderickson，1955；Chow，1964）蒸发速度减少 1% 对应于蒸发液体的相对密度增加 1%。土颗粒通过吸力束缚水分子，而这种吸力作用依赖于土体含水量或它的特性，非饱和土的蒸发速度在土体含水量超过一定范围时几乎是恒定值。浅层表上（大约10cm 的粘土层或20cm 的砂土层）的水可持续蒸发直到该层达到凋蒌湿度（无充分速率供水所保持的土的含水量）。深层土蒸发量可以忽略不计（Chow，1964）。水量的预算方法、能量预算方法和物质转移技术都已用来预测开放水体的含水量（viessmax，et al，1997）。正如以上所述，蒸发取决于含水量的变化，对饱和土是 100% 而对干土几乎为零。各地的蒸发量可取用气象部门资料。

### 7.2.3　由于吸收作用废弃物淋滤液的减少

废弃物在水浸透之前可能吸收一些水分。理论上一旦废弃物达到饱和，废弃物上的降水（雨、雪）都将成为淋滤液。废弃物的持水率被定义为废弃物能抵抗重力作用而不致产生液体下渗时的最大含水量。但是废弃物吸收的水量并不均一，很不均匀的废弃物可能在填埋场中导致形成沉积水沟。废弃物吸收水份能力依赖于废弃物的组成，一项详细的关于废弃物各成分吸水能力的研究报告由 Stone 在 1974 年提出。报告指出，如果知道了废弃物各成分相对百分比，那么就可以合理而准确的估计出废弃物的持水率。几项研究报告均报道了该地区固体废弃物的初始含水量和持水率，其结果汇总于表 7.1 中（Roers and Farquhar，1973；Fungaroli and Steiner，1979；Wigh，1979；Walsh and Kinman，1979，1981）。表 7.1 数据显示这些地区固体废弃物的持水率取平均 33cm/m 是合理的。从表 7.1 还可以看出，这些地区固体废弃物平均初始含水量可假设为 12cm/m，因此平均而言，该地区固体废弃物可再吸收 21cm/m 的水分。但是，实际现场情况下达到全持水率的吸收量会因沟槽作用而减少。污泥浆几乎是完全饱和的，因此对污泥来说因吸收作用而引起的淋滤液体积减少可以忽略不计。但沙状的不腐烂废弃物（比如铸模砂）的持水率将会很低，因此由于吸收作用而减少的水决定于废弃物的类型，这一点在估计先期淋滤液产生速率时必须考虑。废弃物容许继续吸收的大量水分空间也有助于减少淋滤液的数量。

| 数据来源 | 湿密度（g/cm³） | 干密度（g/cm³） | 初始含水量（cm/m） | 持水率（cm/m） |
|---|---|---|---|---|
| Rovers et al. （1973） | 0.315 | 没得到 | 15.99 | 30.15 |
| Walsh et al. （1979） | 0.474 | 0.309 | 16.66 | 31.81 |
| Walsh et al. （1981） | 0.474 | 0.309 | 16.49 | 40.39 |
| Wigh （1979） | 0.391 | 0.303 | 8.33 | 36.64 |
| Fungaroli （1979） | 0.334 | 0.293 | 5.16 | 34.14 |

## 7.3 封闭条件下淋滤液产出率的估算——水量平衡法

顶盖最终建成后只有渗透过顶盖的水才能透过废弃物并产生淋滤液。有五种方法可用于预测长期淋滤液产生速率：水量平衡法，与水量平衡法相关的计算机模拟，经验方程，数学模型和直接渗流测定法。这里仅介绍水量平衡法，计算机模拟留在下一节讨论。

水量平衡法通常用于预测淋滤液长期产生速率。最简单的水量平衡方程如下：

$$L_c = P - ET - R - \Delta S - (F_c - M) \tag{7.2}$$

式中 $L_c$——填埋场封闭后的淋滤液产生速率，cm/h；

$ET$——由于蒸腾散发作用而损失的水，cm；

$R$——表面流失的水，cm；

$\Delta S$——土体水份集蓄，cm。

其余符号同前。

当降水（雨或者雪）降落在已封顶的填埋场上时，一部分水沿表面流失（$R$），一部分被土体内植物耗用掉（$ET$），剩余部分渗透过顶盖（图 7.1），其中又有一部分水份被保留在顶盖土体内（$\Delta S$）。水量平衡法仅适用于以易透水性粘土作为顶盖的填埋场，对用低透水性粘土或用合成土工膜作为顶盖的填埋场，渗透到填埋场的水量将显著减少。

### 7.3.1 蒸腾散发作用

蒸腾散发作用包括蒸腾作用和散发作用。蒸腾作用是指在土体表面发生的水的流失；散发作用是植物吸收土体水份后来又部分地释放到空气中。由于这两部分分开测量的困难，所以就把它们作为一项来测量并称之为蒸腾发散发作用。因为目标是预测将来淋滤液的产生速率，所以设计者对潜在的蒸腾散发作用比实际蒸腾散发作用更感兴趣。预测潜在的蒸腾散发作用有两种基本方法：

A. 经验关系的应用。假如不断供给足够的水，则蒸腾散发速度大体上等于考虑蒸发皿盘蒸发系数而使自由水面降低的盘蒸发速度（Chow，1964，Linsley and Franzini，1972）。由于植物种类极大地影响着蒸腾散发。这种方法可能高估或低估潜在蒸腾散发作用。

B. 经验/理论相结合方法。有几个经验/理论方法可用于估计潜在蒸腾散发速率（Veimeyer，1964），下面给出这些方程的简单描述，这些方程可用于预计每月或每天蒸腾散发速度。

*a.* Blaney-Morin 方法：1942 年由 Blaney-Morin 提出，用白天时间百分比，每月平均温度，每月平均相对湿度来经验地预估蒸腾散发量。该方程考虑了几种灌溉作物的季节性消耗水量。

*b.* Thornthwaite 方程：该方程在 1944 年提出，应用了每月平均温度和每月热指数之间的指数关系，这种预测蒸腾散发量的方法因能应用另外提供计算所必要的表格而得到进一步发展（Thornth-waite and Mather，1957）。这种关系主要基于在美国中部和东部所进行的研究而导得。该方法广泛应用于预计填埋场顶盖的蒸腾散发量，关于如何使用这种方法来估计淋滤液产出量的方法其详细讨论由 Fenn 等人提出（1975）。

*c.* Penman 方程：这是基于地表吸收辐射能的理论方程，所用变量值可从另外的图和表格中得到（Veihmeyer，1964），每天蒸腾散发量可由此方程算出。这种方法也可广泛应用于预测填埋场顶盖蒸腾散发量。

*d.* Blaney-Criddle 方程：这是 Blaney-Morin 方程的修正形式，即使用 Blaney-Morin 方程时不考虑每年平均相对湿度。

如上所述，所有这些方程中 Thornthwaite 方程和 Penman 方程应用最广泛。Thornthwaite 方程要求大量使用从美国中部和东部观测得到的表格。但是，由于这些研究在不同地区进行，使用该方程时必须考虑纬度对蒸腾散发作用的影响。Thornthwaite 和 Mather（1955）认为蒸腾散发量依赖于区域和植物根部类型，从一个地区到另外一个地区可以相差 400 倍。因此他们发出警示：不要误认为使用表格是准确的。

### 7.3.2 表面流失

估计地面径流的方法对水和雪是不同的。水的地面径流将在"现场测试"和"经验关系"标题下讨论。对于雪，则主要估算其融化后的渗透作用而不是径流作用，将在下节进行讨论。

*A.* 现场测试　现场测试地面径流需要收集封闭场地流失的水。雨量筒必须放置于靠近围栏的地方测量一定时间间隔（但不可超过 1h）的降雨量。有些地域，表层土类和填埋场植被虽相同，但斜坡坡度不同，必须加以考虑，因不同类型的土和斜坡的径流量可由经验关系相当准确的预计出来（这在下节讨论），所以此处不再赘述。如果设计者认为用经验方程不能合理估算径流量，那么用于估计地面径流量的现场测试技术就相当必要了。

*B.* 经验关系　这些关系基本上都是从大量的现场测试研究得来的。有几种方法可用于地面径流的量测（Chow，1964；Varshney，1979），这里仅讨论两种在美国广泛使用的方法。

*a.* 推理的方法　以下方程用于计算地面最大径流量

$$R = C \cdot I \cdot A_s \tag{7.3}$$

式中　$I$——降雨速率，cm/h；

　　　$A_s$——填埋场表面积，$m^2$

　　　$C$——径流量系数。

选择适当的 C 值可相当准确的预计出地面径流量。不同表面情况用不同的 C 值与之对应（ASCE，1960；Chow，1964；Perry，1976；Salvato，1971）。其中 Salvato 等（1971）选用了部分填埋场的研究成果。不过这种推理方法不能详细考虑降雨和径流时前期土体含水量、降雨频率和覆盖物透水性之间的关系。

**例 7.1**　计算某一 42493.5$m^2$ 填埋场的地面径流量。由降雨记录，过去 10 年中 24h 暴雨强度记录为 6.86cm/h；填埋场顶盖由以下各层构成：废弃物上 0.3m 砂土，0.6m 压实粘土，0.75m 粉砂，15cm 表层土；填埋场有良好植被，顶盖斜坡在 2‰～5‰ 之间变化。

**解** 由表 7.2，C 值在 0.15（砂土层有 2‰～5‰ 斜坡）和 0.22（耕植土有 2‰～7‰ 斜坡）之间变化，假设平均值为 0.18。

注意：本例中用其他方法（Chow，1964；Perry，1976；Salvato et al，1971）获得的 C 值在 0.3 和 0.45 之间变化。通常在预计淋滤液体积时地面径流量取最小值，设计暴雨排水系统时地面径流量取最大值。

该填埋场，$C=0.18$，$I=6.86$cm/h，$A_s=42493.5$m$^2$，所以 $R=0.18\times0.0686\times42493.5$ $=524.7$m$^3$/h$=0.146$m$^3$/s。

**5 到 10 年一遇的暴雨径流量系数 C**（ASCE，1960）　　　　　　　　表 7.2

| 土地特征 | 径流量系数 |
|---|---|
| 未开垦土地 | 0.10～0.30 |
| 草地：沙土 | |
| 较平坦，2‰以下 | 0.05～0.1 |
| 平均 2‰～7‰ | 0.10～0.15 |
| 较陡，7‰以上 | 0.15～0.20 |
| 草地：耕植土 | |
| 较平坦，2‰以下 | 0.13～0.17 |
| 平均，2‰～7‰ | 0.18～0.22 |
| 较陡，7‰以下 | 0.25～0.35 |

**5 天降雨前期含水量等级**（SCS，1972）　　　　　　　　表 7.3

| 5 天前期降水（cm） | | 前期含水量等级（AMC） |
|---|---|---|
| 休眠季节 | 生长季节 | |
| ＞2.8 | ＞5.3 | Ⅲ |
| 1.3～2.8 | 3.5～5.3 | Ⅱ |
| ＜1.3 | ＜3.5 | Ⅰ |

**对应于填埋场顶盖设计的土体类别**　　　　　　　　表 7.4

| 土 体 特 征 | 土 体 类 别 |
|---|---|
| 土体完全湿润时渗透速度适中；<br>中粗至中细颗粒的密实土 | B |
| 土体完全湿润时渗透速度较低；<br>中细颗粒的密实土 | C |
| 土体完全湿润时渗透速度很低；<br>主要为低渗透性的粘土 | D |

对应于填埋场顶盖设计在不同土类和不同土地使用条件下的径流曲线值（SCS，1972）

表 7.5

| 土地使用情况 | 农业措施 | 水文条件 | 土体类别 | | |
|---|---|---|---|---|---|
| | | | B | C | D |
| 休闲 | 等高种植 | 差 | 79 | 84 | 88 |
| | 等高种植 | 好 | 75 | 82 | 86 |
| | 等高种植，梯田 | 差 | 74 | 80 | 82 |
| | 等高种植，梯田 | 好 | 71 | 78 | 81 |
| 作为草地或牧场 | 等高种植 | 差 | 57 | 81 | 88 |
| | 等高种植 | 一般 | 59 | 75 | 83 |
| | 等高种植 | 好 | 35 | 70 | 79 |

注：1. 差的水文条件指植被稀少，没有表层覆盖物或者植被覆盖率少于50%；一般水文条件指植被适中，覆盖率在50%～70%之间；好的水文条件指植被均匀，覆盖率在75%以上。

2. 本表适用于前期含水量等级 AMC Ⅱ。

*b*. 曲线数值法：曲线数值法由美国水土保持协会（SCS）在1975年提出，主要用于预测农田的地面径流。除了降雨量、土壤类型、土地植被之外，该法还考虑了土地利用条件和前期含水量分级状况。根据季节（休眠期或生长期）和5d前期降雨（cm），可将前期含水量分成Ⅰ至Ⅲ级，见表7.3。根据产生径流的能力（径流势）将土壤分成4种类型，例如粘土有较高的径流势，砂或砾石径流势则较低，其它类型的土介于两者之间，见表7.4，表中A类未列出。然后再考虑土地使用情况和植被，查表7.5，可求得对应于AMCⅡ的径流曲线值 $CN$，对于 AMC Ⅰ 及 AMC Ⅲ，则由 AMC Ⅱ 的 $CN$ 值查表7.6。不同降雨的直接径流量可用下式估算：

$$R = \frac{\{W_p - 0.5[(1\ 000/CN) - 10]\}^2}{W_p + 2.0[(1\ 000/CN) - 10]} \tag{7.4}$$

式中 $R$——地面径流量，cm；

$W_P$——降雨量，cm/h；

$CN$——径流曲线值。

**例 7.2** 某面积为17402m² 的填埋场，其砂质淤泥顶盖厚0.60m，并带有15cm厚的表土，地面植被覆盖较差。若该地区10年一遇24h暴雨强度为6.7cm/h（出现在休眠季节），总的5d前期降雨量为1.14cm。试用曲线数值法估算地面径流量。

**解** 1. 根据5d前期降雨查表7.3，得前期含水量等级为 AMC Ⅰ；

2. 由表7.4，水文土壤类型在C至D之间；

3. 由表7.5，得对应于 AMC Ⅱ 的 $CN=86$；

4. 由表7.6，根据 AMC Ⅱ 的 $CN$ 值86查得 AMC Ⅰ 的 $CN=72$；

5. 由式7.4，$CN=72$，$W_P=6.7$cm/h，可算得直接径流量 $R=1.56$cm。

关于地面径流量的计算，中国国内已有比较成熟的计算方法，可向各地水文部门查询。

7.3.3 融雪渗透作用

许多地区由融雪渗透作用产生的淋滤液数量十分显著。融雪现象大部分地区通常出现

在早春。雪的渗入作用决定于地面状况（结冰或未结冰）、环境温度和持续时间（雪后 0℃
以上温度的持续时间）、吸收的辐射能（晴天比阴天有更多的雪融化）、融雪期间的降雨
（降雨加速融雪过程）等因素。预估融雪过程有一定困难，通常有两种方法：日温度法和美
国陆军工程兵团法。因为日温度法比较简单，这里仅讨论它。美国陆军工程兵团法的详细
讨论可参见其它资料（Chow，1964；Lu et al，1985）。

与填埋场顶盖设计相关的径流曲线值（*SCS*，1972）　　　　　　表 7.6

| AMC Ⅱ 的 CN 值 | 前期含水量等级 AMC | |
|:---:|:---:|:---:|
| | Ⅰ | Ⅲ |
| 90 | 78 | 96 |
| 88 | 75 | 95 |
| 86 | 72 | 94 |
| 84 | 68 | 93 |
| 82 | 66 | 92 |
| 80 | 93 | 91 |
| 78 | 60 | 90 |
| 76 | 58 | 89 |
| 74 | 56 | 88 |
| 72 | 53 | 86 |
| 70 | 51 | 85 |
| 68 | 48 | 84 |
| 66 | 46 | 82 |
| 64 | 44 | 81 |
| 62 | 42 | 79 |
| 60 | 40 | 78 |
| 58 | 38 | 76 |
| 56 | 36 | 75 |
| 54 | 34 | 73 |
| 52 | 32 | 71 |
| 50 | 31 | 70 |
| 48 | 29 | 68 |
| 46 | 27 | 66 |
| 44 | 25 | 64 |
| 42 | 24 | 62 |
| 40 | 22 | 60 |
| 38 | 21 | 58 |
| 36 | 19 | 56 |
| 34 | 18 | 54 |

日温度法可用下式估计融雪浸透作用（*SCS*，1975）

$$SM = 1.8KT \tag{7.5}$$

式中 $SM$——每天潜在融雪渗透量，cm；

    $K$——溶化系数，取决于地面流域状况的常量，可查表7.7；

    $T$——周围0℃以上的环境温度。

0℃以上的温度$T$是指每天的日温差。预计的融雪渗透作用不可以超过降雪的同等水量（注意：1cm水＝10cm雪）

**例7.3**

估计春季45cm积雪的融化渗透量。5d日平均气温分别是0.56℃，1.1℃，－1.67℃，－0.56℃，2.2℃。

**解：** 从表7.7取$K$值＝0.050（注意：若使淋滤液产出量最大则应取较低的径流量。）

45cm雪 ＝ 45 × (1/10) ＝ 4.5cm 水

由式7.5预计5d总渗透量$SM$＝1.8×0.050×(0.56+1.1+2.2)＝0.36cm（注意所有低于0℃的温度不要计入）

溶化系数与地貌的关系　　　　　　　　　　　　　　　　表 7.7

| 地面条件 | $K$ |
|---|---|
| 平均茂密林区 | |
| 北面坡 | 0.1～0.15 |
| 南面坡 | 0.15～0.2 |
| 高径流势 | 0.075 |

### 7.3.4　土体存蓄的水分

部分渗透水存蓄在土体中，其中部分可被植物利用。土体蓄水能力可表达如下：

$$\Delta S = 持水率 － 凋萎湿度 \tag{7.6}$$

土体蓄水量取决于土壤类型，压实状态和覆盖土层厚度。Lutton 等（1977）曾发表过不同类型土体的存蓄水量数据。

### 7.3.5　长期淋滤液产出量的检验

从前面可以看到，预计封闭后淋滤液产出速率是十分困难的。随着对填埋场管理的加强，淋滤液长期产出速率对决定填埋场长期维护费用资金是很有用的。除非大量植被长满整个填埋场表面（而此需要1～2年时间），否则蒸腾散发优势也不能全部发挥。填埋场封闭后至少1～2年内淋滤液数量仍然很高，预计淋滤液产出速率时如果不考虑蒸腾散发作用，那么留给长期处理淋滤液的费用将不够。因此，封闭后至少头几年里，基于考虑蒸腾散发作用的模型预计方法成为一种理论方法，而实际上并不能使用，可直接假定填埋场覆盖层有20%到30%的渗透速率用以计算长期管理费用。后几年再根据实际现场数据调整资金。这种方法可为那些长期管理资金较低的填埋场提供安全保障。如果管理者指定使用水量平衡方法预计封闭后淋滤液的产出速率，那么估计时要采用长期气温记录（20到30年）。下节讨论的 HELP 模型对选择更好顶盖设计方案的参数研究十分有益。

## 7.4　填埋场淋滤液特性的水文估算模型（HELP）

HELP 是英文 Hydrologic Evaluation of Landfill Performance 的缩写，是美国较为流行的一种水文计算模型。HELP 程序为填埋场设计者和管理者提供了一个快速而经济的工具，特别是该程序可用于计算预计水量中各分量的大小，包括淋滤液产出量和隔离层上饱和土的水深（水头）。结果可用于比较不同设计方案的淋滤液产出量，以选择合适的排水和收集系统，以及用于选择淋滤液处理设备的尺寸。

该程序利用气候、土壤和设计数据来估计每天流进、通过和流出填埋场的水量。为此，将日降雨量分为表面积存（雪）、径流、地表渗入、表面蒸发、蒸腾散发、渗漏、土体存蓄水量以及地下侧向排水等以计算预计水量。地面水流和地下侧向水流可不予考虑(Schroder,et al, 1984a and 1984b)。下面对 HELP 程序作一简介，可以从中了解设计思路。

### 7.4.1　水文过程

如上所述，HELP 程序是用来模拟量化水文过程的。用 SCS 径流曲线数值法计算径流量。当该程序用于封闭的填埋场时，若使用土壤数据缺项，程序则自动选择所缺的径流曲线值。当手工输入土壤数据和模拟开放的填埋场时，使用者必须估计适当的径流曲线值。由美国水土保持协会（SCS）提出的对径流曲线数字技术的完整讨论是非常有用的（USDA，1972b）。

估计径流量及地表渗入时不直接考虑地面坡度和糙率，而将其放在手工选择径流曲线值时考虑。这种估计径流量的方法可以只考虑日降水总量，而不必考虑每次降雨强度、持续时间和分布状况。

对饱和土用达赛定律模拟渗漏和竖向水流（非饱和土用其修正形式）。对于危险品填埋场在设计书阶段用线性分析计算侧向排水。对限定的土壤水份条件用修正 Penman 方法可估计其蒸腾散发量。

### 7.4.2　数据要求

HELP 程序需要气候和土壤数据以满足众多用户需要。该程序包含气候和土壤缺项时的数据，但此数据一般不要使用，除非它们已被检查过并能代表所研究的现场。任何时候使用者都应有意识地采集现场数据，并在程序中用这些数据而无缺项。基本数据要求和输入选项简单讨论如下：

1. 气象数据

气象数据包括日降雨量、月平均温度、月平均日照（太阳辐射）、叶面指数、冬季覆盖等因素，可手工输入或者从已有的缺项数据文件中选择。缺项文件的气象数据仅适用于美国的 102 座城市，有可能这些城市均不能代表所研究的地点。降雨数据仅限于 5 年的记录，如果记录期气候异常干燥或者很湿，该记录数据就不具有代表性。建议在可能气象条件下用超过 5 年的资料来检验设计。

A. 缺项数据选择　缺项气象数据库包括 5 年（一般是 1974～1978 年）日降雨观测资料，一套平均月温度和平均月日照资料，还有建立数据库各城市的叶面指数。该程序除需要日降雨量、温度、日照数据外还需要由平均月资料得出的日平均温度和日平均日照。因此即使缺项数据包括的是历史实际降雨量观测值，准确模拟目前任意一天的气候条件也无必要。

缺项气象数据库包括与植物蒸腾散发影响相关的两种变量：叶面指数和冬季覆盖因素。叶面指数定义为发生蒸腾作用时植物的叶面积与植被面积之比，为无因次量。HELP程序假定叶面指数在最小值0和最大值3之间变化，前者代表没有植物（如光秃秃的土地或者只有休眠植物），后者代表有浓密的植物。叶面指数缺项数据系列由13种Julian数据组成（跨过整个年份），最大的叶面指数值对应与成行的庄稼和生长良好的草地。美国102座城市都有各自的一套叶面指数数据。必要时程序中可根据植被情况下调最大值，并且为了模拟生长季节的蒸腾散发量，也可根据每天的值进行插值，其它季节则假定蒸腾作用不发生。但即使休眠植物也可隔离土体并影响蒸腾作用，为考虑此影响，冬季植被覆盖因素假定在0（成行作物）到1.8（生长很好的草地）之间变化。

*B.* 手工数据选项

当使用手工输入气象数据时，使用者必须输入每年的日降雨量。最长允许记录时期为20年，最短2年。温度、日照、叶面指数和冬季植被因素必须分别逐年输入，或者所有年分用一套数据。

对多数地方，观测到的降雨量和温度数据是有用的，可能的资料来源包括气象站、图书馆、农业气象研究所和全国气象中心。有些地方日照数据很难获得，但是其平均值一般可在农业书籍、太阳能手册和一般刊物上找到。

2. 植被数据

如果使用气象或土壤缺项数据库，使用者必须指定7种植被之一。七种缺项植被类型为裸地（没有植物），优越的、好的、一般的或较差的植被，成长良好的和一般的成行农作物。当使用者指定较差类型的植被时，对良好的成行农作物和优越的草地叶面指数缺项值要进行修改。好的成行农作物因成长一般而叶面指数值乘以0.5，优越草地则因植被较差，植被一般，植被较好而将叶面指数值分别乘以0.17，0.33和0.67。与此类似，当因缺项而指定表土土体类型21种中之任一种时，表层土渗透系数受根部的影响也需要修正。

使用者必须设定蒸发带深度作为气象变量之一。蒸发带深度可简单地考虑为由于蒸腾散发作用，填埋场水份受蒸发影响的最大深度，因此生长植物的地方蒸发深度至少应当等于根部平均渗透深度。实际上，由于水从土体中脱离时的毛细作用，植物根部影响达到根部渗透深度以下。限定蒸发深度为根部平均渗透深度对填埋场水量计算将偏于保守，因为这低估了蒸腾散发作用而高估了侧向排水和渗透作用。当然，即使没有植物也有蒸发作用，因此对裸地（没有植物）指定一定的蒸发深度仍是合理的。蒸发深度保守值建议裸地取为4cm，一般植被取为25cm，很好植被取为45cm。该程序允许蒸发深度超过最上面的隔离层顶部的深度。

3. 设计和土壤数据

使用者必须用具体数据描述填埋场中各种物质（如表土，粘土，砂，废弃物）和填埋场设计形状（如轮廓尺寸，各层厚度，斜坡等等）。土壤数据可用缺项数据库或者手工输入，设计数据必须手工输入。

*A.* 填埋场轮廓

HELP程序可模拟由九层构成的填埋场。如果要得到有意义的结果，各层次安排上需作某些限制。因此，任一层必须为垂直渗滤层、侧向排水层、废物层或者隔离层。因为当程序用不同方法模拟不同类型土层水的渗流时，指定次序十分重要。程序假定每一层的渗透系数，导水系数，凋萎湿度，孔隙率和持水率是一样的。一典型的封闭填埋场剖面见图7.3。编号指出了程序所采用的各层次序。

垂直渗滤层（如图7.3中层1）被假定有足够大的渗透系数使水流垂直向下流动（渗滤）不受限制，但不允许侧向排水。如该层仍在指定的蒸发带里，水可向上移动并由于蒸腾散发作用而损失掉。渗滤被模拟为与该层饱和土体的水深（水头）无关。生长植物的表层一般设计为垂直渗滤层。

假定侧向排水层的渗透系数足够高，水的流动很少受限制，因此排水层渗透系数应当等于或者大于上面各层渗透系数。用与垂直渗滤层同样的方式模拟垂直水流，但允许侧向排水。侧向排水是该层底部斜坡引起的，并要考虑水从该层排出的最大水平距离和其下隔离层之上饱和土中水的深度（注意，侧向排水层之下可以是另外一侧向排水层或隔离土层）。侧向排水的子模型已标准化为排水坡降在0～10％之间，最大排水距离7.5～60cm。图7.3中层2和层6就是侧向排水层。

隔离层限制水流垂直流动，因此比起垂直渗滤层、侧向排水层或废物层，隔离层的渗透系数应当很低。程序只允许隔离层中液体向下流动，因此任何流进隔离层的水最终将通

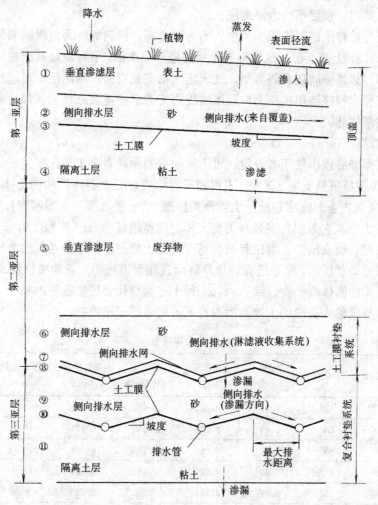

图7.3 典型的城市固体废弃物填埋场剖面

过它渗滤。渗滤作为该层基底以上饱和土中水深（水头）的函数来模拟。注意程序只承认两种类型隔离层：一种由土构成；一种由不透水土工膜和土复合构成，使用后者时必须设定土工膜的渗透系数。使用土工膜的作用就是为了降低该层有效渗透系数。程序不能模拟土工膜的使用寿命。图7.3中层3和层4是隔离层。

可用模拟垂直渗滤层的方式来模拟水流过废物层的情况，但同样是废物层，却需要告诉程序，那一层是填埋场封盖的一部分，那一层则是衬垫或排水系统的一部分。图7.3中层5是废物层。

如果填埋场最顶层是废物层，程序即认为该填埋场是开敞的。这时程序使用者必须设定径流曲线值，并设定实际汇集和流经填埋场表面的潜在地面径流系数（在0与1之间变化）。

HELP程序可模拟九种不同土层组成的填埋场。可设定的隔离层为三层。虽然程序十分灵活，安排各层顺序时仍须遵循一些基本规则。第一，垂直渗滤层或者废物层不可直接放在侧向排水层下面；第二，隔离层不可直接放在另一隔离层下面；第三，当最底排水层之下没有隔离层时，最底部位的所有排水层均作为垂直渗滤层对待。因此最低部位不允许有侧向排水层；第四，顶层不可为隔离层。

程序使用的重要术语列于图7.3中。为方便计算，把剖面分为根据隔离层位置定义的亚层面。如图7.3，上部亚层从地表面到上面的隔离层底部，下部亚层从废物层顶部到较低的隔离层底部。如果中间还有隔离层，还须定义第三亚层面。隔离层不可超过三层，亚层也不可超过三层。程序使用水从上一层渗滤出再流进下一亚面来模拟水如何通过该层面层的，整个剖面都如此。

*B.* 土壤数据

各层土壤类型必须由使用者设定，可由缺项数据库或者手工输入来完成。缺项数据库中21种土体类型特征列于表7.8中。表中前三栏代表HELP程序所用的土体名称，采用两种分类标准：美国农业部标准和统一土体分类标准，后一种标准与中国国家标准GBJ 145—90十分接近。表中其它数据代表各种类型土体的典型值并为HELP程序所采用。这些数据主要从农田获得，而农田的土壤比起填埋场中典型土壤密度要小，透气性要好。填埋场中粘土和淤泥一般均要压实，除非已有管理良好而且能促进植物生长的植物层。第19种土体类型是经过压实的固体废弃物。第20和21种土体类型代表压实很好的粘土，可用于隔离层。根据程序要求输入正确的土壤类型即输入了缺项的土壤数据。

缺项的土壤特征                                                          表7.8

| HELP | USDA | USCS | MIR cm/h | 孔隙率（体积比） | 持水率（体积比） | 凋萎湿度（体积比） | 渗透系数 cm/h | CON mm/d$^{0.5}$ |
|------|------|------|------|------|------|------|------|------|
| 1 | COS | GS | 1.27 | 0.351 | 0.174 | 0.107 | 30.35 | 3.3 |
| 2 | SOSL | GP | 1.14 | 0.376 | 0.218 | 0.131 | 18.01 | 3.3 |
| 3 | S | SW | 1.02 | 0.389 | 0.199 | 0.066 | 16.81 | 3.3 |
| 4 | FS | SM | 0.99 | 0.371 | 0.172 | 0.050 | 13.72 | 3.3 |
| 5 | LS | SM | 0.97 | 0.430 | 0.16 | 0.060 | 7.06 | 3.4 |
| 6 | LFS | SM | 0.86 | 0.401 | 0.129 | 0.075 | 2.54 | 3.3 |

| HELP | USDA | USCS | MIR cm/h | 孔隙率（体积比） | 持水率（体积比） | 凋蔫湿度（体积比） | 渗透系数 cm/h | CON mm/d$^{0.5}$ |
|------|------|------|------|------|------|------|------|------|
| 7 | LVFS | SM | 0.81 | 0.421 | 0.176 | 0.090 | 2.31 | 3.4 |
| 8 | SL | SM | 0.76 | 0.442 | 0.256 | 0.133 | 1.70 | 3.8 |
| 9 | FSL | SM | 0.64 | 0.458 | 0.223 | 0.092 | 1.40 | 4.5 |
| 10 | VFSL | MH | 0.64 | 0.511 | 0.301 | 0.184 | 0.84 | 5.0 |
| 11 | L | ML | 0.50 | 0.521 | 0.377 | 0.221 | 0.53 | 4.5 |
| 12 | SIL | ML | 0.43 | 0.535 | 0.421 | 0.222 | 0.28 | 5.0 |
| 13 | SCL | SC | 0.28 | 0.453 | 0.319 | 0.200 | 0.21 | 4.7 |
| 14 | CL | CL | 0.23 | 0.582 | 0.452 | 0.325 | 0.17 | 3.9 |
| 15 | SICL | CL | 0.18 | 0.588 | 0.504 | 0.355 | 0.10 | 4.2 |
| 16 | SC | CH | 0.15 | 0.572 | 0.456 | 0.378 | 0.17 | 3.6 |
| 17 | SIC | CH | 0.05 | 0.592 | 0.501 | 0.378 | 0.08 | 3.8 |
| 18 | C | CH | 0.03 | 0.680 | 0.607 | 0.492 | 0.06 | 3.5 |
| 19 | 废弃物 | | 0.58 | 0.520 | 0.320 | 0.190 | 0.72 | 3.3 |
| 20 | 隔离土层 | | 0.005 | 0.520 | 0.450 | 0.360 | 0.0004 | 3.1 |
| 21 | 隔离土层 | | 0.003 | 0.520 | 0.480 | 0.400 | 0.0004 | 3.1 |

注：HELP——程序中应用的土分类系统；USDA——美国农业部土壤分类标准；USCS——统一土的分类标准；
MIR——最小渗透率；CON——蒸发系数。

使用者也可手工输入土体特性，此时，程序需要输入的数据包括：孔隙率，持水率，凋蔫湿度，渗透系数（特别是饱和时的渗透系数），以及蒸发系数（mm/d$^{0.5}$）（注意：孔隙率，持水率和凋蔫湿度都是无因次量）。有时程序可能用不到这些数据，特别是孔隙率和蒸发系数都不用于隔离层，凋蔫湿度蒸发系数不用于有效蒸发带以下的任何一层。下面简单介绍一下这些用于描述土体含水量和水在土中流动的术语定义。

孔隙率：孔隙体积占土体总体积百分比；

持水率：重力排水作用停止后土中水体积占土体总体积百分比；

凋蔫湿度：当植物不再能持续吸水后（因此植物枯萎）土中残留水体积占土体总体积百分比；

植物蓄水度：持水率和凋蔫湿度土体含水量之差；

渗透系数：由于重力作用水流过土体的速度；

蒸发系数（也称导水系数）：由于毛细管作用，水经土体流动的相对难易程度。

手工输入土壤数据时要注意给定层的土体特性之间存在一定的逻辑关系。孔隙率、持水率和凋蔫湿度都是 0 到 1 之间变化的无因次量。HELP 程序要求凋蔫湿度大于零小于持水率，持水率大于凋蔫湿度小于孔隙率。总体孔隙率大于持水率并且小于 1。持水参数和土体类型之间关系见图 6.4。允许的最小蒸发系数为 3mm/d$^{0.5}$。

程序既接受土壤数据缺项，又接受土壤数据手工输入。指定废物层特性特别方便，只需简单地指定土体类型为 22 或者 23 就行了。

*C.* 土体压实

隔离层经过压实后可限制水的垂直流动，固体废物层经压实后体积会减少。当用土壤缺项数据库时使用者可认为任一层都经过了压实。这样对任一层渗透系数均减少20%，可排出水（如孔隙率减去持水率）、植物可利用水（如持水率减去凋萎湿度）各减少25%。用手工输入时需输入代表性压实土的土体数据。

*D.* 设计数据

土体数据和设计数据之间的差异并非总是十分清楚。本节下面讨论这些设计数据。

使用者应输入填埋场总体地表面积（m²）和每层厚度（cm），还要提供排水层底部坡度（百分比）和最大水平排水距离（m），并调正侧向排水模型使得坡度在0到10%之间，最大水平排水距离在7.5～60m之间。当用排水管时，恰当的距离应当是最大距离的1.5倍。当不用排水管时恰当距离就是水流到可自由排出点的最大水平距离。根据选择的土体剖面和选择的输入项，程序可能还需要其它数据，比如径流曲线值，土工膜渗漏系数和潜在的径流势。所有这些都在前面章节讨论过。选择径流曲线值的一般方法见图7.4，图中最小渗透率（MIR）的典型值见表7.8。

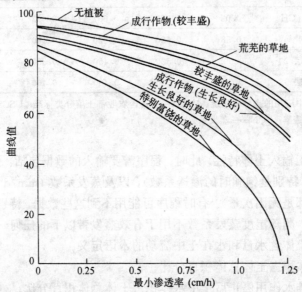

图7.4  不同植被 SCS 曲线值与 MIR 之间的关系（Schroder，et al.，1984b）

关于 HELP 程序的输入、输出，本书从略。HELP 模型程序目前在中国国内还没有，如果需要，需向美国有关部门申请购买。

## 参 考 文 献

1. ASCE（American Society of Civil Engineers），(1960)"Desigh and Construction of Sanitary and Storm Sewers," Manual of Engineering Practice，No. 37，ASCE，New York.

2. Bagchi，A.，(1990)"Desigh，Construction，and Monitoring of Sanitary Landfill,"John Wiley & Sons，Inc.，New York，NY.

3. Bonaparte，R.，(1995)"Long-Term Performance of Landfills." Proceedings of GeoEnvironment 2000，Geotechnical Special Publication No. 46，ASCE，New Orleans，LA，U. S. A.，February 24 to 26,

pp. 514-553.

4. Charlie, W. A. and Wardwell, R. E. , (1979) "Leachate Generation from Sludge Disposal Are," Journal of Environmental Engineering, ASCE, Vol. 105, No. 5, pp. 947-960

5. Chow, v. T. , ed. , (1964) "Handbook of Applied Hydrology," McGraw-Hill, New York.

6. CWPCB, California Water Pollution Control Board, (1961) "Effects of Reuse Dumps on Ground Water Quality," Publish No. 24, Resources Agency of California, Sacramento.

7. Fenn, D. G. , Hanley, K. J. , and Degeare, T. V. , (1975) "Use of the Water Balance Method for Predicting Leachate Generation from Solid Waste Disposal Sites," EPA-530/SW-168, U. S. Environmental Protection Agency, Cincinnati, Ohio.

8. Fungaroli, A. A. and Steiner, R. L. , (1979) "Investigation of Sanitary Landfill Behavior," Vol. 1, Final Report, U. S. Environ-mental Protection Agency, Cincinnati, Ohio, EPA-600/2-79/053a, p. 331.

9. Linsley, R. E. and Franzini, J. B. , (1972) "Water Resources Engineering," McGraw-Hill, New York.

10. Lu, J. C. S. , Eichenberger, B. , and Stearns, R. J. , (1985) "Leachate from Municipal Landfills, Production and Management," Noyes Publ. , Park Ridge, New Jersey, pp109-121.

11. Lutton, R. J. , Regan, G. L. , and Jones, L. W. , (1977) "Design and Construction of Covers for Solid Waste Landfill," EPA-600/2-79/165, U. S. Environmental Protection Agency, Cincinnati, Ohio, p. 249.

12. Perry, R. H. , (1976) "Engineering Manual," Third Edition, McGraw-Hill, New York.

13. Rovers, F. A. and Farquhar, G. J. , (1973) "Infiltration and Landfill Behavior," Journal of Environmental Engineering, ASCE, Vol. 99, No. 5, pp. 671-690.

14. Salvato, J. A. , Witkie, W. G. , and Mead, B. E. , (1971) "Sanitary Landfill Leaching Prevention and Control," J. Water Pollut. Control Fed. 43 (10), pp. 2084-2100.

15. Schroder, P. R. , Gibson, A. C. , and Smolen, M. D. , (1984a) "The Hydrologic Evaluation of Landfill Performance (HELP) Model, Volume II, Documentation for Version I ," U. S. Environmental Protection Agency, Office of Solid Waste and Emergency Response, Washington, D. C. , EPA/530-SW-84-010, June.

16. Schroder, P. R. , Morgan, J. M. , Walski, T. M. , and Gibson, A. C. , (1984b) "The Hydrologic Evaluation of Landfill Perfor-mance (HELP) Model, Volume I , User's Guide for Version I ," U. s. Environmental Protection Agency, Office of Solid Waste and Emergency Response, Washington, D. C. , EPA/530-SW-84-009, June.

17. Schroder, P. R. , Dozier, T. S. , Zappi, P. A. , McEnore, B. M. , Sjostrom, J. W. , and Peyton, R. L. , (1994) "The Hydrological Evaluation of Landfill Performance (HELP) Model, Engineering Documentation for Version 3," EPA/600/R-94/168b, Risk Reduction Engineering Laboratory, Office of Research and Development, U. S. Environmental Protection Agency, Cincinnati, Ohio, September.

18. SCS (Soil Conservation Service). (1972) "Procedure for Computing Sheet and Rill Erosion on Project Areas," Release No. 51, U. S. Department of Agriculture, Engineering Division, Washington, D. C.

19. SCS (Soil Conservation Service), (1975) "Urban Hydrology for Small Watersheds," Tech. Release No. 55, U. S, Department of Agriculture, Engineering Division, Washington, D. C.

20. Stone, R. , (1974) "Disposal of Sewage Sludge into A sanitary Landfill," EPA-SW-71d, U. S. Environmental Protection Agency, Cincinnati, Ohio.

21. Thornthwaite, C. W. and Mather, J. R. , (1955) "The Water Balance," Publ. Climatol. Lab. Climatol.

Drexel Institute of Technology, Lab. Climatol. , Centerton, New Jersey.

22. Thornthwaite, C. W. and Mather, J. R. , (1957) "Instructions and Tables for Computing Potential Evapotranspiration and the Water Balance,"Publ. Climatol. Lab. Climatol. Drexel Institute of Technology, Lab. Climatol. , Centerton, New Jersey.

23. USDA, Soil conservation Service, (1972b) "National Engineering Handbook," Section 4, Hydrology, U. S. Government Printing Office, Washington, D, C.

24. Varshney, R. S. , (1979) "Engineering Hydrology," NemChand & Bros, Roorkee, U. P, India. pp. 368-386.

25. Veihmeyer, F. J. , (1964) "Evapotranspiration," Handbook of Applied Hydrology, V. T. Chow, ed. , McGraw-Hill, New York, pp. 11-1 to 11-38.

26. Veihmeyer, F. J. and Henderickson, A. H. , (1955) "Rate of Evaporation from Wet and Dry Soils and Their Significance," Soil Science, Vol. 80, pp. 61-67.

27. Viessman, W. , Jr. , Knapp, J. W. , Lewis, G. L. , and Harbaugh, T. E. , (1977) "Introduction to Hydrology," Harper & Row, New York, pp. 43-87.

28. Walsh, J. J. and Kinman, R. N. , (1979) "Leachate and Gas Production under Controlled Moisture Conditions," Land Disposal: Municipal Solid Waste, D. W. Shultz ed. , 5th Annu. Res. Symp. , U. S. Environmental Protection Agency, Cincinnati, Ohio, EPA-600/9-79/023, pp. 41-57.

29. Walsh, J. J. and Kinman, R. N. , (1981) "Leachate and Gas from Municipal Solid Waste Landfill Simulators," Land Disposal: Municipal Solid Waste, D. W. Shultz ed. , 7th Annu. Res. Symp. , U. S. Environmental Protection Agency, Cincinnati, Ohio, EPA-600/9-81/0002a, pp. 67-93.

30. Wigh, R. J. , (1979) "Boone County Field Site Interim Report,"U. S. Environmental Protection Agency, Cincinnati, Ohio, EPA-600/2-79/580.

31. 钱学德，郭志平（1995). 美国的现代卫生填埋工程. 水利水电科技进展，Vol. 15，No. 6. pp. 27-31

# 第八章  淋滤液的排放

具有双层复合衬垫系统的固体废弃物填埋场必须既有淋滤液主（第一层）排水层也有淋滤液次（第二层）排水层。填理场淋滤液排水层必须有足够的排水能力才能排出其运行中所产生的最大淋滤液流体。要求淋滤液排水层内的淋滤液水头必须保持小于 30cm 的条件，否则应加大排放能力。

## 8.1  淋滤液排水层的构成

衬垫系统是由一个或多个淋滤液排水层及低透水性隔离层（也就是衬垫）组合而成的。衬垫和排水层的功能是互补的，衬垫防止淋滤液和气体流出填埋场并可改善其上排水层的功能。排水层则限制位于其下衬垫的水头，同时把渗透到排水层的液体送到由多孔淋滤液收集管组成的管网中。

目前广泛应用于城市废弃物填埋场的双层复合衬垫系统有主、次两层淋滤液排水层。图8.1 至图 8.6 表示各类带有淋滤液主、次排水层的双层复合衬垫系统的组成，由上至下分别为：

1. 保护层。由至少 0.60m 厚的砂或其它透水性粒状材料组成（图 8.3 和 8.4）。其功能是防止固体废弃物损坏和堵塞淋滤液排水层。

2. 第一层淋滤液排水层。由透水性土（也就是砂或砾，如图 8.1，8.2，8.5，8.6 所示）或土工合成排水材料（就是土工织物、土工网或土工复合材料，如 8.3，8.4 所示）组

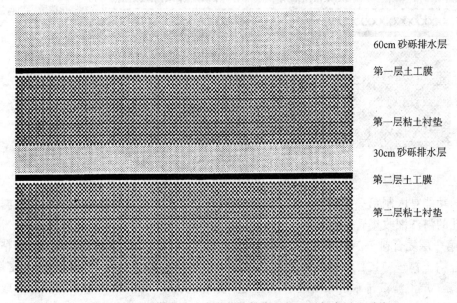

60cm 砂砾排水层

第一层土工膜

第一层粘土衬垫

30cm 砂砾排水层

第二层土工膜

第二层粘土衬垫

图 8.1  以砂作为主、次淋滤液排水层的双层复合衬垫系统

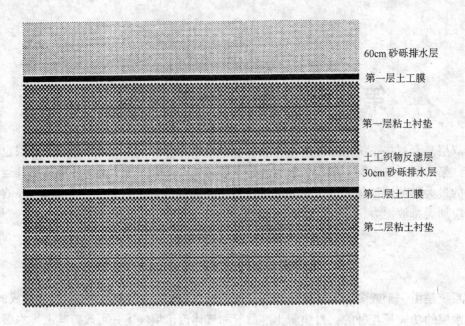

60cm 砂砾排水层

第一层土工膜

第一层粘土衬垫

土工织物反滤层

30cm 砂砾排水层

第二层土工膜

第二层粘土衬垫

图 8.2　以砂作为第一排水层，土工织物加砂作为第二排水层的双层复合衬垫系统

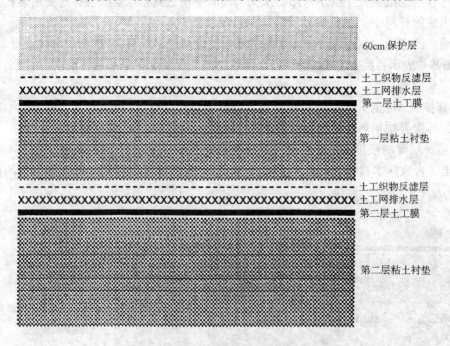

60cm 保护层

土工织物反滤层

土工网排水层

第一层土工膜

第一层粘土衬垫

土工织物反滤层

土工网排水层

第二层土工膜

第二层粘土衬垫

图 8.3　以土工织物和土工网作为排水层的双层复合衬垫系统

成。它的功能是限制第一层衬垫中淋滤液水头的升高以及将固体废弃物中产生的淋滤液输送到多孔的淋滤液收集管中。

3. 第一层复合衬垫。上部为土工膜，下部为低透水性土。低透水性土可由压实粘土或土工聚合粘土衬垫（GCL）构成。复合衬垫中土工膜和压实粘土之间应该设计成紧密接触。

4. 第二层淋滤液排水层。由透水性土（也就是砂或砾，如图 8.1 和 8.2 所示）或土工合成排水材料（也就是土工织物、土工网或土工复合材料，如图 8.3，8.4，8.5 及 8.6 所

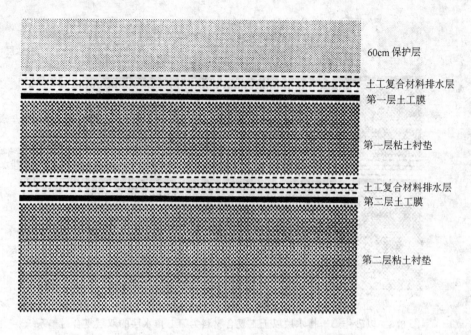

图 8.4　以土工复合材料作排水层的双层复合衬垫系统

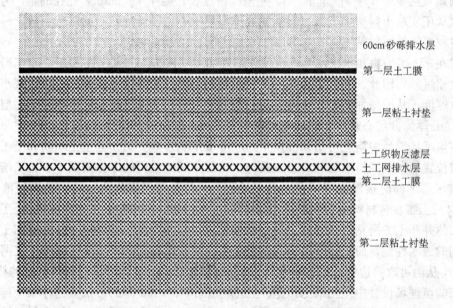

图 8.5　以砂作第一排水层以土工织物加土工网为第二排水层的双层复合衬垫系统

示）组成。其功能是收集和检测流过第一层衬垫系统的淋滤液。

5. 第二层复合衬垫。仍由上部的土工膜，下部的低透水性土组成。低透水性土可以是天然粘土、压实粘土或土工聚合粘土衬垫（GCL）。土工膜和低透水性土两部分材料之间应设计成紧密接触。

在早些时候，矿碴和粒状砂、砾料常被用作淋滤液排水层的材料。0.6m 厚的砂被作为淋滤液第一层排水层，0.3m 厚的砂则被作为淋滤液第二层排水层（图 8.1）。被用来作排水层的砂或其它粒料的渗透系数应大于 $10^{-2}$cm/s。被用作排水层的砂应不含有机物，通过 200

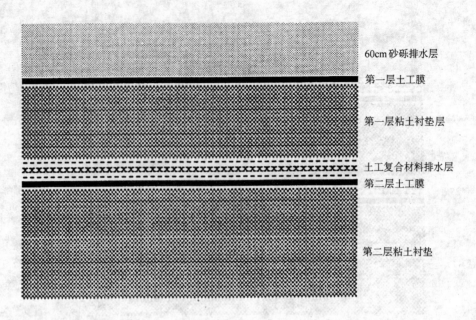

图8.6　以砂作第一排水层以土工复合材料为第二排水层的双层复合衬垫系统

号筛的颗粒应少于5%（以重量计），并全部通过3/8英寸（9.5mm）孔径的筛。为防止粘土颗粒从压实粘土衬垫挤至第二层淋滤液排水层——这样会降低砂的渗透系数，一层土工织物应放置于第一层粘土衬垫和第二排水层之间，以分隔它们（图8.2）。

现在，土工织物和土工网被广泛用作填埋场淋滤液排水材料（图8.3）。土工网的透水性大大超过砂，因此，非常薄的一层土工网可被用作淋滤液排水层来代替砂以减小衬垫系统的总厚度，从而增加废弃物填埋空间。当土工织物和土工网被用作淋滤液第一层排水层时，0.6m厚的砂层必须放在它们上面作为保护层。砂保护层的透水性应大于 $10^{-4}$cm/sec。

在填埋场设计中防止衬垫系统发生边坡滑动是非常重要的。当土工织物和土工网被用作边坡位置的淋滤液排水层时，土工膜与土工网之间接触面的摩擦角很小。为了增加土工膜与排水层之间的接触面摩擦角，土工复合材料常常被用来作为边坡上的淋滤液排水层（图8.4）。土工复合材料由夹在两层无纺土工织物之间的HDPE土工网所组成。土工织物被连续加热并和土工网粘结以后成为一个高强的、均匀的产品。土工复合材料有和土工网几乎相同的透水性能，而土工膜与土工复合材料之间的摩擦角要大于土工膜与土工网之间的摩擦角，从而可改善边坡衬垫的稳定性。图8.5和8.6是另外两种淋滤液排水层的构成，在近年来的填埋场设计中使用最为广泛。在这两幅图中，0.6m厚的砂层被当作第一排水层和保护层，砂的渗透系数必须大于 $10^{-2}$cm/sec。土工织物和土工网或土工复合材料被用作第二淋滤液排水层。图8.5所示截面适用于填埋场平坦区域，图8.6所示截面适用于填埋场边坡区域。

## 8.2　土质排水层与反滤层

天然土体排水材料可以在填埋场中被广泛应用。最普遍的用法是（USEPA，1993a）：

（1）作为衬垫系统中的淋滤液收集层，输送淋滤液进行处理，也可输送尚未堆放废弃物区域中的降水；

（2）作为双层复合衬垫系统中的第二淋滤液收集层，可作为运行状态第一层衬垫下的第二层淋滤液收集层；

（3）作为覆盖系统中最低的气体收集层，把气体送到通风口加以控制防止有潜在危险的气体扩散；

（4）用作覆盖系统中最低的排水层，用于减小下部隔离层的水头，通过减小覆盖系统中的渗透力来加强边坡稳定性；

（5）用作排水沟，用于收集水平流动的流体，例如，地下水和气。

排水层也有其它各种用途，例如排除挡土墙后回填土中的液体，或释放诸如坡脚等危险区域的过大的水压力等。

土质排水层由高透水性材料构成。不仅在初期需要高透水性，而且排水材料也必须能长期保持高透水性、防止堵塞。排水材料的透水性主要用土料中细粒土的粒径来决定，以下公式常被用来估计粒状材料的透水性，就是 Hazen 公式：

$$k = (d_{10})^2 \tag{8.1}$$

式中　$k$——渗透系数，cm/s；

$d_{10}$——小于该粒径的土重占总土重的 10%，称作等效粒径（mm）。

试验数据表明土中细粒土材料的百分比支配着透水性，例如，表 8.1 显示了少量细粒土对反滤砂透水性的影响。在排水材料中加入即使是百分之几的细粒材料也可成百倍或更多地减小排水材料的透水性。设计和施工技术要求通常规定了排水层的最小透水性。规定值视项目不同变化幅度相当大，但 k 的典型值都在 0.01~1cm/s 的范围内。

细粒土对洁净反滤层粒状材料渗透系数 $k$ 的影响　　　　　　　　　　表 8.1

| 过 100 号筛料的百分比 | 渗透系数 $k$（cm/s） |
| --- | --- |
| 0 | 0.03~0.11 |
| 2 | 0.004~0.04 |
| 4 | 0.0007~0.02 |
| 6 | 0.0002~0.007 |
| 7 | 0.00007~0.001 |

注：100 号筛的孔径为 0.15mm

排水材料也可被用作反滤层，如图 8.7 所示，必须要有一个反滤层以保护排水层不被堵塞。反滤层必须有三个功能：

（1）反滤层必须能防止相当数量的土粒通过它，也就是说，反滤层必须能挡土；

（2）反滤层必须有相对高的渗透系数，也即反滤层要比附近的土层有更高的透水性；

（3）反滤层中的土颗粒不允许大量转移到附近排水层中。

对反滤的技术要求有时是有变化的，但设计过程是类似的。可采取如下步骤来确定对反滤材料的要求：

（1）被保护土的粒径分布曲线由土体颗粒分析试验（*ASTM D*422）做出。从曲线上确定被保护土的 $d_{15}$（小于该粒径的土粒占总重 15%）及 $d_{85}$（小于该粒径的土占总重 85%）。

（2）经验显示，当反滤层的 $(d_{15})_{反滤}$ 小于 4~5 倍被保护土的 $d_{85}$ 时即：

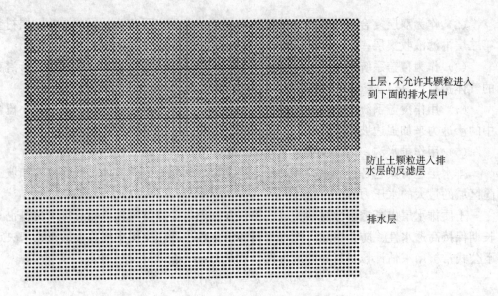

土层,不允许其颗粒进入到下面的排水层中

防止土颗粒进入排水层的反滤层

排水层

图8.7 用于防止排水层堵塞的反滤层

$$(d_{15})_{反滤} \leqslant (4 \sim 5)(d_{85})_{土} \qquad (8.2)$$

则被保护土中的土粒不会显著进入到反滤层中。

（3）经验表明，如果以下条件满足的话：

$$(d_{15})_{反滤} \geqslant 4(d_{15})_{土} \qquad (8.3)$$

则反滤层的渗透系数不会明显大于被保护土的渗透系数。

（4）为了确保反滤层中的颗粒不会过量地流入排水层，应当满足下述条件：

$$(d_{15})_{排水} \leqslant (4 \sim 5)(d_{15})_{反滤} \qquad (8.4)$$

（5）经验表明如果满足下式

$$(d_{15})_{排水} \geqslant 4(d_{15})_{反滤} \qquad (8.5)$$

则排水层的渗透系数将显著大于滤层的渗透系数。

如果城市固体废弃物直接弃置于反滤层顶部，则其中生物可降解的废弃物将使反滤层设计明显地复杂化。在这种情况下，常规的反滤层判据可加修改，以满足场地的特殊要求。只要不影响排水系统的预期功能，反滤层中渗透系数有一定程度的降低也是可接受的。暴露于淋滤液中的土及土工织物反滤层，其透水性能的实验室确定方法是 $ASTM$ $D1987$ 建议的。但是，若不考虑特殊的设计标准，反滤层材料的级配特性将控制着反滤层的性能。

## 8.3 土工织物滤水层的设计

土工织物由聚合物纤维制成，有纺或无纺的织物薄片并以一大卷一大卷的方式应用于工作现场。准备铺垫时，把这些卷状材料从保护罩里取出，放到正确的位置，展平铺于衬底材料之上。位于土工织物之下的衬底材料通常是土工网、土工复合材料、排水土料或其它土料。织物卷边和卷尾之间要有一定长度的重叠搭接，或者缝在一起。土工织物又被上面的材料覆盖。根据场地规定条件，上部材料可以是土工膜、土工聚合粘土衬垫、压实粘土衬垫、土工网、或排水土层。

### 8.3.1 填埋场中土工织物的常用方法

土工织物的功能是分隔、加强、反滤和排水。但在这些功能中，均有其一定使用范围。土工织物的主要使用范围包括不同材料之间的分隔、软弱土和其它材料的加强及反滤（法线方向）和排水（层面方向）。

在填埋工程中，土工织物被用作各种排水系统之上的过滤层，这些排水系统如土工网、土工网加土工织物、土工复合材料、淋滤液收集沟槽、淋滤液收集管、淋滤液收集池、气体抽取井，等等。

在填埋工程中作为透水层使用的土工织物主要类型是无纺针刺土工织物。现今广泛使用的两种无纺针刺土工织物的典型物理性能如表 8.2 与 8.3 所示：

**Trevira 无纺土工织物产品的典型物理性质** 表 8.2

| 性质 | 1114 | 1120 | 1125 | 1135 | 1145 | 1155 |
|---|---|---|---|---|---|---|
| 织物重量 ($g/m^2$) | 142 | 203 | 254 | 356 | 458 | 560 |
| 厚度（mm） | 1.8 | 2.3 | 2.8 | 3.6 | 4.3 | 5.3 |
| 渗透系数 (cm/s) | 0.45 | 0.52 | 0.56 | 0.57 | 0.58 | 0.57 |
| 导水率 ($s^{-1}$) | 2.54 | 2.27 | 2.01 | 1.60 | 1.34 | 1.07 |
| AOS（筛号） | $70^{\#} \sim 100^{\#}$ | $70^{\#} \sim 100^{\#}$ | $70^{\#} \sim 100^{\#}$ | $100^{\#} \sim 120^{\#}$ | $120^{\#} \sim 140^{\#}$ | $140^{\#} \sim 170^{\#}$ |
| $O_{95}$ (mm) | 0.210~0.149 | 0.210~0.149 | 0.210~0.149 | 0.149~0.125 | 0.125~0.106 | 0.106~0.088 |
| 孔隙率（%） | 92.8 | 93.0 | 93.0 | 92.7 | 92.0 | 92.1 |
| 卷宽（m） | 3.8 和 4.6 | 3.8 和 4.6 | 3.8 和 4.6 | 3.8 和 4.6 | 3.8 和 4.6 | 3.8 和 4.6 |
| 卷长（m） | 100 | 100 | 100 | 100 | 100 | 100 |

**GEOLON 针刺无纺土工织物产品典型性质** 表 8.3

| 性质 | N35 | N40 | N60 | N70 | N100 | N130 | N160 |
|---|---|---|---|---|---|---|---|
| 织物重量 ($g/m^2$) | 112 | 136 | 193 | 240 | 339 | 441 | 542 |
| 厚度（mm） | 1.3 | 1.4 | 1.9 | 2.4 | 3.2 | 3.8 | 4.7 |
| 渗透系数 (cm/s) | 0.26 | 0.28 | 0.33 | 0.35 | 0.34 | 0.31 | 0.25 |
| 导水率 ($s^{-1}$) | 2.07 | 2.01 | 1.74 | 1.47 | 1.07 | 0.8 | 0.53 |
| AOS（筛号） | $50^{\#}$ | $50^{\#}$ | $70^{\#}$ | $70^{\#}$ | $70^{\#}$ | $100^{\#}$ | $100^{\#}$ |
| $O_{95}$ (mm) | 0.297 | 0.297 | 0.210 | 0.210 | 0.210 | 0.149 | 0.149 |
| 孔隙率（%） | 90 | 90 | 90 | 90 | 90 | 90 | 90 |
| 卷宽（m） | 3.8 和 4.6 | 3.8 和 4.6 | 3.8 和 4.6 | 3.8 和 4.6 | 3.8 和 4.6 | 3.8 和 4.6 | 3.8 和 4.6 |
| 卷长（m） | 125 | 125 | 100 | 100 | 100 | 100 | 100 |

### 8.3.2　土工织物的容许性能与极限性能

许多土工织物的实验性能是在理想条件下取得的，因而导致了设计时采用人为地过大取值。认识这一点很重要。

在功能设计概念中，安全因素可由下式表达：

$$FS = \frac{容许性能}{要求性能}$$

此处，容许性能是以实际情况为模型的实验室数据，要求性能则是以实际情况为模型的设计方法所要求的数值。

这样从实验室试验得到的特殊值常常不能直接使用，而必须根据现场条件作适当修正，这也可以在实验过程中直接这样做，也就是制作一个真实的特性试验，但在许多情况下并不能简单地做到。某些情况例如足尺实验试样、长期蠕变试验、使用场地特殊的液体及现场孔隙水和总应力的模拟等在实验室内往往做不到。为了弥补实验室测定值和现场真实值之间的差距，可以采取两个步骤：

1. 在问题的最后采用比通常要高的安全系数，或

2. 在实验室求得的实验值中使用一个初步安全系数，使其转变为现场容许值。

这样，通常的安全系数就可以用在最后的分析当中。所采取的步骤是：把实验室所得数值作为"极限"值，再通过乘以一个安全系数加以修正，而得到一个"容许"值。

当处理流过或正在土工织物之间流动的水流问题时，可采用下述公式。典型数值如表8.4所示。注意这些数值必须考虑场地条件，如前面的例子一样。

$$q_{容许} = \frac{q_{极限}}{FS_{SCB} \times FS_{CR} \times FS_{IN} \times FS_{CC} \times FS_{BC}} \qquad (8.6)$$

式中　$q_{容许}$——容许流量；

　　　$q_{极限}$——极限流量；

　　　$FS_{SCB}$——土体堵塞安全系数；

　　　$FS_{CR}$——孔隙体积因蠕变而减小的安全系数；

　　　$FS_{IN}$——附近材料渗入土工合成织物孔隙的安全系数；

　　　$FS_{CC}$——化学原因引起堵塞的安全系数；

　　　$FS_{BC}$——生物原因引起堵塞的安全系数。

**部分安全系数推荐值**（Koerner，1990）　　　　　　　　表8.4

| 应用 | 不同因素的安全系数 | | | | |
|---|---|---|---|---|---|
| | $FS_{SCB}$ | $FS_{CR}$ | $FS_{IN}$ | $FS_{CC}$ | $FS_{BC}$ |
| 挡土墙反滤层 | 2.0~4.0 | 1.5~2.0 | 1.0~1.2 | 1.0~1.2 | 1.0~1.3 |
| 地下排水反滤层 | 2.0~4.0 | 1.0~1.5 | 1.0~1.2 | 1.2~1.5 | 1.2~1.5 |
| 侵蚀控制反滤层 | 2.0~4.0 | 1.0~1.5 | 1.0~1.2 | 1.0~1.2 | 1.2~1.5 |
| 填埋场反滤层 | 2.0~4.0 | 1.5~2.0 | 1.0~1.2 | 1.2~1.5 | 1.5~3.0 |
| 重力排水 | 2.0~4.0 | 2.0~3.0 | 1.0~1.2 | 1.2~1.5 | 1.2~1.5 |
| 压力排水 | 2.0~3.0 | 2.0~3.0 | 1.0~1.2 | 1.1~1.3 | 1.1~1.3 |

### 8.3.3 织物平面的滤水性

土工织物的滤水功能是指液体通过织物本身的能力(即通过其加工平面的能力),同时,织物还起到对其上游土体的加筋作用;并要求其同时具有足够的透水性(要求织物结构稀疏)和反滤性能(要求织物结构致密);还要求系统中的土工织物在长期使用时不会发生堵塞。因此土工织物的滤水性可定义在不限定的长时期内允许液体自由流经(但没有土体流失)织物平面的一种平衡的织物—土体系统。

滤水功能是土工织物产品的一个主要性能。应用土工织物,只要正确地设计与施工,可以解决实践中许多情况的液体流动问题。

以上关于织物透水性的特殊讨论是指液体垂直通过织物平面时的截面透水性。一些用作此用途的织物相对较厚且可压缩。由于这个原因,渗透系数中也应包括厚度的影响,被称为导水率,定义如下:

$$\Psi = k/t \tag{8.7}$$

式中 $\Psi$——导水率;

$k$——截面渗透系数;

$t$——在限定法向压力下的厚度。

对某一工程,所要求的土工织物导水率 $\Psi_{要求}$ 或渗透系数 $k_{要求}$ 可由下式计算求得。

$$q = k \cdot iA = k(\Delta h/t)A = (k/t)\Delta h \cdot A = \Psi \Delta h \cdot A \tag{8.8}$$

$$q = r \cdot A \tag{8.9}$$

$$\Psi_{要求} = q/(\Delta h \cdot A) = r/\Delta h \tag{8.10}$$

$$k_{要求} = q/(A \cdot i) = r/i \tag{8.11}$$

式中 $q$——土工织物平面过水流量,$m^3/s$;

$\Psi$——土工织物的导水率,$s^{-1}$;

$k$——土工织物平面渗透系数,$cm/s$;

$r$——单位面积入流量,$cm^3 \cdot m^2/s$ 或 $cm/h$;

$A$——过水面积 $m^2$;

$\Psi_{要求}$——要求的土工织物导水率,$s^{-1}$;

$k_{要求}$——所要求的土工织物平面渗透系数,$cm/s$;

$i$——水力梯度;

$\Delta h$——土工织物底部的液体水头,$m$,$\Delta h = H - D$; $\tag{8.12}$

$H$——土工膜衬垫中液体水头,$m$;

$D$——排水层厚度,$m$。

在填埋场设计中,土工膜衬垫的液体水头 $H$ 要在水文地质分析或规程要求的基础上取得,土工织物底部的液体水头 $\Delta h$ 和所需导水率 $\Psi_{要求}$ 可由上述公式确定。如果土工膜衬垫的液体水头 $H$ 不能预先确定,可用表8.5中的水力梯度来估计土工织物所需截面渗透系数 $k_{要求}$。

设计土工织物时的典型水力梯度（*Giroud*, 1988）　　　　　表 8.5

| 排水应用 | 典型水力梯度 |
|---|---|
| 标准排水沟 | 1.0 |
| 直墙排水 | 1.5 |
| 填埋场主淋滤液收集系统 | 1.5 |
| 填埋场次淋滤液收集系统 | 1.5 |
| 填埋场最终覆盖排水系统 | 1.5 |
| 人行道边排水管 | 1* |
| 内陆沟渠保护系统 | 1* |
| 海岸线保护系统 | 10* |
| 大坝 | 10* |
| 液体储备 | 10* |

﹡注：重要工程应用比表中所给值更高的梯度来设计。

应用表 8.4 中数据，可由下式计算出容许导水率或容许渗透系数。

$$\Psi_{容许} = \frac{\Psi_{极限}}{FS_{SCB} \times FS_{IN} \times FS_{CR} \times FS_{CC} \times FS_{BC}} \quad (8.13)$$

$$k_{容许} = \frac{k_{极限}}{FS_{SCB} \times FS_{IN} \times FS_{CR} \times FS_{CC} \times FS_{BC}} \quad (8.14)$$

极限导水率 $\Psi_{极限}$ 和极限渗透系数 $k_{极限}$ 可从土工织物产品说明书中获得。这样，用来计算所选土工织物滤水能力的安全系数可最后求得。

$$FS = \Psi_{容许}/\Psi_{要求} = k_{容许}/k_{要求} \quad (8.15)$$

式（8.10）～（8.15）可用来计算所选土工织物的平面滤水能力。

### 8.3.4　反滤

当允许较大的水量流过土工织物时，织物中的孔隙空间也应较大。但有一个限度，当上游土颗粒随液体流动开始通过织物孔隙时，会导致一种不可接受的情况，称之为"管涌"。起先，细的土粒通过织物，使土体留下较大孔隙，其后液体速度相应增加，加速了这个过程的发展，直到土体结构损坏。这常会使土体产生微小的渗坑，且会随时间增大。

要通过制造孔隙足够小的土工织物以反滤织物上游土粒，来防止以上整个过程的发生。首先必须保持上游土体大部分颗粒不流走，这也就是设计反滤过程中的目标土粒尺寸。最终将细土粒挡住。幸运的是，在土质反滤层设计中反滤的概念建立得很好，同样的概念将用来设计土工织物反滤层。

完成反滤有许多方案，所有方案都要应用土粒尺寸特征并将它们与织物的 $O_{95}$ 尺寸相比较（$O_{95}$ 由织物表观最大孔径（AOS）试验确定）。

| 筛号 | 孔径尺寸 | |
|:---:|:---:|:---:|
| (No) | (mm) | (mil) |
| 4 | 4.760 | 187.0 |
| 10 | 2.000 | 79.0 |
| 20 | 0.840 | 33.0 |
| 30 | 0.590 | 23.0 |
| 40 | 0.420 | 17.0 |
| 50 | 0.300 | 12.0 |
| 60 | 0.250 | 10.0 |
| 70 | 0.210 | 4.2 |
| 100 | 0.149 | 5.9 |
| 200 | 0.074 | 2.9 |
| 400 | 0.037 | 1.5 |

*注：1mil＝0.001 in＝0.025m。

表观最大孔径（AOS）试验是美国陆军工程兵团使用并发展起来的，用于估算编织物反滤性能。现已发展到测试所有织物，包括无纺织物类型。表观最大孔径（AOS）或等效最大孔径(EOS)——AOS 与 EOS 是等效的——在 CW-O2215 中作为美国标准筛号被定义下来，它们具有与织物最大孔径很接近的筛孔。等效 ASTM 试验是指定的 D4751。试验采用由筛号指定尺寸为已知的珠状玻璃球，通过过筛确定 AOS。过筛是用连续变小的玻璃珠以使 5％或更少的土通过织物。织物标本的 AOS 或 EOS 就"保留"在标准筛尺寸号中。有时作为等效最大孔径以毫米（mm）给出，此值就是 95％最大孔径或 $O_{95}$。这样 AOS、EOS 和 $O_{95}$ 都是指同一件事，不同之处在于 AOS 与 EOS 是筛号而 $O_{95}$ 是相应的以 mm 为单位的孔径尺寸。表 8.6 给出了对应值。需注意的是表 8.6 中当 AOS 筛号增大时，$O_{95}$ 颗粒尺寸值减小，就是说，它们是相反的（可参见南京水利科学研究院主编："土工合成材料测试手册"第五章，水利电力出版社，1991）。

以下介绍实现反滤的三个近似方法：

*A.* 美国第 25 特种部队法

这个最简单的方法是测定通过 200 号筛（＝0.074mm）的土粒百分比。第 25 特种部队（1983），建议：

1. 当通过 200 号筛的土小于 50％时，

织物的 AOS＞30 号筛（即 $O_{95}$＜0.59mm）

2. 当通过 200 号筛的土大于 50％时，

织物的 AOS＞50 号筛（即 $O_{95}$＜0.297mm）

*B.* Carroll 法

Carroll（1983）推荐方法对 $O_{95}$ 尺寸（mm）作了稍加限制，即

$$O_{95} < (2 \text{ 或 } 3) \cdot d_{85}$$

式中 $d_{85}$ 为粒径（mm），小于该粒径的试样土粒重量占总重的 $85\%$。

    *C. Giroud 法*

    最保守的方法是 Giroud（1982a）提出的，他提供了一张表。根据粗粒土的相对密度（$D_r$）、不均匀系数（$C_u$）、平均粒径（$d_{50}$）来给出 $O_{95}$（就是与 AOS 相符合的孔径尺寸，mm）的推荐值（见表 8.7）。此处粗粒土的定义是细粒（小于 200 号筛孔）少于 $10\%$ 或细粒虽多于 $10\%$，但其塑性指数（$I_p$）小于 5。

用来获得预测过滤时中细粒土过分流失织物孔径尺寸关系表     表 8.7

| 相对密实度 | $1 < C_u < 3$ | $C_u > 3$ |
|---|---|---|
| 疏松（$D_r < 50\%$） | $O_{95} < (C_u)(d_{50})$ | $O_{95} < (9d_{50})/C_u$ |
| 中密（$50\% < D_r < 50\%$） | $O_{95} < 1.5(C_u)(d_{50})$ | $O_{95} < (13.5d_{50})/C_u$ |
| 密实（$D_r > 80\%$） | $O_{95} < 2(C_u)(d_{50})$ | $O_{95} < (18d_{50})/C_u$ |

    $d_{50}$——平均粒径，小于该粒径土粒占总重的 $50\%$；$C_u$——不均匀系数，$C_u = d_{60}/d_{10}$；$d_{10}$——有效粒径，小于该粒径的土粒占总重的 $10\%$；$d_{60}$——限制粒径，小于该粒径的土粒占总重的 $60\%$；$O_{95}$——土工织物表观孔径尺寸（如制造商未提供数据，该值可用 AOS 筛近似值（mm））

    如果土中含有超过 $10\%$ 的细颗粒、塑性指数大于 5，则会使土结构具有粘性，该土就该按细粒土考虑，如果土被确认为非分散性土（DHR $< 0.5$），则 $O_{95}$ 必须要小于 $0.21$mm（就是说小于 $70^{\#}$ 筛孔孔径）即：

$$O_{95} < 0.21\text{mm（对细粒土而言）}$$

用作填埋场压实粘土衬垫的土必须是非分散性土。

    8.3.5   土与土工织物的长期兼容性

    在有关水利系统中应用土工织物最常问到的问题也许是："它会堵塞吗?"显而易见，一些土颗粒会被嵌于织物结构之内，但该问题实际上是问织物会否完全被堵塞，以致于流经它的液体流会被其完全阻断，如图 8.8（d）所示。

    关于堵塞问题的合适答案比较简单，即避免已知的会引起严重堵塞的情况出现。为最大限度地减小和防止土工织物被堵塞的危险，建议在使用土工织物时遵循下列原则：

    1. 采用现有的最大孔径尺寸以满足反滤要求；

    2. 对无纺土工织物，在实际应力条件下所使用的土工织物孔隙率应大于 $40\%$；

    3. 对有纺土工织物，孔口面积百分比（POA）应大于 $6\%$。

无纺土工织物孔隙率可由下式计算：

$$n = 1 - \mu(t_g \cdot \rho) \times 100\% \tag{8.16}$$

式中    $n$——土工织物孔隙率或平面孔隙率，以百分数表示；

        $\mu$——单位面积土工织物质量；

        $t_g$——土工织物厚度；

        $\rho$——纤维密度。

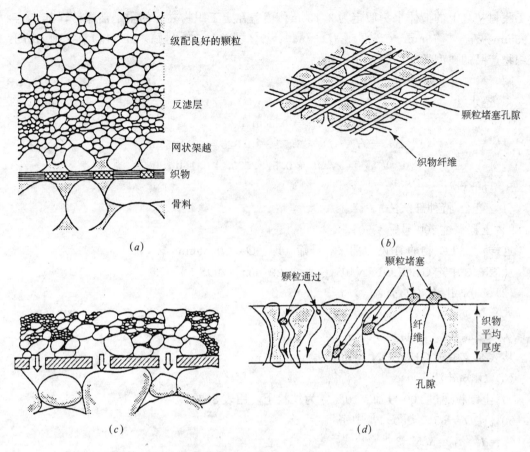

图 8.8　土与织物长期兼容的各种假想机理（McGown，1978）

*a*）上游土反滤层的构造；*b*）上游土粒阻塞土工织物孔口；

*c*）上游土粒横跨土工织物孔口；*d*）土粒堵塞于织物结构内部

孔口面积百分比（POA）仅对有纺织物性能有用，对单纤维编织物而言更是主要性能。POA 是总的孔口面积（邻近纤维之间的孔隙空间）与总样本面积之比。编织的单纤维织物在基本致密结构（$POA \approx 0$）到相当开敞（$POA = 36\%$）之间变化，许多商用织物在 $4\% \sim 10\%$ 范围内变化。

会导致土工织物堵塞的另一因素是碱性过高的地下水。当液体 pH 值过高时，由于织物接触面上的水流速度降低可导致钙、钠或镁的沉淀、积累，因而堵住织物的过水面。有时还要考虑潜在的生物堵塞，对普通地下水而言生物堵塞的可能性相对较低，但对填埋场淋滤液则发生生物堵塞的可能性相对较高。

关于土与土工织物系统水流兼容性的讨论，是建立于一系列系统水流平衡机理的假定之上的。考虑这类现象曾有过许多尝试，建议了许多可能性（McGown，1978），包括上游土反滤、织物堵塞、横跨起拱及部分堵塞。如图 8.8 所示，显然，许多情况它们是共同作用的，至于哪种机理在什么土体类型、水流条件下起支配作用则仍然是一个需要长期研究的课题。

**例 8.1**　分别用第 25 特种部队法，Carroll（$O_{95} < 2d_{85}$）法和 Girond 法设计在淋滤液排水层中使用的针刺无纺土工织物（用表 8.4 中的最大值）。土工织物作为反滤层辅在保护砂垫层和土工网之间（如图 8.3 所示），土工网厚 6.25mm。最大单位面流入量为 0.50cm/h。

土工膜衬垫之上的液体水头假定为 3.75cm。覆盖在土工织物之上的土是洁净砂，其 $d_{85}=0.95$mm，$d_{50}=0.19$mm，$C_u=5.5$，$D_r=65\%$，9%颗粒过 200 号筛。GEOLON 针刺无纺土工织物产品的典型性能如表 8.3 所列。

**解**

A. 透水性

$$r = 0.5\text{cm/h}$$

$$\Delta h = H - D = 3.75 - 0.625 = 3.125\text{cm}$$

$$\Psi_{\text{要求}} = r/\Delta h = 0.5/3.125 = 0.16\text{h}^{-1}$$

B. 反滤设计

(1) 第 25 特种部队法

9% 土颗粒过 200 号筛 < 50%

这样，土工织物的 AOS 大于 30 号筛（即，$O_{95} < 0.59$mm）。

从表 8.3 中选 GEOLON $N40$（$O_{95}=0.297$mm，AOS $50^{\#}$）。

(2) Caoroll 法（$O_{95} < 2d_{85}$）

$d_{85} = 0.95$mm

$O_{95} < 2d_{85} = 2 \times 0.95 = 1.9$mm

从表 8.3 中选 GEOLON $N40$（$O_{95}=0.297$mm）

(3) Giroud 法

9% 土颗粒通过 200 号筛 < 10%，为粒状土，用表 8.7

$50\% < D_r = 65\% < 80\%$：中密

$C_u = d_{60}/d_{10} = 5.5 > 3$

$d_{50} = 0.19$mm

$O_{95} < (13.5d_{50})/C_u = (13.5 \times 0.19)/5.5 = 0.466$mm 从表 8.3 中选 GEOLON $N40$（$O_{95}=0.297$mm）

C. 长期兼容性

GEOLON $N40$，是针刺无纺土工织物，其性能从表 8.3 可得。

$n = 90\% > 40\%$（可以）。

以上三种方法都选择了 GEOLON $N40$，现检查 GEOLON $N40$ 是否有足够的滤水能力。

对 GEOLON $N40$ 而言，导水率 $\Psi_{\text{极限}} = 2.01\text{s}^{-1}$，从表 8.4 "填埋场反滤层"中选取不同因素的安全系数，由式 (8.13)

$$\Psi_{\text{容许}} = \frac{\Psi_{\text{极限}}}{FS_{\text{SCB}} \times FS_{\text{IN}} \times FS_{\text{CR}} \times FS_{\text{CC}} \times FS_{\text{BS}}}$$

$$= (2.01)/(4.0 \times 2.0 \times 1.2 \times 1.5 \times 3.0)$$

$$= (2.01)/(43.2)$$

$$= 0.0465\text{s}^{-1}$$

$$= 167.4\text{h}^{-1}$$

$$FS = \Psi_{\text{容许}}/\Psi_{\text{要求}}$$

$$= (167.4)/(0.160) = 1046 \quad （可以）$$

这样，GEOLON $N40$ 可满足透水性、反滤及长期兼容的所有要求。

## 8.4 土工网淋滤液排水层的设计

土工网是土工合成材料家族的最新成员，它们是真正的网状材料。所有土工网都是由规定相对密度范围为 0.935～0.942 的聚乙烯合成的，它们常被认为是高密度聚乙烯（HDPE）。严格地说这不正确，因为只有那些规定相对密度为 0.941 及更大的（土工网）才能算入这个范畴，大多数土工网是此范围上限的中密聚乙烯（MDPE）。

### 8.4.1 土工网在填埋场中的应用

土工网由各组平行的经纬线成层放置而组成一个整体，液体可以从网孔内通过。这样，它们的主要功能是排水。土工网的网孔存在于土工网平面内（在平行的经纬线上或下）和土工网的横截面内（在相邻土料之间的孔隙内）。

土工网的上表面和下表面总是要覆盖土工膜或土工织物的，就是说，它们从不会直接被土覆盖，因为土中的大颗粒会充填到土工网孔中使其失去使用效能。许多土工网用土工织物粘合在其一个或两个面上，这就被称作土工复合材料。土工织物通常是通过加热融化或粘合剂使其粘在土工网面上，形成一个有强度的连续介质产品。

土工网几乎全因它们的排水能力才得到应用，因此，它们是单功能土工合成材料。虽然土工网主要用其内部排水能力，而不是用其加强作用，但应提及的是土工网并不脆弱、也非轻又薄的材料，并具有相当的强度（特别是被限制在土中时），只不过它们的应用几乎全是用来排水而已。

当前在工程中土工网的应用包括填埋场边坡的淋滤液排出，填埋场衬垫之上的淋滤液排出，填埋场顶部覆盖的表面水排出及填埋场的地下水排出等。

### 8.4.2 土工网的水力特性

平面内水力测试可参照美国 ASTM D4716 标准进行，以确定土工网的平面流量或输水能力。平面内流量测试装置如图 8.9 所示。夹在两层 1.5mm HDPE 土工膜之间的 6.4mm

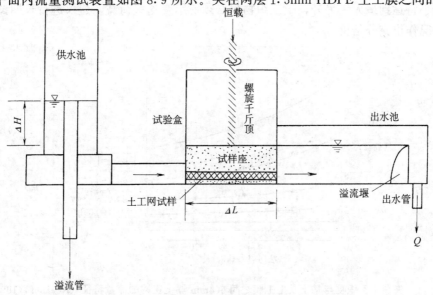

图 8.9 土工网平面测流试验装置简图（Koerner，1994）

厚的土工网，在各种水力梯度下其通过的流量与正应力的关系如图8.10所示（Koerner 1990）。从图中可看出恒定水力梯度下每次都可观察到流量随应力的增加而逐渐降低，而显然地，水力梯度越高则流量越大。从这些数据可以很容易算得土工网的输水能力，其中假设测流系统总是饱和的。与土中流量相比，这些（试验的）流量要远远高于土中流量，首次使用输水能力时更应谨慎。作为比较，30cm厚的砂在水力梯度为1.0时的渗透系数约为0.1cm/s，仅能输送19 L/min·m。因此，土工网与土相比，可用于处理大流量问题，在其孔隙中的水流很可能是紊流。

图8.10所示的测试数据明显是"指数"型的，但实际情况有可能包括在试验过程中，以便取得"性能"数据。为了做到这点，必须在测试试件的上、下面有代表实际系统的条件及典型的液体（有时还要考虑温度）。图8.11表示这种变化的效果，此处其纵向剖面包括：一层粘土（高岭土，含水量为15%），一层针刺无纺连续纤维聚酯土工织物（540g/m²），一层土工网，及1.5mm厚的HDPE土工膜。因为土工网与图8.10中的土工网是同一类型，所以结果可直接比较，唯一不同之处在于覆盖在土

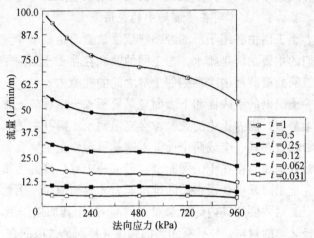

图8.10 夹在两层1.5mm HDPE土工膜之间的6.4mm厚土工网的流量特征（Koerner，1994）

工网之上的土工织物与粘土。与图8.10相比，图8.11中流量的减小是由于土工织物与粘土侵入到了土工网的夹芯空隙内。比较结果的数据见表8.8，由此可见在较高的水力梯度下流量的减小将达到最大。另外，土工织物也必须能承受这些荷载，建议进行长期试验以便对同样情况作出充分估价。

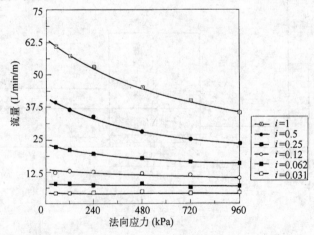

图8.11 夹在土工织物与粘土及土工膜之间6.4mm厚土工网的流量特征（Koerner，1994）

流量（L/min·m）及其折减（由图 8.10 和 8.11 曲线得出）（Koerner，1994）  **表 8.8**

| 正应力<br>(kPa) | 截 面 | 水力梯度（$i$） | | | | | |
|---|---|---|---|---|---|---|---|
| | | 0.03 | 0.06 | 0.12 | 0.25 | 0.50 | 1.0 |
| 49.0 | HDPE（双面） | 6.2 | 11.2 | 19.0 | 31.3 | 55.0 | 93.0 |
| | 土工织物/粘土（单面） | 5.0 | 8.7 | 13.6 | 22.3 | 40.0 | 62.1 |
| | 差异 | 1.2 | 2.5 | 5.4 | 9.0 | 15.0 | 30.9 |
| | 折减比例（%） | 20 | 22 | 30 | 28 | 28 | 33 |
| 245.0 | HDPE（双面） | 6.2 | 9.9 | 17.4 | 28.6 | 48.4 | 77.0 |
| | 土工织物/粘土（单面） | 5.0 | 7.4 | 12.4 | 19.9 | 33.5 | 53.4 |
| | 差异 | 1.2 | 2.5 | 5.0 | 8.7 | 14.9 | 23.6 |
| | 折减比例（%） | 20 | 25 | 29 | 30 | 31 | 31 |
| 490.0 | HDPE（双面） | 5.0 | 9.9 | 16.1 | 27.3 | 47.1 | 70.7 |
| | 土工织物/粘土（单面） | 3.7 | 7.4 | 11.2 | 17.4 | 28.6 | 44.7 |
| | 差异 | 1.3 | 2.5 | 4.9 | 9.9 | 8.5 | 26.0 |
| | 折减比例（%） | 25 | 25 | 31 | 36 | 39 | 37 |
| 980.0 | HDPE（双面） | 5.0 | 7.4 | 11.2 | 19.9 | 33.5 | 53.4 |
| | 土工织物/粘土（单面） | 3.7 | 6.2 | 9.9 | 16.1 | 23.6 | 34.8 |
| | 差异 | 1.3 | 1.2 | 1.3 | 3.8 | 9.9 | 18.6 |
| | 折减比例（%） | 25 | 17 | 11 | 19 | 30 | 35 |

### 8.4.3 土工网容许流量

考虑到容许值是由以上所述的水力试验类型所得，所以必须估计实验装置与实际的现场系统相比较的真实程度。如果实验没有足够地模拟"真实情况"，那么必须对实验值做一些调整。这样，根据 ASTM D4716 标准确定的实验室所得极限值，必须在设计使用之前予以折减；即，

$$q_{容许} < q_{极限}$$

这样做的方法之一是，对每一个实验中未能充分估计的分项给予一个安全系数。例如

$$q_{容许} = \frac{q_{极限}}{FS_{IN} \times FS_{CR} \times FS_{CC} \times FS_{BC}} \tag{8.17}$$

式中　$q_{极限}$——在实验室温度下根据 ASTM D4716 短期试验测出的固体板间以水为流动液体的流量极限值；

　　　$q_{容许}$——最终设计目标的容许流量；

　　　$FS_{IN}$——附近土工合成材料因弹性变形或侵入而进入土工网空隙的安全系数；

　　　$FS_{CR}$——因土工网蠕变邻近土工合成材料进入土工网空隙的安全系数；

　　　$FS_{CC}$——土工网空隙中化学堵塞及（或）化学沉淀的安全系数；

　　　$FS_{BC}$——土工网空隙中生物堵塞的安全系数。

对不同范围所采用的安全系数值如表 8.9 中所示。表 8.9 和下面的例子说明土工网的应用范围并提出在危险情况下要保证采用高安全系数值。请注意这些值是建立在相当早期

和相对少的资料基础之上的，其它影响因素例如设备损坏，粘滞度的影响，温度影响等都已被包括在内，另外，如果测试方法中包括了这些特殊因素项，则在上述公式中仍以统一值出现。

**确定土工网容许流量或输水能力时所推荐的安全系数**（koerner，1990） 表 8.9

| 应用范围 | 安全系数值 | | | |
|---|---|---|---|---|
| | $FS_{IN}$ | $FS_{CR}$ | $FS_{CC}$ | $FS_{BC}$ |
| 体育场 | 1.0～1.2 | 1.0～1.2 | 1.0～1.2 | 1.1～1.3 |
| 毛细现象隔层 | 1.1～1.3 | 1.0～1.2 | 1.1～1.5 | 1.1～1.3 |
| 屋面板及广场覆盖物 | 1.2～1.4 | 1.0～1.2 | 1.0～1.2 | 1.1～1.3 |
| 挡土墙、透水岩石及土坡 | 1.0～1.5 | 1.2～1.4 | 1.1～1.5 | 1.0～1.5 |
| 排水垫层 | 1.3～1.5 | 1.2～1.4 | 1.0～1.2 | 1.0～1.5 |
| 填埋场顶盖表面排水 | 1.3～1.5 | 1.2～1.4 | 1.0～1.2 | 1.2～1.5 |
| 填埋场次淋滤液收集系统 | 1.5～2.0 | 1.4～2.0 | 1.5～2.0 | 1.5～2.0 |
| 填埋场主淋滤液收集系统 | 1.5～2.0 | 1.4～2.0 | 1.5～2.0 | 1.5～2.0 |

\* 以上值都是假定 $q_{极限}$ 是在应力为现场估计最大值的 $1.5～2$ 倍情况下取得的。若非如此，以上值需增加。

**例 8.2** 假定在合适的设计荷载及水力梯度下，实验室测到的短期内位于刚性板之间的土工网流量为 17.9L/min·m，试问填埋场第二层（次）淋滤液收集系统中土工网的容许流量为多少？

**解** 用表 8.9 中安全系数的平均值；注意到流量将大幅度地减小。由式（8.17）

$$q_{容许} = \frac{q_{极限}}{FS_{IN} \times FS_{CR} \times FS_{CC} \times FS_{BC}}$$

$$= \frac{17.9}{1.75 \times 1.7 \times 1.75 \times 1.75}$$

$$= \frac{17.9}{9.11} = 1.96 \text{L/min·m}$$

### 8.4.4 用作排水的土工网设计

本节包括所需要的设计理论和在填埋工程中的应用实例两部分。

*A.* 安全系数

"功能设计"需要的安全系数公式如下：

$$FS = \frac{\text{容许（测试）值}}{\text{要求（设计）值}}$$

土工网作为排水介质，其目标值是流量，这样上述概念即为下述公式：

$$FS = q_{容许}/q_{要求} \qquad (8.18)$$

式中　$q_{容许}$——容许流量；

$q_{要求}$——要求流量。

*B.* 输水能力

对于层流条件下的饱和系统而言，可由达赛定律求得流量的替代值，也就是输水能力：

$$Q = k \cdot i \cdot A = k \cdot i \cdot (w \cdot t) \qquad (8.19)$$

$$Q = (k \cdot t) \cdot i \cdot w = \theta \cdot i \cdot w \qquad (8.20)$$

$$\theta = k \cdot t = Q/(i \cdot w) \qquad (8.21)$$

式中　$Q$——体积流量，$cm^3/s$；

$k$——渗透系数，$cm/s$；

$i$——水力梯度；

$A$——过水面积，$cm^2$；

$\theta$——输水能力，$cm^2/s$；

$w$——宽度，$cm$；

$t$——厚度，$cm$；

这样 $Q/w$ 与输水能力有相同的单位，且可通过水力梯度 $i$ 直接与之联系，当水力梯度为 1.0 时，它们在数值上相等。这里需注意系统必须是饱和的、水流必须是层流以便使用输水能力公式。为避免含糊不清，最好的办法通常是用单位宽度的流量来表达。

$C.$ 要求流量。

淋滤液排水层的要求流量可由下式求得。

$$q_{要求} = (r \cdot w \cdot L_H)/w \quad （仅适用于网格式填埋单元） \qquad (8.22)$$

或

$$q_{要求} = [r(L_H)_{max} \cdot dw]/dw \qquad (8.23)$$

式中　$q_{要求}$——土工网出口要求流量，$m^4/s$；

$r$——入流量，$L \cdot d/m^2$ 或 $m^5/s$ 或 $cm/h$；

$w$——沿淋滤液收集槽方向的网格宽，$m$；

$L_H$——网格单元到垂直于淋滤液收集管的水平距离，$m$；

$(L_H)_{max}$——填埋单元垂直于淋滤液收集管的最大水平距离，$m$；

$dw$——$1m$。

假定液体流向与淋滤液收集管垂直。

$D.$ 作用在土工网上的法向压力。

土工网之上总的覆盖层压力为：

$$W = (\Sigma\gamma_i H_i)L_H \qquad (8.24)$$

作用在土工网上的总法向力：

$$N = (\Sigma\gamma_i H_i)L_H\cos\beta \qquad (8.25)$$

作用在土工网上的法向应力：

$$\sigma_n = (\Sigma\gamma_i H_i)L_H\cos\beta/L$$

$$L = L_H/\cos\beta$$

$$\sigma_n = (\Sigma\gamma_i H_i)L_H\cos\beta/(L_H/\cos\beta)$$

因此

$$\sigma_n = (\Sigma\gamma_i H_i)\cos^2\beta \qquad (8.26)$$

式中　$W$——土工网之上土及固体废弃物总重，$kN$；

$N$——作用在土工网上的总法向力，$kN$；

$\sigma_n$——作用在土工网上的法向应力，$kPa$；

$\gamma_i$——固体废弃物或土的重力密度，$kN/m^3$；

$H_i$——土工网上废弃物或土的厚度，$m$；

$L_H$——填埋单元基底或边坡从顶至底的垂直距离，m；

$L$——填埋单元基底或边坡实际距离，m；

$\beta$——填埋单元基底或边坡的坡角（°）。

**例 8.3** 在已完成的固体废弃物填埋场顶盖中用作水平排水层的 Tensar 排水复合材料 DC4105 位于保护层和 VLDPE 土工膜之间，如图 8.12 所示。水平排水层上的最大填筑高度为 105cm，填筑土平均重力密度（$\gamma_{\pm}$）平均为 16kN/m³，覆盖层坡度为 25%，从坡顶到坡底的水平距离是 120m。假定最大内部流速为 0.36cm/h。Tensar DC4105 土工复合材料的极限流量如表 8.10 所示。试问此复合材料的安全系数为多少？

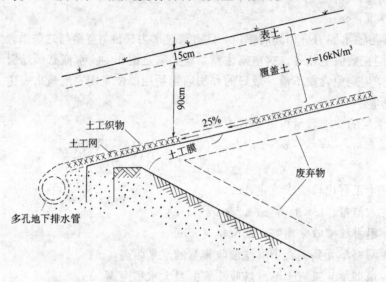

图 8.12 填埋场顶盖中位于土工膜以上，土工织物之下的土工网

**Tensar DC4105 土工复合物的极限流量和输水能力** 表 8.10

| 荷载<br>(kPa) | 梯度 | 极限流量<br>(L/min·m) | 输水能力 | |
|---|---|---|---|---|
| | | | (L/min·m) | [m²/s（×10⁻³）] |
| 9.80 | 0.02 | 10.8 | 536.6 | 8.97 |
| | 0.10 | 24.8 | 248 | 4.14 |
| | 0.25 | 43.1 | 148.2 | 2.88 |
| | 0.50 | 66.2 | 132.4 | 2.21 |
| | 0.75 | 81.7 | 109.0 | 1.82 |
| | 1.00 | 100.0 | 100.0 | 1.68 |
| 24.50 | 0.02 | 8.9 | 447.1 | 7.47 |
| | 0.10 | 21.1 | 210.5 | 3.52 |
| | 0.25 | 36.0 | 143.6 | 2.40 |
| | 0.50 | 54.9 | 109.7 | 1.83 |
| | 0.75 | 69.8 | 93.0 | 1.55 |
| | 1.00 | 84.1 | 84.1 | 1.41 |

注意：1L=1/1000m³。

**解** 要求流量：

因

$$r = 0.36 \text{cm/h} = 1 \times 10^{-4} \text{cm/s} = 1 \times 10^{-6} \text{m/s}$$

则

$$q_{要求} = [r \cdot (L_H) \cdot dw]/dw$$

$$= (1 \times 10^{-6} \times 120 \times 1/1) \times 60$$

$$= 7.2 \times 10^{-3} \text{m}^3/\text{min} \cdot \text{m}$$

因覆盖层坡度为 25%，即坡角 $\beta = 14.0°$，土工网上法向应力

$$\sigma_n = (\gamma_{\pm})_{平均} \cdot H \cdot \cos^2\beta$$

$$= 16 \times 1.05 \times 0.972 = 16 \text{kPa}$$

对土工网 DC4105 而言，当 $\sigma_n = 16 \text{kPa}$，$i = 0.25$ 时，利用表 8.10 内插可得

$$q_{极限} = 36.0 + [(43.1 - 36.0)/(24.5 - 9.80)] \times (24.50 - 16)$$

$$= 40 \times 10^{-3} \text{m}^3/\text{min} \cdot \text{m}$$

用表 8.9 中安全系数的平均值，得

$$q_{容许} = (40 \times 10^{-3})/(1.4 \times 1.3 \times 1.1 \times 1.35)$$

$$= 40 \times 10^{-2}/(2.70)$$

$$= 14.8 \times 10^{-3} \text{m}^3/\text{min} \cdot \text{m}$$

得安全系数

$$FS = q_{容许}/q_{要求}$$

$$= (14.81 \times 10^{-3})/(7.2 \times 10^{-3})$$

$$= 2.05$$

**例 8.4** 排水复合材料位于 0.60m 厚保护层（$\gamma_{砂} = 18.38 \text{kN/m}^3$）和 HDPE 土工膜之间，设计流量为 $0.00195 \text{L} \cdot \text{min/m}^2$，底部坡度为 2%，坡的水平距离为 24.5m。完成后的填埋场将有 76.0m 高重力密度为 $11.2 \text{kN/m}^3$ 的废弃物。Tensar DC3105 土工复合材料的极限流量如表 8.11 中所列。试问对第一层（主）淋滤液收集系统而言该排水材料合适吗？

**解** 已知入流量

$$r = 0.00195 \text{L} \cdot \text{min/m}^2 = 2.8 \text{L} \cdot \text{d/m}^2$$

取 $dw = 1$，则

$$q_{要求} = [r \cdot (L_H)_{最大} \cdot dw]/dw = 1.95 \times 10^{-3} \times 24.5 = 0.048 \text{L/min} \cdot \text{m}$$

极限流速和 Tensar DC3105 土工复合物输水能力 表 8.11

| 荷载 (kPa) | 梯度 | 极限流速 (L/min · m) | 透射率 (L/min · m) | [m²/sec (×10⁻³)] |
|---|---|---|---|---|
| | 0.02 | 2.235 | 115.028 | 1.60 |
| | 0.10 | 5.96 | 59.153 | 0.82 |
| | 0.25 | 11.473 | 45.743 | 0.64 |
| 735.0 | 0.50 | 18.625 | 37.399 | 0.52 |
| | 0.75 | 24.436 | 32.482 | 0.45 |
| | 1.00 | 29.502 | 29.502 | 0.41 |
| | 0.02 | 1.341 | 69.583 | 0.97 |
| | 0.10 | 4.172 | 42.018 | 0.58 |
| | 0.25 | 7.897 | 31.439 | 0.44 |
| 980.0 | 0.50 | 12.665 | 25.479 | 0.35 |
| | 0.75 | 15.943 | 21.307 | 0.29 |
| | 1.00 | 19.817 | 19.817 | 0.28 |

由底坡为 2%，即 $\beta=1.15°$，则土工网上法向压力

$$\sigma_n = (\gamma_{\text{砂}} \cdot H_{\text{砂}} + \gamma_{\text{废粒}} \cdot H_{\text{废料}}) \cdot \cos^2\beta$$

$$= (18.38 \times 0.60 + 11.2 \times 76.0) \times (0.9998)^2 = 860\text{kPa}$$

对土工网 DC3105，由表 8.11 可知 $\sigma_n=860\text{kPa}$，$i=0.02$ 时，

$$q_{\text{极限}} = 1.341 + [(2.235 - 1.341)/(980 - 735)] \times (980 - 860) = 1.40\text{L/min} \cdot \text{m}$$

用表 8.9 中的安全系数平均值，得

$$q_{\text{容许}} = (1.4)/(1.75 \times 1.7 \times 1.75 \times 1.75) = 0.154\text{L/min} \cdot \text{m}$$

$$FS = q_{\text{容许}}/q_{\text{要求}} = 0.154/0.048 = 3.20(\text{可以})$$

## 8.5  排水层最大淋滤液水头的估算

要正确地设计填埋场衬垫中的淋滤液排水系统，设计工程师必须能够估计出任何形式隔离层上的最大饱和深度。对于固体废弃物填埋场，美国有关规范限制衬垫之上淋滤液最大水头在 30cm 以内（USEPA，1991b；MDEQ，1993）。影响最大饱和深度的因素有排水层入流量、淋滤液排水层的导水率、从上游界面至淋滤液收集管的淋滤液流经距离、填埋场底部衬垫的坡度及排水层下游终点处的水力条件等。

### 8.5.1  估计排水层中最大淋滤液水头的方法

通常，在填埋场设计中，淋滤液排水层的渗透系数，由上游界面至淋滤液收集管的淋滤液流经距离、填土衬垫的坡度是相对容易确定的，对一个特定填埋工程而言，它们是常数。但排水层的入流量是变化的，淋滤液排水层的水流条件处于一种不稳定状态。在不稳定水流条件下，底部衬垫之上的淋滤液水头计算非常复杂。为了简化计算，又能获得可靠的结果，淋滤液排水层中的淋滤液可假定处于稳定的流动状态。这样的话，入流量将是常数并假定与最大入流量相等，衬垫上的最大饱和深度可在稳定状态下的最大入流量基础上求得。如果在最不利情况下，衬垫上最大饱和深度仍小于 30cm，则在其它情况下底部衬垫的淋滤液水头一定也可满足要求。当然，这种方法提供的结果将是保守的（Qian，1994b）。

本节给出四个明确的公式，用以估算不透水倾斜衬垫之上的最大饱和深度。其中两个是 Moore 于 1980 及 1983 年提出来的。其余两个是 McEnroe 分别于 1989 年和 1993 年提出来的。

**1. Moore80 法**

估算倾斜衬垫上最大饱和深度的一个明确公式是在美国联邦环保局（USEPA，1980；USEPA，1989）的几份技术指南中发现的。公式如下：

$$y_{\max} = L \cdot (r/k)^{1/2}[(k \cdot S^2/r) + 1 - (k \cdot S/r)(S^2 + r/k)^{1/2}] \tag{8.27}$$

式中  $y_{\max}$——填埋场衬垫上的最大饱和深度；

　　　$L$——最大水平排水距离；

　　　$r$——单位面积上竖直流入排水层的入流量；

　　　$k$——淋滤液排水层的饱和渗透系数；

　　　$S$——填埋场衬垫的坡度。

该公式由 Moore 于 1980 年提出，但没有述及任何推导过程或公式来源的解释及限制条件。

### 2. Moore83 法

Moore 于 1983 年提出了另一个估算倾斜坡度衬垫上最大饱和深度的公式（USEPA，1983）。该公式表达如下：

$$y_{max} = L \cdot \left[ (r/k + \tan^2\alpha)^{1/2} - \tan\alpha \right] \qquad (8.28)$$

式中　$y_{max}$——填埋场衬垫上的最大饱和深度；

　　　$L$——最大水平排水距离；

　　　$r$——单位面积上竖直流入排水层的入流量；

　　　$k$——淋滤液排水层的饱和渗透系数；

　　　$\alpha$——坡角。

该公式比 Moore80 公式简单。但在 1983 年的文章中也没有述及推导过程及其来源解释或限制条件。

### 3. McEnroe89 法

图 8.13 表示一典型淋滤液排水系统的简图和某些变量的定义，图中各符号的定义为：

　　　$h$——从上游边界隔离层标高处测量的地下水水位标高（L）；

　　　$L$——最大水平排水距离（L）；

　　　$Q$——淋滤液排水层单位宽度侧向排水量（$L^4/T$）；

　　　$r$——单位表面积入流量（$L^5/T$）；

　　　$S$——底面衬垫坡度，（无量纲）；

　　　$x$——从上游边界量起的水平距离，（L）；

　　　$x'$——从上游边界量起，与衬垫平行的距离（L）；

　　　$y$——衬垫以上饱和深度，竖直量测（L）；

　　　$y'$——衬垫以上饱和深度，垂直于衬垫量测（L）。

以上符号说明中括号内为量纲，L 表示长度（m 或 cm）。T 表示时间（年、月、日、时、分、秒）。

如果排水系统正常工作，集水槽中的液面将低于衬垫顶面，且对衬垫上的饱和深度自由面没有影响。这是自由排水条件。在稳定渗流及自由排水条件下，下游边界的水力梯度假定等于−1（Harr，1962）。

在上述假定基础上，可推导出一个不同的公式以计算衬垫上任何部位的淋滤液水头，公式如下：

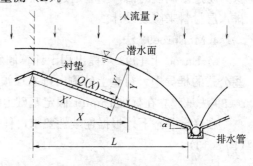

图 8.13　填埋场淋滤液排水系统简图

$$k \cdot y \cdot (dy/dx - S) + r \cdot x = 0 \qquad (8.29)$$

将变量定义为无量纲量，即令：$x_* = x/L$，$y_* = y/L$，$R_* = r/k$，根据这些无量纲量，上述公式可变为：

$$y_* \cdot (dy_*/dx_* - S) + R_* \cdot x_* = 0 \qquad (8.30)$$

上述两个不同的公式可由确定的边界条件求解。无量纲的最大淋滤液水头是两个参数的函数，这两个参数是底部衬垫的坡度 $S$，以及无量纲的流量。图 8.14 表明了无量纲的最大饱和深度即最大淋滤液水头 $y_{max*}$ 与衬垫坡度分别为 1%、2%、5%、10% 的无量纲量 $R_*$ 之间的关系（McEnroe，1989）。对大多数下部边界是自由排水条件的排水层设计，这张图可用来估算具有稳定入流量的填埋场衬垫上的最大饱和深度。这张图是建立于下游边界水力梯度为 −1 的基础之上的，如果把这些值加倍或减半，在图 8.14 的适用范围内只引起淋滤液最大水头不到 1‰ 的变化。（McEnroe，1989）。

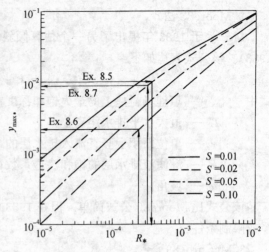

图 8.14　无量纲最大淋滤液水头与无量纲渗透率之间的关系（McEnroe，1989）

**例 8.5**　假定淋滤液排水层底部衬垫坡度（$S$）为 2%，最大水平排水距离（$L$）为 30m，衬垫上淋滤液的最大容许水头（$y_{max}$）为 30cm，试校核其设计的合理性。

**解**　对此设计

$$y_{max*} = y_{max}/L = 30/3000 = 0.01$$

图 8.14 表明 $R_*$ 的相应最大值为 0.00035。如果粗砂的渗透系数为 0.01cm/s，则单位面积入流量为

$$r = R_* k = 0.00035 \times 0.01 = 0.0000035 \text{cm/s} = 110 \text{cm/a}$$

因此，当衬垫上淋滤液最大水头小于 30cm 时，其入流量不会超过 110cm/a（0.0000035cm/s）。如果细砂的渗透系数是 0.001cm/s，限制入流量（$r$）仅为 11cm/a。如果实际入流量被认为超过限制值的话，则应通过增加衬垫坡度、减短最大排水距离或使用有更大渗透性的排水层材料来修改设计。

4. McEnroe93 法

McEnroe 于 1993 年提出用于计算倾斜坡底衬垫上最大饱和深度的另一组公式，在这些公式的推导中，衬垫上的侧向排水层被描述为 Dupuit 排出公式的扩展形式，而 McEnroe89 法是建立在标准 Dupuit 假定基础上的。

在稳定状态下，根据连续性要求，任何一处的排水量应等于该处上游垂直流入量，即（图 8.13）

$$Q = r \cdot x \tag{8.31}$$

式中　$Q$——淋滤液排水层单位宽度的侧向排水量（$L^4/T$）；

　　　$r$——单位表面入流量（$L^5/T$）；

　　　$x$——水平距离，从上游边界量起，（L）。

括号中均指量纲。

自由地下水流的标准 Dupuit 公式假定流线是水平的、等势线是垂直的，即意味着水力梯度等于地下水位的坡度，且不随深度变化。

根据这些近似假定得出了下列排水量公式：

$$Q = -k \cdot y \cdot (dh/dx) \tag{8.32}$$

式中　$k$——淋滤液排水层饱和渗透系数（L/T）；

$y$——底部衬垫上的淋滤液水头，竖直量测（L）；

$h$——地下水水位标高，从上游边界隔离层标高处量起（L）。

地下水水位可由淋滤液水头及衬垫坡度计算如下：

$$h = y - x\tan\alpha \tag{8.33}$$

标准 Dupuit 假定通常可满足坡度小于大约 10% 的情况。对更陡的坡，使用扩充 Dupuit 的假定可能更加符合实际。扩充后的 Dupuit 公式假定流线平行于衬垫，等势线则垂直于衬垫。从而得出下列排水公式：

$$Q = -k \cdot y' \cdot (dh/dx') \tag{8.34}$$

式中 $x'$——距离，从上游边界量起，平行于衬垫（L）；

$y'$——底部衬垫上的淋滤液水头，垂直于衬垫量测（L）。

若假定 $dy/dx \ll 1$，扩充的 Dupuit 排水公式在直角坐标系中可写成（Childs，1971；Chapman，1980）：

$$Q = -k \cdot y \cdot (dh/dx)\cos^2\alpha \tag{8.35}$$

公式（8.35）是陡坡中自由渗流条件下，对标准 Dupuit 排水公式所作的重要改进。式（8.31）、（8.33）及（8.35）可用饱和深度形式组成一个支配方程：

$$k \cdot y \cdot (dh/dx - \tan\alpha) \cdot \cos^2\alpha + r \cdot x = 0 \tag{8.36}$$

确定下游边界饱和深度 $y_L$ 则完成了对该问题的叙述。而饱和深度界线由 $k, r, \alpha$ 及 $y_L$ 值确定。

根据无量纲变量 $X = x/L$，$R = r (k\sin^2\alpha)$，$Y = y/(L\tan\alpha)$ 及 $Y_L = y_L/(L\tan\alpha)$ 所表示的统一公式和边界条件的重新引用可以使得问题的分析得到简化。支配方程的无量纲形式如下：

$$Y \cdot (dY/dX - 1) + R \cdot X = 0 \tag{8.37}$$

上述公式的边界条件是 $X = 1$ 时 $Y = Y_L$。

填埋场排出的淋滤液常常被收集在铺于集水槽中的多孔管中。如果排水系统正常工作，集水槽中的水位低于槽顶，那么对衬垫上的饱和深度界线没有影响。这种所期望的操作条件是自由排水，在自由排水条件下，当 $x = L$ 时用近似值 $dh/dx = -1$。不考虑衬垫倾斜坡度或入流量。相应地在公式（8.35）中用 $r \cdot L$ 代替 $Q$，$-1$ 代替 $dh/dx$，即可求得 $y_L = r \cdot L/(k\cos^2\alpha)$，或 $Y_L = R \cdot S$，其中 $S = \sin\alpha$。自由排水的填埋场衬垫上在没有集水槽回流水影响时，可用上述确定边界条件下的式（8.35）而获得最终估计最大饱和深度的明确公式：

如果 $R < 1/4$，

$$\begin{aligned} Y_{max} = (R - R \cdot S - R^2 \cdot S^2)^{1/2}\{[(1 - A - 2 \cdot R)(1 + A - 2 \cdot R \cdot S)] \\ /[(1 + A - 2 \cdot R)(1 - A - 2 \cdot R \cdot S)]\}^{1/(2A)} \end{aligned} \tag{8.38}$$

式中 $A = (1 - 4 \cdot R)^{1/2}$

如果 $R = 1/4$

$$\begin{aligned} Y_{max} = R \cdot (1 - 2 \cdot R \cdot S)/(1 - 2 \cdot R)\exp \\ \{2 \cdot R \cdot (S - 1)/[(1 - 2 \cdot R \cdot S)(1 - 2 \cdot R)]\} \end{aligned} \tag{8.39}$$

如果 $R > 1/4$

$$Y_{max} = (R - R \cdot S + R^2 \cdot S^2)^{1/2}\exp\{(1/B)\tan^{-1}[(2 \cdot R \cdot S - 1)/B] -$$

$$(1/B)\tan^{-1}[(2 \cdot R - 1)/B]\} \tag{8.40}$$

式中：$B = (4 \cdot R - 1)^{1/2}$

### 8.5.2 各种计算方法的比较

Moore80 法即式（8.27）可写成如下无量纲形式：

$$Y_{max} = R^{1/2}\{1 - [(1 + R)^{1/2} - 1]/R\} \tag{8.41}$$

Moore83 法即式（8.28）可写成如下无量纲形式：

$$Y_{max} = (1 + R)^{1/2} - 1 \tag{8.42}$$

图 8.15 的四条曲线代表衬垫坡度为 2% 时分别按 Moore80、83 法及 McEnroe89、93 法算出的 $Y_{max}$ 与 $R$ 之间的关系。与 McEnroe93 法的计算结果比较，图 8.15 表明，在 $R < 1$ 时 Moore80 法明显高估了最大饱和深度，但 $R$ 在 1 和 10 之间时，对坡度为 2% 的衬垫，Moore80 法和 McEnroe93 法结果非常接近。相反，Moore83 法比 McEnroe93 法低估了最大饱和深度，两种方法结果的差异随 $R$ 值的减小而增大，Moore83 法对衬垫上最大饱和深度的低估程度有时大于 35%。但是 McEnroe83 法与 93 法在坡度为 2% 时其结果几乎相同。这是因为 McEnroe89 法是建立在标准 Dupuit 假定基础上的，这些假定能满足坡度小于 10% 的情况，但对衬垫坡度大于 10% 的情况，McEnroe89 法将低估饱和深度（McEnroe，1993）。

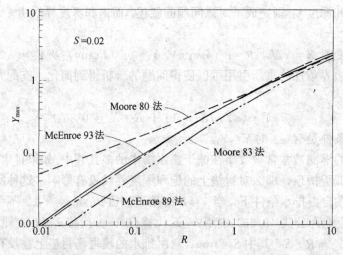

图 8.15　由四种方法得出的衬垫上最大淋滤液水头比较（McEnroe，1993；Qian，1994）

**例 8.6**　要建立一个固体废弃物填埋场的最终覆盖层，坡度为 10%，最大水平距离为 150m，粒料排水层厚为 0.6m，透过覆盖层的降雨量大约为 0.75m/a，排水材料的渗透系数为 0.01cm/s，试估算覆盖层衬垫上的最大饱和深度。

**解**　已知：$k = 0.01$cm/s，$L = 150$m，$r = 0.75$m/a $= 0.242 \times 10^{-5}$cm/s，$S = \tan\alpha = 0.1$，$\alpha = 5.7°$，$\sin\alpha = 0.0995$。

Moore80 法

$$y_{max} = L \cdot (r/k)^{1/2}[k \cdot S^2/r + 1 - (k \cdot S/r)(S^2 + r/k)^{1/2}] = 124\text{cm}$$

Moore83 法

$$y_{max} = L \cdot [(r/k + \tan^2\alpha)^{1/2} - \tan\alpha] = 16.5\text{cm}$$

McEnroe89 法

$$R_* = r/k = 0.000242$$

由图 8.14,

$$y_{max*} = y_{max}/L = 0.0022$$

$$y_{max} = y_{max*} \cdot L = 0.0022 \times 150 = 33cm$$

McEnroe93 法

$$R = r/(k \cdot \sin^2\alpha) = 0.0244 < \frac{1}{4}$$

因为 $R < 1/4$,用式(8.38)计算 $Y_{max}$。

$$A = (1 - 4R)^{1/2} = (1 - 4 \times 0.0242)^{1/2} = 0.902^{1/2} = 0.950$$

$$Y_{max} = (R - R \cdot S + R^2 \cdot S^2)^{1/2}\{[(1 - A - 2R)(1 + A - 2RS)]$$
$$/[(1 + A - 2R)(1 - A - 2RS)]\}^{1/(2A)} = 0.0222$$

因为

$$Y_{max} = Y_{max}/(L \cdot \tan\alpha)$$

所以

$$Y_{max} = Y_{max}(L \cdot \tan\alpha) = 30.0cm$$

**例 8.7** 根据美国密歇根州固体废弃物处理法规 64 号第 423(1)(a)条,衬垫中的最大淋滤液水头必须小于 30cm(MDEQ,1993);根据该法规第 423(2)(a)(i)条,要求砂砾排水层渗透系数为 $k = 0.01cm/s$;根据该法规第 423(3)(c)条,淋滤液收集管坡度为 1%;根据第 423(2)(e)条,垂直于淋滤液收集管的填埋场底部衬垫坡度为 2%;根据第 423(3)(c)条,两条淋滤液收集管之间的水平距离为 15m。实际的填埋场基底坡度如图 8.16 所示,试求底部衬垫上的最大饱和深度(即淋滤液水头)。

**解** 液体总是沿坡度最大处流动,图 8.16 中的最大坡度并不垂直于淋滤液收集管。这样,从上游边界至淋滤液收集管的最大淋滤液流动距离要大于 15m。实际的淋滤液流动坡度 $S$ 及从上游边界至淋滤液收集管的最大淋滤液流动距离 $L$ 可计算如下:

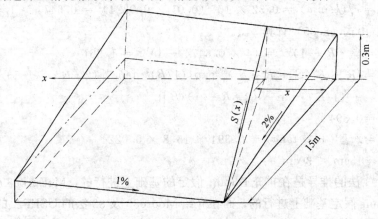

图 8.16 填埋场基底坡度

在图 8.16 中,可见填埋场基底坡度随 $x$ 改变而变化。填埋场基底的坡度 $S(x)$ 可表达如下:

$$S(x) = (0.01x + 0.3)/(x^2 + 15^2)^{1/2}$$

$$dS(x)/dx = d[(0.01x + 0.3)/(x^2 + 15^2)^{1/2}]/dx$$

$$= d[0.01x/(x^2 + 15^2)^{1/2}]/dx + d[0.3/(x^2 + 15^2)^{1/2}]/dx$$
$$= (7.5 - x)/(x^2 + 15^2)^{3/2}$$

填埋场基底坡度在 $ds(x)/dx = 0$ 时达到最大值，即

$$(7.5 - x)/(x^2 + 15^2)^{3/2} = 0$$

因为 $x^2 + 15^2$ 不会等于 0，则

$$7.5 - x = 0 \qquad x = 7.5$$

因而填埋场基底坡度在 $x = 7.5$m 时达到最大值。实际的淋滤液流动坡度

$$S = (0.01 \times 7.5 + 0.3)/(7.5^2 + 15^2)^{1/2} = 0.0224$$

从上游边界到淋滤液收集管的最大淋滤液流动距离

$$L = (7.5^2 + 15^2)^{1/2} = 16.8\text{m}$$

由法规 641 号第 423（5）条，入流量为

$$r = 1\text{m/y} = 0.28\text{cm/d} = 0.32 \times 10^{-5}\text{cm/s}$$

Moore80 法：

$$y_{max} = L \cdot (r/k)^{1/2}[k \cdot S^2/r + 1 - (k \cdot S/r)(S^2 + r/k)^{1/2}] = 17\text{cm} < 30\text{cm}$$

Moore83 法：

$$y_{max} = L[(r/k + \tan^2\alpha)^{1/2} - \tan\alpha] = 11\text{cm} < 30\text{cm}$$

McEnroe89 法

$$R_* = r/k = 0.32 \times 10^{-5}/0.01 = 0.00032$$

图 8.14 显示了相应 $y_{max*}$（$= y_{max}/L$）最大值为 0.009。因而如果使用法规 641 号中所要求的数据来设计淋滤液收集系统，主衬垫上的淋滤液最大水头为

$$y_{max} = y_{max*}L = 0.009 \times 16.8 = 15\text{cm} < 30\text{cm}$$

McEnroe93 法

$$R = r/(k\sin^2\alpha) = 0.32 \times 10^{-5}(0.01 \times 0.0224)^2 = 0.6474 > 1/4$$

因为 $R > 1/4$，用式（8.35）计算 $y_{max}$。

$$B = (4 \cdot R - 1)^{1/2} = (4 \times 0.6474 - 1)^{1/2} = 1.261$$
$$Y_{max} = (R - R \cdot S + R^2 \cdot S^2)^{1/2}\exp\{(1/B) \cdot \tan^{-1}[(2 \cdot R \cdot S - 1)/B]$$
$$- (1/B) \cdot \tan^{-1}[(2 \cdot R - 1)/B]\}$$
$$= 0.394$$
$$y_{max} = Y_{max} \cdot (L \cdot \tan\alpha) = 0.394 \times 16.8 \times 0.0224$$
$$= 15\text{cm} < 30\text{cm}$$

McEnroe93 法的推导是在扩充 Dupuit 假定的基础上进行的，McEnroe89 法的推导则是在标准 Dupuit 假定基础上进行的，而在介绍 Moore80 及 83 法的 USEPA 的文件中没有任何推导及解释。从理论上说，McEnroe93 法是估算填埋场衬垫上最大饱和深度的最好方法。图 8.15 及例 8.6、8.7 的结果显示，在衬垫坡度不大于 10% 时，McEnroe89 法也是一种简便且有相当精度的方法。在 R 值小于 1 时，Moore80 法大大地高估了填土衬垫上的最大饱和深度，例如当 R 值为 0.0244 时，例 8.6 中用 Moore80 法算出的最大饱和深度超过了 McEnroe93 法计算结果的四倍。相反，Moore83 年方法则总体上低估了填埋场衬垫上的最大饱和深度。在例 8.6 中 Moore83 方法把最大饱和深度低估了 46%，在例 8.7 中低估了

27%。因此，推荐使用McEnroe93 法来分析、设计填埋场覆盖层和底部衬垫的排水系统，仅在坡度小于10%条件下推荐使用McEnroe89 法（Qian，1994b）。

# 参 考 文 献

1. Carroll, R. G., Jr., (1983) "Geotextile Filter Criteria," TRR 916, Engineering Fabrics in Transportation Construction, Washington, D. C., pp. 46-53.

2. Cedergren, S. R., (1989) "Seepage, Drainage, and Flow Nets," Third Edition, John Wiley & Sons, New York, NY.

3. Chapman, T. C., (1980) "Modeling Groundwater Flow over Sloping Beds," Water Resources Research, Vol. 16, No. 6, pp. 1114-1118.

4. Childs, E. C., (1971) "Drainage of Groundwater Resting on A Sloping Bed", Water Resources Research, Vol. 7, No. 5, pp. 1256-1263.

5. Giroud, J. P., (1982a) "Filter Griteria for Geotextile," Proc. of 2nd Int. Conf. Geotextiles, Las Vegas, NV, Aug., Vol. 1, pp. 103-109.

6. Giroud, J. P., (1988) "Review of Geotextile Filter Criteria," Proceedings of First Indian Geotextiles Conference on Reinforced Soil and Geotextiles, Bombay, India, pp. 1-6.

7. Harr, M. E., (1962) "Groundwater and Seepage," McGraw-Hill Book Co., New York NY, pp. 210-226.

8. Koerner, R. M., (1990) "Designing with Geosynthetics," 2nd Edition, Prentice Hall Inc., Englewood Cliffs, New Jersey.

9. McEnroe, B. M., (1989) "Steady Drainage of Landfill covers and Bottom Liners," Journal of Environmental Engineering, ASCE, Vol. 115, December, No. 6, pp. 1114-1122.

10. McEnroe, B. M., (1993) "Maximum Saturated Depth over Landfill Liner," Journal of Environmental Engineering, ASCE, Vol. 119, March/April, No. 2, pp. 262-270.

11. McGown, A., (1978) "The Properties of Nonwoven Fabrics Presently Identified as Being Important in Public Works Applications," Index 78 Programme, University of Strathclyde, Glasgow, Scotland.

12. MDEQ, (1993) "Act 641 Rules," Michigan Department of Environmental Quality, Waste Management Division. Lansing, Michigan, May 3.

13. Qian, X. D., (1994b) "Estimation of Maximum Saturated Depth on Landfill Liner," Michigan Department of Environmental Quality, Waste Management Division, September.

14. Task Force, (1983) "Report on Task Force," Joint Committee Report of AASHTO-AGC-ARTBA, Dec. 2.

15. USEPA, (1980) "Landfill and Surface Impoundment Performance Evaluation," EPA/536/SW-869-C, U. S. Environmental Protection Agency, September.

16. USEPA, (1983) "Landfill and Surface Impundment Performance Evaluation," SW-869, Revised Edition, Office of Solid Waste and Emergency Response, U. S. Environmental Protection Agency, Washington DC, April.

17. USEPA, (1989) "Requirements for Hazardous Waste Landfill Design, Construction, and Closure," EPA/625/4-89/022, Center for Environmental Research Information, Office of Research and Development, U. S. Environmental Protection Agency, Cincinnati, Ohio, August.

18. USEPA, (1991b) "Federal Register, Part Ⅱ, 40 CFR Parts 257 and 258, Solid Waste Disposal Facility Criteria; Final Rule," U. S. Environmental Agency, Washington, D. C., October 9.

19. USEPA, (1993a) "Quality Assurance and Quality control for Waste Containment Facilities," Technical Guidance Document, EPA/600/R-93/182, U. S. Environmental Protection Agency, Office of Research and Development, Washington, D. C., September.

20. 钱学德，郭志平. (1995)，美国的现代卫生填埋场. 水利水电科技进展，Vol. 15, No. pp. 27-31.

21. 钱学德，郭志平. (1997)，填埋场淋滤液收集和排放系统. 水利水电科技进展，Vol. 17, No. 1. pp. 59-63.

# 第九章  淋滤液收集系统

设计和建造淋滤液收集系统是用以收集、输送来自填埋场的淋滤液，以待处理。收集系统必须保证复合衬垫上面集存的淋滤液水头小于30厘米以尽可能减轻其对地下水的污染。淋滤液收集系统包括淋滤液排放层（见第8章）、收集槽、多孔收集管、收集池、提升管、泵以及淋滤液存贮池。当淋滤液直接注入污水管道时可不设存贮池。各部分的设计都必须考虑基于初始运行期的较大流量和在长期水流作用下其它一些使系统功能破坏的问题。

## 9.1  底面坡降

为了防止淋滤液在填埋场底部积蓄，填埋场底面应做成一系列坡形的阶地（见图9.1）。填埋场底部的轮廓边界和构造必须能够使得重力水流始终流向最低点，主、次两级淋滤液收集系统均应满足上述要求。因此，填埋场底部做成精确的坡形阶地是相当重要的。如果设计不合理，出现低洼点、下层土料沉积、施工质量得不到有效的控制和保证等现象，淋滤液会存留于土工膜上的低洼处，并逐渐渗出土工膜，从而得不到输送和处理。但是，要建立底面坡降以便淋滤液能自流收集及检查渗漏都是很困难的。

根据美联邦和一些州的规范要求，当淋滤液从垂直方向直接进入收集管时取最小底面坡降为2%，以加速排放和防止在衬垫上积存。收集管须设在截断流向的1%或稍陡的坡面上。图9.2给出了自流排水的几种底面形状。淋滤液收集系统的最低点必须终止于一个具有提升管或窨井的集水池。

排水砂层中的输送管必须定期检查、清理及冲洗，进口和出口都必须合适，这就要求

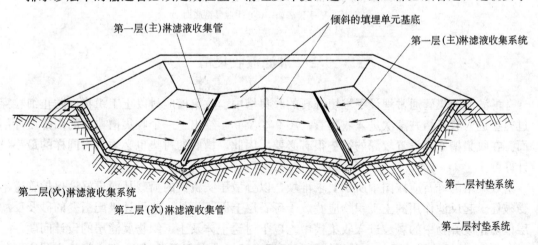

图9.1  带有坡形阶地的淋滤液收集系统

137

细致的计划并充分考虑坡面的自然状态。有时允许仅需对集水管进行清洗，此时支线衬垫宜采用人字形铺设，从而在整个单元上形成V字形边界，如图9.2（a）所示。但无论水平的或者垂直的（即边坡坡角）锐角都必须改用宽角连接。如果所有管道都要求检查、清理和冲洗，则必须考虑使用图9.2（b）所示手风琴型的布置，在每一个通道中设置一坡顶有入口，坡底有出口的多孔管。当在此较大的允许范围内建立独立填埋单元时，手风琴式的布置掌握起来比较困难，需要更仔细的考虑和设计好细节安排（Koerner，1994）。

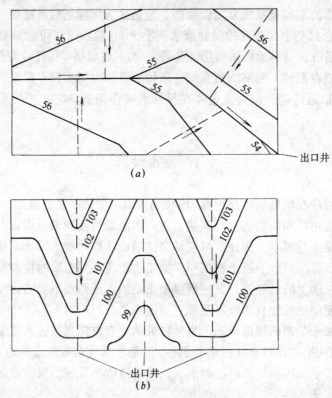

图 9.2 适合于收集淋滤液的填埋场底面形状（Koerner，1994）
(a) V 字型底面；(b) 手风琴型底面

## 9.2 淋滤液收集槽

淋滤液收集管通常埋设于堆填砾石的收集槽中。收集槽应衬以土工织物以防止细粒穿过衬垫进入收集槽并渐次进入收集管。图9.3及9.4给出了一个收集槽典型的细部设计剖面。在收集槽底部设置较深的衬垫很有必要，因此，槽底的衬垫也必须具有同样的最小设计厚度。

收集槽的砾石应按图中所示要求堆填，以分散压实机械的荷载从而更好地保护管道不受破坏。起反滤作用的土工织物应叠放于砾石层上面，另外，应设计级配渐变的砂及反滤层以防止废弃物中的颗粒进入收集槽中。以下讨论土体及土工织物反滤层的设计问题。

*A*. 土粒反滤层　虽然土粒反滤层的通用设计标准有若干类，但它们之间的实际区别却有限。下面提供一个可供使用的土粒反滤层设计方法（Cedergren，1997）。

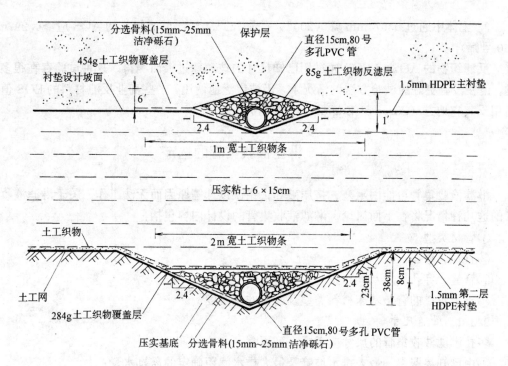

图 9.3 双层复合衬垫系统的淋滤液收集管及收集槽

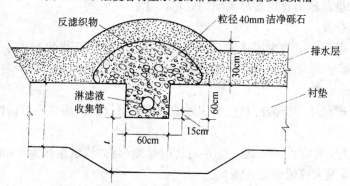

图 9.4 淋滤液收集槽细部构造 (Bagchi, 1990)

$$\text{第一标准} \qquad\qquad \frac{\text{滤层}\ d_{15}}{\text{上覆土层}\ d_{85}} < 4 \sim 5 \qquad\qquad (9.1)$$

$$\text{第二标准} \qquad\qquad \frac{\text{滤层}\ d_{15}}{\text{上覆土层}\ d_{15}} > 4 \sim 5 \qquad\qquad (9.2)$$

式中 $d_n$——土粒粒径, 小于该粒径的颗粒质量为土粒总质量的 $n\%$。

第一标准旨在防止上覆土层的颗粒进入反滤层, 第二标准旨在保证反滤层可有足够的渗水速率以保持正常排水。有关几类标准的评述及其选择可参考 Sherard 等人的文献。

*B.* 土工织物反滤层 在 8.2 节中已对土工织物的设计标准作了讨论, 反滤层织物的设计主要环节是将土体颗粒粒径特征与反滤层织物的表观最大孔径 (AOS) 或等效最大孔径 (EOS) 相比较。Koerner 推荐使用下面这一简便步骤 (1986)。

1. 土体中通过 0.074mm 筛 (200$^\#$) 的颗粒≤50%, 反滤织物的 AOS 应≥0.59mm (30 号筛)

2. 土体中通过 0.074mm 筛（200#）的颗粒＞50%，反滤织物的 AOS 应≥0.297mm（50 号筛）

反滤织物的 AOS 或 EOS 通过用已知尺寸的玻璃球过筛而测得。这种试验存在很多问题，但在没有更好的试验方法的情况下，仍被广泛地使用，一些商业反滤材料的 EOS 值也适用于其它地方（Corps of Engineers，1977）。

## 9.3　淋滤液收集管的选定

淋滤液收集管可能因阻塞、挤压破坏、错误设计等原因而无法工作。关于淋滤液收集管的这几种情况将在下面讨论。淋滤液收集管的设计内容包括：

①管材类型
②管径、壁厚
③管缝、穿孔尺寸及其布置
④支承管道的管垫基床材料类型及所需的压实度

### 9.3.1　管道尺寸

多孔淋滤液收集管的尺寸应考虑下列因素：

①由已知渗漏率、最大排水坡降及最大排水间距确定的需排水量；
②由需排水量及最小管道坡降确定的管道尺寸；
③管道结构强度。

管道间距可以用 7.4 节中所述的 HELP 模型或 8.4 节中所述的 McEnore83 和 93 法来确定。用 HELP 模型或 McEnore83 和 McEnore93 法计算管道间距时，两平行管之间最大水深必须小于 30cm。

为了设计管道尺寸，所需的单位面积淋滤液产出量（或渗漏量）可由以下两种方法来估算：

①HELP 模型，考虑 25 年一遇，24 小时历时暴雨（譬如密歇根州为 3.6mm/h 或 3453$l$/（m²·d），采用日最大峰值淋滤液流量。

②按规范规定的渗漏率计算，（113$l$/（m²·d）或 100cm/a，见 Michigan Solid Waste Management Act 641 Rules）

用于确定管道尺寸的需排水量可用下式计算：

$$Q_{req} = q_{max} \times A_{cell} \tag{9.3}$$

式中　$Q_{req}$——需排出的淋滤液流量，m³/s；

　　　$q_{max}$——用上述两个方法求出的最大单位面积淋滤液产出量，m³/(s·m²)；

　　　$A_{cell}$——收集管集流面积，m²。

如果填埋场底面做成 V 形，并且收集管放于 V 形底部，这意味着收集管的集流区域为左右两侧的面积。在这种情况下，等式 9.3 中的集流面积即为左右两侧区域面积之和。

当需排出的淋滤液流量、管道坡降和管道材料类型都已知时，我们就可以用曼宁公式求出管道尺寸。确定管道尺寸的方法是先假设一个尺寸，然后在假设基础上用曼宁公式计算出流量。此计算流量必须大于或等于需排出的淋滤液净流量，否则就应当重新假设，再行计算直至结果满足要求。

曼宁公式为
$$Q = \frac{1}{n} r_h^{1/6} \cdot r_h^{1/2} \cdot S^{1/2} \cdot A$$
$$= \frac{1}{n} r_h^{2/3} \cdot S^{1/2} \cdot A \tag{9.4}$$

式中　$Q$——管道净流量，$m^3/s$；

　　　$n$——曼宁糙率系数，PVC 材料 $n \approx 0.009$，HDPE 材料 $n \approx 0.011$；

　　　$A$——管的内截面积，$m^2$；

　　　$S$——管道坡降；

　　　$r_h$——水力半径，m，$r_h = A/P_w$；

　　　$P_w$——湿周，m。

对于满管水流
$$r_h = D_{in}/4 \tag{9.5}$$

式中　$D_{in}$——管的内直径，m。

### 9.3.2　管道穿孔设计

淋滤液收集管中单位长度最大流量是确定穿孔尺寸及穿孔数的最重要参数。管道中单位长最大流量决定于单位面积最大产流量和单位长管道的集流区大小，可由下式计算：
$$Q_{in} = q_{max} \times A_{unit} \tag{9.6}$$

式中　$Q_{in}$——单位管长最大淋滤液流量，$m^3/(s \cdot m^2)$；

　　　$q_{max}$——单位面积最大淋滤液产出量，$m^3/(s \cdot m^2)$，由 HELP 模型可得到 25 年一遇、24 小时历时暴雨日峰值流量或由规范给定渗漏量；

　　　$A_{unit}$——最大单位管长集流面积，$m^2/m$，$A_{unit} = (L_H)_{max} \times d_w$； （9.7）

　　$(L_H)_{max}$——淋滤液渗流最大水平距离，m；

　　　$d_w$——单宽，取 1m。

如果填埋场底面做成 V 字形，并且收集管设于 V 字形底部，则意味着收集管需要运送来自两侧的淋滤液。这种情况下，渗流最大水平距离，公式 9.7 中的 $(L_H)_{max}$ 应为左右两侧水平距离之和。

如果孔口形状和尺寸为已知，则单孔过流能力可由伯努利方程计算。

伯努利方程：
$$Q_b = C A_b (2g \Delta h)^{0.5} \tag{9.8}$$

式中　$Q_b$——单孔过流能力，$m^3/s$；

　　　$C$——过流系数，取 0.62；

　　　$A_b$——单孔孔口截面面积，$m^2$；

　　　$g$——重力加速度，$9.81 m/s^2$；

　　　$\Delta h$——水头，m。

上式中令
$$V_{ent} = (2g \Delta h)^{0.5} \tag{9.9}$$

式中　$V_{ent}$——淋滤液入口限定流速，m/s。

则式 9.9 可写成下式
$$Q_b = C A_b V_{ent} \tag{9.10}$$

由式 9.11 可知单孔过流能力主要取决于孔口形状、尺寸以及淋滤液入口限定流速。计算时，限定流速 Vent 通常可假定为 3cm/s（Driscoll，1986），孔径 $d$ 通常采用 6.4mm。

当单位长淋滤液最大流量及单孔过流能力为已知,则单位管长的孔口数可由下式计算:
$$N = Q_{in}/Q_b \qquad (9.11)$$
式中　$N$——单位管长孔口数;

$\quad Q_{in}$——单位管长最大流量,$m^3/(s \cdot m)$;

$\quad Q_b$——单孔过流能力,$m^3/s$。

多孔管上的孔口可做成图9.5所示的形式。为了使水头尽可能低,管道安装时要使孔口在管道的下半部,但不在管底正下方。若孔口靠近起拱线,会降低管身的纵向刚度和强度。

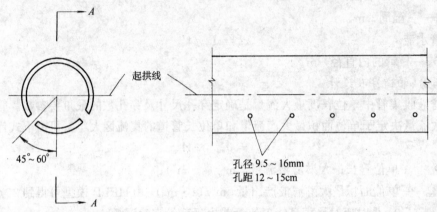

起拱线

$45° \sim 60°$

孔径 $9.5 \sim 16mm$
孔距 $12 \sim 15cm$

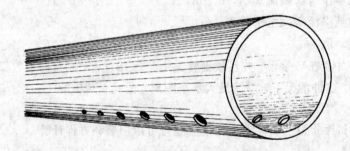

图9.5　淋滤液收集管穿孔示意图

例9.1　一根淋滤液收集管设置于一个矩形区域中间,左侧为1∶3的斜坡,高20m,右侧为坡降2‰宽30m的底面,收集管总长300m,管道坡度为1%其淋滤液峰值产出量,斜坡上为$0.024m^3/(d \cdot m^2)$底面上为$0.011m^3/(d \cdot m^2)$。试设计一多孔管满足排水及穿孔要求。

**解**

*A.* 确定淋滤液最大流量

左侧区域面积　　　　　$A_l = 300 \times (3 \times 20) = 18000m^2$

左侧最大产流量　　　　$(Q_l)_{max} = (q_l)_{max} \times A_l$

$= 0.024 \times 18000 = 432m^3/d = 0.005m^3/s$

右侧区域面积　　　　　$A_r = 300 \times 30 = 9000m^2$

右侧最大产流量　　　　$(Q_r)_{max} = (q_r)_{max} \times A_r$

$= 0.011 \times 9000 = 99m^3/d = 0.0011m^3/s$

整个区域最大流量 $\qquad Q_{max} = (Q_L)_{max} + (Q_r)_{max}$
$$= 0.005 + 0.0011 = 0.0061 \text{m}^3/\text{s}$$

### B. 管道尺寸选择

选用直径 15cm，$SDR11$，高密度聚乙烯（HDPE）管
$$SDR = D_0/t$$
$$t = D_0/SDR = 15/11 = 1.36 \text{cm}$$
$$D_i = D_0 - 2t = 15 - 2 \times 1.36 = 12.3 \text{cm} = 0.123 \text{m}$$

因为管中充满液体，故 $r_h = A/P_w = D_i/4 = 0.123/4 = 0.031 \text{m}$
$$A = \pi(D_{i/2})^2 = 3.1416 \times (0.123/2)^2 = 0.012 \text{m}^2$$

对于 HDPE 管 $n = 0.011$，已知 $S = 0.01$

用曼宁公式求管道净流量
$$Q = \frac{1}{0.011} \times 0.01^{1/2} \times 0.031^{2/3} \times 0.012 = 0.011 \text{m}^3/\text{s} > 0.0061 \text{m}^3/\text{s}（可以）$$

### C. 管道穿孔数

单位管长最大流量
$$Q_{in} = (q_l)_{max} \times (A_l)_{unit} + (q_r)_{max} \times (A_r)_{unit} = 0.024 \times 60 + 0.011 \times 30$$
$$= 1.77 \text{m}^3/\text{d}/\text{m} = 2.05 \times 10^{-5} \text{m}^3/(\text{s} \cdot \text{m})$$

假定孔口直径 $d = 0.64 \text{cm} = 0.0064 \text{m}$，

则孔口面积
$$A_b = \pi(d/2)^2 = 0.32 \times 10^{-4} \text{m}^2$$

取过流系数 $C = 0.62$，限定流速 $V_{ent} = 0.03 \text{m}/\text{s}$，

由伯努利方程得
$$Q_b = CA_bV_{ent} = 0.62 \times 0.32 \times 10^{-4} \times 0.03 = 6 \times 10^{-7} \text{m}^3/\text{s}$$

穿孔数
$$N = Q_{in}/Q_b = (2.05 \times 10^{-5})/(6 \times 10^{-7}) = 34 \text{ 孔}/\text{m}$$

因此，用 34 孔/m，每侧设 17 孔。

## 9.4 淋滤液收集管的变形与稳定

淋滤液收集系统的各个部分都必须具备足够的强度和刚度来支承其上面的废弃物荷载、后期封盖物荷载以及来自操作设备的荷载等。最容易受挤压破坏的是排水层管道。收集管系统可能因过大变形而无法使用，导致翘曲失稳或破坏。计算管道强度时还应当进行抗变形计算及主要的弯曲荷载计算。

### 9.4.1 管道变形

在施工期、填埋场运行期或后期封盖加载时，淋滤液收集管都可能发生破坏。为了防止发生破坏，必须对收集管妥善保管，待收集槽完工后管道方可就位，管线上方不可有重型设备通过。管道设置可以采用上埋式或下埋式，应尽可能采用下埋式布置（图 9.4），但在有必要时也可采用上埋式（图 9.6）。实际上，对大多数填埋工程，为了方便施工，淋滤液收集管通常既不采用上埋式亦不采用下埋式，而广泛采用如图 9.3 所示的方法。对施工

阶段前期及施工阶段后期都应进行管道的强度校核。有两种类型管材比较常用，即PVC和HDPE。将管道视作可变形体，计算管道变形应不大于制造商提供的允许值。下面这一公式通常称为修正Iowa公式，可用于变形估算。

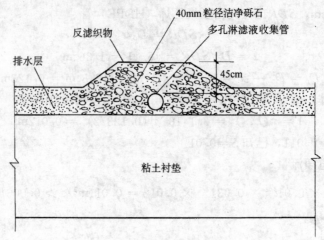

图9.6 上埋式淋滤液收集管（Bagchi，1990）

A. 修正Iowa公式

$$\Delta X = \frac{D_{\mathrm{L}} K W_{\mathrm{C}} r^3}{EI + 0.061 E' r^3} \tag{9.12}$$

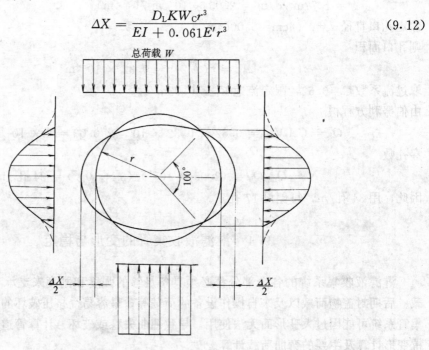

图9.7 柔性管道受压分布（Moser，1990）

式中 $\Delta X$——水平变形m（见图9.7）；

$K$——基床常数，它的取值决定于基床角（见图9.8和表9.1），一般可假设$K=0.1$；

$D_{\mathrm{L}}$——变形变异系数，见表9.2；

$W_{\mathrm{C}}$——单位管长垂直荷载kN/m；

$r$——管半径，m；

144

$E$——管材弹性模量，kPa；

$I$——单位长管壁惯性矩，$I = t^3/12$，m³；

$E'$——土体回弹模量，见表9.3，kPa。

公式9.13计算的变形值是管道水平变形，如图9.7所示。在管道变形不大的情况下，通常认为垂直变形 $\Delta Y$ 与水平变形 $\Delta X$ 相等。

B. 单位管长上的垂直荷载

对于无孔管

$$W_c = (\Sigma\gamma_i \cdot H_i) \cdot D_0 \tag{9.13}$$

式中　$W_c$——单位管长垂直荷载，kN/m；

　　　$\gamma_i$——管道上第 $i$ 类材料（砂、粘土或固体废弃物）的重力密度，kN/m³；

　　　$H_i$——第 $i$ 类材料层厚，m；

　　　$D_0$——管外径，m。

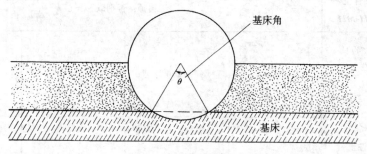

图9.8　收集管基床角

**基床常数 $K$ 值**　　　　　　　　　　　　　　　　　　　　　　　表9.1

| 基床角 $\theta$（度） | 基床常数 $K$ |
|---|---|
| 0 | 0.110 |
| 30 | 0.108 |
| 45 | 0.105 |
| 60 | 0.102 |
| 90 | 0.096 |
| 120 | 0.090 |
| 180 | 0.083 |

**$D_L$ 与 $F/\Delta Y$ 的近似取值范围**　　　　　　　　　　　　　　表9.2

| 变　量 | 取值范围 | 备　　　注 |
|---|---|---|
| $D_L$ | 1.5~2.5 | 若收集槽填土未被压实，则 $D_L$ 取大值 |
| | 1.0 | 当按等截面荷载计算变形时 |
| $F/\Delta Y$ SDR35 | 46 | 15cm 直径的取值 |
| SDR26 | 115 | |

对于多孔管

$$W_c = \frac{(\Sigma\gamma_i \cdot H_i)D_0}{(1 - n \cdot d/12)} \tag{9.14}$$

145

式中　$W_c$——单位管长垂直荷载，kPa；

　　　$\gamma_i$——管道上第 $i$ 类材料（砂、粘土或固体废弃物）的重力密度，kN/m³；

　　　$H_i$——第 $i$ 类材料层厚，m；

　　　$D_0$——管外径，m；

　　　$d$——穿孔直径或开槽宽，m；

　　　$n$——每米管上每排的穿孔数或开槽数。

**土体回弹模量均值 $E'$（适用于原始柔性管变形）**　　　　　表9.3

| 典型管基床土体材料 (统一分类系统[1*]) | 相应于基床压实程度的 $E'$（kPa） | | | |
|---|---|---|---|---|
| | 堆填状态 | 松<br>压实度<85%<br>相对密实度<40% | 中密<br>压实度85%～95%<br>相对密实度40%～70% | 高密<br>压实度>95%<br>相对密实度>70% |
| 细粒土，($LL>50$)[2*]<br>中、高塑性粘性土<br>$CH$、$MH$、$CH\text{-}MH$ | 无现成的数值；参考权威的岩土<br>工程师；否则取 $E'=0$ | | | |
| 细粒土，($LL<50$)<br>中塑到无塑性土，<br>$CL$、$ML$、$ML\text{-}CL$<br>其中粗粒<25% | 350 | 1400 | 2800 | 7000 |
| 细粒土（$LL<50$）<br>中塑到无塑性土<br>$CL$、$ML$、$ML\text{-}CL$<br>其中粗粒>25%<br>含细粒的粗粒土<br>$GM$、$GC$、$SM$、$SC$<br>细粒含量超过12% | 700 | 2800 | 7000 | 14000 |
| 粗粒土，其中有<br>少量细粒或无细粒<br>$GW$、$GP$、$SW$、$SP$[3*]<br>细粒含量小于12% | 1400 | 7000 | 14000 | 21000 |
| 碎石 | 7000 | 21000 | 21000 | 21000 |
| 用变形百分率<br>表示的精度[4*] | ±2 | ±2 | ±1 | ±0.5 |

1* ASTM D 2487, USBR E-3 或中国国标 GBJ 145—90；

2* $LL$=液限；

3* 或某些具备这些特征的界限模糊的土（如 GM-GC，GC-SC）；

4* 例如精度为±1%，而预计变形百分率为3%，则实际变形可能在2%～4%之间。

注：表中取值仅适用于填埋深度小于15m的情况，未考虑安全因素。当用于初始预计变形时，需适当考虑长期
变形时的变形变异系数。如果基床土类落于两类型之间的模糊位置，可选择较低的 $E'$ 或取均值。压实度根
据标准普氏击实试验的实验室最大干密度采用（资料来源见参考文献6）

控制管体变形的参数通常由制造商提供变形百分率。变形百分率定义是指管的垂直方向变形（最大挠度）与其平均直径的比率。

C. 变形百分率

$$\varepsilon = (\Delta Y/D) \times 100\% \tag{9.15}$$

式中　$\varepsilon$——变形百分率，%；

　　$\Delta Y$——管垂直方向变形（最大挠度），当管的变形量不大时 $\Delta Y \approx \Delta X$（cm）；

　　$D$——管平均直径，cm。

管的平均直径

$$D = (D_0 + D_i)/2 = D_0 - t = D_i + t$$

式中　$D$——管平均直径，cm；

　　$D_0$——管外径，cm；

　　$D_i$——管内径，cm；

　　$t$——管壁厚，cm。

下面的公式都可用来估计变形百分率，它们都是修正 Iowa 公式另一种形式的表达：

$$\varepsilon = \frac{D_L \cdot K \cdot P_{tp} \cdot 100}{0.149(F/\Delta Y) + 0.061E'} \tag{9.16}$$

$$\varepsilon = \frac{D_L \cdot K \cdot P_{tp} \cdot 100}{2E/[3(DR-1)^3] + 0.061E'} \tag{9.17}$$

式中　$\varepsilon$——变形百分率，%；

　　$K$——基床常数，其取值取决于基床角（见图 9.9 和表 9.1），通常，假设 $K=0.1$；

　　$D_L$——变形变异系数，见表 9.2；

　　$P_{tp}$——管上垂直压力，kPa；

　　$E$——管材弹性模量，kPa；

　　$E'$——土体回弹模量，见表 9.3，kPa；

　　$DR$——断面比率（即外径/壁厚）；

　$F/\Delta Y$——管体刚度，kPa。

无孔管的垂直压力

$$P_{tp} = \Sigma \gamma_i \cdot H_i \tag{9.18}$$

多孔管的垂直压力

$$P_{tp} = \frac{\Sigma \gamma_i \cdot H_i}{(1 - n \cdot d/12)} \tag{9.19}$$

式中　$P_{tp}$——管上垂直压力，kPa；

　　$\gamma_i$——管上第 $i$ 类材料（砂、粘土、固体废弃物）重力密度，kN/m³；

　　$H_i$——第 $i$ 类材料层厚，m；

　　$d$——管上的穿孔直径或开槽宽度，cm；

　　$n$——每米管上每排穿孔数或开槽数。

管的刚度按 ASTM D2412（均布荷载作用下塑料管受荷特性试验标准）进行量测，管材的弹性模量取决于所采用的复合材料。下面的公式可用于计算管体刚度

$$F/\Delta Y \approx 0.559 \cdot E \cdot (t/r)^3 \tag{9.20}$$

式中 $t$——管的壁厚，cm；

　　$r$——管平均半径，cm。

对于具有某型号及断面比率的管（如 $SDR35$），可用下式计算刚度

$$F/\Delta Y \approx 4.47 \frac{E}{(DR-1)^3} \qquad (9.21)$$

$D$. 标准断面比较

$$SDR = D_0/t \qquad (9.22)$$

式中 $SDR$——标准断面比率，同断面率
　　　　　　($DR$)；

　　$D_0$——管外径，cm。

### 9.4.2 管壁纵向挠曲

挠曲的发生并非管子达到强度极限，而是因为其刚度不足而发生。柔性管由于内部空、外部水压或高填土压力（图 9.9）而发生挠曲现象、管身柔度越大，则越不利于抵抗挠曲。

大多数管道埋设于较好抗剪切性能的土体中。要以一个精确、严密的方法来计算弹性介质中的圆管，需要高深的数学理论,况且土的性质特征也不能很好地预测，因此也难有奏效的精确方法。Meyerhof and Baike（1963）提出下面的公式用来计算埋置式圆管临界挠曲压力。

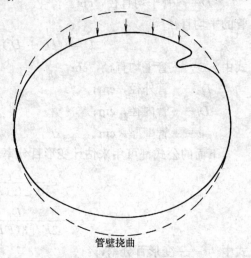

管壁挠曲

图 9.9　局部管壁挠曲

$$P_{cr} = 2 \cdot \{[E'/(1-\nu^2)](E \cdot I/r^3)\}^{1/2} \qquad (9.23)$$

式中 $P_{cr}$——临界挠曲压力，kPa；

　　$E'$——土体回弹模量，见表 9.3，kPa；

　　$\nu$——管材泊松比；

　　$E$——管材弹性模量，kPa；

　　$I$——单位长度管壁惯性矩，$I = t^3/12$，$m^3$；

　　$r$——管平均半径，m。

因为 $I = t^3/12$，$r = D/2$，从而上式可改写成：

$$P_{cr} = 2(G_b \cdot E')^{1/2} \qquad (9.24)$$

$$G_b = \frac{2E}{3(1-\nu^2)}(t/D^3) \qquad (9.25)$$

式中 $t$——管壁厚度，cm；

　　$D$——管平均直径，cm。

管壁挠曲失稳安全系数

$$F_s = P_{cr}/P_{tp} \qquad (9.26)$$

式中 $P_{tp}$——作用于管上的实际垂直压力，由式 9.20 求得，kPa。

9.24 式与 9.25 式皆未考虑初始椭圆度的影响，但认为由其造成的 $P_{cr}$ 减少不会大于 30%，故建议采用安全系数 2.0 来设计柔性管抗挠曲问题。

148

**例 9.2** 淋滤液收集管采用直径 20cm，$SDR$11 PVC 多孔管，每米 24 个 6.4mm 孔眼。管上最大荷载包括 0.6m 砂的保护层（$\gamma=18.6\text{kN/m}^3$），46m 固体废弃物（$\gamma=10.5\text{kN/m}^3$），30cm 排气层（$\gamma=18.6\text{kN/m}^3$），46cm 压实粘土层（$\gamma=17.8\text{kN/m}^3$），0.6m 排放层及其保护层（$\gamma=17.8\text{kN/m}^3$）及 15cm 表层土（$\gamma=14.6\text{kN/m}^3$）；假设基床角 $\theta=0°$，变形变异系数 $D_l=1.0$，管材弹性模量 $E=28\times10^5\text{kPa}$ 土体回弹模量 $E'=7\,000\text{kPa}$，管材泊松比 $\nu=0.3$。问：管道变形百分率及临界挠曲压力为多少？

**解**

*A.* 管上最大荷载 $W_c$ 由式（9.15）求出

$$W_c = \frac{(\Sigma\gamma_i H_i)D_0}{(1-n\cdot d/12)}$$

$$= \frac{(18.6\times0.6+10.5\times46+18.6\times0.3+17.8\times1.06+14.6\times0.15)\times0.2}{(1-12\times0.064/12)}$$

$$= 111.3\text{kN/m}$$

管壁厚度 $\qquad\qquad\qquad t = D_0/SDR = 20/11 = 1.82\text{cm}$

管平均直径 $\qquad\qquad\quad D = D_0 - t = 20 - 1.82 = 18.2\text{cm}$

变形变异系数 $D_L=1.0$

基床角 $\theta=0°$，$K=0.11$

管平均半径 $r=9.1\text{cm}$

管材弹模 $E=28\times10^5\text{kPa}$

土体回弹模量 $E'=7000\text{kPa}$

单位长管壁惯性矩，

$$I = t^3/12 = (1.82)^3/12 = 0.5\text{cm}^3$$

由修正 Iowa 公式

$$\Delta X = \frac{D_L K W_c r^3}{EI + 0.061E'r^3}$$

$$= \frac{1.0\times0.11\times111.3\times(0.091)^3}{28\times10^5\times0.5\times10^{-6}+0.061\times7000\times(0.091)^3}$$

$$= 0.0054\text{m} = 0.54\text{cm}$$

*B.* 变形百分率

$$\varepsilon = (\Delta Y/D)\times100\%$$

$$= (0.54/18.2)\times100\% = 2.97\%$$

*C.* 管壁挠曲

土体回弹模量 $E'=7000\text{kPa}$

管材泊松比 $\nu=0.3$

管材弹模 $E=28\times10^5\text{kPa}$

单位长管壁惯性矩 $I=0.5\text{cm}^3$

管平均半径 $\quad r=9.1\text{cm}$

$$P_{cr} = 2\{[E'/(1-\nu^2)](E\cdot I/r^3)\}^{1/2}$$

$$= 2\{[7000/(1-0.3^2)](28\times10^5\times0.5/9.1^3)\}^{1/2}$$

$$= 7623\text{kPa}$$

实际管顶压力
$$P_{tp} = W_c/D_0 = 557\text{kPa}$$

管壁挠曲安全系数
$$F_s = P_{cr}/P_{tp} = 7623/557 = 13.7 > 2(\text{可以})$$

## 9.5 淋滤液收集池及提升管

淋滤液收集池是填埋场衬垫中的低洼点，用以收集淋滤液。收集池用砾石堆填以支承上覆废弃物、覆盖系统及后期封闭物等荷载。通常，复合衬垫系统在某一区域下凹而形成收集池（见图 9.10，9.11）。土工膜撕裂常发生于收集池的斜坡及凹槽处，对这样的撕裂，检测相当困难。因而常常在收集池区域加一层土工膜附加层。另外，现在许多收集池常采用事先加工好的带有大直径 HDPE 管或 HDPE 窨井的 HDPE 单元来施工。虽然花费颇多，但可对预加工收集池进行彻底的现场检测。

图 9.10（a）和（b）给出了低容量和高容量淋滤液收集池也窨井的细部构造。通过窨井进行垂直输送要穿过废弃物及填埋场的封闭覆盖层，需用潜水泵抽送淋滤液，直至淋滤液不再产出，根据美联邦及有关州的规定，固体废弃物填埋场封闭后这段时间尚需 30 年。另一个与窨井相关的问题是废弃物的固结沉降将给提升管外侧施加以向下的压力，岩土工程师在处理承重桩、支墩、沉箱时称之为下拽力或负摩擦力，它可以达到相当大的数值。因此，图 9.10 的图需要在端部以下作详细设计，以便一定程度地减小负摩擦力。延伸于废弃物中的混凝土提升管外部有时要裹一层低摩擦系数的材料，如高密聚乙烯。其它降低负摩擦的方法如沥青滑动层也是可行的（Koerrer，1994）。

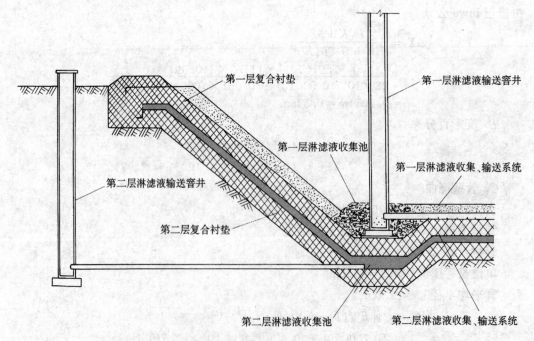

图 9.10 淋滤液收集池和输送窨井（Koerner，1994）

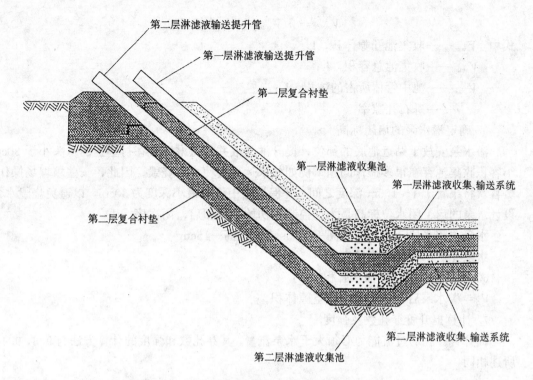

第二层淋滤液输送提升管

第一层淋滤液输送提升管

第一层复合衬垫

第一层淋滤液收集池

第一层淋滤液收集、输送系统

第二层复合衬垫

第二层淋滤液收集、输送系统

第二层淋滤液收集池

图 9.11　从收集池输送液体的斜坡式提升管

　　用斜坡提升方案来解决淋滤液输送问题可以大大减小负摩擦作用，如图 9.11 所示。而且，垂直输送本身需要解决的许多操作问题也可随之避免。用一个大直径 HDPE 管或 PVC 管，典型尺寸是 60cm，从收集池起，沿斜坡衬垫的上层上行至封闭容器或存贮室。潜水泵放在滑车上，从管中下到收集池区，在 T 字形处停止（管的截面应穿孔并形成 T 形连接）。要维修或发生故障时，可以将泵拉上来。

　　收集池及提升管设计的要点列出如下：

　　1. 假定收集池尺寸

　　淋滤液收集池的尺寸要根据该池负责的填埋单元总面积而定，下列数据为收集池设计时所常用：

　　底面尺寸 4.5m×4.5m 或 6m×6m；

　　池深：1~1.5m；

　　池坡：1∶3。

　　2. 计算收集池总容积

　　收集池尺寸设定后，其容积就已确定，必须注意池顶标高要与淋滤液收集槽槽顶标高相同。

　　3. 计算放入池中的提升管截面积

　　放入池底的提升管截面应穿孔并足以安放潜水泵，这部分空间不用砾石填充。

　　4. 计算收集池孔隙体积

　　因为收集池被砾石及部分置于池底的管体所填充，故孔隙体积主要取决于填充物的孔隙及管体所占容积。所填砾石孔隙率 $n$ 大约为 30%~40%，则

$$V_{\text{void}} = n(V_{\text{total}} - V_{\text{pipe}}) + V_{\text{pipe}} \tag{9.27}$$

式中　$V_{\text{void}}$——收集池孔隙体积，L；

　　　$V_{\text{tatal}}$——收集池总容积，L；

　　　$V_{\text{pipe}}$——池中管体所占的体积，L；

　　　$n$——砾石孔隙率。

5. 确定潜水泵的启闭标高

潜水泵安放于贴近池底的部位，提升淋滤液并保持淋滤液在衬垫上的水头小于 30cm。小容积收集池存在很多操作问题，例如枯水运行会使水泵烧毁。因此，一些填埋场操作人员喜欢将泵置于 1～1.5m 深度之间，并保持池中液面最小深度为 30cm，以避免烧毁水泵。设计水泵的启、闭水位标高是为了控制其初始水位和启、闭次序。

　　水泵关闭水位＝收集池底高＋30cm 或泵顶高＋15cm

　　水泵开启水位＝收集槽底高

6. 计算收集池存贮抽水容积

$V_S$＝潜水泵启、闭水位间的空隙体积。

7. 计算提升管穿孔数及强度

提升管穿孔的过流能力必须大于水泵流量，其穿孔数和强度的计算方法与 9.3，9.4 节所述相同。

## 9.6　淋滤液收集泵

泵的输水能力需仔细计算。泵选型时，必须考虑吸入高度及上扬水头，此时应注意淋滤液密度大于水的密度。用来从收集池抽排淋滤液的水泵必须能保证运送最大产流。这些泵应有足够的工作扬程以使淋滤液从集水池送到要求的排放口。图 9.12 表示安装于收集池底部提升管中的潜水泵，通常用自动潜水泵来泵送池中的淋滤液。水泵的启闭液面高应能使水泵工作相当一段时间，频繁启闭会损坏水泵。关泵的液面高宜在泵顶以上 15cm 高，从而保持泵体在液面以下以防止水泵烧坏。斜坡提升管中的泵安装简图见图 9.12。

多数水泵在连续进行时工效比较稳定，然而，因淋滤液产流量是变化的，泵的间歇工作不可避免。水泵的工作周期取 12 分钟是比较适宜的（Burean of Reclamaton，1978），但这一点尚有待于未来水泵制造商的验证，收集池尺寸可以由水泵一半开关周期的淋滤液入流量来估算。另一种方法是先假设水泵泄流量为淋滤液入流量的两倍，若收集池尺寸已经确定，则可以据其选择泵型并计算水泵的工作周期。

　　*A*. 泵的总扬程 *TDH*

$$TDH = H_s + H_f + H_m \tag{9.28}$$

式中　$H_s$——静水头，m；

　　　$H_f$——沿程水头损失，m；

　　　$H_m$——局部水头损失，m。

　　*B*. 静水头 $H_s$

$$H_s＝边坡坡顶高程－集水池底高程$$

　　*C*. 沿程水头损失 $H_f$

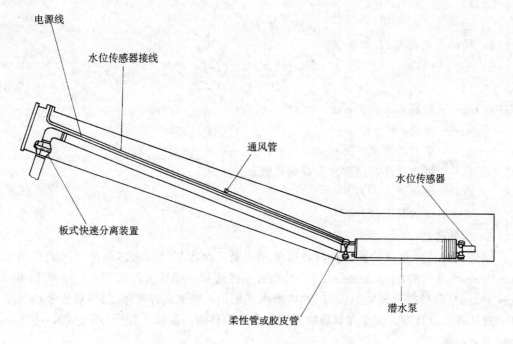

图 9.12  斜坡提升管中的淋滤液收集泵安装简图

$$H_\mathrm{f} = \frac{6.821 v^{1.85} L}{C^{1.85} D_i^{1.165}}$$

(9.29)

式中  $H_\mathrm{f}$——沿程水头损失，m；

$v$——流速，m/s；

$L$——流程，m；

$C$——Hazen-Williams 系数，见表 9.4；

$D_i$——管内径，m。

Hazen-Williams 系数                                          表 9.4

| 管　　　型 | $C$ |
|---|---|
| 特别平直和光滑的管 | 140 |
| 非常光滑的管 | 130 |
| 光滑木质、圬工管 | 120 |
| 新铆接钢管、陶管 | 110 |
| 旧铸铁管、普通砖砌管 | 100 |
| 旧铆接钢管 | 95 |
| 恶劣条件中的旧铸铁管 | 60～80 |

各部件的局部水头损失系数                                        表 9.5

| 部件名称 | 系数 $K$ |
|---|---|
| 入口 | 0.5 |
| 出口 | 1.0 |
| 90°弯头 | 0.36 |
| 45°弯头 | 0.26 |
| 检查阀 | 2.50 |
| 渐缩头 | 0.50 |
| 渐扩头 | 0.60 |

*D*. 局部水头损失 $H_m$

$$H_m = [v^2/(2g)]\Sigma K_i \tag{9.30}$$

或
$$H_m = [Q^2/(2gA^2)]\Sigma K_i \tag{9.31}$$

式中　$H_m$——局部水头损失，m；

　　　　$v$——流速，m/s；

　　　　$g$——重力加速度，9.81m/s²；

　　　　$K_i$——每个部件的局部水头损失系数，见表9.5；

　　　　$Q$——管流量，m³/s；

　　　　$A$——流体截面积，m²。

*E*. 水泵选型

根据设计泄流量及计算总扬程，可使用水泵工况表来选择潜水泵泵型。关于 WSD2 SurePump™ 及 WSD12 SurePump™ 斜坡提升泵的流量～扬程关系在图9.13，9.14给出。Sure Pump™ 斜坡提升泵见图9.15。这些潜水泵是用不锈钢或特氟隆（聚四氟乙烯）制造的。泵的旋转式的设计型式便于在斜坡提升管中安装和移动，泵体上有压力传感器，用来测定池中液面高度。

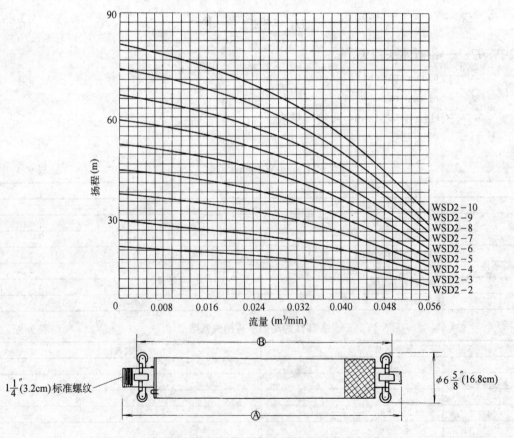

图 9.13　WSD2 SurePump™ 系列泵流量～扬程关系

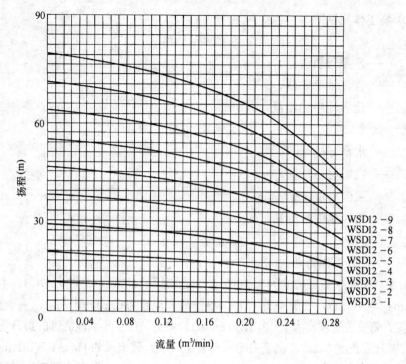

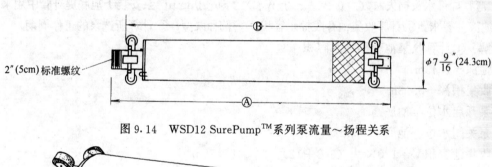

图 9.14　WSD12 SurePump™系列泵流量~扬程关系

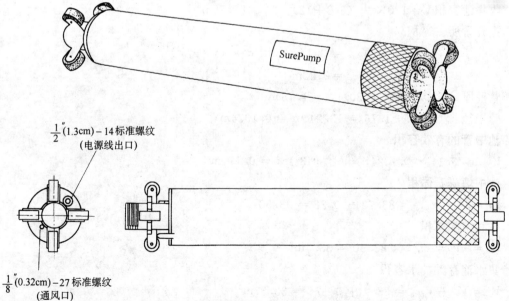

图 9.15　用于斜坡提升管中的 SurePump™泵型

**F. 水泵工作周期**

$$T_{off} = V_s/Q_{in} \qquad (9.32)$$

式中　$T_{off}$——水泵停机时间，min；

　　　$V_s$——收集池存贮量，m³；

　　　$Q_{in}$——流入池中的流量，m³/min。

$$T_{on} = V_s/(Q_P - Q_{in}) \qquad (9.33)$$

式中　$T_{on}$——水泵开机时间；

　　　$V_s$——收集池存贮量，m³；

　　　$Q_P$——泵泄流量，m³/min；

　　　$Q_{in}$——流入池中的流量，m³/min。

$$T_{cycle} = T_{off} + T_{on} \qquad (9.34)$$

式中　$T_{cycle}$——泵工作周期，min

**例 9.3**　收集池底面尺寸为 4.5m×4.5m，池深 1.45m，池坡为 1∶3，主淋滤液收集槽槽深 15cm；堆填砾石，孔隙率为 40%，淋滤液入流量为 0.132m³/min；一个直径 0.30m 的 $SDR$17 提升管安装于坡比为 1∶3，高 15m 的斜坡上，位于集水池底部的提升管长 4.5m 延伸至坡顶的提升管长度 3.6m，快速关闭阀安装于坡顶。假定泵的 Hazen-Williams 系数为 130，18.4° 弯管局部水头损失系为 0.22，一个 WSD12 SurePump™ 泵安装于池底提升管中用来输送淋滤液。要求：①计算收集池存贮抽水容积；②选择泵型；③计算所选泵的工作周期。

**解**　①计算收集池存贮抽水容积

池深=1.45m

收集槽深=0.15m

泵开启水位=槽底高

泵关闭水位=池底+0.3m

收集池容积 $V = 1.0 \times [(6.3 + 12)/2]^2 = 83.72$m³

提升管所占容积

$$V_{pipe} = 3.14 \times 0.15^2 \times (1^2 + 3^2)^{1/2}$$
$$= 0.22\text{m}^3$$

管壁厚 $t = D_0/SDR = 30/17 = 1.76$cm

管半径 $r_{in} = 15 - 1.76 = 13.24$cm $= 0.1324$m

池中管的有效容积

$V_{pipe} = 3.14 \times 0.1324^2 \times (1^2 + 3^2)^{1/2} = 0.174$m³

池中填砾石体积

$V_f = V - V_{pipe} = 83.72 - 0.22 = 83.50$

砾石空隙体积

$V_v = nV_f = 0.4 \times 83.50 = 33.4$m³

集水池存贮抽水容积

$V_s = V_v + V_{pipe} = 33.4 + 0.174 = 33.57$m³

②选泵

静水头

$H_s = 1.45 + 15 = 16.45\text{m}$

假设泵泄流量为淋滤液入流量的两倍

$Q = 2Q_{in} = 2 \times 0.132 = 0.264\text{m}^3/\text{min} = 0.0044\text{m}^3/\text{s}$

流程

$L = 4.5 + \{(1.45 + 15)^2 + [(1.45 + 15) \times 3]^2\}^{1/2} + 3.6 = 60\text{m}$

Hazen-Williams 系数 $C = 130$

WSD12 Sure pump™泵出水管内径 $D_i = 50\text{mm} = 0.050\text{m}$

过水面积

$$A = \pi(D_i/2)^2 = \pi(0.05/2)^2 = 0.00198\text{m}^2$$

$$v = Q/A = 0.0044/0.00198 = 2.2\text{m/s}$$

沿程水头损失

$$H_f = \frac{6.821v^{1.85}L}{C^{1.85} \cdot D_i^{1.165}} = \frac{6.821 \times 2.2^{1.85} \times 60}{130^{1.85} \times 0.05^{1.165}} = 7.08\text{m}$$

局部水头损失

入口，$K_{in} = 0.5$（一个入口）

出口，$K_{out} = 1.0$（一个）

18.4°弯头 $K_{18.4} = 0.22$（二个）

检查阀 $K_{valve} = 2.50$（一个）

$$
\begin{aligned}
H_m &= [Q^2/(2gA^2)]\Sigma K_i \\
&= [0.0044^2/(2 \times 9.81 \times 0.00198^2)] \times (0.5 + 0.22 \times 2 + 1.0 + 2.5) \\
&= (0.0000194/0.0000769) \times 4.44 \\
&= 1.1\text{m}
\end{aligned}
$$

总扬程

$$
\begin{aligned}
TDH &= H_s + H_f + H_m \\
&= 16.45 + 7.08 + 1.1 \\
&= 24.63\text{m}
\end{aligned}
$$

选择泵型为 WSD12-5 sure Pump™，查图 9.14，当总扬程 $TDH = 24.63\text{m}$ 时，泄流量 $Q_p = 0.274\text{m}^3/\text{min}$。这一数值非常接近假设泄流量。否则，可重新假设泄流量并重复上述计算步骤。直至假设泄流量与图 9.13，9.14 所选泵型泄流量接近为止。

③泵工作周期计算

闭泵时间

$$T_{off} = V_s/Q_{in} = 33.57/0.132 = 254.3\text{min} = 4.23\text{h}$$

开泵时间

$$
\begin{aligned}
T_{on} &= V_s/(Q_p - Q_{in}) = 33.57/(0.274 - 0.132) \\
&= 236\text{min} = 3.94\text{h}
\end{aligned}
$$

$$
\begin{aligned}
T_{cycle} &= T_{off} + T_{on} \\
&= 4.23 + 3.94 = 8.17\text{h}
\end{aligned}
$$

即所选泵的工作周期约为 8 个小时。

# 参 考 文 献

1. Bagchi，A.，(1990) "Design，Construction，and Monitoring of Sanitary Landfill，" John Wiley & Sons，Inc.，New York，NY.

2. Bureau of Reclamation，(1978) "Drainage Manual，" First Edition，Bureau of Reclamation，Eng. Res. Cent.，Denver Federal Center，Denver，Colorado.

3. Cedergren，S. R.，(1977) "Seepage，Drainage，and Flow Nets，" Second Edition，John Wiley & Sons，New York.

4. Corps of Engineers，(1977) "Civil Works Construction Guide Specification CW 02215，" U. S. Department of the Army，Washington，D. C.

5. Driscoll，F. G.，(1986) "Groundwater and Wells，" Second Edition，Johnson Division，St. Paul，Minnesota，p. 997.

6. Howard，A. K.，(1977) "Modulus of Soil Reaction Values for Buried Flexible Pipe，" Journal of Geotechnical Engineering，ASCE，Vol. 103，No. 1，pp，33-43.

7. Koerner，R. M.，(1986) "Designing with Geosynthetics，" Prentice Hall Inc.，Englewood Cliffs，New Jersey.

8. Koerner，R. M.，(1994) "Designing with Geosynthetics，" 3rd Edition，Prentice Hall Inc.，Englewood Cliffs，New Jersey.

9. Meyerhof，G. G. and Baike，L. D.，(1963) "Strength of Steel Culverts Sheets Bearing against Compacted sand Backfill，" Highway Research Board Proceeding，Vol. 30.

10. Moser，A. P.，(1990) "Buried Pipe Design，" McGraw-Hill，Inc.，New York NY.

11. Sherard，J. L.，Dunnigan，L. P.，and Talbot，J. R.，(1984a) "Basic Properties of Sand Gravel Filters，" Journal of Geotechnical Engineering，ASCE，Volume 110，No. 6，pp. 684-700.

12. Sherard，J. L.，Dunnigan，L. P.，and Talbot，J. R.，(1984b) "Filters for Silts and Clays，" Journal of Geotechnical Engineering，ASCE，Volume 110，No. 6，pp. 701-717.

13. 钱学德，郭志平 (1995). 美国的现代卫生填埋工程. 水利水电科技进展，Vol. 15，No. 6，pp. 27-31.

14. 钱学德，郭志平 (1997)，填埋场淋滤液收集和排放系统. 水利水电科技进展，Vol. 17，No. 1，pp. 59-63.

# 第十章　填埋沉降

卫生填埋场中的废弃物沉降是一个长期困扰着我们的问题，同时，对于如何提高填埋场的潜在处理能力、增加填埋场的有效存贮容量这一研究方向和废弃物沉降不可预测性问题也给从事填埋研究的工作者们提供了一个重要的发展机遇。通常，在填埋达到设计高度，封闭填埋场以后，填埋场表面会迅速地沉降到拟定的最终填埋高度以下。这种现象已被大家所认识到，但是，目前还没有预测这种沉降特性的合理模型，或者说，合理的模型还没有被大家所普遍接受。因此，先前由管理机构所批准征用的有偿使用的大气空间（容量）可能会因沉降问题而没有被充分利用。更为精确地预估废弃物的沉降问题或许给我们提供了在下面一些研究领域发展的机会，它包括：准确估计已建填埋场的剩余填埋厚度，预估废弃物表面的运动及其对覆盖系统完整性的影响，预估未来竖向膨胀，预估填埋表面的最大有效利用程度。

## 10.1　固体废弃物沉降机理

填埋保护系统，诸如覆盖系统、污染控制屏障、排水系统的设计，会受到填埋场沉降的影响。同样，填埋存贮容量、用于支撑建筑物和道路的垃圾填埋费用及其可行性，以及填埋场的利用，也都受填埋场沉降的影响。过大的沉降可能会使填埋场形成凹塘，积水成池，甚至会引起覆盖系统和排水系统开裂。由此可能使得进入填埋场的水分和渗漏所产生的淋滤液有所增加。

城市固体废弃物的沉降常常在堆加填埋荷载后就立即开始发生，并且在很长一段时期内持续发展。垃圾沉降的机理相当复杂，垃圾填埋物所表现出来的极度非均质性和大孔隙程度绝对不亚于土体。垃圾沉降的主要机理如下（Sowers，1973；Murphy and Cilbert；1985，Edil，et al.，1990；Edgers，et al.，1992）：

（1）物理压缩（Mechanical Compression）：包括废弃物的畸变、弯曲、破碎和重定向，与有机质土的固结相似。物理压缩由填埋物自重及其所受到的荷载引起，在填埋初期，主固结期，次固结（次压缩）期内都有可能发生。

（2）错动（Ravelling）：垃圾填埋物中的细颗粒向大孔隙或洞穴中运动。这个概念通常难以与其它机理区别开来。

（3）物理化学变化（Physical-Chemical Change）：废弃物因腐蚀、氧化和燃烧作用引起的质变及体积减小。

（4）生化分解（Bio-Chemical Decomposition）：垃圾因发酵、腐烂及需氧和厌氧作用引起的质量减少。

影响沉降量的因素很多，各因素之间又是相互作用，相互影响的。这些影响因素包括：

（1）垃圾填埋场各堆层中拉圾层及土体覆盖层的初始密度或孔隙比；（2）垃圾中可分

解的废弃料含量；（3）填埋高度；（4）覆盖压力及应力历史；（5）淋滤液水位及其涨落；（6）环境因素，诸如大气湿度，对垃圾有影响的氧气含量，填埋物的温度，以及填埋物中的气体或由填埋料所产生的气体。

沉降的发生很可能与大量填埋气体的产生与排放有关，关于气体的产生及排放导致沉降的机理，虽然从岩土工程角度来看非常具体，但是还没有被完全解释清楚。同样，部分饱和填料压缩中的水量平衡准则（Noble et al，1989）和水力效应概念也都没有被大家完全接受。

实际上，垃圾沉降不仅仅在自重作用下产生，在已填垃圾上面填埋新一层垃圾时，已填垃圾受到新填垃圾所施加的荷重作用也会产生沉降。自重和荷重作用会引起填埋场应力改变，而当在填埋堆层中的拉圾层上采用土体覆盖时则会使得这个应力改变值的计算相当复杂。此外，覆盖土体还使我们难以对填埋物的容重进行测量和表述。因此，填埋场容重可以有两种定义型式：（1）实际垃圾容重（每单位体积垃圾的重量）；（2）有效垃圾容重（每单位体积填埋物中垃圾与覆盖物的重量）（Ham，et al，1978）。其中，实际垃圾容重很不稳定，没有规律。在一个填埋场中，实际垃圾容重的变化范围可能为 5～11kN/m³。含水量（按干料重量百分比计）的变化范围可能为 10%～50%（Sowers，1968，1983；Ham，1978）。

垃圾沉降的特点就是它的无规律性。在填埋竣工后的 1 或 2 个月内，沉降较大，接下来，在持续的一段时间内，大量产生的是次压缩（次固结）沉降。随着时间的推移和距离填埋表面的埋置深度的增加，沉降量逐渐减小。在自重作用下，垃圾沉降可以达到初始填埋厚度的 5%～30%，大部分沉降发生在第一年或前两年内（Edil，et al. 1990）。我们从 22 个填埋沉降工程实例研究中选出了有代表性的沉降数据，如图 10.1 所示。

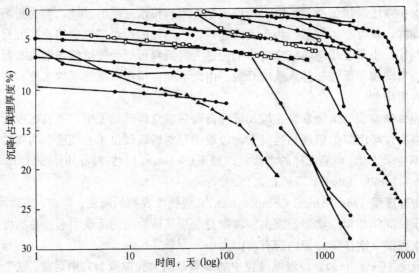

图 10.1　填埋场沉降与时间对数关系（Bjarngard and Edgers，1990）

## 10.2　覆盖土层的效应分析

覆盖层的沉降特性非常复杂，在估算填埋沉降时，覆盖层的沉降特性往往会因其复杂性而被忽略掉。在大多数填埋场的标准化、规范化实践中，在各填埋堆层中的垃圾层上都设置了由无机质土组成的覆盖层。设置覆盖层的目的在于，可以避免废弃物被风吹走，避免鼠类、鸟类、昆虫与垃圾接触，并且可以提供附加覆盖压力。具有代表性的垃圾填埋场的堆层常常是由60cm 压实垃圾层和15cm 天然土体覆盖层相互交替组成。简单的沉降分析或许可以作出这样的假定：将覆盖层这一材料中间介质带当作各相对较厚的垃圾层之间的自由（不受约束）层处理；在沉降过程中，覆盖层保持整体完整，并承受自身一定的固结沉降。

事实上，这个概念模式并不符合实际覆盖土体的特性。填埋场的运行观测表明，即使在填埋初期，覆盖层这一惰性土体成分占据总填埋体积有 20%，但随着沉降的发展，这个比例会变得越来越小。其原因在于，土体在自重作用下有少量的压缩，更为重要的是由于覆盖层土颗粒向邻近垃圾层中的废弃物孔隙迁移运动而引起体积减小，如图 10.2 所示（Morris and Woods，1990）。最终的结果，覆盖层土体的体积可以减小到比原来体积的 1/4 还少。所以，实际的填埋合成密度比我们在忽略上述影响效果情况下作出的估计值要大得多。

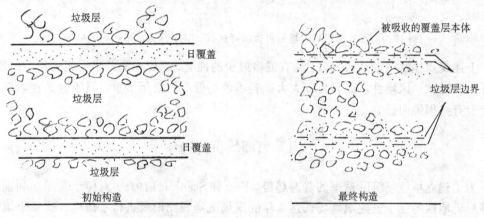

图 10.2　垃圾层对覆盖层的吸收作用（Morris and Woods，1990）

*A.* 进一步设计的考虑因素　填埋场的施工与设计应该考虑到覆盖层的上述影响效果。通常的设计认为，提高填埋存贮效率的一种手段就是增加垃圾层相对于覆盖层的厚度，甚至完全取消覆盖层。表面上看，这种做法比较有吸引力，似乎可以减小因采用天然土体覆盖而导致部分有偿使用填埋存贮空间的丢失。并且，这种做法可导致总体密度减小（因覆盖层土体的密度要比废弃物大 2～4 倍）似乎应该会降低最终填埋沉降量，使封顶设计更为简单易行。然而，这些观点在现实中并没有什么说服力。

*B.* 对填埋存贮容量的影响　事实上，基于上述原因，由于采用土体覆盖而导致填埋存贮容量的净丢失量并不大。土体覆盖层也许在填埋初期可能占有填埋存贮容量的 20%，但是在覆盖层厚度逐渐被邻近的垃圾层部分吸收掉以后，它的体积将仅占填埋存贮容量的 5%，对于经营者而言，这并不意味着是一项重大的经济损失。实际上，因覆盖层的使用引起的填埋合成密度的相应增长将会在整体上提高填埋自重压缩量，反之，邻近垃圾层的压缩能力也会减小，在某种程度上，前者对提高填埋存贮容量的作用将会被后者部分抵消掉，而最终的结果，却大大地补偿了那部分较小的存贮库容的丢失量。事实上，填埋存贮库容的丢失量对所使用的覆盖层厚度并不敏感。

*C.* 对沉降的影响　第二种观点认为，减少覆盖层即减小填埋物自重密度，将会减小工后沉降，这是事实，但其应用还存有争议。由较低的自重应力水平引起的总填埋沉降量或许较小，但

是,在固体废弃物孔隙中没有土颗粒的"填入"将会导致总体压缩能力的提高,因此,总填埋沉降量并不是我们所想象的那样会减小很多。而且沉降的发展时间将会延长,大部分沉降很可能发生在填埋封顶之后。如果是这种情况,那么,即使在填埋封顶前沉降量已有些减小,但填埋封顶后的沉降量实际上还是有可能大于前期沉降量的,如图10.3所示(Morris and Woods,1990)。

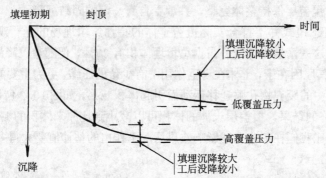

图10.3　密式和松式填埋的可能沉降曲线 (Morris and woods,1990)

上述观点往往难以达成一致,总有或多或少的冲突,建议在实践中大胆采用土体覆盖,这样,可以减小风险性,而且可以大大减轻填埋场管理的费用负担,只不过是在填埋存贮容量上有些损失而已。

## 10.3　填埋场沉降速率

为了建立填埋场沉降速率的普遍趋势,Yen和Scanlon(1975)对位于美国加利福尼亚州洛杉矶地区的三个已建填埋场长达9年的现场沉降观测记录进行了研究。这三个填埋场的面积为77000m²,324000m²和89000m²,最大填埋高度约38m。

本节所采用的解说草图如图10.4所示,沉降速度 m 定义为

$$m = \frac{(测标点标高的变化量,m)}{(各测标点间的设置历时,月)} \tag{10.1}$$

这里使用的时间变量是一个"填埋柱龄期中值"(median age of a fill column)的估计值。它是通过测量从填埋柱填埋完成一半到沉降观测标的设置日期这段时间间隔而得到。术语"填埋柱"(fill cloumn)被定义为直接位于所设沉降观测标之下,天然土体之上所填埋的土与垃圾柱。所采用的其它变量有,整个填埋柱深度 $H_f$ 及总填埋施工期 $t_c$,单位为月。选用这些参数,是因为卫生填埋的施工期或回填期通常历时较长,在沉降速率分析中应该把这段时间考虑进去。按图10.4所示,填埋柱龄期中值 $t_1$ 可用下式估算

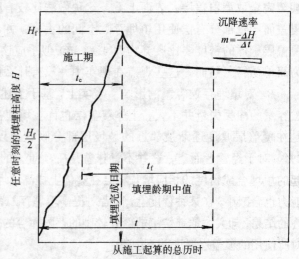

图10.4　分析中所采用的变量符号标示图 (Yen and Scanlon, 1975)

$$t_1 = t - \frac{t_c}{2} \qquad\qquad (10.2)$$

式中  $t$ ——从施工开始起算的总历时。

这样，我们就可以用实测数据分析确定填埋龄期中值（包括 $t_1$，沉降速率 $m$），填埋深度 $H_f$ 及施工历时 $t_c$ 之间的关系。

填埋柱深度 $H_f$，反映了作用在垃圾之上或垃圾体内平均应力的大小，因此，可以根据 $H_f$ 与施工历时 $t_c$ 的范围将填埋柱划分为一个个柱段。这样，在每个柱段中，$H_f$ 与 $t_c$ 的变化范围受到限制，而且历时 $t_1$ 与沉降速率 $m$ 之间的关系会更加清晰明了。

点绘 12～24m，24～31m 之间及大于 31m 填埋柱段的 $m$ 与 log（$t_1$）关系曲线，如图 10.5，10.6 和 10.7 所示。图中 $m$ 与 $t_1$ 的线性关系是通过最小二乘法配以回归系数拟合得到的。这三条线仅仅代表的是 $t_c$ 介于 70～82 个月之间的填埋柱段。表 10.1 汇总了施工历时 $t_c$ 的范围从小于 1 年到接近 7 年的其它柱段的分析结果，不同深度范围填埋柱的沉降速度 $m$ 的平均值已在表中列出，$m$ 的平均值是通过计算得到的，计算区间中至少应包含有三个现场实测数据。

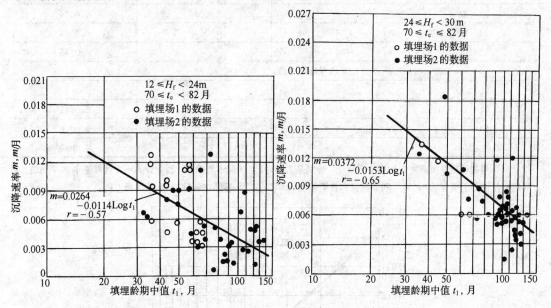

图 10.5　填埋深度介于 12～24m 间的沉降速率与历时关系（Yen and Scanlon，1975）　　图 10.6　填埋深度介于 24～30m 间的沉降速率与历时关系（Yen and Scanlon，1975）

**沉降速率 $m$ 的平均值，米/月**（Yen and scanlon. 1975）　　　　　表 **10.1**

| 完成的填埋高度 $H_f$（m） | 施工期 $t_c \leqslant 12$ 月 | 施工期 $24 \leqslant t_c \leqslant 50$ 月 | 施工期 $70 \leqslant t \leqslant 82$ 月 |
|---|---|---|---|
| （$a$）填埋龄期中值，$t_1 \leqslant 40$ 月 | | | |
| 12 | × | × | × |
| 12～24 | 0.009 | × | 0.009 |
| 24～30 | 0.015 | × | × |
| ＞30 | × | × | 0.0171 |

163

| 完成的填埋高度 $H_f$ (m) | 施工期 $t_c \leqslant 12$ 月 | 施工期 $24 \leqslant t_c \leqslant 50$ 月 | 施工期 $70 \leqslant t \leqslant 82$ 月 |
|---|---|---|---|
| (b) 填埋龄期中值,$40 \leqslant t_1 \leqslant 60$ 月 | | | |
| 12 | 0.0048 | 0.0048 | 0.0045 |
| 12~24 | 0.003 | 0.0078 | 0.0087 |
| 24~30 | 0.009 | × | 0.012 |
| >30 | × | × | 0.0123 |
| (c) 填埋龄期中值,$60 \leqslant t_1 \leqslant 80$ 月 | | | |
| 12 | 0.0048 | 0.003 | 0.0027 |
| 12~24 | 0.0027 | 0.0036 | 0.0048 |
| 24~30 | 0.0108 | × | 0.0075 |
| >30 | × | × | 0.0075 |
| (d) 填埋龄期中值,$80 \leqslant t_1 \leqslant 100$ 月 | | | |
| 12 | 0.0024 | 0.0036 | × |
| 12~24 | × | 0.0036 | 0.0024 |
| 24~30 | × | × | 0.0066 |
| >30 | × | × | 0.0075 |
| (e) 填埋龄期中值,$100 \leqslant t_1 \leqslant 120$ 月 | | | |
| 12 | × | × | × |
| 12~24 | × | × | 0.0045 |
| 24~30 | × | × | 0.0060 |
| >30 | × | × | 0.0060 |

"×"号表明现场沉降测量数据少于三个,特别是 $H_f$,$t_1$,$t_c$ 区间不能确定,因此计算不出沉降速率 $m$ 平均值。第 2 列数据仅取自于填埋场 2;第 3 列数据仅取自于填埋场 2 和 3;第 4 列数据仅取自于填埋场 1 和 2。

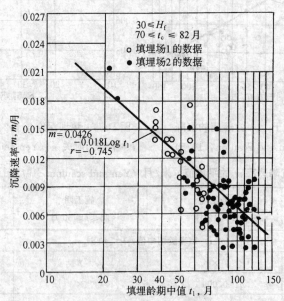

图 10.7　填埋深度大于 30m 的沉降
速率与历时关系(Yen and Scanlon,1975)

*A.* 填埋龄期中值对沉降速率的影响

从上述每个图中和表 10.1 可以看出，$m$ 随 $t_1$ 有减小的趋势。然而，在填埋竣工 6 年后（填埋龄期中值为 70～120 个月），沉降速率仍可达到 0.006 米/月。

同样值得我们关注的是现场勘察的工后沉降范围。工后平均总沉降，可以通过图 10.5，10.6 和 10.7 中的，$m$ 与 $\log(t_1)$ 关系函数，由填埋竣工期到外推 $m=0$ 时的 $t_1$ 值这段历时区间上的积分来估算。结果表明，工后沉降范围，在总填埋深度的 4.5%～6% 之间，也就是说，对于不受任何外载影响，只受其自身重量及生物降解作用的 31m 高的填埋场，可能产生约 1.4～1.8m 的工后沉降。

*B.* 填埋深度对沉降速率的影响

从图 10.5 到 10.7 及表 10.1 可以看出，在不考虑施工期 $t_c$ 及填埋龄期中值 $t_1$ 的情况下，较大的填埋深度通常表现出较快的沉降速率。但是，填埋沉降速率与填埋深度 $H_f$ 并不成线性正比关系。前述三个填埋场的研究结果表明，显然沉降速率随填埋深度而增长，但是在深度超过 27m 后，其增长效应基本消失。实际上，对于填埋深度超过 31m，和填埋深度介于 24～31m 之间的填埋场，其 5 年后的填埋沉降速率是相等的。这不足为奇，因为深埋的垃圾类似于一个厌氧环境，因此其生化腐烂速度要比浅埋的来得慢。浅埋的垃圾或许更近似于一个需氧环境，其腐烂更快，因而沉降速率也更大。有的调查报告已报导过，需氧处理后的沉降速率比厌氧处理后的大，例如，Sowers（1973）对需氧和厌氧环境在类似的孔隙比及上覆压力下的沉降速率进行了对比，结果表明，需氧环境下的沉降量普遍比厌氧环境下的沉降量大。

*C.* 施工期对沉降速率的影响

施工期 $t_c$ 的长短同样对沉降速率有影响，如表 10.2 所示，表中沉降完成（即 $m=0$ 时）时间是通过采用最小二乘法拟合 $m\sim\log(t_1)$ 函数关系计算而得（图 10.5，10.6 和 10.7）。

从表 10.2 可以看出，施工速率越快（$t_c$ 值越小），填埋沉降完成的时间就越短。这个效果对于埋深较浅的填埋场比较明显。由此或许有助于说明，在可能的条件下，应尽可能地提高卫生填埋场的填埋速度，以达到加速沉降的目的。

*D.* 工后沉降期历时

当 $t_c$ 值介于 70～82 个月之间时，上述的各个填埋柱段具有最大的时域，并且 $t_1$ 的覆盖范围最宽。其中的某些填埋柱段的沉降观测已长达 9 年。图 10.5，10.6 和 10.7 中示有这些观测记录的散布图，并给出了拟合 $m\sim\log(t_1)$ 关系函数的回归系数 $\gamma$。在外推这些函数时认为，沉降历程可能持续 250 个月才达到 $m=0$，甚至认为填埋柱段不受附加表面荷载的作用。按照岩土工程观点，这意味着沉降的完成需要一段很长的历时。因此，在将深埋的填埋场用作建筑物持力层时，这也是一个主要的难题。

**沉降历时与施工历时比较表**（Yen and scanlon，1975）　　表 10.2

| 填埋深度范围 $H_f$ (m) | 平均施工期 $t_c$ (月) | 施工与沉降总历时 (月) | 沉降完成约需时间 (月) |
|---|---|---|---|
| 12～24 | 12 | 113 | 101 |
| 12～24 | 72 | 324 | 252 |
| 24～30 | 12 | 245 | 233 |
| 24～30 | 72 | 310 | 238 |

## 10.4　固体废弃物的压缩性

对城市固体废弃物压缩性的研究从 20 世纪 40 年代起就已经开始了。早期的工作主要集中在对填埋场址的特性及其可行性的研究上；随着卫生填埋实践的广泛开展，研究人员的兴趣已放在如何提高废弃物的处理效率问题上了（Fassett et al.，1994）。早期的研究普遍发现：

（1）大部分的沉降迅速地发生；

（2）紧密填埋可以减小总沉降量；

（3）城市固体废弃物在荷载作用下的沉降量随着龄期和埋深而减小。

可以确信，下列因素将会影响城市固体废弃物的沉降：废弃物的初始密度和影响物理压缩的填埋压实作用力，含水量，埋深，废弃物的组构，pH 值和温度。后者将影响废弃物的物化与生化变化（Wallis，1991）。

通常假定经典的土力学压缩理论对城市固体废弃物也适用；因此，一般采用与之相同的参数。认为沉降由三个分量组成（Holtz and Kovacs，1981）：

$$Z_{total} = Z_i + Z_c + Z_s \tag{10.3}$$

式中　$Z_{total}$——总沉降量；

　　　$Z_i$——瞬时沉降量；

　　　$Z_c$——固结沉降量；

　　　$Z_s$——次压缩（次固结）沉降量，或蠕变。

在填埋竣工后最初的三个月内，由加载引起的城市固体废弃物的沉降就已经有了相当的发展（Bjarngard and Edgers，1990）。废弃物的沉降与泥炭土的沉降相似，在经历快速的瞬时沉降和固结沉降之后，接下来的主要是由长期的次压缩（次固结）引起的附加沉降，在此期间几乎不会产生超孔隙应力集中现象（Sowers，1973）。由于固结完成得相当快，因此通常都将固结沉降和瞬时沉降列为一类，称之为"主沉降"（Lukas，1992）。然而，与泥炭土的沉降不同的是，城市固体废弃物的次压缩中包含有一个重要的物化与生化分解成分。

通常用于估算由竖向应力的增长引起的城市固体废弃物的主沉降的参数包括，压缩指数 $C_c$ 和修正的压缩指数 $C'_c$。这些参数被定义为：

$$C_c = \frac{\Delta e}{\log(\sigma_1/\sigma_0)} \tag{10.4}$$

$$C'_c = \frac{\Delta H}{H_0 \log(\sigma_1/\sigma_0)} = \frac{C_c}{1 + e_0} \tag{10.5}$$

式中　$\Delta e$——孔隙比的改变；

　　　$e_0$——初始孔隙比；

　　　$\sigma_0$——初始竖向有效应力，kPa；

　　　$\sigma_1$——最终竖向有效应力，kPa；

　　　$H_0$——垃圾层的初始厚度，m；

　　　$\Delta H$——垃圾层厚度的改变，m。

这种处理方法还存在一些问题，它包括（Edil et al.，1990）：垃圾层的初始孔隙比 $e_0$ 或初始厚度 $H_0$ 通常都不知道，尤其是老填埋场；有效应力是废弃物容重（和填埋场淋滤液水位）的函数，其数值通常也不清楚；$e \sim \log(\sigma)$ 关系一般是非线性的，因此 $C_c$ 和 $C'_c$ 值将随填埋场的初始应力和时间的改变而变化。

废弃物在恒载作用下，可以用次压缩指数 $C_\alpha$ 或修正的次压缩指数 $C'_\alpha$ 来估算主沉降完成以后产生的次沉降量。

$$C_\alpha = \frac{\Delta e}{\log(t_1/t_0)} \tag{10.6}$$

$$C'_\alpha = \frac{\Delta H}{H_0 \log(t_1/t_0)} = \frac{C_\alpha}{1+e_0} \tag{10.7}$$

式中　$t_0$——初始时刻；

　　　$t_1$——最终时刻。

上述各参数被认为是会随着废弃物的蠕变和化学或生物降解作用而改变的。通常都相信，次沉降主要是由有机物的分解导致体积减少而引起的，但是目前这个观点还未取得共识。

为了测试加载作用下废弃物的压缩性，荷载试验（Landra et al. 1984），旁压试验（Steinderg and Lucas，1984）和固结试验（Bjarngard and Endgers，1990；Chen et al.，1977；Landan et an.，1984，1990）都已经被用作为其试验研究的手段。测量恒载作用下的沉降速率的测标法现也正被广泛地采用。测标法的主要技术包括：比较不同时期的航测照片（Drushel and Wardwll，1991）；观测填埋表面的水准标点（Steinberg and Lucas，1984；Dadt et al.，1987；Wallis，1991；Drushel and Wardwell，1991），以及在填埋场上所筑土堤之下设置沉降平台（Sheurs and Khera，1980）。另外还包括望远镜测斜技术（Siegel et al.，1990；Galante et al.，1991）。这些技术所采用的设备可以测量在加载和恒载作用下填埋场不同深度处的沉降量。在填埋过程中，频繁地测读实验数据对于反演 $C_c$ 和 $C_\alpha$ 的离散值是很有必要的。

从图 10.8 可以明显地看出填埋废弃物的高压缩性，图中点绘了五个填埋物的固结试验结果（Landva and Clark，1990）。这些试验全都是在 47cm 直径的装置中完成的。试样在容器中约有 5cm 厚，并被轻轻地压实。图 10.8 中的压力（对数）与应变的梯度就是修正的压缩指数 $C'_c$，其范围为 0.2～0.5。对于无机土而言这意味着高压缩性。Keene（1977）在一个卫生填埋场的不同高程处设置了 9 个沉

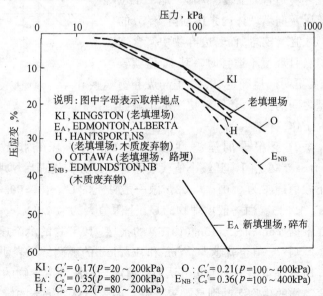

KI：$C'_c = 0.17(P=20 \sim 200 \text{kPa})$　　　O：$C'_c = 0.21(P=100 \sim 400 \text{kPa})$
$E_A$：$C'_c = 0.35(P=80 \sim 200 \text{kPa})$　$E_{NB}$：$C'_c = 0.36(P=100 \sim 400 \text{kPa})$
H：$C'_c = 0.22(P=80 \sim 200 \text{kPa})$

图 10.8　加拿大几个填埋场填埋物的压
应变与压力对数关系（Landva and clark，1990）

降平台，以此进行了 5 年的填埋沉降观测。其观测数据表明，主压缩（主固结）应变约为 3%，其发展相当迅速，在填埋结束后的半个月到 1 个月内就已基本完成。Sowers（1973）指出，压缩指数 $C_c$ 与初始孔隙比 $e_0$ 有关，如图 10.9 所示。对于任意的 $e$ 值，不同的废弃物类型，$C_c$ 的变化都比较大。包含大量食物、木头、毛刷、铁皮罐的填埋物，其 $C_c$ 值较高；而对于很少含有弹性材料的填埋物，其 $C_c$ 值较低。泥炭的 $C_c$

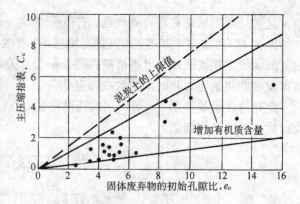

图 10.9　填埋场废弃物的压缩性（Sowers，1973）

最大值要比目前所观测到的填埋废弃物 $C_c$ 最大值约大 1/3。

　　Landva 和 Clark（1990）发现，与其试验所用废弃物的类型相对应的次固结系数 $C_\alpha$ 值（压应变与时间对数关系的梯度）的变化范围介于每对数时间周期 0.2%～0.3% 之间。而采用沉降平台进行现场测试的结果（Keene，1977）表明，次固结系数 $C_\alpha$ 的变化范围为 0.014～0.034。虽然试验工作开展得还很少，难以建立 $C_\alpha$ 值与废弃物类型之间的明确关系，但是其中确实表现出 $C_\alpha$ 随废弃物有机质含量增加而增长的趋势。Sowers（1973）指出，次固结系数 $C_\alpha$ 同样也是孔隙比的函数，如图 10.10 所示。对于任意给定的孔隙比，$C_\alpha$ 的变化范围都比较大，这与不同类型的废弃物的物化与生化腐烂的潜能有关。废弃物腐烂的有机含量越多，并且环境适宜（温暖、潮湿、地下水位涨落以及向填埋体内泵送新鲜空气）的话，$C_\alpha$ 值就较高。而若废弃物中富含惰性材料且环境不适宜时，其 $C_\alpha$ 值就较低。要更明确地确定 $C_\alpha$、$C_c$ 值与废弃物类型之间的关系，还需要更多的试验与研究工作。

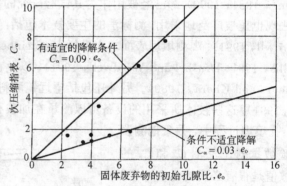

图 10.10　填埋场废弃物的次压缩性（Sowers，1973）

　　被广泛报导的压缩性参数是修正的次压缩指数 $C'_\alpha$。所报导过的 $C'_\alpha$ 值介于 0.001～0.59 之间，其最小值代表的是经过夯实处理后填埋物的压缩性。一般填埋物的 $C'_\alpha$ 的下限值通常为 0.01～0.03，跟一般粘土的 $C'_\alpha$ 值 0.005～0.002 差不多（Holte and Kovacs，1981）。而一般填埋物的 $C'_\alpha$ 上限值大约为 0.1。

　　根据 Yen 和 Scanlon（1975）的报导，废弃物的沉降速率随填埋深度而增长，因此，填埋越厚则 $C'_\alpha$ 值也就越大。Yen 和 Scanlon 的观测结果表明，这个增长效应在填埋深度达到 27m 时就基本消失。由此可认为，填埋场中深埋废弃物的生物活动主要为厌氧分解，而浅埋废弃物的生物活动则是需氧分解，因为厌氧分解下的废弃物的沉降速率要比需氧分解的慢。然而，也有证据表明，在浅埋的废弃物中，厌氧分解甚至可能是其主要反应。

　　与 $C_c$ 和 $C'_c$ 相似，$C_\alpha$ 和 $C'_\alpha$ 值依赖于所采用的 $e_0$ 或 $H_0$ 值。$C'_\alpha$ 值同样也依赖于应力水

平、时间以及初值时间的选取。填埋场的填埋期一般都较长，在分析沉降速率时应该把这段时间也考虑进去（Yen and Scanlon，1995）。零时刻的选取对 $C'_\alpha$ 值的计算有较大影响，特别是对早期沉降 $C'_\alpha$ 值的计算影响更大。

在确定 $C'_\alpha$ 值时将会遇到的另一个问题是 $C'_\alpha$ 通常不是常量，这是事实。Bjarngard 和 Edgers（1990）从 22 个工程实例中提取出沉降的对数时程线（如图 10.1 所示）。其中的大部分曲线表明，在短时程内，曲线的斜率相对较小（即 $C'_\alpha$ 值小）；而在后续的时程内，其斜率有较大的增长（如图 10.11 所示）。因此，他们将压缩后期斜率的增长归因于是废弃物的分解加速的结果，而这仅仅是在人工处理的对数时程坐标下的简单结论。可以相信，城市固体废弃物的分解对其压缩是有影响的。但是，关于物理压缩、热效应以及生物分解作用对总沉降的相对效应一直都没有得到适当的定量描述。

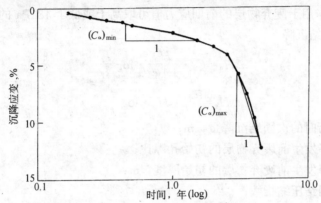

图 10.11　填埋沉降与时间对数关系理想化示意图（Bjargard and Edgers，1990）

## 10.5　固体废弃物沉降的估算

常规的室内固结试验难以精确地获取废弃物这种颗粒尺寸变化很大的非均质材料的固结参数。Sowers（1973）通过分析从一些大规模填埋试验槽中测取的现场沉降数据，提出了一种估算填埋沉降量的方法，在近几年中，这种方法已经被其他研究人员改进了。

固体废弃物的沉降包括主固结沉降和长历时的次固结沉降。总沉降量可表示成：

$$\Delta H = \Delta H_c + \Delta H_\alpha \tag{10.8}$$

式中　$\Delta H$——固体废弃物的总沉降量；

　　$\Delta H_c$——固体废弃物主固结沉降量；

　　$\Delta H_\alpha$——固体废弃物的长历时次固结沉降量。

### 10.5.1　新填固体废弃物的沉降

下列公式可用于新填固体废弃物的沉降计算。

*A.* 初期主固结沉降

$$\Delta H_c = C_c \cdot \frac{H_0}{1+e_0} \cdot \log \frac{\sigma_i}{\sigma_0} \tag{10.9}$$

或

$$\Delta H_c = C'_c \cdot H_0 \cdot \log \frac{\sigma_i}{\sigma_0} \tag{10.10}$$

式中 $\Delta H_c$——主固结沉降量，m；

  $e_0$——产生沉降前废弃物层的初始孔隙比；

  $H_0$——产生沉降前废弃物层的初始厚度，m；

  $C_c$——主固结压缩指数；

  $C'_c$——修正的主固结压缩指数 $C'_c = 0.17 \sim 0.36$；

  $\sigma_0$——废弃物层受到的前期压力，也即压实压力，常取 $\sigma_0 = 48\text{kPa}$；

  $\sigma_i$——废弃物层中间受到的总的覆盖应力，kPa。

根据目前一般城市固体废弃物填埋时的压实效应，假设固体废弃物铺填时碾压设备作用于新铺填层上的前期压实应力为 48kPa。换句话说，假设新铺填的固体废弃物层由于碾压引起的超固结效应在法向应力低于 48kPa 时是不会产生压缩的。对某些特殊的填埋工程，在估算沉降量时，作用于废弃物层的前期应力值可取高于或低于 48kPa 的某一值。

*B.* 长历时次固结沉降

$$\Delta H_a = C_\alpha \cdot \frac{H_0}{1+e_0} \cdot \log \frac{t_2}{t_1} \tag{10.11}$$

或

$$\Delta H_a = C'_\alpha \cdot H_0 \cdot \log \frac{t_2}{t_1} \tag{10.12}$$

式中 $\Delta H_a$——长历时的次固结沉降量，m；

  $e_0$——沉降发生前废弃物层的初始孔隙比；

  $H_0$——沉降发生前废弃物层的初始厚度，m；

  $C_\alpha$——次固结压缩指数；

  $C'_\alpha$——修正的次固结压缩指数，$C'_\alpha = 0.03 - 0.1$；

  $t_1$——废弃物层次固结压缩开始的时间，可取 $t_1 = 1$ 个月；

  $t_2$——废弃物层次固结压缩完成的时间。

由于没有针对固体废弃物的标准固结试验方法，废弃物压缩指数的选取主要依据经验和现场数据，主固结压缩指数 $C_c$ 的数值可根据固体废弃物的初始孔隙比和有机物的含量由图 10.9 查得。次固结压缩指数 $C_\alpha$ 的数值可根据固体废弃物的初始孔隙比和降解条件由图 10.10 选取。

通常情况下，填埋后经碾压的城市固体废弃物，其初始孔隙比很难估算，因此用主固结压缩指数和次固结压缩指数计算沉降是无法精确的。在工程实际中，填埋体的沉降分析通常采用修正的主固结压缩指数 $C'_c$ 和修正的次固结压缩指数 $C'_\alpha$。由已往的工程经验，修正的主固结压缩指数值在 0.17 和 0.36 之间，而城市固体废弃物考虑初始压实效应和降解修正的次固结压缩指数值约在 0.03 到 0.1 之间。常见的粘土修正的次固结压缩指数 $C'_\alpha$ 的取值范围为 0.05 到 0.02，故固体废弃物的次固结沉降约为常见粘土的 5 到 6 倍。

### 10.5.2 已填固体废弃物的沉降

下列公式可用于竖向增填或其他外加荷载引起的已填固体废弃物的沉降计算。

*A.* 主固结沉降

$$\Delta H_c = C_c \cdot \frac{H_0}{1+e_0} \log \frac{\sigma_0 + \Delta \sigma}{\sigma_0} \tag{10.13}$$

或

$$\Delta H_c = C'_c \cdot H_0 \cdot \log \frac{\sigma_0 + \Delta \sigma}{\sigma_0} \tag{10.14}$$

式中　$\Delta H_c$——主固结沉降，m；

　　　　$e_0$——沉降发生前垃圾层的初始孔隙比；

　　　　$H_0$——已填垃圾层的初始厚度，m；

　　　　$C_c$——主固结压缩指数；

　　　　$C'_c$——修正的主固结压缩指数，$C'_c=0.17-0.36$；

　　　　$\sigma_0$——作用于垃圾层中点的上覆压力，kPa；

　　　　$\Delta\sigma$——竖向增填或其他外加荷载引起的压力增量，kPa。

　B. 长历时的次固结沉降

$$\Delta H_a = C_a \cdot \frac{H_0}{1+e_0} \cdot \log\frac{t_2}{t_1} \tag{10.15}$$

或

$$\Delta H_a = C'_a \cdot H_0 \cdot \log\frac{t_2}{t_1} \tag{10.16}$$

式中　$\Delta H_a$——次固结沉降量，m；

　　　　$e_0$——次固结沉降开始前垃圾层的初始孔隙比；

　　　　$H_0$——次固结沉降开始前垃圾层的初始厚度，m；

　　　　$C_a$——次固结压缩指数；

　　　　$C'_a$——修正的次固结压缩指数，$C'_a=0.03\sim0.1$；

　　　　$t_1$——次固结沉降开始时间，对竖向增填的工程，假设 $t_1$ 等于已填垃圾的年龄；

　　　　$t_2$——次固结沉降结束时间。

　**例 10.1**　一个新的垃圾填埋场其填埋过程见表 10.3，假设：垃圾的容重 $\gamma_{垃圾}=11$ kN/m³；垃圾的初始压力 $\sigma_0=48$kPa；修正的主固结压缩指数 $C'_c=0.26$；修正的次固结压缩指数 $C'_a=0.07$；次固结压缩开始时间 $t_1=1$ 个月。试计算 5 个月后填埋场顶的总沉降量。

垃圾填埋记录　　　表 10.3

| 时间过程 | 垃圾的堆填高度（m） |
|---|---|
| 第一个月 | 3.65 |
| 第二个月 | 5.47 |
| 第三个月 | 4.86 |
| 第四个月 | 3.04 |
| 第五个月 | 4.26 |

　**解**　用公式（10.10），（10.12）及（10.8），即

$$\Delta H_c = C'_c \cdot H_0 \cdot \log\frac{\sigma_i}{\sigma_0}$$

$$\Delta H_a = C'_a \cdot H_0 \cdot \log\frac{t_2}{t_1}$$

$$\Delta H = \Delta H_c + \Delta H_a$$

　A. 计算每一垃圾层中点的深度

$$H_1 = \frac{1}{2}\times 3.65+5.47+4.86+3.04+4.26=19.45 \ (\text{m})$$

$$H_2 = \frac{1}{2}\times 5.47+4.86+3.04+4.26=14.90 \ (\text{m})$$

$$H_3 = \frac{1}{2}\times 4.86+3.04+4.26=9.73 \ (\text{m})$$

$$H_4 = \frac{1}{2}\times 3.04+4.26=5.78 \ (\text{m})$$

$$H_5 = \frac{1}{2} \times 4.26 = 2.13 \ (\text{m})$$

B. 计算作用于每一垃圾层中点的总的上覆压力

$$\sigma_1 = \gamma_{垃圾} \cdot H_1 = 11 \times 19.45 = 214.0 \text{kPa}$$

$$\sigma_2 = \gamma_{垃圾} \cdot H_2 = 11 \times 14.90 = 163.9 \text{kPa}$$

$$\sigma_3 = \gamma_{垃圾} \cdot H_3 = 11 \times 9.73 = 107.0 \text{kPa}$$

$$\sigma_4 = \gamma_{垃圾} \cdot H_4 = 11 \times 5.78 = 63.6 \text{kPa}$$

$$\sigma_5 = \gamma_{垃圾} \cdot H_5 = 11 \times 2.13 = 23.43 \text{kPa} < 48 \text{kPa}$$

C. 计算各垃圾层的压缩量

$$\Delta H_{ci} = C'_c \cdot H_{0i} \cdot \log \frac{\sigma_i}{\sigma_0}$$

$$\Delta H_{ai} = C'_a \cdot H_{0i} \cdot \log \frac{t_2}{t_1}$$

$$\Delta H_i = \Delta H_{ci} + \Delta H_{ai}$$

第一层

$$\Delta H_{c1} = 0.26 \times 3.65 \times \log \ (214/48) = 0.26 \times 3.65 \times 0.650 = 0.62 \ (\text{m})$$

$$\Delta H_{a1} = 0.07 \times 3.65 \times \log \ (4.5/1) = 0.07 \times 3.65 \times 0.653 = 0.17 \ (\text{m})$$

$$\Delta H_1 = \Delta H_{c1} + \Delta H_{a1} = 0.79 \ (\text{m})$$

第二层

$$\Delta H_{c2} = 0.26 \times 5.47 \times \log \ (163.9/48) = 0.26 \times 5.47 \times 0.533 = 0.76 \ (\text{m})$$

$$\Delta H_{a2} = 0.07 \times 5.47 \times \log \ (3.5/1) = 0.07 \times 5.47 \times 0.544 = 0.21 \ (\text{m})$$

$$\Delta H_2 = \Delta H_{c2} + \Delta H_{a2} = 0.97 \ (\text{m})$$

第三层

$$\Delta H_{c3} = 0.26 \times 4.86 \times \log \ (107.0/48) = 0.26 \times 4.86 \times 0.348 = 0.44 \ (\text{m})$$

$$\Delta H_{a3} = 0.07 \times 4.86 \times \log \ (2.5/1) = 0.07 \times 4.86 \times 0.398 = 0.14 \ (\text{m})$$

$$\Delta H_3 = \Delta H_{c3} + \Delta H_{a3} = 0.58 \ (\text{m})$$

第四层

$$\Delta H_{c4} = 0.26 \times 3.04 \times \log \ (63.6/48) = 0.26 \times 3.04 \times 0.122 = 0.10 \ (\text{m})$$

$$\Delta H_{a4} = 0.07 \times 3.04 \times \log \ (1.5/1) = 0.07 \times 3.04 \times 0.176 = 0.04 \ (\text{m})$$

$$\Delta H_4 = \Delta H_{c4} + \Delta H_{a4} = 0.14 \ (\text{m})$$

第五层

$$\Delta H_{c5} = 0 \ (因为 \ \sigma_5 = 23.43 \text{kPa} < \sigma_0 = 48 \text{kPa})$$

$$\Delta H_{a5} = 0 \ (因为 \ t_2 = 0.5 \ 月 < t_1 = 1 \ 月)$$

$$\Delta H_5 = \Delta H_{c5} + \Delta H_{a5} = 0$$

D. 计算 5 月底填埋场的总沉降量

$$\Delta H_{总} = \Delta H_1 + \Delta H_2 + \Delta H_3 + \Delta H_4 + \Delta H_5 = 2.48 \ (\text{m})$$

$$\Delta H_{总} / \ (H_0)_{总} = 2.48/21.28 = 11.7\%$$

## 10.6 估算填埋场沉降的其他方法

城市卫生填埋场中固体废弃物的沉降是一个很复杂的过程,这个过程受次压缩的控制。10.5 节中介绍的方法是估计填埋场沉降最简单的方法,也是当前填埋场设计中应用最广泛的一种方法。但是,这种方法实际上与估计软土沉降的常规方法是相同的,影响固体废弃物沉降的特性,诸如随时间沿长而产生的物理-化学变化和生化分解等,没有得到充分考虑。本节将介绍估计填埋场沉降的另外两种方法。

软土压缩的常规计算方法需要把主固结和次固结分离开来,用不同的公式分别计算。在很长的一段时间内,固体废弃物的次固结大于主固结,并且难于找出主,次固结之间的区别。Edil et al.(1990)提出了两种简化模型,这两个模型把压缩的所有阶段组合起来估计填埋场沉降。

*A.* 流变模型

可用 Gibson 和 Lo(1961)提出的流变模型来预测固体废弃物的沉降,如图 10.12(*a*)所示。该模型可代表填埋废弃物一维压缩情况的平均压缩特性(图 10.12(*b*))。覆盖应力增量可以是废弃物自重或者是作用在废弃物表面的荷载。

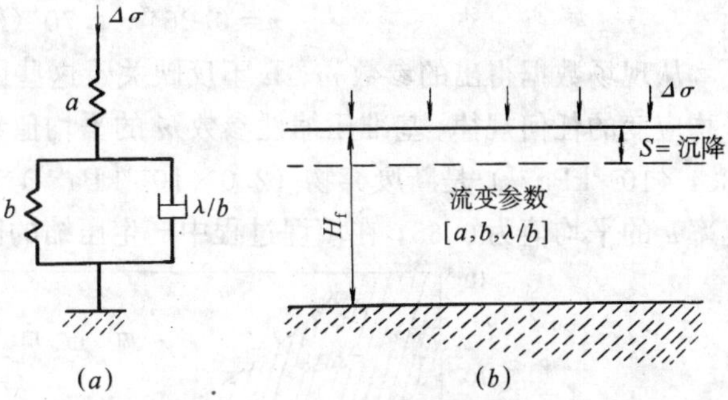

应力增量 $\Delta\sigma$ 一旦作用于流变

图 10.12 流变模型

模型,弹性常数为 $a$ 的虎克弹簧立即压缩,这种情形类似于主固结。开尔文单元体由一个弹簧(弹性常数为 $b$)和一个粘壶(粘滞系数为 $\lambda/b$)并联组成,它的压缩由于牛顿(线性)粘壶的存在而延迟,这种情形类似于恒定有效应力下次固结的连续过程。恒定荷载逐渐从牛顿粘壶传递给虎克弹簧,经过一段较长的时间(如在次压缩时间范围内),全部的有效应力将由两根弹簧承受,粘壶将不受荷载。沉降时间关系式表示如下:

$$S(t) = H \cdot \varepsilon(t) = H \cdot \Delta\sigma[a + b(1 - e^{-(\lambda/b)t})] \tag{10.17}$$

式中  $S$——沉降,m;

$H$——废弃物初始高度,m;

$\varepsilon$——应变(沉降除以层厚,如,$S/H$);

$\Delta\sigma$——压应力,kPa;

$a$——主固结计算参数;

$b$——次固结计算参数;

$\lambda/b$——次固结速率;

$t$——加荷开始的时间。

*B.* 动力蠕变法则

动力蠕变法则是常应力下变形时间关系最简单的表达式之一,被广泛应用于表述许多工程材料的瞬间蠕变特性。根据该法则,沉降时间关系式为:

$$S(t) = H \cdot \varepsilon(t) = H \cdot \Delta\sigma \cdot m(t/t_r)^n \tag{10.18}$$

式中　$m$——基准压缩性参数；

　　　$n$——压缩速率；

　　　$t_r$——引入方程的基准时间以消去量纲（$t_r$ 在计算时取 1d）。

Edil et al(1990)分析了来自四个不同城市固体废弃物填埋场的沉降数据来确定用于流变模型和动力蠕变模型的参数值。

用于流变模型的三个经验参数 $a$，$b$ 和 $\lambda/b$ 是从四个填埋场中得到的，分别如图10.13，10.14 和 10.15 所示。$a$、$b$ 和 $\lambda/b$ 的现场实测值范围如下：

$$a=5.11\times10^{-7}\sim3.80\times10^{-4}\mathrm{kPa^{-1}}$$
$$b=1.00\times10^{-4}\sim5.87\times10^{-3}\mathrm{kPa^{-1}}$$
$$\lambda/b=9.20\times10^{-5}\sim4.30\times10^{-3}\mathrm{d^{-1}}$$

用于动力蠕变模型的参数 $m$、$n$ 的范围，根据四个填埋场的实测列于下面：

$$m=7.52\times10^{-8}\sim3.38\times10^{-4}\mathrm{kPa^{-1}}$$
$$n=0.264\sim1.70\ (t_r=1\mathrm{d})$$

从现场数据得出的参数 $m$、$n$ 不反映关于这些因素变化范围内每个场地的作用应力和平均应变的任何规律。基准压缩性参数 $m$ 的平均值约为 $2.5\times10^{-5}\mathrm{kPa^{-1}}$，老废弃物的 $m$ 值（$3.4\times10^{-5}\mathrm{kPa^{-1}}$）是新废弃物（$2.0\times10^{-5}\mathrm{kPa^{-1}}$）的 1.7 倍，但是与填埋条件无关。压缩速率 $n$ 的平均值为 0.65，在填埋过程中产生压缩的旧废弃物的平均 $n$ 值最低为 0.37，通常

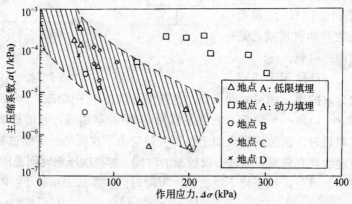

图 10.13　主固结与作用应力关系示意图（Edil et al.，1990）

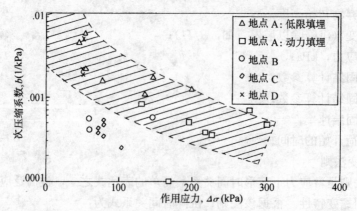

图 10.14　次固结与作用应力关系示意图（Edil et al.，1990）

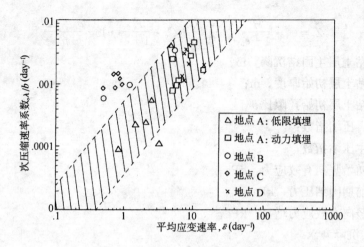

图 10.15　次固结速率与平均应变速率关系示意图（Edil et al.，1990）

新废弃物 $n$ 均值接近旧废弃物的 1.5 倍。$n$ 的变化范围也比 $m$ 小。

# 10.7　填埋场地基沉降估算

开然地基上衬垫系统沉降分析的目的如下：

(1)衬垫系统和淋滤液收集输送系统中产生的拉伸应变必须限于一个最小的允许值,使这两个系统的各部分协调。通常,压实粘土衬垫允许拉伸应变值为 0.5%。

(2)填埋场底部和淋滤液收集管沉降后的坡度必须足够维持淋滤液输送,防止坡度的颠倒,从而符合规范要求。

## 10.7.1　填埋场地基的总沉降

填埋场地基的总沉降可分为三部分,它们是弹性沉降,主固结沉降和次固结沉降。砂土地基的沉降仅包括弹性沉降,粘性土地基的沉降包括所有三种类型的沉降。粘性土地基的总沉降等于弹性沉降,主固结沉降和次固结沉降之和。粘性土的渗透性很低,因此完成整个固结沉降需要相当长的时间。通常,粘性土的沉降比砂土大得多。

*A*. 弹性沉降

$$Z_e = (\Delta\sigma/D)H_0 \tag{10.19}$$

式中　$Z_e$——地基土层弹性沉降,m;

　　　$H_0$——土层初始厚度,m;

　　　$\Delta\sigma$——垂直有效应力增量,kPa;

　　　$D$——土的单向侧限模量,kPa。

*B*. 单向侧限模量

$$D = E(1-\mu)/[(1+\mu)(1-2\mu)] \tag{10.20}$$

式中　$D$——土的侧限模量,kPa;

　　　$E$——土的弹模,kPa;

　　　$\mu$——土的泊松比。

*C*. 主固结沉降

$$Z_c = C_r \cdot \frac{H_0}{1+e_0} \cdot \log \frac{p_c}{\sigma_0} + C_c \cdot \frac{H_0}{1+e_0} \cdot \log \frac{\sigma_0 + \Delta\sigma}{p_c} \tag{10.21}$$

式中　$Z_c$——粘土层主固结沉降，m；

　　　$H_0$——粘土层初始厚度，m；

　　　$e_0$——粘土层初始孔隙比；

　　　$C_r$——再压缩指数；

　　　$C_c$——主压缩指数；

　　　$\sigma_0$——初始竖向有效应力，kPa；

　　　$p_c$——前期固结压力，kPa；

　　　$\Delta\sigma$——竖向有效应力增量，kPa。

　　　D. 次固结沉降

$$Z_a = C_\alpha \cdot \frac{H_0}{1+e_0} \cdot \log \frac{t_2}{t_1} \tag{10.22}$$

式中　$Z_\alpha$——长期次固结沉降，m；

　　　$e_0$——次固结沉降前，粘土层初始孔隙比；

　　　$C_\alpha$——次固结压缩指数；

　　　$H_0$——次固结沉降前，粘土层初始厚度，m；

　　　$t_1$——考虑土层长期沉降的开始时间；

　　　$t_2$——考虑土层长期沉降的结束时间。

　　粘土地基总沉降包括三部分：弹性沉降，主固结沉降和次固结沉降。粘性土层这三种类型的沉降可以分别用式(10.19)，(10.21)和(10.22)计算。$i$ 点的总沉降可由以下方程确定

$$Z_i = (Z_e)_i + (Z_c)_i + (Z_\alpha)_i \tag{10.23}$$

式中　$Z_i$——点 $i$ 的总沉降；

　　$(Z_e)_i$——总 $i$ 的弹性沉降；

　　$(Z_c)_i$——点 $i$ 的主固结沉降；

　　$(Z_\alpha)_i$——点 $i$ 的次固结沉降。

　　沉降计算应该沿几条选定的沉降线选择不同计算点进行，如图 10.16，某城市固体废弃物填埋场选定沉降线 4 条和沉降计算点 29 处。沉降线布置原则为：1）一些沉降线应沿淋滤液收集管（通常 1% 的坡度）布置，可以检查淋滤液收集管由于沉降而产生的坡度变化和拉伸应变；2）一些沉降线应垂直于淋滤液收集管布置，例如在淋滤液排放层中沿着淋滤液流动的方向（通常 2% 的坡度），可以检查淋滤液排放层的坡度改变。沉降线通常布置在沿线上覆压力变化剧烈的位置，覆盖压力的大幅度变化可以引起地基产生严重的不均匀沉降。

　　对如图 10.16 所示的每一个沉降计算点，可以通过工程计划书和地质横断面估计每点不同地基土层的厚度和将被填埋的废弃物厚度（即上覆压力）。地基土的工程性质和废弃物引起的荷载决定了每个沉降点的总沉降值。

### 10.7.2　填埋场地基的不均匀沉降

　　通过布置于填埋场地基的每一条沉降线上不同沉降点的总沉降计算值可以确定不均匀沉降，衬垫材料和淋滤液收集管的拉伸应变及沉降后相邻沉降点之间的最终坡度。

　　相邻沉降点之间的不均匀沉降可以用如下方程计算。

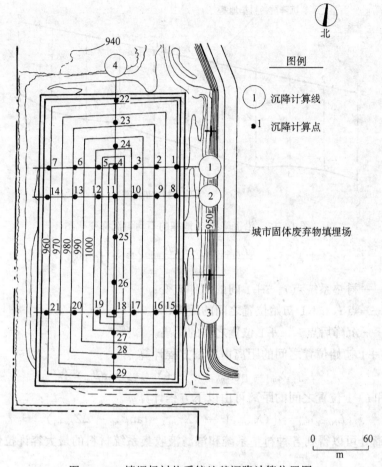

图 10.16 填埋场衬垫系统地基沉降计算位置图

$$\Delta Z_{i,i+1}=Z_{i+1}-Z_i \tag{10.24}$$

式中 　$\Delta Z_{i,i+1}$——点 $i$ 和 $i+1$ 之间的不均匀沉降；

　　　$Z_i$——点 $i$ 的总沉降；

　　　$Z_{i+1}$——点 $i+1$ 的总沉降。

沉降后相邻沉降点间最终倾角值可由以下方程计算：

$$\tan\beta_{Fnl}=\frac{X_{i,i+1}\cdot\tan\beta_{int}-\Delta Z_{i,i+1}}{X_{i,i+1}} \tag{10.25}$$

式中 　$X_{i,i+1}$——点 $i$ 和 $i+1$ 间的水平距离；

　　　$\Delta Z_{i,i+1}$——点 $i$ 和 $i+1$ 间的不均匀沉降；

　　　$\beta_{int}$——点 $i$ 和 $i+1$ 间的初始倾角；

　　　$\beta_{Fnl}$——沉降后点 $i$，$i+1$ 间的最终倾角。

产生不均匀沉降后填埋场地基沿每一条沉降线的变化可以通过以上方程计算。图 10.17 反映了由于不均匀沉降某一沉降线的坡度变化。不均匀沉降将引起点 3 和 4 之间坡度的逆转，如图 10.17 所示，这表明淋滤液将在这一区域积聚。

沉降引起衬垫系统和淋滤液收集系统的拉伸应变可由以下方程估算：

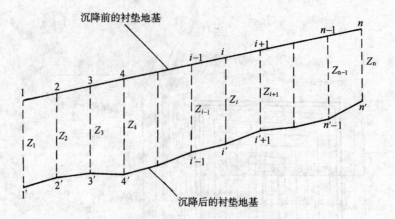

图 10.17 沿沉降线 $A$ 地基的不均匀沉降变化图

$$\varepsilon_{i,i+1} = \frac{(L_{i,i+1})_{Fnl} - (L_{i,i+1})_{int}}{(L_{i,i+1})_{int}} \times 100\% \qquad (10.26)$$

式中 　$\varepsilon_{i,i+1}$——衬垫系统点 $i$、$i+1$ 间的拉伸应变；

　　$(L_{i,i+1})_{int}$——点 $i$，$i+1$ 初始位置之间的距离；

　　$(L_{i,i+1})_{Fnl}$——沉降后点 $i$，$i+1$ 位置之间的距离。

　　点 $i$ 和 $i+1$ 初始位置之间的距离由以下方程计算

$$(L_{i,i+1})_{int} = [(X_{i,i+1})^2 + (X_{i,i+1} \cdot \tan\beta_{int})^2]^{1/2} \qquad (10.27)$$

沉降后点 $i$ 和 $i+1$ 位置之间的距离可由以下方程计算

$$(L_{i,i+1})_{Fnl} = [(X_{i,i+1})^2 + (X_{i,i+1} \cdot \tan\beta_{int} - \Delta Z_{i,i+1})^2]^{1/2} \qquad (10.28)$$

　　从制造商处可以得到各种衬垫系统和淋滤液收集系统材料的最大容许拉伸应变(例如，屈服伸长量)。

# 参 考 文 献

1. Bjarngard, A. B. and Edgers, L. , (1990) "Settlement of Municipal Solid Waste Landfills," Proceedings of the 13th Annual Madison Waste Conference, University of Wisconsin, Madison, Wisconsin, September, pp. 192-205.

2. Chen, W. W. H. , Zimmerman, R. E. , and Franklin, A. G. , (1977) "Time Settlement of Milled Urban Refuse," Proceedings of the Conference on Geotechnical Practice for Disposal of Solid Waste Materials' 77, Ann Arbor, MI, June, pp. 136-152.

3. Dodt, M. E. , Swatman, M. B. , and Bergstrom, W. R. , (1987) "Field Measurements of Landfill Surface Settlements," Geotechnical Practice for Waste Disposal, ASCE, Ann Arbor, Michigan, pp. 406-417.

4. Druschel, S. J. and Wardwell, R. E. , (1991) "Impact of Long Term Landfill Deformation," Proceedings of Geotechnical Engineering Congress, Boulder, CO.

5. Edgers, L. , Noble , J. J. , and Williams E. , (1992) "A Biologic Model for Long Term Settlement in Landfills," Environmental Geotechnology, Proceedings of the Mediterranean Conference on Environmental Geotechnology, A. A. Balkema Publishers, pp. 177-184.

6. Edil, T. B. , Ranguette, V. J. , and Wuellner, W. W. , (1990) "Settlement of Municipal Refuse," Geotechnics of Waste Fills-Theory and Practice , ASTM STP 1070, Arvid Landva and G. David

Knowles, Eds., Philadelphia, pp. 225-239.

7. Fassett, J. B., Leonards, G. A., and Repetto, P. C., (1994) "Geotechnical Properties of Municipal Solid Wastes and Their Use in Landfill Design," Waste Tech'94, Landfill Technology, Technical Proceedings, Charleston, SC, January 13 to 14.

8. Galante, V. N., Eith, A. W., Leonard, M. S. M., and Finn, P. S., (1991) "An Assessment of Deep Dynamic Compaction as A Means to Increase Refuse Density for A Operating Municipal Waste Landfill,"Proceedings of Conference on the Planning and Engineering of Landfills,Midland Geotechnical Society, University of Birmingham, July.

9. Gibson, R. E, and Lo, K. Y., (1961) "A Theory of Soils Exhibiting Secondary Compression," Acta Polytechnics Scandinavica, C; 10 296, pp. 1-15.

10. Ham, R. K., Reinhardt, J. J., and Sevick, G. W., (1978) "Density of Milled and Unprocessed Refuse," Journal of Environmental Engineering, ASCE, Vol. 104, No. 1.

11. Holtz, R. D. and Kovacs, W. D., (1981) "An Introduction to Geotechnical Engineering," Prentice-Hall.

12. Keene,P.,(1977)"Sanitary Landfill Treatment,Interstate Highway 84,"Proceedings of the Conference on Geotechnical Practice for Disposal of Solid Waste Materials'77, Ann Arbor, MI, June, pp. 632-644.

13. Landva, A. O., Clark, J. I., Weisner, W. R., and Burwash, W. J., (1984) "Geotechnical Engineering and Refuse Landfills," Sixth National Conference on Waste Management in Canada, Vancouver, BC.

14. Landva, A. O. and Clark, J. I., (1990) "Geotechnical of Waste Fill," Geotechnics of Waste Fills-Theory and Practice, ASTMSTP 1070, Arvid Landva and G. David Knowles, Eds. Philadelphia, pp. 86-103.

15. Lukas, R. G., (1992) "Dynamic Compaction of Sanitary Land Fills,"Geotechnical News, September.

16. Merz. R. C. And Stone, R., (1962) "Landfill Settlement Rates," Public Works, Volume 93 No. 9, pp. 103-106 and pp. 210-212.

17. Morris, D. V. and Woods, C. E., (1990) "Settlement and Engineering Consideration in Landfill and Final Cover Desigh,"Geotechnics of Waste Fills-Theory and Practice, ASTM STP 1070, Arvid Landva and G. David Knowles, Eds., Philadelphia, pp. 9-21.

18. Murphy, W. L. and Gilbert, P. A., (1985) "Settlement and Cover Subsidence of Hazardous Waste Landfills," Final Report to Municipal Environmental Research Laboratory, Office of Research and Development, U. S. Environmental Protection Agency, Cincinnati, OH Report No. EPA600/2-85-035.

19. Noble J. J., Nair, G. M., and Heestand, J. F., (1989) "Some Numerical Predictions for Moisture Transport in Capped Landfills at Long Times," Proceedings of the 12th Annual Madison Waste Conference, University of Wiconsin, Madison, Wisconsin, Septemmber, pp. 353-366.

20. Oakley, R. E., (1990) "Case History: Use of the Cone Penetrometer to Calculate the Settlement of A Chemically Stabilized Landfill," Geotechnics of Waste Fills-Theory and Practice, ASTM STP 1070, Arvid Landva and G. David Knowles, Eds., Philadelphia, pp. 345-357.

21. Sheurs, R. E. and Khera, R. P., (1980) "Stabilization of A Sanitary Landfill to Support A Highway," Transportation Research Record 754, TRB.

22. Siegel, R. A., Robertson, R. J., and Anderson, D. G., (1990) "Slope Stability at A Landdfill in Southern California," Geotechnics of Waste Fills-Theory and Practice, ASTM STP 1070, Arvid Landva and G. David Knowles, Eds., Philadelphia, pp. 259-284.

23. Sowers, G. F., (1968) "Foundation Problem in Sanitary Land Fills,"Journal of Sanitary Engineering, ASCE, Vol. 94, No. 1, pp. 103-116.

24. Sowers, G. F., (1973) "Settlement of Waste Disposal Fills," Proceedings of the 8th International Conference on Soil Mechanics and Foundation Engineering, Moscow, Vol. 1, pp. 207-210.

25. Steinberg. S. B. and Lucas, R. G., (1984) "Densifying A landfill for Commercial Development," Proceedings of International Conference on Case Histories in Geotechnical Engineering, University of Missouri-Rolla, Vol. 3.

26. Wallis, S., (1991) "Factors Affecting Settlement at Landfill Sites," Proceedings of Conference on the Planning and Engineering of Landfills, Midland Geotechnical Society, University of Birmingham, July.

27. Yen, B. C. and Scanlon, B., (1975) "Sanitary Landfill Settlement Rates," Journal of Geotechnical Engineering, ASCE, Vol. 101, No. 5, pp. 475-487.

28. 钱学德，郭志平 (1998). 城市固体废弃物 (MSW) 的工程性质. 岩土工程学报, Vol. 29, No. 5, pp. 1-6.

# 第十一章 填埋场稳定分析

现代废弃物填埋场具有多种用途，包括以最小的空间填埋最多的废弃物；将废弃物与周围环境隔离；在封闭后留下安全而可利用的场地等。近年来，对填埋场设计、施工、填埋、封闭后的监测及对新填埋场的维护等项目的注意力，主要均集中到保护周边地下水和大气不产生严重污染上来，对于老填埋场的封闭方案主要也是考虑这一点。但是，在填埋的废弃物中以及经过填埋场地基和沿衬垫系统均发现新的稳定破坏现象。另外，对地基非常软的填埋场地，可能产生的稳定破坏将严重影响填埋和封闭计划的安排。所以，稳定问题现在仍是填埋场设计、施工、填埋和封闭过程中一个主要关键问题，本章讨论的内容包括：内在破坏机理，材料特性参数计算，稳定分析方法及安全系数选择等。

## 11.1 填埋场边坡破坏的型式

图 11.1 表示固体废弃物填埋场的两种主要填埋型式，图中并没有表明衬垫系统、淋滤液及气体收集系统、监测系统等填埋场主要组成部分的详情。对这些系统的分析需要事先了解各组成部分和各部分接触面的应力—变形性质。

图 11.1（a）表示一上埋式填埋场，就是在地表堆一个大的垃圾堆，当堆到最大设计高

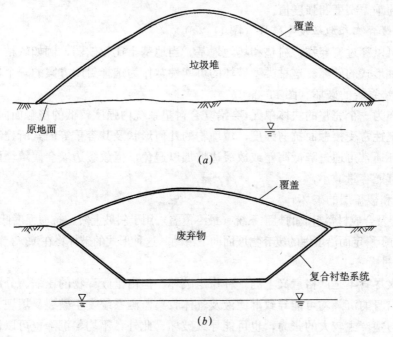

图 11.1 固体废弃物填埋场的两种型式
(a) 上埋式；(b) 下埋式

度后，再设置一覆盖层作为最终封顶部分。图 11.1 (b) 则是一下埋式填埋场，把废弃物堆入挖掘的深坑、天然谷地或洼地，这是一种常见的结构型式。对于利用挖坑来存贮废弃物，经营者都希望坑的边坡挖得尽可能地陡，以便在同一场地能存贮更多的垃圾。无论哪一种型式，通常均要求能保证维持地下水位始终在废弃物底部下面。

图 11.1 所示的填埋类型在开挖和填埋期间，以及在封闭后，可能出现各种不同的破坏模式，其破坏机理也不同。在对可能的破坏模式进行识别和评价时，很关键的一点是要充分认识现代卫生填埋场的衬垫和覆盖系统都是由土和土工合成材料组合成的典型多层结构。图 1.8 就是用于城市固体废弃物填埋场的双层复合衬垫。图中衬垫系统包含有多个接触面，这些面上的抗剪能力较低，有可能成为潜在的破坏面。几种潜在的破坏模式如图 11.2 所示，大致可分成下列类型（Mitchll 及 Mitchll，1992）：

*A.* 边坡及坡底破坏（图 11.2a）

这种破坏类型可能发生在开挖或铺设衬垫系统但尚未填埋时。图中仅表示出地基产生圆弧滑动破坏的情况，但实际上由于软弱层及裂缝所导致的楔体或块体破坏也不能忽视。这种破坏模式可用常规的岩土勘探和边坡稳定分析方法来评价。

*B.* 衬垫系统从锚沟中脱出向下滑动（图 11.2b）

这种破坏通常发生在衬垫系统铺设时。衬垫与坡面之间摩擦及衬垫各组成部分之间的摩擦能阻止衬垫在坡面上的滑移，同时由于最底一层衬垫与挖坑壁的摩擦及锚沟的锚固作用也可阻止衬垫的滑动。锚沟的设计分析方法见 4.6 节。

*C.* 沿固体废弃物内部破坏（图 11.2c）

当废弃物填埋到某一极限高度时，就可能产生破坏。填埋的极限高度与坡角和废弃物自身强度有关。这种情况可用常规的边坡稳定分析方法进行分析，困难在于如何合理选取固体废弃物的重力密度和强度值。

*D.* 穿过废弃物和地基发生破坏（图 11.2d）

破坏面可以穿过废弃物、衬垫和场地地基。当地基土比较软弱，例如软粘土地基，最容易发生这种形式的破坏。这种类型破坏的可能性常作为选择封闭方案的一个控制因素。

*E.* 沿衬垫系统的破坏（图 11.2e）

废弃物作为一个完整的块体单元，会沿复合衬垫系统内强度较低的接触面向下滑动。这种滑动的稳定性常受接触面抗剪强度，填埋物的几何形状及其容重等因素所控制。这种型式的稳定破坏通常可通过降低高差或放缓边坡加以避免，但放缓边坡会使填埋面积内可利用的废弃物存贮容量减小。

*F.* 封顶和覆盖层的破坏

由土或土及合成材料组成的封顶系统（最终覆盖）用于斜坡上时，抗剪强度低的接触面常导致覆盖层的不稳定而沿填埋的废弃物坡面向下滑动。这种形式的破坏将在 13.3 节加以讨论。

*G.* 沉降过大

沉降过大尽管不是严格意义上的一种稳定破坏，但由于废弃物的压缩、分解产生过大沉降及地基自身的沉降均可能导致淋滤液及气体收集监测系统发生破裂，填埋场的沉降会使斜坡上的衬垫产生较大的张力，也可能导致破坏。此外，不均匀沉降也可以使有裂缝的覆盖层和衬垫产生畸变，如果水通过裂缝进入填埋场也会对其稳定性产生不利影响。填埋场的沉降已在第十章进行过详细讨论。

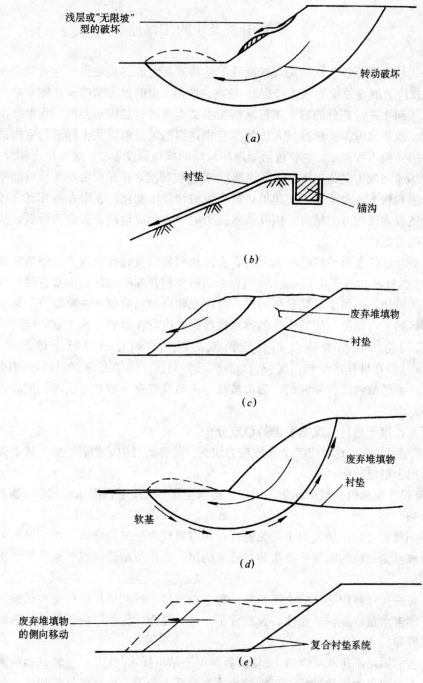

图 11.2　填埋场潜在破坏模式简图

(a) 边坡及坡底破坏；(b) 衬垫从锚沟中脱出；(c) 废弃物内部破坏；

(d) 破坏面穿过废弃物、衬垫及地基；(e) 沿衬垫系统滑动破坏

所有这些破坏模式都可能由静荷载或动（地震）荷载引发，其中衬垫系统的破坏最受关注。因为一旦衬垫破坏，填埋场的淋滤液就可能进入周围土体及地下水中，造成新的环境污染。

## 11.2 机理分析及土的工程性质

填埋场边坡稳定分析应从短期及长期稳定性两方面考虑，边坡稳定性通常与土的抗剪强度参数（总应力或有效应力强度指标）、坡高、坡角、土的重力密度及孔隙水应力等因素有关。对土层剖面进行充分的岩土工程勘察和水文地质研究是很必要的。在勘察中，对土的表观描述、地下水埋深、标准贯入击数等应作详细记录并取原状土样进行室内试验，以确定原位土的各项工程性质，主要包括短期和长期的抗剪强度参数、重力密度和含水量等。

短期破坏通常发生在施工末期（开挖期），若边坡较陡，在开挖后不久即可能发生稳定破坏。对于饱和粘土，由于开挖使边坡内部应力很快发生变化，在潜在破坏区（即诱发剪应力较高或抗剪强度较低的地带）内孔隙水应力的增大相应地使有效应力降低，从而增加了发生破坏的可能性。

当潜在破坏区的变形达到临界极限时，会出现明显的负超孔隙应力，使潜在破坏区的强度暂时增加（Humphrey 及 Leonards，1986），但负超孔隙应力的消散常直接导致设计不当的边坡突然破坏，这属于长期破坏问题。负超孔隙应力消散速率主要取决于粘土的固结系数和破坏区的平均深度，而且土体的排水抗剪强度也可在负超孔压消散的同时达到。用太沙基固结理论可以估算出负超孔压消散的时间，如有一边坡土体的固结系数 $C_v = 0.01 \text{m}^2/\text{d}$，潜在破坏区平均深度 $H = 5.0 \text{m}$，已知对应于固结度为 90% 的时间因数 $T_v = 0.85$，则孔压的消散约需 6 年时间，而边坡稳定的临界安全系数常与负超孔隙应力消散结束的时间相对应。

综上所述，以下两种情况需要进行稳定分析：

*A.* 施工刚刚结束，此时应考虑孔隙应力快速、短暂且轻微的增长，对不排水强度指标进行修正后用于稳定分析；

*B.* 在负超孔压消散一段时间后，用排水剪强度指标，应考虑围压的减小（膨胀）对强度参数的影响。

对填埋场覆盖，长期稳定似乎更关键，可用有效应力法进行分析。所用参数可由固结排水剪试验或可测孔压的固结不排水剪试验来确定，孔压可由流网或渗流分析得出。安全系数可取 1.5。

为了取得进行计算所必须的土质参数，需选取有代表性的试样进行室内试验，试验项目应包括天然含水量，原位干密度，颗粒分析，液、塑限，无侧限抗压强度，三轴试验和一维固结试验等。

可测孔压的固结不排水（CU）三轴试验和不固结不排水（UU）三轴试验应选用由谢尔贝薄壁取土器取得的原状试样。三轴试验通常分两个阶段，先对试样施加各向相等的侧限应力（围压）然后在试样顶部施加轴向（主）应力直至试样剪坏。

在固结不排水（CU）三轴试验的第一阶段，试样允许充分排水固结，使所有的超孔隙应力全部消散；第二阶段则在 0.05mm/min 的剪切速率下使土样逐渐剪坡（不允许排水），这一过程将产生正的或负的孔隙水应力。在第二阶段可以测出试样内孔隙水应力的变化，以便能算出进行有效应力分析时所需的抗剪强度参数。有效应力分析把土看作本质上是一种纯摩擦材料，常用于计算凝聚性土的长期抗剪强度。

三向固结不排水（CU）三轴试验（真三轴试验）仍选用谢尔贝薄壁取土器所取试样，三个固结应力应选用与原位土体相近似的不同侧限应力。

不固结不排水（UU）三轴试验可用来验算土的短期强度，施加围压时试验不允许排水固结。本试验的结果反映了凝聚性土的非摩擦性质，这种性质在试样很快剪破时才显示出来，其剪切速率约为 1.4mm/min。因此试验结果更适合于短期边坡稳定分析。

为了确定边坡稳定分析中平均的土质参数，应绘出下列参数随土层深度的分布图，这些参数包括天然含水量，原位干密度，标准贯入击数 $N$，无侧限抗压强度等。结合三轴试验的结果就可得到每一临界断面（计算剖面）不同土层的设计参数。为进行边坡稳定分析，每一临界断面的典型衬垫剖面，整体重度及抗剪强度值均应一一加以标明。

## 11.3　边坡土体的稳定性

在考虑衬垫下土质边坡的稳定性时，通常均假定以圆弧滑动作为其可能的破坏方式。在此假定前提下，可出现几种破坏型式，包括底部破坏，顶部破坏（在锚沟内或以外）和坡面破坏，如图 11.3 所示（Koerner，1994）。

常规的设计步骤包括已知坡高、土的工程性质和抗剪强度参数，并且对未知的角 $\beta$ 作出假定。由于整个场地均有望位于地下水位以上并处于平衡状态，因此常规方法均采用总

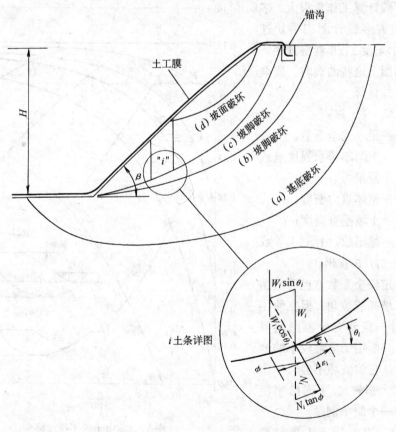

图 11.3　用土工膜覆盖的土质边坡破坏型式

应力分析。

假设一个转动中心和滑弧半径，对于图 11.3 中 $a,b$ 两类滑弧可将土体分成若干垂直土条并对滑动中心取力矩平衡，给出下列安全系数公式

$$F_s = \sum_{i=1}^{n} \frac{[(W_i \cos\theta_i)\tan\varphi + \Delta l_i \cdot c]R}{(W_i \sin\theta_i)R} \tag{11.1}$$

式中　$W_i$——$i$ 土条重量；

$\theta_i$——$i$ 土条底部中点切线与水平线交角；

$\Delta l_i$——$i$ 土条底部弧长；

$\varphi$——土的内摩擦角；

$c$——土的凝聚力；

$R$——破坏滑弧的半径；

$n$——所利用的土条数。

上式中分子分母均有 $R$，可以消去。若考虑其它因素如地震力、活荷载等则上式应作相应变化。在对假定滑弧任意选择的转动中心和半径算出其安全系数后，就可进行搜索以找出安全系数最小的那个滑弧。在此标准下算得的最小安全系数若 $F_s < 1.0$，表示边坡不稳定，$F_s = 1.0$ 表示刚开始破坏，$F_s > 1.0$ 则边坡是稳定的，$F_s$ 值愈大愈安全。通常取 $F_s = 1.5$ 作为目标值。若 $F_s$ 太小，则需将坡角减小直至 $F_s$ 满足要求为止。

上述步骤计算工作量很大，多年来已给出许多设计图表供快速求解，图 11.4 及 11.5 就是其中一种，在应用图上这些曲线时，安全系数可按下式计算

$$F_s = c/N_s \cdot \gamma \cdot H \tag{11.2}$$

式中　$F_s$——最小安全系数；

$c$——土的不排水强度（或凝聚力）；

$\gamma$——整体重力密度；

$H$——土坡垂直高度；

$N_s$——稳定数，由图 11.4 或 11.5 查出。

如果给定安全系数，也可由图中曲线反算坡高或坡角。但在使用这些曲线时一定要充分考虑其可靠程度，且只能用于危险较小的地点（如浅塘，它的破坏不会对生命财产带来巨大损失）。下面给出使用曲线图的一个简单例题。

**例 11.1**　有一用土工膜衬底的蓄水池，深 3m，其下地基土层的

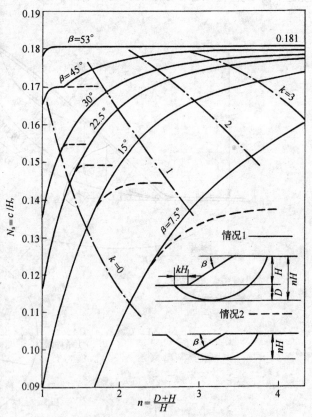

图 11.4　由土的不排水强度作出的稳定曲线（Taylor，1948）

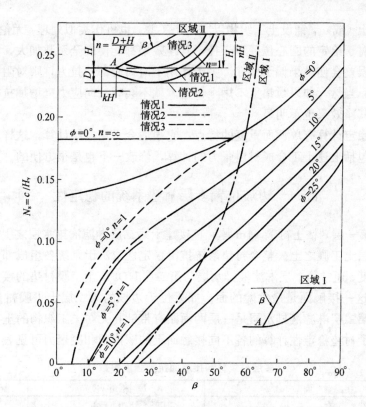

图 11.5　由土的凝聚力和摩擦角作出的稳定曲线（Taylor，1948）

不排水抗剪强度为 12.35kPa，整体重度为 16.50kN/m³，池底下 3m 深处为砂砾硬土层，估计在此深度处可能发生底部破坏，若取稳定安全系数为 1.5，问需取多大的坡角？

**解**　由求 $F_s$ 的公式 11.2 及图 11.4 得

$$F_s = c/N_s \cdot \gamma \cdot H$$

故　　　　　　　　　　　　$1.5 = 12.5/N_s \times 16.5 \times 3$

求出　　　　　　　　　　　　　　$N_s = 0.166$

$$n = (D + H)/H = (3 + 3)/3 = 2.0$$

由 $N_s$ 及 $n$ 查图 11.4 得所需坡角为 22.5°，其坡比约为 1：2.5。

对于图 11.3 中的滑弧 $c$ 及 $d$，安全系数公式要稍作改变。如果土工膜衬垫用土覆盖紧贴坡面并固定在锚沟内（通常均应如此），此时衬垫处于拉伸状态，分析时应考虑其张力的作用，安全系数公式应改成

$$F_s = \frac{\sum_{i=1}^{n} [(W_i \cos\theta_i)\tan\varphi + \Delta l_i \cdot c]R + T \cdot a}{\sum_{i=1}^{n} (W_i \sin\theta_i)R} \tag{11.3}$$

式中　$T = \sigma_a \cdot t$；

　　　$\sigma_a$——衬垫允许应力；

　　　$t$——衬垫厚度；

　　　$a$——力臂，最大等于 $R$。

其余符号意义同前。

若在衬垫上（或）下铺设土工织物以联结土工膜，也可作类似处理。无论何种情况，衬垫产生的张力对于给定的圆心位置和半径，其净效果都能使安全系数加大，如果忽略这一点，所产生的误差会使结果偏于保守。关于作用于滑弧底部的拉力，则对阻止潜在的破坏并无多大好处。当然，如果衬垫上不用土覆盖，就不会有法向应力来增加抗滑阻力，但即使有了覆盖，其净效果也不明显。

由于边坡稳定计算有单调而重复的特点，它很适合于用电脑计算，这样的电算程序已很多，如果要包括上述土工合成材料张力的计算，修改一下也是很方便的。

## 11.4　边坡位置多层衬垫系统的稳定性

主要的（第一层）粘土衬垫（1m 厚）直接建于第二层淋滤液排水层之上，而该层又依次铺设于第二层土工膜之上。整个衬垫系统抗滑稳定性取决于系统各组成部分接触面上可利用的抗剪强度，通常第二层淋滤液排水层与第二层 HDPE 土工膜衬垫的接触面上抗剪强度最小，因此这一接触面是最危险的面。如果位于边坡的第二层土工膜衬垫是一层粗面HDPE 膜，而第二层淋滤液排水层是一层两面贴有带针孔无纺土工织物的土工网或土工复合材料，则用于衬垫稳定性计算的各不同接触面上的摩擦角和凝聚力可见表11.1。

多层衬垫材料接触面抗剪强度参数　　　　　　表 11.1

| 接　触　面 | 摩　擦　角（度） | 凝聚力（kPa） |
| --- | --- | --- |
| 光面 HDPE/排水砂 | 18.0（峰） | 0 |
| 光面 HDPE/土工网 | 12.0（峰） | 0 |
| 光面 HDPE/无纺土工织物 | 8.0（峰） | / |
| 光面 HDPE/压实粘土 | 15.0（峰） | / |
| 光面 HDPE/Gundseal 的干膨润土边 | 12.9（峰） | 2.2（峰） |
| 无纺土工织物/土工网 | 14.0（峰） | / |
| 粗面 VLDPE/Gundseal 的干膨润土边 | 21.4（峰） | 2.2（峰） |
| 粗面 VLDPE/水化 Claymax SP500<br>（4 oz/ya² 土工织物朝上） | 7.2（峰）<br>6.9（残余） | 4.7（峰）<br>2.9（残余） |
| 粗面 VLDPE/水化 Bantomat HS<br>（3.6 oz/ya² 有纺土工织物朝上） | 9.1（峰）<br>7.6（残余） | 3.5（峰）<br>2.2（残余） |
| HDPE/土工网—土工织物组合物（4 oz） | 30.0（峰）<br>17.0（残余） | 0（峰）<br>10.8（残余） |
| 粗面 HDPE/土工网—土工织物组合物（5.7 oz） | 26.6（峰）<br>14.1（残余） | 7.3（峰）<br>11.4（残余） |
| 冰渍土/土工网—土工织物组合物（8 oz） | 34.0（残余） | 32.3（残余） |
| 粗面 HDPE/压实粘土 | 32.0（峰）<br>23.6（残余） | 18.5（峰）<br>11.4（残余） |
| 粗面 HDPE/排水砂 | 35.0（残余） | / |
| 粗面 HDPE/干 Gundseal（膨润土边） | 32.0（残余） | 4.5（残余） |
| 粗面 HDPE/干 Gundseal（HDPE 边） | 18.0（峰）<br>16.0（残余） | 0（峰）<br>0（残余） |
| 粗面 HDPE/干 Glaymas（有纺边） | 26.0（峰） | / |
| 粗面 HDPE/干 Glaymas（无纺边） | 32.0（残余） | 1.9（残余） |

注：1 oz（盎司）＝$\frac{1}{16}$磅＝28.35g　1yd（码）＝91.4cm　1 oz/yd²＝34g/m²

　　HDPE——高密聚乙烯；VLDPE——超低密聚乙烯；Gundseal，Clagmax，Bentomat 均为土工聚合材料，见第四章。

复合衬垫沿坡面滑动的稳定性因具有如图 8.1 至 8.6 所示的多层衬垫和淋滤液排出层而变得非常复杂。如图 8.5 这样的系统，废弃物重力荷载增加的剪应力通过第一层淋滤液排水层传至第一层衬垫系统。这些应力的一部分又通过摩擦转移至其下由土工织物和土工网组成的第二层淋滤液排水层，这些接触面之间摩擦力的差值必须由第一层土工膜衬垫以张应力的形式来承担，并与土工膜的屈服应力对比以确定其安全度。传至土工织物和土工网上的那部分力现在又通过它们传至下面的第二层衬垫系统，其应力差由土工织物和土工网承担并连续作用于第二层土工膜，不平衡部分最后再转移到土工膜下面的粘土衬垫中。图 11.6 表示作用于多层衬垫系统各接触面上的剪应力，图中 $F$ 和 $F'$ 是作用力和反作用力的关系。

### 11.4.1 施工期边坡衬垫系统的稳定性

双楔体分析可以用来计算在边坡的第一层或第二层粘土衬垫抵抗可能破坏的安全系数。如图 11.7 所示。粘土衬垫可以分成两段不连续的部分，主动楔位于坡面可导致土体破

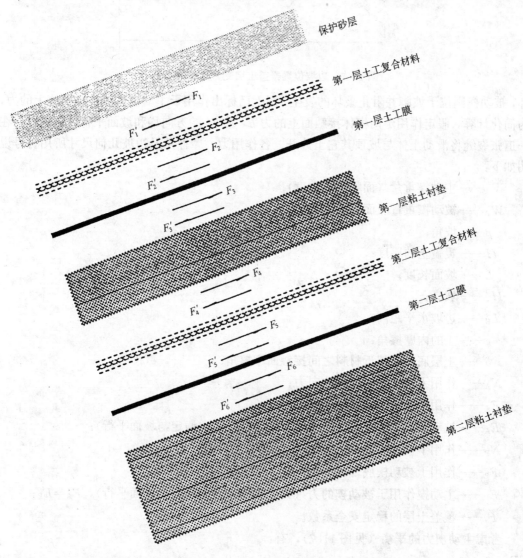

图 11.6  边坡双层复合衬垫系统接触面上的剪力

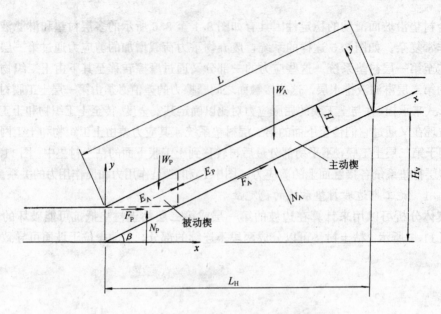

图 11.7　边坡位置覆盖土层受力分析剖面图

坏，被动楔则位于坡脚并阻止破坏的发生。图上已标出作用于主动楔体和被动楔体上的力，为简化计算，假定作用于两楔体接触面上的力 $E_A$ 及 $E_P$ 的方向均和坡面平行，坡顶则存在一道张裂缝将滑动土体与坡顶其它土分开。各作用力、摩擦角及边坡几何尺寸所用符号说明如下：

　　$W_A$——主动楔重量（面积乘以重度）；

　　$W_P$——被动楔重量（面积乘以重度）；

　　$\beta$——坡角；

　　$H$——覆盖土的厚度；

　　$L$——坡面长度；

　　$H_V$——坡高；

　　$L_H$——边坡水平距离；

　　$\varphi$——土的内摩擦角；

　　$\delta$——土层底部与邻近材料之间接触面摩擦角；

　　$N_A$——作用于主动楔底部的法向力；

　　$F_A$——作用于主动楔底部的摩擦力；

　　$E_A$——被动楔作用于主动楔的力（大小未知，方向假定与坡面平行）；

　　$N_P$——作用于被动楔底部的法向力；

　　$F_P$——作用于被动楔底部的摩擦力；

　　$E_P$——主动楔作用于被动楔的力（大小未知，方向假定与坡面平行），$E_A=E_P$；

　　$F_s$——覆盖土层的稳定安全系数。

考虑主动楔力的平衡（见图 11.7），有：

$$\Sigma F_Y=0, \qquad\qquad\qquad N_A=W_A\cos\beta \qquad\qquad\qquad (1)$$

$$\Sigma F_X=0, \qquad\qquad\qquad F_A+E_A=W_A\sin\beta \qquad\qquad\qquad (2)$$

190

因 $$F_A = N_A \tan\delta / F_s \tag{3}$$

$(1) \to (3)$ $$F_A = W_A \cdot \cos\delta \cdot \tan\delta / F_s \tag{4}$$

$(4) \to (2)$ $$E_A = W_A \cdot \sin\beta - (W_A \cdot \cos\beta \cdot \tan\delta / F_s) \tag{5}$$

考虑被动楔力的平衡（见图 11.7），有：

$$E_P = E_A \tag{6}$$

$\Sigma F_Y = 0$, $$N_P = W_P + E_P \cdot \sin\beta \tag{7}$$

$(6) \to (7)$ $$N_P = W_P + E_A \cdot \sin\beta \tag{8}$$

$(5) \to (8)$ $$N_P = W_P + W_A \cdot \sin^2\beta - (W_A \cdot \sin\beta \cdot \cos\beta \cdot \tan\delta / F_s) \tag{9}$$

$\Sigma F_X = 0$, $$E_P = E_P \cdot \cos\beta \tag{10}$$

$(6) \to (10)$ $$F_P = E_A \cdot \cos\beta \tag{11}$$

$(5) \to (11)$ $$F_P = W_A \cdot \sin\beta \cdot \cos\beta - (W_A \cdot \cos^2\beta \cdot \tan\delta / F_s) \tag{12}$$

$$F_s = N_P \cdot \tan\varphi / F_P \tag{13}$$

$(9) \to (13)$ 及 $(12) \to (13)$ 得

$$F_s = \frac{W_P \cdot \tan\varphi + W_A \cdot \sin^2\beta \cdot \tan\varphi - (W_A \cdot \sin\beta \cdot \cos\beta \cdot \tan\varphi \cdot \tan\delta / F_s)}{W_A \cdot \sin\beta \cdot \cos\beta - (W_A \cdot \cos^2\beta \cdot \tan\delta / F_s)} \tag{14}$$

上式可改写成：

$$(W_A \cdot \sin\beta \cdot \cos\beta) \cdot F_s^2 - (W_P \cdot \tan\varphi + W_A \cdot \sin^2\beta \cdot \tan\varphi + W_A \cdot \cos^2\beta \cdot \tan\delta) \cdot F_s$$
$$+ (W_A \cdot \sin\beta \cdot \cos\beta \cdot \tan\varphi \cdot \tan\delta) = 0 \tag{15}$$

这是 $F_s$ 的一个一元二次方程，其解为：

$$F_s = \frac{-B \pm (B^2 - 4AC)^{0.5}}{2A} \tag{11.4}$$

式中 $$A = W_A \cdot \sin\beta \cdot \cos\beta$$
$$B = -(W_P \cdot \tan\varphi + W_A \cdot \sin^2\beta \cdot \tan\varphi + W_A \cdot \cos^2\beta \cdot \tan\delta)$$
$$C = W_A \cdot \sin\beta \cdot \cos\beta \cdot \tan\varphi \cdot \tan\delta$$

由 (4) $$F_A = W_A \cdot \cos\beta \cdot \tan\delta / F_s \tag{11.5}$$

由 (1) $$N_A = W_A \cdot \cos\beta \tag{11.6}$$

**例 11.2** 一边坡位置的双层复合衬垫系统（见图 11.6）其有关资料如下：填埋场边坡坡角 $\beta = 18.4°$（1：3）；坡高 $H_V = 15.25\text{m}$；边坡水平距离 $L_H = 45.75\text{m}$；保护砂层覆盖厚 $H_s = 0.60\text{m}$（垂直于边坡）；砂的重度 $\gamma_s = 18.00\text{kN/m}^3$；砂的内摩擦角 $\varphi_s = 32°$；第一层压实粘土衬垫厚 $H_c = 1.0\text{m}$（垂直边坡）；粘土的重度 $\gamma_c = 17.30\text{kN/m}^3$；粘土的摩擦角 $\varphi_c = 30°$；砂层与第一层土工复合材料之间的摩擦角 $\delta_1 = 26°$；第一层土工复合材料与第一层土工膜之间的摩擦角 $\delta_2 = 22°$；第一层土工膜与第一层粘土衬垫之间的摩擦角 $\delta_3 = 25°$；第一层粘土衬垫与第二层土工复合材料之间的摩擦角 $\delta_4 = 28°$；第二层土工复合材料与第二层土工膜之间的摩擦角 $\delta_5 = 22°$；第二层土工膜与第二层粘土衬垫之间的摩擦角 $\delta_6 = 25°$。试计算施工期边坡位置双层复合衬垫系统各接触面上的剪力和层间稳定安全系数。

**解** 计算在铺设第一层土工膜之前从第一层粘土衬垫到第二层粘土衬垫各接触面上的剪力和安全系数。

A. 第一层粘土衬垫与第二层土工复合材料之间接触面的安全系数。

坡角 $\beta = 18.4°$，$\sin\beta = 0.316$，$\cos\beta = 0.949$

粘土摩擦角 $\varphi_c = 30°$，$\tan\varphi_c = 0.577$

第一层粘土衬垫与第二层土工复合材料之间接触面摩擦角 $\delta_4 = 28°$，$\tan\delta_4 = 0.532$

$W_P = 0.5 \cdot \gamma_c \cdot (H_c/\cos\beta) \cdot (H_c/\sin\beta)$

$\quad\quad = 0.5 \times 17.30 \times 1.05 \times 3.16 = 28.70\text{kN/m}$

$W_A = \gamma_c \cdot (H_c/\cos\beta) \cdot [L_H - (H_c/\sin\beta)]$

$\quad\quad = 17.30 \times 1.05 \times (45.75 - 3.16) = 773.65\text{kN/m}$

$A = W_A \cdot \sin\beta \cdot \cos\beta$

$\quad\quad = 773.65 \times 0.316 \times 0.949 = 232.00$

$B = -(W_P \cdot \tan\varphi_c + W_A \cdot \sin^2\beta \cdot \tan\varphi_c + W_A \cdot \cos^2\beta \cdot \tan\delta_4)$

$\quad\quad = -[28.70 \times 0.577 + 773.65 \times (0.316)^2 \times 0.577 + 773.65 \times (0.949)^2 \times 0.532]$

$\quad\quad = -(16.56 + 44.58 + 370.67) = -431.81$

$C = W_A \cdot \sin\beta \cdot \cos\beta \cdot \tan\varphi_c \cdot \tan\delta_4$

$\quad\quad = 773.65 \times 0.316 \times 0.949 \times 0.577 \times 0.532 = 71.22$

$F_{s4} = \dfrac{-B \pm (B^2 - 4AC)^{0.5}}{2A} = \dfrac{431.81 + [(-431.81)^2 - 4 \times 232 \times 71.22]^{0.5}}{2 \times 232}$

$\quad\quad = \dfrac{431.81 + 346.91}{464} = 1.68$

B. 第一层粘土衬垫和第二层土工复合材料之间的剪力

$$F_4 = W_A \cdot \cos\beta \cdot \tan\delta_4/F_{s4}$$

$$= 773.65 \times 0.949 \times 0.532/1.68 = 232.50\text{kN/m}$$

$$N_A = W_A \cdot \cos\beta$$

$$= 773.65 \times 0.949 = 734.20\text{kN/m}$$

$$F'_4 = F_4 = 232.50\text{kN/m}$$

C. 第二层土工复合材料与第二层土工膜之间的剪力

已知第二层土工复合材料与第二层土工膜接触面摩擦角 $\delta_5 = 22°$，$\tan\delta_5 = 0.404$

$$(F_5)_{max} = N_A \cdot \tan\delta_5$$

$$= 734.20 \times 0.404 = 296.62\text{kN/m} > F'_4 = 232.50\text{kN/m}$$

故取
$$F_5 = 232.50\text{kN/m}$$
$$F'_5 = F_5 = 232.50\text{kN/m}$$

D. 第二层土工复合材料与第二层土工膜接触面的安全系数

$$F_{s5} = (F_5)_{max}/F'_5$$

$$= 296.62/232.50 = 1.28$$

E. 第二层土工膜与第二层粘土衬垫之间的剪力

已知第二层土工膜与第二层粘土衬垫接触面摩擦角为 $\delta_6 = 25°$，$\tan\delta_6 = 0.466$

$$(F_6)_{max} = N_A \cdot \tan\delta_6$$

$$= 734.20 \times 0.466 = 342.14\text{kN/m} > F'_5 = 232.50\text{kN/m}$$

故取
$$F_6 = 232.50\text{kN/m}$$
$$F'_6 = F_6 = 232.50\text{kN/m}$$

F. 第二层土工膜与第二层粘土衬垫接触面安全系数

$$F_{s6} = (F_6)_{max}/F'_6$$
$$= 342.14/232.50 = 1.47$$

11.4.2 施工结束后边坡衬垫系统的稳定性

位于边坡的粘土衬垫如图11.8所示，也可将其分为两个不连续部分，主动楔位于坡上可导致破坏而被动楔则位于坡脚并抵抗破坏。图11.8标出了作用于主动楔和被动楔上的力，主动楔和被动楔相互作用的力为 $E_A$ 及 $E_P$，其方向仍假定和坡面平行，坡顶仍假定存在张开裂缝使滑动体与坡顶其它土体不相连接。各作用力、摩擦角及边坡几何尺寸所用符号除与图11.7所用相同之外，尚有：

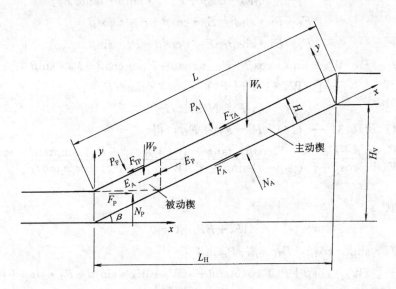

图 11.8  边坡第一层粘土衬垫受力分析剖面图

$H$——粘土衬垫厚度（垂直边坡）；

$H_s$——覆盖砂层的厚度（垂直边坡）；

$\gamma_s$——覆盖砂层之重度；

$P_A$——砂层作用于主动楔上部的法向力，$P_A = \gamma_s \cdot H_s [L_H - (H/\sin\beta)]$；

$P_P$——砂层作用于被动楔上部的法向力，$P_P = \gamma_s \cdot H_s \cdot H/\sin\beta$；

$F_{TA}$——由邻近材料传递至主动楔上部产生的摩擦力；

$F_{TP}$——由邻近材料传递至被动楔上部产生的摩擦力；

其余符号与11.4.1节相同。

考虑主动楔力的平衡（图11.8）

$\Sigma F_Y = 0$,        $N_A = W_A \cdot \cos\beta + P_A$      (1)

$\Sigma F_X = 0$,        $F_A + E_A = W_A \cdot \sin\beta + F_{TA}$      (2)

因        $F_A = N_A \cdot \tan\delta/F_s$      (3)

(1) → (3)        $F_A = (W_A \cdot \cos\beta + P_A) \cdot \tan\delta/F_s$      (4)

(4) → (2)        $E_A = W_A \cdot \sin\beta + F_{TA} - [(W_A \cdot \cos\beta + P_A) \cdot \tan\delta/F_s]$      (5)

考虑被动楔力的平衡（图11.8）

$$E_P = E_A \tag{6}$$

$$\Sigma F_Y = 0, \qquad N_P = W_P + E_P \cdot \sin\beta + P_P \cdot \cos\beta + F_{TP} \cdot \sin\beta \tag{7}$$

$$(6) \rightarrow (7) \qquad N_P = W_P + E_A \cdot \sin\beta + P_P \cdot \cos\beta + F_{TP} \cdot \sin\beta \tag{8}$$

$$(5) \rightarrow (8) \quad N_P = W_P + W_A \cdot \sin^2\beta + F_{TA} \cdot \sin\beta + P_P \cdot \cos\beta + F_{TP} \cdot \sin\beta$$
$$- [(W_A \cdot \cos\beta + P_A) \cdot \sin\beta \cdot \tan\delta/F_s] \tag{9}$$

用 $F_T = F_{TA} + F_{TP}$ 表示相邻材料传至衬垫（包括主动楔和被动楔）上部产生的摩擦力。

$$N_P = W_P + W_A \cdot \sin^2\beta + F_T \cdot \sin\beta + P_P \cdot \cos\beta$$
$$- [(W_A \cdot \cos\beta + P_A) \cdot \sin\beta \cdot \tan\delta/F_s] \tag{10}$$

$$\Sigma F_X = 0, \qquad F_P + P_P \cdot \sin\beta = E_P \cdot \cos\beta + F_{TP} \cdot \cos\beta \tag{11}$$

$$(6) \rightarrow (11) \qquad F_P = E_A \cdot \cos\beta + F_{TP} \cdot \cos\beta - P_P \cdot \sin\beta \tag{12}$$

$$(5) \rightarrow (12) \quad F_P = W_A \cdot \sin\beta \cdot \cos\beta + F_{TA} \cdot \cos\beta + F_{TP} \cdot \cos\beta - P_P \cdot \sin\beta$$
$$- [(W_A \cdot \cos\beta + P_A) \cdot \cos\beta \cdot \tan\delta/F_s] \tag{13}$$

又 $$F_s = N_P \tan\varphi/F_P \tag{14}$$

$(10) \rightarrow (14)$ 及 $(13) \rightarrow (14)$，$F_T = F_{TA} + F_{TP}$，得

$$F_s = \frac{(W_P + W_A\sin^2\beta + F_T\sin\beta + P_P\cos\beta)\tan\varphi - [(W_A\cos\beta + P_A)\sin\beta\tan\delta\tan\varphi/F_s]}{W_A\sin\beta\cos\beta + F_T\cos\beta - P_P\sin\beta - [(W_A\cos\beta + P_A)\cos\beta\tan\delta/F_s]} \tag{15}$$

上式可改写成

$$AF_s^2 + BF_s + C = 0$$

式中：$A = W_A \cdot \sin\beta \cdot \cos\beta + F_T\cos\beta - P_P\sin\beta$

$B = - [(W_A \cdot \cos\beta + P_A)\cos\beta\tan\delta + (W_P + W_A \cdot \sin^2\beta + F_T \cdot \sin\beta + P_P$
$\cdot \cos\beta)\tan\delta]$

$C = (W_A \cdot \cos\beta + P_A) \cdot \sin\beta \cdot \tan\delta \cdot \tan\varphi$

而 $$F_s = \frac{-B \pm (B^2 - 4 \cdot A \cdot C)^{0.5}}{2 \cdot A} \tag{11.7}$$

由 (4) $$F_A = (W_A \cdot \cos\beta + P_A) \cdot \tan\delta/F_s \tag{11.8}$$

由 (1) $$N_A = W_A \cdot \cos\beta + P_A \tag{11.9}$$

**例 11.3** 仍如图 11.6 的双层复合衬垫系统，位于边坡位置，其有关资料与例 11.2 相同，试计算施工结束后该系统各接触面上的剪力和层间稳定安全系数。

**解** 计算衬垫施工结束后，从覆盖砂层到第二层粘土衬垫各接触面上的剪力和安全系数。

*A.* 覆盖砂层与第一层土工复合材料接触面安全系数

已知 坡角 $\beta = 18.4°$，$\sin\beta = 0.316$，$\cos\beta = 0.949$

覆盖砂摩擦角 $\varphi_s = 32°$，$\tan\varphi_s = 0.625$

覆盖砂层与第一层土工复合材料接触面上的摩擦角 $\delta_1 = 26°$，$\tan\delta_1 = 0.488$

$W_P = 0.5\gamma_s \cdot (H_s/\cos\beta) \cdot (H_s/\sin\beta)$

$\quad = 0.5 \times 18 \times 0.63 \times 1.90 = 10.77 \text{kN/m}$

$W_A = \gamma_s \cdot (H_s/\cos\beta) \cdot [L_H - (H_s/\sin\beta)]$

$\quad = 18 \times 0.63 \times (45.75 - 1.90) = 497.26 \text{kN/m}$

$$A = W_A \cdot \sin\beta \cdot \cos\beta$$
$$= 497.26 \times 0.316 \times 0.949 = 149.12$$

$$B = -(W_P \cdot \tan\varphi_s + W_A \cdot \sin^2\beta \cdot \tan\varphi_s + W_A \cdot \cos^2\beta \cdot \tan\delta_1)$$
$$= -[10.77 \times 0.625 + 497.26 \times (0.316)^2 \times 0.625 + 497.26 \times (0.949)^2 \times 0.488]$$
$$= -[6.73 + 31.03 + 218.54) = -256.30$$

$$C = W_A \cdot \sin\beta \cdot \cos\beta \cdot \tan\varphi_s \cdot \tan\delta_1$$
$$= 497.26 \times 0.316 \times 0.949 \times 0.488 \times 0.625 = 45.48$$

$$F_{s1} = \frac{-B \pm (B^2 - 4 \cdot A \cdot C)^{0.5}}{2 \cdot A}$$
$$= \frac{256.30 + [(256.30)^2 - 4 \times 149.12 \times 45.48]^{0.5}}{2 \times 149.12}$$
$$= \frac{256.30 + 196.37}{298.24} = 1.52$$

B. 覆盖砂与第一层土工复合材料之间的剪切力

$$F_1 = W_A \cdot \cos\beta \cdot \tan\delta_1 / F_s$$
$$= 497.26 \times 0.949 \times 0.488 / 1.52 = 151.50 \text{kN/m}$$

$$N_A = W_A \cdot \cos\beta$$
$$= 497.26 \times 0.949 = 471.90 \text{kN/m}$$

$$F'_1 = F_1 = 151.50 \text{kN/m}$$

C. 第一层土工复合材料与第一层土工膜之间的剪切力

已知第一层土工复合材料与第一层土工膜接触面摩擦角 $\delta_2 = 22°$，$\tan\delta_2 = 0.404$

$$(F_2)_{max} = N_A \cdot \tan\delta_2 = 471.90 \times 0.404 = 190.65 \text{kN/m} > F'_1 = 151.50 \text{kN/m}$$

故取
$$F_2 = 151.50 \text{kN/m}$$
$$F'_2 = F_2 = 151.50 \text{kN/m}$$

D. 第一层土工复合材料与第一层土工膜接触面安全系数

$$F_{s2} = (F_2)_{max}/F'_2$$
$$= 190.65/151.50 = 1.26$$

E. 第一层土工膜与第一层粘土衬垫之间的剪切力

已知第一层土工膜与第一层粘土衬垫接触面摩擦角 $\delta_3 = 25°$，$\tan\delta_3 = 0.466$

$$(F_3)_{max} = N_A \cdot \tan\delta_3 = 471.90 \times 0.466 = 219.91 \text{kN/m} > F'_2 = 151.50 \text{kN/m}$$

故取
$$F_3 = 151.50 \text{kN/m}$$
$$F'_3 = F_3 = 151.50 \text{kN/m}$$

F. 第一层土工膜和第一层粘土衬垫接触面安全系数

$$F_{s3} = (F_3)_{max}/F'_3$$
$$= 219.91/151.50 = 1.45$$

G. 第一层粘土衬垫与第二层土工复合材料接触面安全系数

已知坡角 $\beta = 18.4°$，$\sin\beta = 0.316$，$\cos\beta = 0.949$；粘土的摩擦角 $\varphi_t = 30°$，$\tan\varphi_t = 0.577$。

第一层粘土衬垫与第二层土工复合材料接触面摩擦角 $\delta_4 = 28°$，$\tan\delta_4 = 0.532$

$$F_T = F'_3 = 151.50 \text{kN/m}$$

$$P_P = \gamma_s \cdot H_s \cdot H_c / \sin\beta$$

$$=18\times0.60\times1.0/0.316=34.18\text{kN/m}$$

$$P_A=\gamma_s\cdot H_s\cdot[L_H-(H_c/\sin\beta)]$$

$$=18\times0.60\times[45.75-(1.0/0.316)]=459.92\text{kN/m}$$

$$W_P=0.5\cdot\gamma_c\cdot(H_c/\cos\beta)\cdot(H_c/\sin\beta)$$

$$=0.5\times17.30\times(1/0.949)\times(1/0.316)=28.84\text{kN/m}$$

$$W_A=\gamma_c\cdot(H_c/\cos\beta)\cdot[L_H-(H_c/\sin\beta)]$$

$$=17.30\times1.05\times(45.75-3.16)=773.65\text{kN/m}$$

$$A=W_A\cdot\sin\beta\cdot\cos\beta+F_T\cdot\cos\beta-P_P\cdot\sin\beta$$

$$=773.65\times0.316\times0.949+151.50\times0.949-34.18\times0.316$$

$$=232.01+143.77-10.80=364.98$$

$$B=-[(W_A\cdot\cos\beta+P_A)\cdot\cos\beta\cdot\tan\delta_4+(W_P+W_A\cdot\sin^2\beta+F_T\cdot\sin\beta+P_P$$
$$\cdot\cos\beta)\cdot\tan\varphi_c]$$

$$=-[(773.65\times0.949+459.29)\times0.949\times0.532+(28.84+773.65\times(0.316)^2$$
$$+151.50\times0.316+34.18\times0.949)\times0.577]$$

$$=-(602.55+186.40\times0.577)=-710.11$$

$$C=(W_A\cdot\cos\beta+P_A)\cdot\sin\beta\cdot\tan\delta_4\cdot\tan\varphi_c$$

$$=(773.65\times0.949+459.92)\times0.316\times0.532\times0.577$$

$$=115.83$$

$$F_{s4}=\frac{-B\pm(B^2-4\cdot A\cdot c)^{0.5}}{2\cdot A}$$

$$=\frac{710.11+[(710.11)^2-4\times364.98\times115.83]^{0.5}}{2\times364.98}$$

$$=\frac{710.11+578.92}{729.96}=1.77$$

H. 第一层粘土衬垫与第二层土工复合材料之间的剪切力

$$F_A=(W_A\cdot\cos\beta+P_A)\cdot\tan\delta_4/F_{s4}$$

$$=(773.65\times0.949+459.92)\times0.532/1.77$$

$$=358.91\text{kN/m}$$

$$F_4=F_A=358.91\text{kN/m}$$

$$N_A=W_A\cdot\cos\beta+P_A$$

$$=773.65\times0.949+459.92$$

$$=1194.11\text{kN/m}$$

$$F'_4=F_4=358.91\text{kN/m}$$

I. 第二层土工复合材料与第二层土工膜之间的剪切力

已知第二层土工复合材料与第二层土工膜接触面摩擦角 $\delta_5=22°$，$\tan\delta_5=0.404$

$$(F_5)_{max}=N_A\cdot\tan\delta_5=1194.11\times0.404=482.42\text{kN/m}>F'_4=358.91\text{kN/m}$$

故取
$$F_5=358.91\text{kN/m}$$

$$F'_5=F_5=358.91\text{kN/m}$$

J. 第二层土工复合材料与第二层土工膜接触面安全系数

$$F_{s5}=(F_5)_{max}/F'_5$$

$$=482.42/358.91=1.34$$

*K.* 第二层土工膜与第二层粘土衬垫之间的剪切力

已知第二层土工膜与第二层粘土衬垫接触面摩擦角 $\delta_6=25°$，$\tan\delta_6=0.466$

$$(F_6)_{max}=N_A\cdot\tan\delta_6=1194.11\times0.466=556.46\text{kN/m}>F'_5=358.91\text{kN/m}$$

故取
$$F_6=358.91\text{kN/m}$$
$$F'_6=F_6=358.91\text{kN/m}$$

*L.* 第二层土工膜与第二层粘土衬垫接触面安全系数

$$F_{s6}=(F_6)_{max}/F'_6$$
$$=556.46/358.91=1.55$$

## 11.5　固体废弃物的稳定性

在衬垫设施内的固体废弃物由于自身重力作用，其内部也会产生稳定问题，图 11.9 表示可能存在的几种破坏类型，图 11.9 (*a*) 表示在废弃物内部产生圆弧滑动，这只有在废弃物堆积很陡时才会发生，可采用 11.3 节叙述的方法进行分析，唯对其抗剪强度参数的选择要十分小心，应注意到废弃物内摩擦角通常很高，但变化幅度极大，可能从 30°变至 60°。图 11.9 (*b*) 至 (*d*) 表示如图 8.1～8.6 所示的多层复合衬垫中存在有低摩擦面时可能发生的几种破坏情况。如沿废弃物与土工膜，砂层与土工膜，土工膜与土工网或土工膜与湿粘土之间这些接触面都有可能发生滑动。如果临界破坏面发生在土工膜的下面如图 11.9 (*c*) 及 (*d*) 所示，则衬垫可能从锚沟脱出或在锚沟内被拉断，此时要附加一个作用力 $F_a$ 或 $T_L$。一个典型的例子如图 11.9 (*d*)，图中 $T_L$ 值等于土工膜的屈服应力乘以它的厚度。

在填埋场未填满时固体废弃物沿衬垫接触面滑动（图 11.9*c*）的稳定性评价，仍可采用双楔体分析方法。填埋场未填满时其外形如图 11.10 所示，将如图 11.10 (*a*) 所示的固体废弃物分成不连续的两部分，在边坡上的是引起滑动破坏的主动楔，而阻止滑动的被动楔则位于边坡的底部。作用于两个楔体上的力如图 11.10 (*a*) 所示，图中各有关的作用力、摩擦角及几何尺寸说明如下：

$W_P$——被动楔的重量；

$N_P$——作用于被动楔底部的法向力；

$F_P$——作用于被动楔底部的摩擦力；

$E_{HP}$——主动楔作用于被动楔的法向力（大小未知，方向垂直于两楔体的接触面）；

$E_{VP}$——作用于被动楔边上的摩擦力（大小未知，方向与两楔体接触面平行）；

$F_{SP}$——被动楔的安全系数；

$\delta_P$——被动楔下多层复合衬垫各接触面中最小的摩擦角；

$\varphi_s$——固体废弃物内摩擦角；

$\alpha$——固体废弃物的坡角；

$\theta$——填埋场基底的倾角；

$W_A$——主动楔的重量；

$N_A$——作用于主动楔底部的法向力；

$F_A$——作用于主动楔底部的摩擦力；

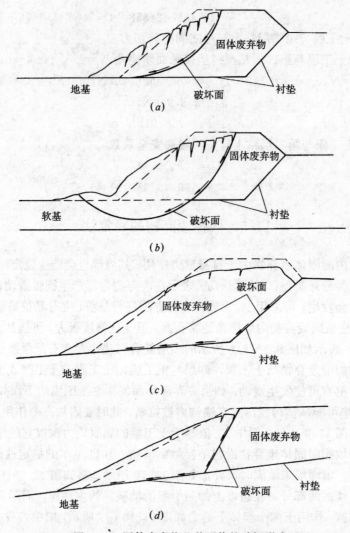

图 11.9　固体废弃物几种可能的破坏形式

(a) 通过固体废弃物的转动破坏；(b) 通过固体废弃物与软基的转动破坏；
(c) 沿衬垫系统的滑动破坏；(d) 通过固体废弃物并沿衬垫系统发生的滑动破坏

$E_{HA}$——被动楔作用于主动楔上的法向力（大小未知，方向垂直于楔体接触面），$E_{HA} = E_{HP}$；

$E_{VA}$——作用于主动楔边上的摩擦力（大小未知，方向与两楔体接触面平行）；

$F_{SA}$——主动楔的安全系数；

$\delta_A$——主动楔下多层复合初垫各接触面中最小的摩擦角（建议在边坡中使用残余的接触面摩擦角）；

$\beta$——坡角；

$F_s$——整个固体废弃物的安全系数。

考虑被动楔上力的平衡（图 11.10 (b)）

$\Sigma F_Y = 0$,　　　　　　　$W_P + E_{VP} = N_P \cdot \cos\theta + F_P \cdot \sin\theta$ 　　　　　(1)

因　　　　　　　　　$F_P = N_P \cdot \tan\delta_P / F_{SP}$ 　　　　　　　　　(2)

　　　　　　　　　　$E_{VP} = E_{HP} \cdot \tan\varphi_s / F_{SP}$ 　　　　　　　　　(3)

198

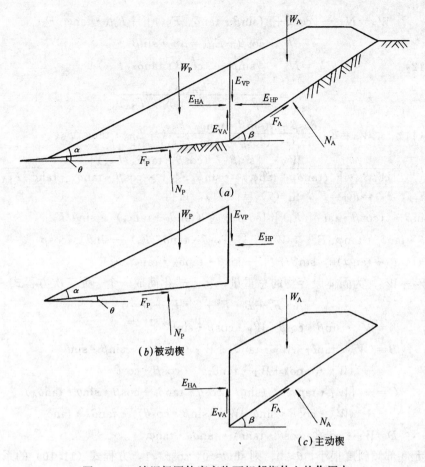

图 11.10 填埋场固体废弃物两相邻楔体上的作用力

(2) → (1)，(3) → (1)

$$W_P + (E_{HP} \cdot \tan\varphi_s / F_{SP}) = N_P \cdot [\cos\theta + (\sin\theta \cdot \tan\delta_P / F_{SP})] \tag{4}$$

$\Sigma F_X = 0$，
$$E_P \cdot \cos\theta = E_{HP} + N_P \cdot \sin\theta \tag{5}$$

(2) → (5)
$$N_P \cdot \cos\theta \cdot \tan\delta_P / F_{SP} = E_{HP} + N_P \cdot \sin\theta$$

$$N_P \cdot [(\cos\theta \cdot \tan\delta_P / F_{SP}) - \sin\theta] = E_{HP}$$

故
$$N_P = \frac{E_{HP}}{(\cos\theta \cdot \tan\delta_P / F_{SP}) - \sin\theta} \tag{6}$$

(6) → (4)  $W_P + (E_{HP} \cdot \tan\varphi_s / F_{SP}) = \dfrac{E_{HP} \cdot [\cos\theta + (\sin\theta \cdot \tan\delta_P / F_{SP})]}{(\cos\theta \cdot \tan\delta_P / F_{SP}) - \sin\theta}$

由此可求出

$$E_{HP} = \frac{W_P \cdot [(\cos\theta \cdot \tan\delta_P / F_{SP}) - \sin\theta]}{\cos\theta + [(\tan\delta_P + \tan\varphi_s) \cdot \sin\theta / F_{SP}] - \cos\theta \cdot \tan\delta_P \cdot \tan\varphi_s / F_{SP}^2} \tag{7}$$

考虑主动楔力的平衡（图 11.10 (c)）

$\Sigma F_Y = 0$，
$$W_A = F_A \cdot \sin\beta + N_A \cdot \cos\beta + E_{VA} \tag{8}$$

因
$$F_A = N_A \cdot \tan\delta_A / F_{SA} \tag{9}$$

$$E_{VA} = E_{HA} \cdot \tan\varphi_s / F_{SA} \tag{10}$$

(9) → (8)，(10) → (8)

$$W_A = N_A \cdot [\cos\beta + (\sin\beta \cdot \tan\delta_A/F_{SA})] + E_{HA} \cdot \tan\varphi_s/F_{SA} \tag{11}$$

$$\Sigma F_X = 0, \qquad\qquad F_A \cdot \cos\beta + E_{HA} = N_A \cdot \sin\beta \tag{12}$$

$(9) \rightarrow (12) \qquad E_{HA} = N_A \cdot [\sin\beta - (\cos\beta \cdot \tan\delta_A/F_{SA})]$

$$N_A = \frac{E_{HA}}{\sin\beta - (\cos\beta \cdot \tan\delta_A/F_{SA})} \tag{13}$$

$(13) \rightarrow (11) \qquad W_A = E_{HA}\dfrac{\cos\beta + (\sin\beta \cdot \tan\delta_A/F_{SA})}{\sin\beta - (\cos\beta \cdot \tan\delta_A/F_{SA})} + E_{HA} \cdot \tan\varphi_s/F_{SA}$

可得 
$$E_{HA} = \frac{W_A \cdot [\sin\beta - (\cos\beta \cdot \tan\delta_A/F_{SA})]}{\cos\beta + [(\tan\delta_A + \tan\varphi_s) \cdot \sin\beta/F_{SA}] - \cos\beta \cdot \tan\delta_A \cdot \tan\varphi_s/F_{SA}^2} \tag{14}$$

因 $E_{HA} = E_{HP}$，$F_{SA} = F_{SP} = F_s$，由 (7) = (14)，可得

$$W_A \cdot [\sin\beta - (\cos\beta \cdot \tan\delta_4/F_s)] \{\cos\theta + [(\tan\delta_P + \tan\varphi_s) \cdot \sin\theta/F_s]$$
$$- \cos\theta \cdot \tan\delta_P \cdot \tan\varphi_s/F_s^2\} = W_P \cdot [(\cos\theta \cdot \tan\delta_P/F_s) - \sin\theta]\{\cos\beta$$
$$+ [(\tan\delta_A + \tan\varphi_s) \cdot \sin\beta/F_s] - \cos\beta \cdot \tan\delta_A \cdot \tan\varphi_s/F_s^2\} \tag{15}$$

令 $W_T = W_A + W_P$，为固体废弃物的总重量，将上式化简成一个一元三次方程式

$$A \cdot F_s^3 + B \cdot F_s^2 + C \cdot F_s + D = 0 \tag{11.10}$$

式中 
$A = W_A \cdot \sin\beta \cdot \cos\theta + W_P \cdot \cos\beta \cdot \sin\theta$

$B = (W_A \cdot \tan\delta_P + W_P \cdot \tan\delta_A + W_T \cdot \tan\varphi_s) \cdot \sin\beta \cdot \sin\theta$
$\qquad - (W_A \cdot \tan\delta_A + W_P \cdot \tan\delta_P) \cdot \cos\beta \cdot \cos\theta$

$C = - [W_T \cdot \tan\varphi_s \cdot (\sin\beta \cdot \cos\theta \cdot \tan\delta_P + \cos\beta \cdot \sin\theta \cdot \tan\delta_A)$
$\qquad + (W_A \cdot \cos\beta \cdot \sin\theta + W_P \cdot \sin\beta \cdot \cos\theta) \cdot \tan\delta_A \cdot \tan\delta_P]$

$D = W_T \cdot \cos\beta \cdot \cos\theta \cdot \tan\delta_A \cdot \tan\delta_P \cdot \tan\varphi_s$

若填埋单元底部倾斜度很小，$\theta \approx 0$，则 $\sin\theta \approx 0$，$\cos\theta \approx 1$，方程式 (11.10) 的系数项可简化为

$$\left.\begin{array}{l} A = W_A \cdot \sin\beta \\ B = - (W_A \cdot \tan\delta_A + W_P \cdot \tan\delta_P) \cdot \cos\beta \\ C = - (W_T \cdot \tan\varphi_s + W_P \cdot \tan\delta_A) \cdot \sin\beta \cdot \tan\delta_P \\ D = W_T \cdot \cos\beta \cdot \tan\delta_A \cdot \tan\delta_P \cdot \tan\varphi_s \end{array}\right\} \tag{11.11}$$

**例 11.4** 一正在填埋的固体废弃物填埋场如图 11.11 所示，可能产生的滑动型式如图 11.9 (c)，试用双楔体分析计算其稳定安全系数，其基本资料如下：底部衬垫接触面摩擦角 $\delta_P = 18°$；边坡衬垫接触面残余摩擦角 $\delta_A = 10°$；固体废弃物的内摩擦角 $\varphi_s = 33°$；废弃物重度 11.0kN/m³；填埋场底斜度 2% (1:50)；废弃物填埋坡度 20% (1:5)；坡角 $\beta = 18.4°$；坡高 15.25m；废弃物坡脚至边坡坡脚距离 45.75m；废弃物顶边至边坡顶边距离 15.25m。

**解** 作用于固体废弃物上的力见图 11.11，已知坡角 $\beta = 18.4°$，$\sin\beta = 0.316$，$\cos\beta = 0.949$；$\delta_A = 10°$，$\tan\delta_A = 0.176$；$\delta_P = 18°$，$\tan\delta_P = 0.325$；$\varphi_s = 33°$，$\tan\varphi_s = 0.649$。
固体废弃物的总重量
$$W_T = 0.5 \times (45.75 + 15.25) \times 15.25 \times 11.0 = 5116.38 \text{kN/m}$$
被动楔的重量
$$W_P = 0.5 \times 45.75 \times 9.15 \times 11 = 2302.37 \text{kN/m}$$

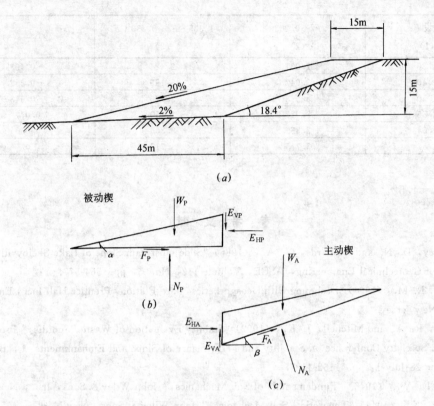

图 11.11 填埋期间一个固体废弃物填埋场的剖面图

**主动楔的重量**

$$W_A = W_T - W_P = 5116.38 - 2302.37 = 2814.01 \text{kN/m}$$

因填埋单元底部的倾斜度为 2%，即 $\theta = 1.15°$，故有 $\sin\theta = \sin 1.15° = 0.02 \approx 0$, $\cos\theta = \cos 1.15° = 0.9998 \approx 1$，可以用式（11.11）计算 $F_s$

$A = W_A \cdot \sin\beta$

$\quad = 2814.01 \times 0.316 = 889.23$

$B = -(W_A \cdot \tan\delta_A + W_P \cdot \tan\delta_P) \cdot \cos\beta$

$\quad = -(2814.01 \times 0.176 + 2302.37 \times 0.325) \times 0.949 = -1180.12$

$C = -(W_T \cdot \tan\varphi_s + W_P \cdot \tan\delta_A) \cdot \sin\beta \cdot \tan\delta_P$

$\quad = -(5116.38 \times 0.649 + 2302.37 \times 0.176) \times 0.316 \times 0.325$

$\quad = 382.63$

$D = W_T \cdot \cos\beta \cdot \tan\delta_A \cdot \tan\delta_P \cdot \tan\varphi_s$

$\quad = 5116.38 \times 0.949 \times 0.176 \times 0.325 \times 0.649 = 180.25$

代入 $F_s$ 的一元三次方程，得

$$889.23 F_s^3 - 1180.12 F_s^2 - 382.63 F_s + 180.25 = 0$$

化简成 $\qquad\qquad F_s^3 - 1.325 F_s^2 - 0.430 F_s + 0.203 = 0$

即 $\qquad\qquad F_s^3 + 0.203 = 1.325 F_s^2 + 0.430 F_s$

用试算法求解

| 假设 $F_s$ (1) | $F_s^3 + 0.203$ (2) | $1.325 \cdot F_s^2 + 0.430 \cdot F_s$ (3) | (2) $-$ (3) |
|---|---|---|---|
| 1.20 | 1.931 | 2.424 | $-0.493$ |
| 1.40 | 2.947 | 3.199 | $-0.252$ |
| 1.50 | 3.578 | 3.626 | $-0.048$ |
| 1.55 | 3.927 | 3.850 | 0.077 |
| 1.54 | 3.855 | 3.805 | 0.050 |
| 1.52 | 3.715 | 3.715 | 0 |

故解得 $F_s = 1.52$。

## 参 考 文 献

1. Humphrey, D. N. and Leonards, G. A., (1986) "Slide Upstream Slope of Lake Shelbyville Dam," Journal of Geotechnical Engineering, ASCE, Volume 112, No. 5, pp. 564-577.

2. Koerner, R. M., (1994) "Designing with Geosynthetics," 3rd Edition, Prentice Hall Inc., Englewood Cliffs, New Jersey.

3. Mitchell, R. A. and Mitchell, J. K., (1992) "Stablity Evaluation of Waste Landfills," Proceedings of ASCE Specialty Conference on Stability and Performance of Slope and Embankments-Ⅱ, Berkeley, CA, June 28-July 1, pp. 1152-1187.

4. Taylor, D. W., (1948) "Fundamentals of Soil Mechanics," John Wiley & Sons, Inc., New York.

5. Terzaghi, K., (1943) "Theoretical Soil Mechanics," John Wiley & Sons, New York.

# 第十二章　气体收集系统

一座固体废弃物填埋场可以看作一个生化反应堆,固体废弃物和水是主要的反应物,填埋场气体和淋滤液是基本的生成物。填埋废弃物包括部分可被分解的有机物和其它的无机垃圾。填埋场气体控制系统用于防止填埋场气体水平或竖直移动进入大气及周围土体中,填埋场产生的气体可用于产生能源或有控制地焚烧以防止有害成分泄入大气。

## 12.1　填埋场气体的生成

城市固体废弃物（MSW）在分解过程中产生大量的气体,填埋场气体的生成是一个生化过程,在此过程中微生物将有机废弃物分解产生$CO_2$、$CH_4$和其他气体。填埋场气体由一些含量较大的气体（主要气体）和一些含量较少的气体（微量气体）组成。气体主要由城市固体废弃物的有机物分解而来,一些废弃物产生的气体,虽然量很少,但可能有毒,会对公众健康造成危害。

城市废弃物填埋场气体的一般组成见表12.1。$CH_4$（甲烷）和$CO_2$（二氧化碳）是废物中有机物分解产生的主要气体。Baron等(1981)给出了填埋场气体生成机理和数量的概念,其主要观点如下:

城市废弃物填埋场气体的一般组成 (Tchobanoglous et al. , 1993)　　　　表 12.1

| 成　　分 | 所占干燥体积百分比（%） |
| --- | --- |
| 甲烷 | 45～60 |
| 二氧化碳 | 40～60 |
| 氮气 | 2～5 |
| 氧气 | 0.1～1.0 |
| 硫化物、二硫化物、硫醇等 | 0～1.0 |
| 氨气 | 0.1～1.0 |
| 氢气 | 0～0.2 |
| 一氧化碳 | 0～0.2 |
| 其它微量气体 | 0.01～0.6 |

（1）填埋场封闭后,由于供氧迅速耗尽（但不彻底）,微生物成长的有氧阶段相对较短;

（2）厌氧且生成酸根的微生物开始出现;

（3）好氧和厌氧细菌分解废弃物中的长链有机复合物（主要是碳氢化合物）生成有机酸根,主要为$CO_2$;

（4）在填埋场封闭后的$11～40$天内为产生$CO_2$的高峰期,这个阶段产生90%的$CO_2$,耗尽所有氧气;

(5) 生成 $CH_4$ 的微生物开始占主导地位；

(6) 厌氧细菌利用酸生成 $CH_4$、一些 $CO_2$ 和水；

(7) 填埋场封闭 180 至 500 天后，$CH_4$ 不断增加 $CO_2$ 不断减少，但要形成连续的 $CH_4$ 气流需 1 到 2 年；

(8) 接下来的 2 年将产生大约 30% 的 $CH_4$，5 年后产生大约 50%，因此，$CH_4$ 是以不断下降的速率持续产生的，例如：80 年内将产生 90% 而 160 年内只产生 99%。注意，以上具体数字仅为了说明城市固体废弃物填埋场中 $CH_4$ 产生的趋势和大概过程；

(9) 城市固体废弃物填埋场中，每吨固体废弃物每年产生的 $CH_4$ 约为 $1.2 \sim 5.9 m^3$，对一个每年 3 百万吨的大填埋场，每天要产生 7300 至 $44600 m^3$ 的 $CH_4$，显而易见，填埋场产生的气体必须排放或者收集。另一点需注意的是，我们所讨论的仅仅是城市固体废弃物，并不包括有毒垃圾、焚烧灰、电厂灰、放射性废弃物等危险废物。

填埋场气体成分随时间的变化如图 12.1 所示。起初，填埋场气体的组成与大气一样，有 80% 左右的氮，约 20% 的氧，还含有一些 $CO_2$ 或其它化合物。尔后填埋场的微生物开始分解有机物，氧气被消耗，二氧化碳增加，有氧条件开始逐渐变为无氧条件。起初 $CH_4$ 含量很低，随时间的推移，$CH_4$ 的含量越来越高而 $CO_2$ 下降得很慢，释放出来的是一种混合气而不是分离的 $CH_4$、$CO_2$。过了很长时间，当填埋场中有机物分解殆尽后，气体也不再产生了。

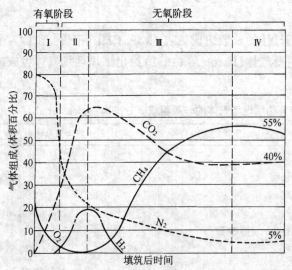

图 12.1　填埋场气体成分随时间变化（USEPA，1993）

## 12.2　影响填埋场气体生成的因素

填埋场产生气体的能力依赖于诸多因素，包括废弃物的组成、湿度、pH 值和营养物质起作用的程度。如果填埋场十分干燥，那它只能产生少量气体。在一些填埋场中，季节性温度变化将影响气体的产生，寒冷季节，较浅的填埋场气体产生速率将明显下降。由于废弃物种类的不同，气体的产生也会明显不一样，一些高活动区的微生物，可能会扩散至低分解区从而产生气体。

当被分解的垃圾堆入填埋场时，起初垃圾本身附带有来自大气的氧气。通过自然的细菌分解，氧气被耗尽，于是填埋场变为无氧环境。对于封闭后的填埋单元，这一过程约需6个月或更多的时间。无氧环境是产生$CH_4$的几个必要条件之一。

如果有氧气再次进入填埋场，那么进入氧气的部分又会恢复到有氧状态，使产生$CH_4$的细菌被杀死。再次恢复到正常产生$CH_4$的状态又需要很长一段时间，但由于填埋物的孔隙中存在甲烷，甲烷数量的下降并不明显，这取决于填埋物含氧的多少和其它因素。

在有氧和无氧条件下都会产生$CO_2$，在静态条件下，填埋场气体带有少量残留氮气，$CH_4$和$CO_2$各半。

只需下列条件满足，填埋场气体就会持续产生：废弃物，无空气环境，10～57℃的温度，植物纤维素或其它有机物。此外，增加水分将会加快填埋场气体的产生速率。

在干旱地区的干燥填埋场里，很长时间（可能100年）才会产生一点气体，如果考虑给有机废弃物加水，则在8～15年内气体产生将非常迅速，之后渐趋缓慢（见图12.2）。

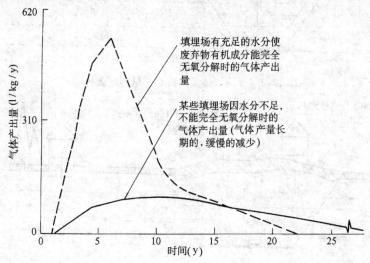

图 12.2　城市固体废弃物填埋场气体产生的理论模型（Tchobanoglous et al.，1993）

每个填埋场产生气体的速率是不一样的。从理论上说，每吨干燥有机物可产生400～550m³ 的气体，每吨垃圾每年可产生 3.1～18.7m³ 气体。气体产生气压，气压达到2.5～7.5cm 水头（有时高达15cm 水头）时，气体就会有其压力作用下进入大气、周围土体或建筑物内。

## 12.3　填埋场气体的流动

填埋场气体的流动有两种方式，对流和扩散。对流是由于产气层与周围渗水性差的土层或饱和层之间的压力差所致。因为 $CH_4$ 比 $CO_2$ 和空气轻，所以对流也可能由浮力产生。

扩散是由于气体的浓度差所致，无氧分解产生的 $CH_4$ 和 $CO_2$ 分子其浓度比周围空气大，因此就会从填埋场扩散到空气中。与对流相比，扩散仅仅是气体移动的一种次要方式。

填埋场气体的流动是由压力、浓度及温差引起的，气体产生气压，压力差也相应存在。

填埋场气体沿最短的路径流动，至于沿侧向还是竖直方向决定于很多因素，包括填埋场设计类型，周围土体，废弃物的种类，填埋场废弃物的隔离程度，覆盖物的类型等。对于相对高透水性的砂砾石覆盖层，气体易于垂直、均衡地排放，可能以相对稳定的速度通过覆盖层进入大气。如果填埋场的覆盖层渗气性差，气体将沿侧向流动，而不能竖直排放。如果气体流动的水平距离小于竖向距离，那么气体趋向于侧向运动而积聚于地下室、窨井、填埋场附近的泵站等地方，形成耗氧而易于爆炸的环境。为确保气体不积聚，填埋场附近的所有建筑物必须受到监控。气体流动方式如图12.3和图12.4所示（USEPA，1994）。

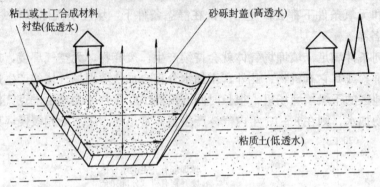

图 12.3　形成气体竖向流动的填埋场条件

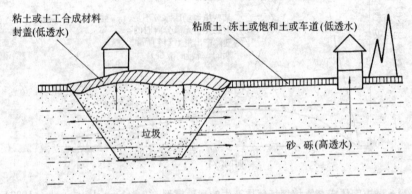

图 12.4　形成气体水平运动的填埋场条件

　　一般来说，气体是通过非饱和土或岩石裂缝流动的，但是，由于气体可溶解于水，所以在一定压力下，气体也可以通过饱和土。例如，过去的一些大填埋场，一些透水性较低的废弃物往往没有淋滤液收集系统或低于废弃物的排水设施而直接置于地面。填埋场产生的大量气体在高压作用下，进入地下水，然后通过地下水再释放到压力较低的非饱和土体中。

　　影响填埋场气体流动的因素很多，但较为重要是填埋单元的施工，最终封盖系统的设计和控制气体流动的监测措施。渗水性低的土层和土工膜是气体流动的有效屏障，砂砾层中的孔隙则是气体流动的有利通道。还有，由于沉降和差异沉降形成的废弃物层之间或废弃物层与土体之间的裂缝则是影响气体流动的另一通道。

　　影响气体流动的其他因素包括气体产生速率，现有的天然和人工管道，靠近填埋场的隔离层，场址气候和季节变化等。较高的气体产生速率有利于气体流动，导水管、排水暗沟、埋管、砂砾透气层等有利于气体运动而很难控制。隔离层包括粘土、高水位地下水、道路、压实土、低渗水性土等。饱和度变化或表面土体的冰冻等环境变化将促进气体的侧向运动，大气压的变化也会影响气体向表面排放的速度。水汽的季节性变化将影响气体的产生速率，当然，也影响到气体流动的数量和程度。

## 12.4　气体收集系统的类型与组成

填埋场运行期间，操作人员需要经常控制气体的流动，尤其在填埋场封闭时和封闭以后，气体流动更为频繁。收集排放气体有两种系统可以应用，即主动收集系统和被动收集系统。为确保系统的连续运转，无论哪种系统，其补救备用设备系统是十分重要的。备用设备用于预防全系统中因沉降而引起的系统构件破坏。备用设备包括附加的抽气井和顶部收集管。

### 12.4.1　被动气体收集系统

被动气体收集系统允许气体在没有鼓风机、气泵之类的机械装置下排放，这种系统可用于填埋场内部或外部。填埋场周边的空气排气沟和管路系统可以作为截断土中气体侧向流动的被动系统，如果地下水位较浅，可在填埋物中挖沟，其深度达到地下水位，然后用透水的砾石或排气管回填，作为被动排气的隔离层。为了促进排气沟的被动排气，根据填埋场的土体类型，可在较远的排气沟周围布置一些低透水性材料。如土体是与排气沟透气性同样的砂土，在排气沟外面包一层软薄膜将有利于阻止气体流动而仅允许气体从排气口排出。如果地下水位较深，防渗墙可用作防止气体流动的补救措施。

图 12.5 和图 12.6 是两种典型的被动排气系统。多孔收集管置于废弃物上面砂砾排气层内，一般用粗砂作排气层，但有时也可用土工布和土工网的混合物代替。水平排气管与竖直提升管通过 90°的弯管连接，气体经过垂直提升管排至场外。排气层的上面要覆盖一层隔离层以让气体停留在土工膜或粘土的表面并侧向进入收集管，然后向上排入大气。排气口可以与侧向气体收集管连接，也可以不连接。为防止霜冻膨胀破坏，管子要埋得足够深，要采取措施保护好排气口，因为一旦排气口坏了，地表水将通过管子进入到废弃物中。

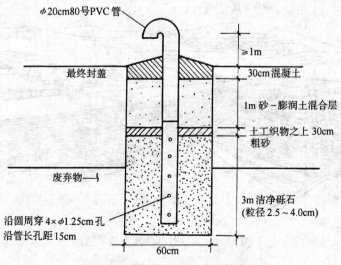

图 12.5　单个排气口的典型构造

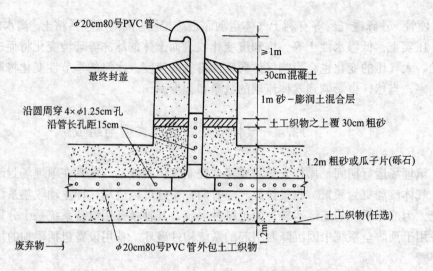

图 12.6　配有收集管的气体被动收集系统典型构造

被动气体收集系统的优点是成本相对较低,而且维护较简单。如果被动系统不能正常工作,可将排气口与带阀门的管子连结,这个系统即可转变为主动气体收集系统。

### 14.4.2　主动气体收集系统

如果被动气体收集系统不能充分解决填埋场气体收集问题,那么有必要使用主动气体收集系统。在主动气体收集系统中,人为制造真空或施加正压,迫使气体从填埋场中排出。在大多数主动气体收集系统中,均使用负压或真空将填埋场废弃物中的气体通过抽气井、抽气暗沟或排气层抽出来。

虽然正压系统用得很少,但正压系统可以用于填埋场周围的排气暗沟,形成一个高压力区,迫使填埋废气流向填埋场,使气体不再通过地面排向大气。

主动气体收集系统的示意如图 12.7 所示。主动气体收集系统主要由抽气井、气体收集管、水汽凝结器和泵站、真空源、气体处理站(气体处理和焚烧站)、气体监测装置等组成。

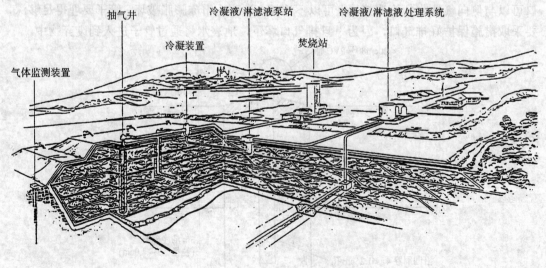

图 12.7　主动气体收集系统示意图

## 1. 抽气井

填埋场气体由竖直井或水平井从填埋场中抽出。竖直井插入填埋场（图12.8）。水平暗沟必须与填埋场的垃圾层一样成层布置（图12.9和图12.10）。一根部分带孔的集气管置于填满砾石的井或槽中，形成收气区域。集气管通到井房，井房内有气流控制阀，还可能有气流测量仪和气体取样站。集气管井相互连接形成了填埋场的抽气系统。

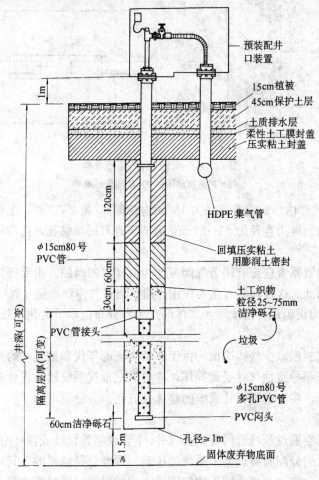

图12.8 竖直抽气井及井口装置

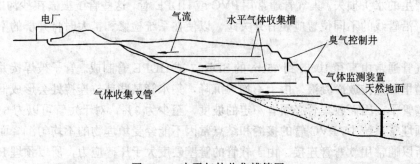

图12.9 水平气体收集槽简图

图12.8所示的竖直抽气井可设置于填埋场内，也可布置于填埋场四周。抽气井一般用直径为1m的勺钻钻至填埋场底部3m内或钻至碰到淋滤液液面取两者中的较高者

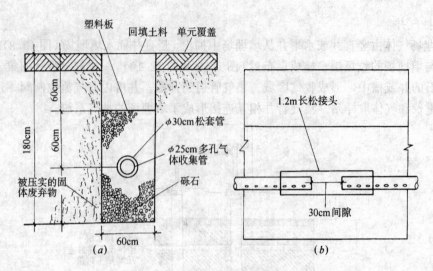

图 12.10　水平气体收集槽大样

(a) 暗沟剖面图；(b) 暗沟侧面图

(Michels，1996)。井内一般设有直径为 15cm 直径的 80 型 PVC 管，上面 1/3 不开孔，下面 2/3 带孔或开槽。再用直径为 25~50mm 的洁净砾石回填钻孔，孔口用细粒土和膨润土密封。

抽气井或收集管系统应带有调节气阀或作为取样口的阀门。由于气体从填埋场的各个不同部分产生，因此，这种阀具有重要作用。通过测量气体产出量（如 $CH_4$ 的含量）及气压，操作员可以更为正确地弄清填埋场气体的产生和分布随季节变化和长期变化的情况，并作适当的调整。

抽气井应该密封以减少气体逸出。由于建填埋场的年代和抽气井的地理位置不同，可能产生不均匀沉降而导致抽气井受到损坏，应尝试把抽气系统接头设计成软接头和应用抗变形的材料，这样，将有助于保持系统的整体完好性。

2. 气体收集管

抽送气体的真空通过预埋管网传到抽气井，主要收集管设计成循环网络，如图 12.11 所示，以有利于气流的分配和降低整个系统的压差。预埋管是倾斜的，其坡度应保证使冷凝液在重力作用下被收集，并减小因不均匀沉降造成的阻塞。管径应该略大一些，以减小由于摩擦产生的水头损失。集气管通常用 PVC 或 HDPE 管，这些管子被嵌在沙沟中，管子不能穿孔。沿管线的不同位置应装有开关阀，以使在系统检修和扩大时将井群的不同部位隔离开来。

集气管通常由直径 10cm 到 45cm 的 SDR17 或 HDPE 管制成。管子被焊接并埋在一定坡度的槽里以能排放冷凝液。由于不均匀沉降，集水管某些部位连接处会形成低点，使冷凝液阻塞管子，因而收集管必须有一定的坡度，至少为 3%，对于短管可以为 6%~12%。

在预埋管系统中，PVC 管的接缝和结点常因不能经受填埋物的不均匀沉降而频繁发生破裂。所以通常用软弯管连接。由于软管的管壁硬度大于压碎应力，所以预埋 PVC 管时，采用软接头连接可以补偿某些可能发生的不均匀沉降。

3. 冷凝液收集井和泵站

从气流中控制和排除冷凝液对于气体收集系统的运转至关重要。填埋场气体冷凝液汇

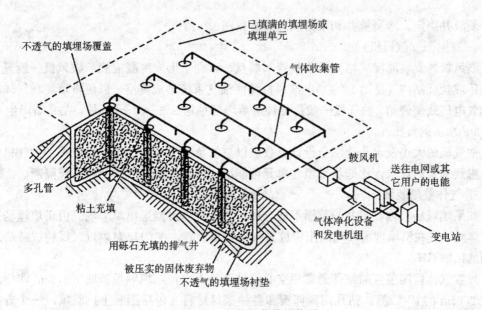

图 12.11　气体收集管网络图

集于气体收集系统中的低凹点,会切断传至抽气井的真空,损害系统的运转。冷凝液分离器通过促进液滴的形成并将它们以一定方式从气体中分离出来,汇集于固定地方来解决这个问题。相隔 60m 至 150m 的冷凝液收集井应该是气体收集系统中的一部分。这些井让气体随收集管中气流一起流动的冷凝液分离出来以防止阻塞管路(见图 12.12)。

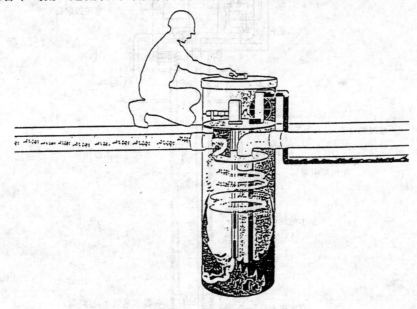

图 12.12　冷凝液的收集与输送

每产生 1 万 m³ 的气体,会产生 0.07~0.8m³ 的冷凝液,冷凝液的产生与系统的真空压力和废弃物的湿气含量有关。

一旦冷凝液积聚在冷凝液收集井或气体收集系统中的低凹点,应让它立即流向泵池。用水泵抽入贮藏箱或处理冷凝液的暗沟中。每个填埋场所需泵站数量由抽气低凹点和所设置的冷凝液井决定，冷凝液井和泵站系统详图见图12.13。

4.真空源（鼓风机）

鼓风机的安装高度应略高于收集管末端点，以利于形成冷凝液滴。鼓风机一般置于燃气电厂或焚烧站内（见图12.11）。鼓风机要使抽气系统形成真空，以便将填埋场气体输送到燃气电厂或焚烧站。抽气机一般每分钟从填埋场抽送$8.5\sim57m^3$气体，在井端产生$0.25\sim2.5m$水头的负压。

抽气机的大小及水头这两个设计参数应以总的负水头和抽气体积为依据，抽气机容量应考虑到未来的需求，比如将来填埋单元可能增加或扩大或与气体回收系统隔断。

5.气体监测装置

如果填埋场气体收集井的范围不能合理调正，气体可能逸出填埋场。由于填埋场气体易于爆炸，应在沿填埋场四周的土中放置气体监测装置，在$CH_4$对附近区域构成威胁之前监测逸出的$CH_4$。

放置气体监测装置的钻孔通常用空心钻钻至地下水位或填埋场基底下1.5m。取样用直径为2.5cm的PVC筒。钻孔用鹅卵石和各种密封材料（包括膨润土）回填，一个直径为15cm的带有栓塞的钢管套在PVC管上面作为套管，气体监测装置详图见图12.14。

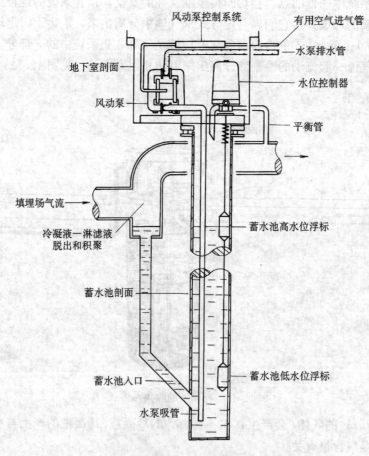

图12.13 冷凝液分离器和抽气泵系统详图

212

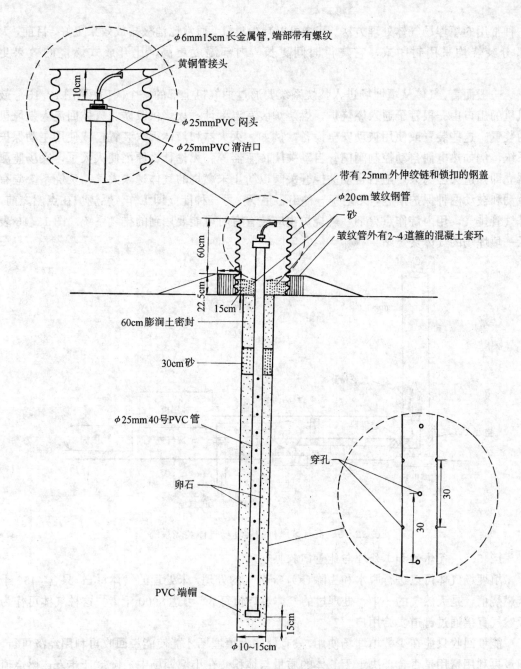

图 12.14　填埋场气体监测装置详图

## 12.5　填埋场气体的处理

主动收集系统收集的填埋场气体必须进行处理，气体处理通常有两种方式，一是通过焚烧加热破坏其有机成份；再是对气体进行加工处理和能量回收（USEPA，1994）

### 12.5.1　气体焚烧

焚烧是一种有控制的燃烧。当气体中的$CH_4$较为充足时（大于总体积的20%），焚烧是一种常用的填埋场气体处理方法。焚烧可以减少臭气,通常比消极排放效果更好。目前,大部分焚烧均采用封闭式,它烧得时间更长,内部温度更高,比开放式燃烧的效果更佳。

　　一般而言,气体从填埋场进入焚烧系统要通过抽气机上部的一个阀门(见图 12.15)。鼓风机的出口由一根管子通入燃烧炉,燃烧炉装有温度计、火焰仪及防止气体回流入鼓风机的装置。这些装置或使用被动安全设备,例如,灭火器和液体灭火装置;或使用主动保护系统,例如热电偶自动控制阀门、自动关闭传感器等。无论什么原因使火灭了,火场监测器立即知道火已熄灭,随后自动关掉开关阀以防止未燃烧的气体逸入大气。焚烧系统应有主动和被动两种保护措施,无论哪一种出了毛病,另一种能立即工作。燃烧炉在点燃之前,排气管排气,用丙烷作点火剂。燃烧炉也应装有有时可能要用到的排气系统。图 12.16 表示一填埋场的气体焚烧站。

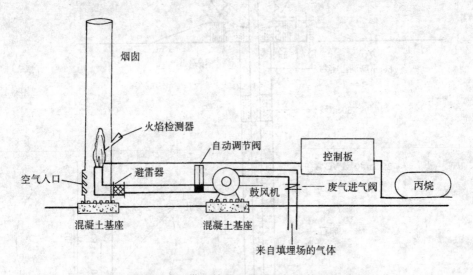

图 12.15　带有鼓风机的填埋场气体焚烧系统

### 12.5.2　气体的加工处理与能量回收再利用

　　填埋场气体可以进行脱水和去除 $CO_2$ 等杂气的处理。未处理的气体每 $m^3$ 只含 4450 千卡燃烧值,是天然气的一半,处理过的气体燃烧值每 $m^3$ 可达 8900 千卡。这种气体可作为天然气直接通过管道卖给用户。

　　能量回收只能在少数填埋场使用,只有那些大填埋场才能使能量回收再利用经济可行。能量再利用费用是否合理决定于气体的质量与体积。在小填埋场中,4450 千卡/$m^3$ 燃烧值的气体可用于改造过的内燃机或转变为电能,大填埋场中,除去水汽和 $CO_2$(通过水洗和活性碳或聚合物吸附使气体洁净)的气体可用于开动蒸汽机和发动机来再生能量。

　　一般来说,封闭了 5 年的填埋场才适于再生能源,因为随时间条件的变化,填埋场产气能力会下降。一个填埋场可以产 15 年的气体或更久,但这取决于产气速率,废弃物的含水量,填埋场的封闭方式。现代填埋场的封闭方式企图尽量限制水分侵入场内,这个条件影响气体产生的程度如何还不清楚,但它们会使填埋场在封闭之后一段时间只产生很少的气体。

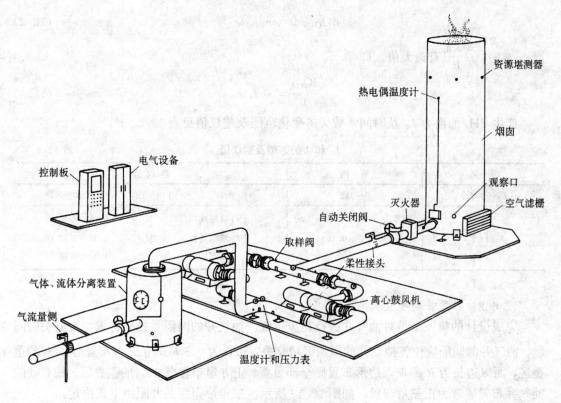

各标注：资源堪测器、热电偶温度计、烟囱、观察口、空气滤栅、自动关闭阀、灭火器、柔性接头、离心鼓风机、温度计和压力表、取样阀、控制板、电气设备、气体、流体分离装置、气流量侧

图 12.16　填埋场气体焚烧站

## 12.6　气体收集系统的设计

一般说来，主动气体收集系统的设计主要是根据勘测试验结果确定抽气井或排气沟的大小和操作参数。根据经验抽气井相隔约 60m。决定抽气井位置的最好办法是应用类似于地下水的泵测方法，进行泵测勘探，作抽气勘探试验，及安装勘测井。在离勘探井 25 米，50 米，100 米远处设真空压力监测井。当气体从井中抽出时，根据测得的真空压力来确定离抽气井较远处气体的运动。根据这些数据，可确定废弃物中气流的渗透性、抽气井的影响半径和每单位长度抽气井或抽气沟的最大气流量。另外，下列方法也可用于填埋场气体收集系统的设计。

### 12.6.1　$CH_4$ 产生速率的估计

$CH_4$ 产生的方程如下：

$$Q_{CH_4} = m_0 \cdot L_0 \ (1 - e^{-\lambda t}) \qquad (12.1)$$

式中　$Q_{CH_4}$——从开始到 $t$ 时刻的 $CH_4$ 总产量，$m^3$；

　　　$m_0$——垃圾的质量，t；

　　　$L_0$——产生 $CH_4$ 的潜力，$m^3/t$；

　　　$\lambda$——时间常数，1/年；

　　　$t$＝时间，年。

$CH_4$ 的产生速率，$m^3$/年为：

$$dQ_{CH_4}/dt = m_0 L_0 \lambda e^{-\lambda t} \qquad (12.2)$$

当 $t=0$ 时，$\dfrac{dQ_{CH_4}}{dt}$ 有最大值，即

$$\frac{dQ_{CH_4}}{dt} = m_0 L_0 \lambda \qquad (12.3)$$

产生 $CH_4$ 的潜力 $L_0$ 及时间常数 $\lambda$ 的变化范围及建议值见表 12.2。

L<sub>0</sub> 和 λ 的范围及建议值

$L_0$ 和 $\lambda$ 的范围及建议值 　　　　　　　　　　　表 12.2

| 参　数 | 范　围 | 建　议　值 | |
|---|---|---|---|
| $L_0$ （m³/t） | 0～312 | 140～180 | |
| $\lambda$ （1/年） | 0.003～0.40 | 气候湿润 | 0.10～0.35 |
| | | 中等湿润气候 | 0.05～0.15 |
| | | 干燥气候 | 0.02～0.10 |

### 12.6.2 抽气井的布置

完成设计的第一步是对抽气井进行初步布置。抽气井的间隔是抽气有效与否的关键问题，抽气井的间隔应使各抽气井的影响区域交叠，边长为 $\sqrt{3}R$ 的正三角布置有 27% 的重叠区，而以边长为 $R$ 的正六边形布置则全部重叠，正方形布置有 60% 的重叠区。最有效的抽气井布置通常为正三角布置，如图 12.17 所示。三角形布置的井距由下式决定：

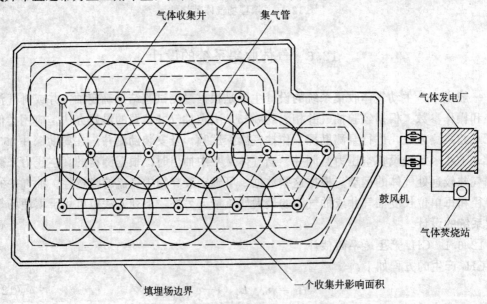

图 12.17　竖向抽气井的布置与网络

$$X = 2r\cos 30° \qquad (12.4)$$

式中　$X$——三角形布置井的间距；

　　　　$r$——影响半径，如缺少试验数据，可采用 45m。

### 12.6.3 收集管压差和尺寸设计

气体收集管压差和管尺寸的设计计算可采用如下步骤。

第一步

假设为完全紊流，主动抽气一般是紊流。假设一个合适的尺寸，通常为10~20cm。

第二步

估算气流速度，使用连续方程

$$Q = AV \tag{12.5}$$

式中  $Q$——气体流量，$m^3/s$；

$A$——截面积，$m^2$；

$V$——气流速度，$m/s$。

知道了管的内径和气体释放估计量，就可以由上式计算气流速度。假设气体的产生速率为$18.7 m^3/(t \cdot a)$，每一抽气井中的气体流量$Q$可通过该井覆盖范围内的废弃物总量和气体产生速率估算。

$$Q = (dQ_{LDG}/dt) \cdot m_0 \tag{12.6}$$

式中      $Q$——气体流量，$m^3/a$；

$dQ_{LDG}/dt$——气体产生速率，$m^3/(t \cdot a)$；

$m_0$——废弃物总量，t。

第三步。

计算雷诺数：

$$N_{Re} = D \cdot V \cdot \rho_g / \mu_g \tag{12.7}$$

式中  $N_{Re}$——雷诺数，无量纲；

$D$——管内径，m；

$V$——气流速度，m/s；

$\rho_g$——填埋场气体的密度，$0.00136 t/m^3$；

$\mu_g$——填埋场气体的粘滞系数，$12.1 \times 10^{-9} t/m\text{-}s$。

第四步

计算达赛摩擦系数（经验公式）

$$f \approx 0.0055 + 0.0055 \left[ (20\,000\varepsilon/D)(1\,000\,000/N_{Re}) \right]/3 \tag{12.8}$$

式中  $f$——达赛摩擦系数；

$\varepsilon$——绝对粗糙度，m，PVC 管取$1.68 \times 10^{-6}$；

$D$——管内径，m；

$N_{Re}$——雷诺数，无量纲。

第五步

Darcy-Weisbach 压差方程：

$$\Delta P = 0.102 \frac{f \gamma_g L V^2}{2gD} \tag{12.9}$$

式中  $\Delta P$——压差，mm 水柱；

$f$——达赛摩擦系数；

$\gamma_g$——填埋场气体容重，$9.62 N/m^3$；

$L$——管长，m；

$V$——气流的当量速度，m/s；

$g$——重力加速度，9.81m/s²；

$D$——管内径，m。

注意：上式系数 0.102 为压力差由 N/m² 转换为 mm 水柱的转换系数，1N/m²＝0.102mm 水柱。

12.6.4 压差阀和配件

阀与配件的阻力系数为：

$$K=f \cdot (L/D) \tag{12.10}$$

式中 $K$——阀与配件的阻力系数；

$f$——达赛摩擦系数；

$L/D$——当量管长。

"$K$" 通常由厂家提供，如果厂家不能提供，可采用以下估计值：

| | |
|---|---|
| 45°弯管 | 0.35 |
| 90°直管 | 0.75 |
| T 形管 | 1.0 |
| 门阀（1/2 开启） | 4.5 |

阀及配件的流动系数

$$C_V=0.0463d^2/K^{0.5} \tag{12.11}$$

式中 $C_V$——阀及配件的流动系数；

$d$——管内径，mm；

$K$——阀及配件的阻力系数。

阀及配件的压差

$$\Delta P= (6.895 \cdot \gamma_g/\gamma_w)(264.2Q/C_V)^2 \tag{12.12}$$

式中 $\Delta P$——阀及配件的压差，kPa；

$\gamma_g$——填埋场气体重力密度，0.00962kN/m³；

$\gamma_w$——水的重力密度，9.81kN/m³；

$Q$——通过阀及配件的气流量，m³/min；

$C_V$——阀及配件的流动系数。

# 参 考 文 献

1. Bagchi，A.，(1990) "Design，Construction，and Monitoring of Sanitary Landfill," John Wiley & Sons，Inc.，New York NY.

2. Baron，J. L.，et al.，(1981) "Landfill Methane Utilization Technology Workbook," U. S.，DOE，CPE810，Contract 31-109-38-5686 by Argonne National Laboratory，February.

3. Michels，M. S.，(1996) "Landfill Cas Collection System Components," Solid Waste Technologies，Vol. 10，No. 1，Adams/Green Industry Publishing，Inc.，January/February，pp. 20-30.

4. Tchobanoglous，T.，Theisen，H.，and Vigil，S.，(1993) "Integrated Solid Waste Management，Engineering Principles and Management Issues," McGraw-Hill，Inc.

5. USEPA，(1993) "Behavior and Assimilation of Organic and Inorganic Priority Pollutants Codisposed with Municipal Refuse，Volumes I and Ⅱ ," U. S. Environmental Protection Agency，Risk Reduction Engineering Laboratory，Cincinnati，OH，EPA/R-93/137a and b (NTIS PB93-222198 and PB93-222206).

6. USEPA，(1994) "Design，Operation，and Closure of Municipal Solid Waste Landfills (Seminar Publication)," U. S. Environmental Protection Agency，Office of Research and Development，Washington，D. C.，20460，EPA/625/R-94/008，September.

7. 钱学德，郭志平. (1995)，美国的现代卫生填埋工程. 水利水电科技进展，Vol. 15，No. 6. pp. 27-31.

8. 钱学德，郭志平. (1997)，填埋场气体收集系统. 水利水电科技进展，Vol. 17，No. 2，pp. 64-68.

# 第十三章　最终覆盖系统

对于一个已被填满的城市固体废弃物填埋场，最后进行适当封闭是完全必要的。设计最终覆盖（封顶）系统的目的是限制降水渗入废弃物以尽量减少有可能侵入地下水源的淋滤液的产出。

在一个封闭的填埋场内，减少淋滤液首先要阻止液体的侵入，同时对已有的淋滤液进行检测、收集和排除。当废弃物位于地下水带以上时，设计和维护均很合理的最终覆盖能阻止降水进入填埋场，从而尽量减少淋滤液的形成。

在场地选定且填埋场周边结构的平面布置和设计也已确定后，就应考虑最终覆盖系统的设计。典型的考虑因素包括：设置的位置；可利用的低透水性土料；有无良好的表土贮藏；利用土工合成材料以提高覆盖系统性能的可能性；稳定土坡的高度限制以及封闭后管理阶段的场地利用等。填埋场覆盖系统的最终目标是为了使日后的维护工作减至最少并有效地保护公众健康和周围环境。

## 13.1　最终覆盖系统的组成

目前，复合的最终覆盖系统已被广泛应用于城市固体废弃物填埋场。这一系统组合断面的各种型式如图 13.1 至 13.6 所示。在图 13.1 中，填埋场最终覆盖系统从下到上由下列部分组成：30cm 厚的排气层，至少 45cm 厚的压实土层用以减少水的渗入，土工膜，至少 60cm 厚的保护层用来侧向排水和防止冰冻穿透至粘土层中，至少 15cm 厚的带有植被的表土层以尽量减少侵蚀。压实土层的渗透系数应小于或等于 $10^{-5}\text{cm/s}$。

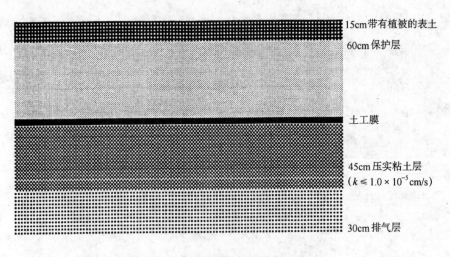

15cm带有植被的表土
60cm 保护层
土工膜
45cm 压实粘土层
（$k \leqslant 1.0 \times 10^{-5}$cm/s）
30cm 排气层

图 13.1　典型的填埋场最终覆盖系统

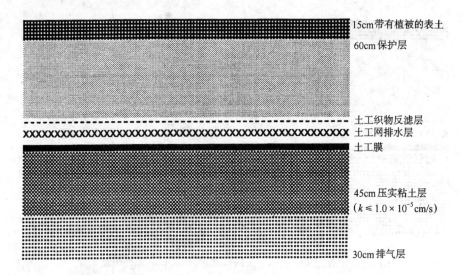

15cm带有植被的表土

60cm 保护层

土工织物反滤层
土工网排水层
土工膜

45cm 压实粘土层
($k \leqslant 1.0 \times 10^{-5}$cm/s)

30cm 排气层

图 13.2　带有土工织物和土工网排水层的填埋场最终覆盖系统

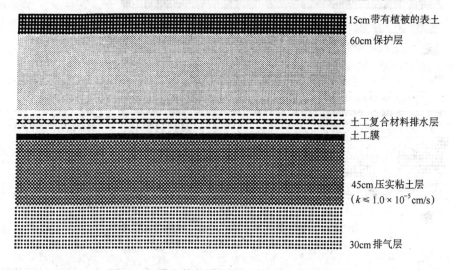

15cm带有植被的表土

60cm 保护层

土工复合材料排水层
土工膜

45cm 压实粘土层
($k \leqslant 1.0 \times 10^{-5}$cm/s)

30cm 排气层

图 13.3　带有复合排水层的填埋场最终覆盖系统

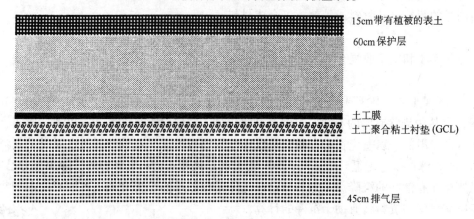

15cm带有植被的表土

60cm 保护层

土工膜
土工聚合粘土衬垫 (GCL)

45cm 排气层

图 13.4　带有土工聚合粘土衬垫（GCL）的最终覆盖系统

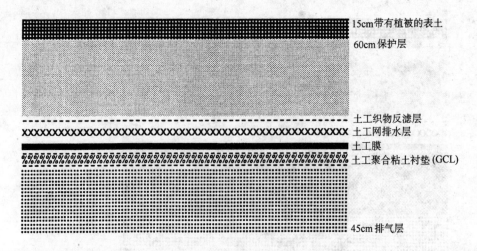

图 13.5　带有土工织物和土工网排水层及 GCL 的最终覆盖系统

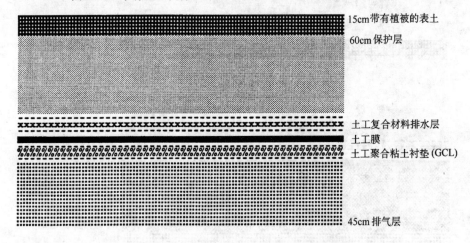

图 13.6　带有复合排水层及 GCL 的最终覆盖系统

### 13.1.1　排气层

排气层的厚度不应小于 30cm，应位于废弃物之上，低透水层之下。排气层可使用与排水层同样的粗粒多孔材料或等效土工合成材料。

### 13.1.2　低透水层

由压实土和土工膜复合组成的复合低透水层应位于排气层之上以防止地表水渗入填埋场。

A. 压实土层　压实土层的厚度不应小于 45cm，其渗透系数应小于或等于 $1.0 \times 10^{-5}$ cm/s，应从中剔除有害的石块，土团及其它碎渣，并应位于最大冰冻线以下。压实土层的表面应是光滑的，以避免在土工膜上形成小范围的应力点。在设计低透水层时必须考虑如沉陷、干裂缝以及冻融循环等破坏因素。在设置最终覆盖时，废弃物的沉降大部分已完成，但仍然存在有潜在的沉降。虽然估计潜在沉降是很困难的，但有关下卧废弃物内一些多孔和高压缩材料的资料将有助于沉降的计算。

由于冻融状态将引起土的开裂，降低土的密度和强度，整个低透水的土—土工膜复合层应位于最大冰冻穿透深度以下，在北部地区，表土层和保护层的厚度应大于建议的最小

222

厚度 (75cm)。

可用土工聚合粘土衬垫 (GCL) 代替压实土层，因为 GCL 透水性很低而允许拉应变较高，可以适应最终覆盖的不均匀沉降。一般压实粘土的允许拉应变小于 1%，而 GCL 的允许拉应变却高达 8%。如用 GCL 代替压实土层，则需用不小于 45cm 厚的土质材料垫底（即其下排气层厚度应由 30cm 增至 45cm 以上），以保护衬垫不与废弃物接触并尽量减少沉降的影响，可见图 13.4～13.6。

B. 土工膜　用于最终覆盖系统的土工膜应具有长期耐久性且能适应预期由沉降引起的应变值。对土工膜的某些特殊受力状态例如跨越沉降形成的沟或坑，以及土工膜和其它覆盖成分（压实土、土工合成排水材料，颗粒排水材料等）之间的摩擦等，特别处于边坡位置时，必须在实验室进行专门试验。以对设计中使用的当地产品进行检验。

作为高密聚乙烯(HDPE)的代用材料，可考虑选用具有合适双向应力—应变能力的聚合物。HDPE 及可作为代用品的土工膜聚合物，他们典型的双向应力—应变曲线如图 13.7 所示。具有高双向强度的材料比较容易适应填埋场封闭后产生的差异沉降，因而不易破坏。在最终覆盖系统中常用的土工膜材料包括超低密聚乙烯（VLDPE）、条状低密聚乙烯（LLDPE）、聚氯乙烯（PVC）以及拼合封焊土工膜（CSPER）等。

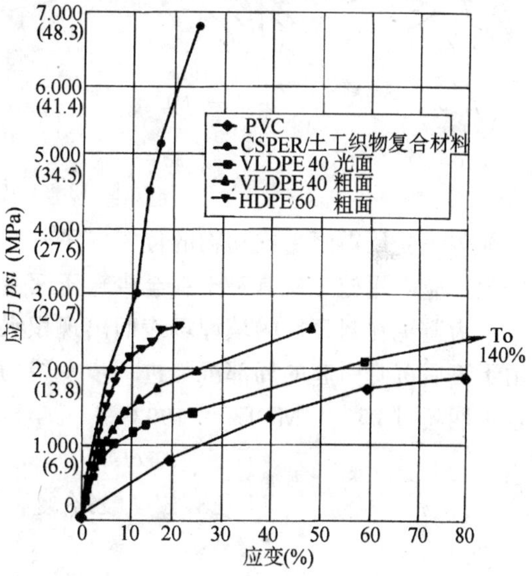

穿过低透水性复合层的排气口或排水管应尽量减少，需设排气口的地方应在排气口和土工膜接触处进行牢固的不漏水的封焊。如果担心沉降的影响，这种封焊还应设计成柔性的以允许竖向运动。

图 13.7　五种土工膜材料的双向应力—应变关系（Frobel，1991）

### 13.1.3　排水层及保护层

排水层及保护层厚度不应小于 60cm，并直接置于复合垫层之上。该层可使降落在最终覆盖上的雨水向四侧排出，尽量防止冰冻穿透进压实土层，并保护柔性土工膜衬垫不受植物根系、紫外线和其它有害因素的伤害。对该层没有特殊的压实要求。

设计排水层时，应尽量减少降水在底部和低透水层接触的时间，从而减少降水到达废弃物的可能性。通过顶层渗入的降水可被截住并很快排出，并流到坡脚的排水沟中（见图 13.8）。

目前在填埋场最终覆盖设计中，常在土工膜和保护层之间设置一层土工织物加土工网或土工复合材料以增加侧向排水能力，如图 13.2～13.6 所示。透水能力较强的排水层可以防止渗进侵蚀控制层的水分在隔离层上积聚起来。这些积水将在土工膜上产生超孔隙水应力并使侵蚀控制层滑离覆盖边坡。边坡排水层通常把水排到大容量的坡脚排水沟中，如图 13.8 所示。

### 13.1.4　侵蚀控制层

顶部覆盖层由厚度不小于 15cm 的土质材料组成，并有助于天然植物生长以保护填埋

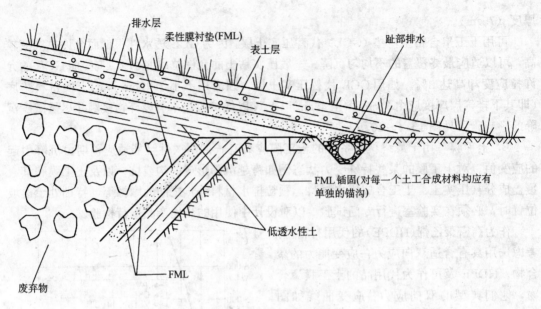

图 13.8　边坡排水层简图

场覆盖免受风霜雨雪或动物的侵害。虽然对压实通常并无特殊要求，但为了避免土质过分松软，应当用施工机具对土料至少辗压两遍。

　　为避免在封顶后的填埋场表面出现积水，对填埋场最终覆盖的外形平整应能有效防止由于工后沉降引起的局部沉陷进一步发展。最终覆盖的坡度在任何地方均不应小于 4%，但也不能超过 25%（MDEQ，1993）。

## 13.2　最终覆盖无限边坡稳定分析

　　覆盖系统的稳定性由坡角以及各组成部分界面摩擦角所控制。位于倾斜坡面的覆盖，其潜在问题之一是存在着整体或部分向下滑动的危险。

　　为了计算稳定，必须知道覆盖系统所有组成部分界面的剪切特征和所有土层的内部剪切参数。如果土充分饱和且在浸润线以下（如在暴雨期间），其稳定性将比干燥状态危险得多。因此，在分析覆盖系统的稳定性时，需要分别考虑常规的典型情况和最危险的情况。

### 13.2.1　土工膜上无渗透水流

　　斜坡上覆盖的稳定分析可以计算整个边坡的应力向量，包括坡脚抗力；也可以将同样形状的覆盖剖面简化成无限边坡分析（Thiel 及 Stewart，1993）。采用何种方法取决于所需的安全程度，对设计判断的影响，以及和整个边坡抗力相比，坡脚抗力的相对大小。在许多长覆盖边坡的例子中，坡脚抗力被证明均小于整个边坡抗力的 5%，如果通过无限边坡分析求出的安全系数小于期望值，可以计算坡脚抗力加以校核并重行计算安全系数。

　　这里讨论的方法是无限边坡分析。图 13.9 表示填埋场最终覆盖的一个截面，包括压实土层、土工膜、排水层和相同厚度的表土层。对于在土工膜上没有孔隙水应力的条件，可列出沿坡角 $\beta$ 方向力的综合方程，抵抗破坏的安全系数为：

$$F_s = 抗力 / 推力 = F/T \tag{13.1}$$

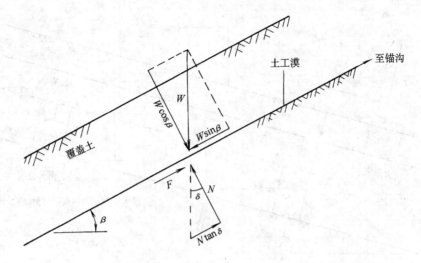

图 13.9　在土工膜衬垫最终覆盖边坡上覆盖土层的作用力示意图

即
$$F_s = \frac{C + N \cdot \tan\delta}{W \cdot \sin\beta} \tag{13.2}$$

若凝聚力 $C = 0$，则

$$F_s = N \cdot \tan\delta / (W \cdot \sin\beta) = W \cdot \cos\beta \cdot \tan\delta / (W \cdot \sin\beta)$$
$$= \tan\delta / \tan\beta \tag{13.3}$$

式中　$\beta$——坡角；

$\delta$——多层覆盖系统中最小界面摩擦角。

以上分析中，需考虑的最重要参数是坡角和与斜坡平行的潜在破坏面上的抗剪强度。潜在破坏面以上材料的重度在排水层中没有渗流的条件下对分析并无多大影响。

### 13.2.2　砂土排水层，土工膜上有渗流

当土工膜上有平行于边坡的渗流时，部分饱和边坡的一般形状如图 13.10 所示，注意根据图上绘出的部分流网，孔隙水应力应是向上的。在图 13.10 中，$\beta$ 是填埋场最终覆盖的坡角，$h_1$ 是表土层厚度，$h_2$ 是排水层厚度，$h_w$ 是排水层中边坡法线方向渗透水流的深度，$b$ 是典型覆盖土条的宽度，$\gamma_1$ 是表土的饱和重度。通常表土的透水性低于排水层材料的透水性，若排水层中渗流水有一定深度，则表土通常均已充分饱和。图中 $\gamma_2$ 是排水层材料的湿重度，$\gamma_{2sat}$ 是排水层材料的饱和重度，$\gamma_w$ 是水的重度，$\delta$ 是排水层和土工膜间的有效摩擦角，$C$ 是典型土条底部的总凝聚力，$c$ 是排水层底部单位面积有效凝聚力，$U$ 是作用于典型土条底部的向上水压力，$W$ 为典型土条的总重量，$N$ 为作用于土条底部的有效法向力，$T$ 是由典型土条重量引起的对边坡的推力。

$\Sigma F_Y = 0$　　　　　$N = W \cdot \cos\beta - U \tag{1}$

$$W = [\gamma_1 \cdot h_1 + \gamma_2 \cdot (h_2 - h_w) + \gamma_{2sat} \cdot h_w] \cdot b / \cos\beta \tag{2}$$

从图 13.10 所示的部分流网得

$$U = \gamma_w \cdot (h_w \cdot \cos\beta) \cdot (b / \cos\beta) = \gamma_w \cdot h_w \cdot b \tag{3}$$

(2) → (1) 及 (3) → (1)，得

$$N = [\gamma_1 h_1 + \gamma_2 \cdot (h_2 - h_w) + (\gamma_{2sat} - \gamma_w) \cdot h_w] \cdot b \tag{4}$$

对于图 13.10 所示的典型土条，有

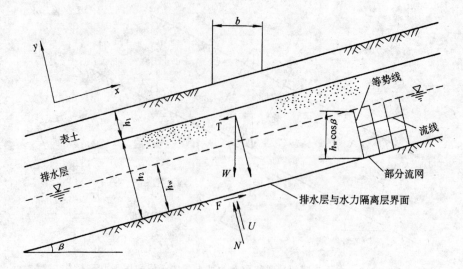

图 13.10  具有平行最终覆盖边坡渗流的无限边坡稳定分析

$$F = C + N \cdot \tan\delta \qquad (5)$$

$$C = c \cdot b/\cos\beta \qquad (6)$$

(4) → (5) 及 (6) → (5)，得

$$F = c \cdot b/\cos\beta + [\gamma_1 \cdot h_1 + \gamma_2 \cdot (h_2 - h_w) + (\gamma_{2sat} - \gamma_w) \cdot h_w] \cdot b \cdot \tan\delta \qquad (7)$$

又因

$$T = W \cdot \sin\beta \qquad (8)$$

(2) → (8)

$$T = [\gamma_1 \cdot h_1 + \gamma_2 \cdot (h_2 - h_w) + \gamma_{2sat} \cdot h_w] \cdot b \cdot \tan\beta \qquad (9)$$

而

$$F_s = F/T$$

(7) → (13.1) 及 (9) → (13.1)，得

$$F_s = \frac{c/\cos\beta + [\gamma_1 \cdot h_1 + \gamma_2 \cdot (h_2 - h_w) + (\gamma_{2sat} - \gamma_w) \cdot h_w] \cdot \tan\delta}{[\gamma_1 \cdot h_1 + \gamma_2 \cdot (h_2 - h_w) + \gamma_{2sat} \cdot h_w] \cdot \tan\beta} \qquad (13.4)$$

若 $c = 0$，则上式简化为

$$F_s = \frac{[\gamma_1 \cdot h_1 + \gamma_2 (h_2 - h_w) + (\gamma_{2sat} - \gamma_w) \cdot h_w] \cdot \tan\delta}{[\gamma_1 h_1 + \gamma_2 \cdot (h_2 - h_w) + \gamma_{2sat} \cdot h_w] \cdot \tan\beta} \qquad (13.5)$$

式中　$W$——典型覆盖土条的总重量，kN/m；

$U$——向上的水压力，kN/m；

$N$——有效法向力，kN/m；

$T$——推力，kN/m；

$F$——阻力，kN/m；

$C$——覆盖土条底部总凝聚力，kN/m；

$c$——覆盖土条底部单位面积有效凝聚力，kPa；

$h_1$——表土厚度，m；

$h_2$——排水层厚度，m；

$h_w$——排水层垂直边坡渗流水深，m；

$b$——典型覆盖土条宽度，m；

$\gamma_1$——表土饱和重度，kN/m³；

$\gamma_2$——排水层湿重度，kN/m³；

$\gamma_{2sat}$——排水层饱和重度，$kN/m^3$；

$\gamma_w$——水的重度，$9.80kN/m^3$；

$\delta$——排水层与土工膜间有效摩擦角；

$\beta$——覆盖坡角。

若土工膜上的水头等于排水层总厚度，则整个排水层都是充分饱和的，因为表土层已经饱和，这就意味着无论是表土层或排水层都已被饱和，此时土工膜上的总水头应等于表土层厚度与排水层厚度之和。对最终覆盖的稳定性来说，这是最危险的条件，式（13.5）将成为

$$F_s = \frac{[(\gamma_{1sat} - \gamma_w) \cdot h_1 + (\gamma_{2sat} - \gamma_w) \cdot h_2] \cdot \tan\delta}{(\gamma_{1sat} \cdot h_1 + \gamma_{2sat} \cdot h_2) \cdot \tan\beta} \tag{13.6}$$

式中 $h_1$——表土厚度，m；

$h_2$——排水层厚度，m；

$\gamma_{1sat}$——表土的饱和重度，$kN/m^3$；

$\gamma_{2sat}$——排水层的饱和重度，$kN/m^3$；

$\gamma_w$——水的重度，$9.80kN/m^3$；

$\delta$——排水层和土工膜间有效摩擦角；

$\beta$——覆盖坡角。

**例 13.1** 一填埋场最终覆盖系统，其有关资料有：表土厚23cm，其饱和重度为$16.50kN/m^3$；排水层厚76.25cm，其湿重度为$17.27kN/m^3$，饱和重度为$18.00kN/m^3$；覆盖坡比为1∶4；排水层与土工膜界面摩擦角为32°；试分别找出排水层内水头为30cm，60cm及76.25cm时最终覆盖的稳定安全系数

**解** 已知$\tan\delta = \tan32° = 0.625$，$\tan\beta = 1/4 = 0.25$

（1）$h_w = 30cm$，用式（13.5）计算$F_s$，

$$F_s = \frac{[\gamma_1 \cdot h_1 + \gamma_2 \cdot (h_2 - h_w) + (\gamma_{2sat} - \gamma_w) \cdot h_w] \cdot \tan\delta}{[\gamma_1 \cdot h_1 + \gamma_2 \cdot (h_2 - h_w) + \gamma_{2sat} \cdot h_w] \cdot \tan\beta}$$

$$= \frac{[16.5 \times 0.23 + 17.27 \times (0.763 - 0.30) + (18 - 9.8) \times 0.30] \cdot 0.625}{[16.5 \times 0.23 + 17.27 (0.763 - 0.30) + 18 \times 0.30] \times 0.25}$$

$$= \frac{14.25 \times 0.625}{17.19 \times 0.25} = 2.07 > 1.5 （安全）$$

（2）$h_w = 60cm$，仍用式（13.5）计算

$$F_s = \frac{[\gamma_1 \cdot h_1 + \gamma_2 \cdot (h_2 - h_w) + (\gamma_{2sat} - \gamma_w) \cdot h_w] \cdot \tan\delta}{[\gamma_1 \cdot h_1 + \gamma_2 (h_2 - h_w) + \gamma_{2sat} \cdot h_w] \cdot \tan\beta}$$

$$= \frac{[16.5 \times 0.23 + 17.27 \times (0.763 - 0.60) + (18 - 9.8) \times 0.60] \cdot 0.625}{[16.5 \times 0.23 + 17.27 (0.763 - 0.60) + 18 \times 0.60] \cdot 0.25}$$

$$= \frac{11.47 \times 0.625}{17.40 \times 0.25} = 1.65 > 1.5 （安全）$$

（3）$h_w = 76.25cm$，此时表土层及排水层均已饱和，$F_s$用式（13.6）计算

$$F_s = \frac{[(\gamma_{1sat} - \gamma_w) \cdot h_1 + (\gamma_{2sat} - \gamma_w) \cdot h_2] \cdot \tan\delta}{(\gamma_{1sat} \cdot h_1 + \gamma_{2sat} \cdot h_2) \cdot \tan\beta}$$

$$= \frac{[(16.5 - 9.8) \times 0.23 + (18 - 9.8) \times 0.763] \times 0.625}{(16.5 \times 0.23 + 18 \times 0.763) \times 0.25}$$

$$=\frac{7.80\times0.625}{17.53\times0.25}=1.11<1.5\text{（不安全）}$$

### 13.2.3 土工网排水层，土工膜上有渗流

土工网加土工织物或土工复合材料通常位于保护土层与土工膜之间用来加速排水，保护层的透水性假定比表土大得多。当土工膜上渗透水深大于排水层厚度时（见图13.11），安全系数可用下式计算：

$$F_s=\frac{\{\gamma_1h_1+\gamma_2[h_2-(h_w-h_3)]+(\gamma_{2sat}-\gamma_w)(h_w-h_3)+(\gamma_{3sat}-\gamma_w)h_3\}\cdot\tan\delta}{\{\gamma_1h_1+\gamma_2[h_2-(h_w-h_3)]+\gamma_{2sat}(h_w-h_3)+\gamma_{3sat}h_3\}\cdot\tan\beta}$$

$$(13.7)$$

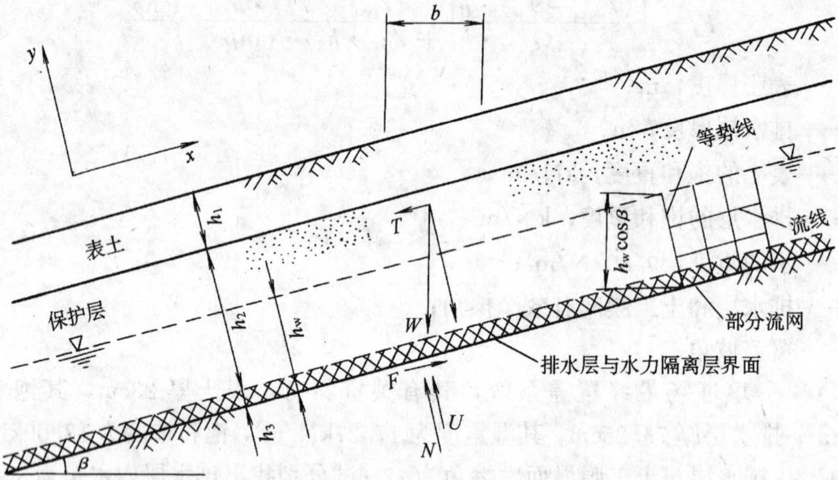

图13.11 最终覆盖边坡土工网排水层及保护层内的渗透水流

式中 $h_1$——表土厚，m；

$h_2$——保护层厚度，m；

$h_3$——土工网加土工织物或土工复合材料排水层的厚度，m，Tensar DC4105 土工复合材料（土工网＋土工织物）为 0.58cm，Tensar DC4205 土工复合材料（土工织物＋土工网＋土工织物）为 0.61cm；

$h_w$——排水层内垂直边坡渗透水深，m；

$\delta$——土工网加土工织物排水层与土工膜之间的有效摩擦角；

$\beta$——最终覆盖坡角；

$\gamma_1$——表土饱和重度，kN/m³；

$\gamma_2$——保护层湿重度，kN/m³；

$\gamma_{2sat}$——保护层饱和重度，kN/m³；

$\gamma_3$——土工网加土工织物的重度，kN/m³，Tensar DC4105 土工复合材料（土工网＋土工织物）为 2.0kN/m³，Tenser DC4205 土工复合材料（土工织物＋土工网＋土工织物）为 2.2kN/m³；

$\gamma_{3sat}$——土工网加土工织物排水层的饱和重度，kN/m³，Tensar DC4105 土工复合材料为 8.1kN/m³，Tensar DC4205 土工复合材料为 8.4kN/m³；

$\gamma_w$——水的重度，9.80kN/m³。

当土工膜上的水头小于排水层厚度时，式（13.7）成为：

$$F_s = \frac{[\gamma_1 \cdot h_1 + \gamma_2 \cdot h_2 + \gamma_3 \cdot (h_3 - h_w) + (\gamma_{3sat} - \gamma_w) \cdot h_w] \cdot \tan\delta}{[\gamma_1 \cdot h_1 + \gamma_2 \cdot h_2 + \gamma_3 \cdot (h_3 - h_w) + \gamma_{3sat} \cdot h_w] \cdot \tan\beta} \quad (13.8)$$

由于土工网加土工织物或土工复合材料排水层非常薄（仅为 0.60cm 左右），当土工膜上的水头小于排水层厚度时，渗流水深 $h_w$ 也非常小（小于 0.60cm），因此

$$[\gamma_1 \cdot h_1 + \gamma_2 \cdot h_2 + \gamma_3 \cdot (h_3 - h_w) + (\gamma_{3sat} - \gamma_w) \cdot h_w]$$
$$\approx [\gamma_1 \cdot h_1 + \gamma_2 \cdot h_2 + \gamma_3 \cdot (h_3 - h_w) + \gamma_{3sat} \cdot h_w]$$

则式（13.8）可简化成与式（13.3）相同，即

$$F_s = \tan\delta/\tan\beta$$

在上式中 $\delta$ 应采用多层覆盖系统中最小的界面摩擦角 $\delta_{min}$。

若土工膜上的水头等于排水层加上保护层的总厚度，则排水层和保护层均已充分饱和，而表土层本来已经饱和，故整个表土层加保护层和排水层都是饱和的，土工膜上的总水头应当等于表土层、保护层和排水层三者总的厚度，对于最终覆盖的稳定性，这是最危险的情况，式（13.7）改写成

$$F_s = \frac{[(\gamma_{1sat} - \gamma_w) \cdot h_1 + (\gamma_{2sat} - \gamma_w) \cdot h_2 + (\gamma_{3sat} - \gamma_w) \cdot h_3] \cdot \tan\delta}{(\gamma_{1sat} \cdot h_1 + \gamma_{2sat} \cdot h_2 + \gamma_{3sat} \cdot h_3) \cdot \tan\beta} \quad (13.9)$$

式中　$h_1$——表土厚，m；

　　　$h_2$——保护层厚，m；

　　　$h_3$——土工网加土工织物排水层厚，m；

　　　$\gamma_{1sat}$——表土饱和重度，kN/m³；

　　　$\gamma_{2sat}$——保护层饱和重度，kN/m³；

　　　$\gamma_{3sat}$——土工网加土工织物排水层饱和重度，kN/m³；

　　　$\gamma_w$——水的重度，9.80kN/m³；

　　　$\delta$——土工网加土工织物排水层与土工膜之间的有效摩擦角；

　　　$\beta$——覆盖坡角。

**例 13.2**　一填埋场最终覆盖其有关资料有：表土厚 15cm，饱和重度 16.5kN/m³；土质保护层厚 60cm，湿重度 17.3kN/m³，饱和重度 18.0kN/m³；坡比 1∶4；土工复合材料（土工织物＋土工网＋土工织物）排水层厚 0.76cm；土工复合材料排水层与粗面土工膜之间的界面摩擦角为 25°。试求当排水层中水头为 0.51cm 时最终覆盖的稳定安全系数。

**解**　已知 $\tan\delta = \tan26° = 0.466$　$\tan\beta = 1/4 = 0.25$；$h_w = 0.51\text{cm} = 0.0051\text{m}$。

用式（13.8）求 $F_s$

$$F_s = \frac{[\gamma_1 h_1 + \gamma_2 h_2 + \gamma_3 (h_3 - h_w) + (\gamma_{3sat} - \gamma_w) \cdot h_w] \cdot \tan\delta}{[\gamma_1 h_1 + \gamma_2 h_2 + \gamma_3 (h_3 - h_w) + \gamma_{3sat} \cdot h_w] \cdot \tan\beta}$$

$$= \frac{[16.5 \times 0.15 + 17.3 \times 0.60 + 2.2 \times (0.0076 - 0.0051) + (8.4 - 9.8) \times 0.0051] \times 0.466}{[16.5 \times 0.15 + 17.3 \times 0.60 + 2.2(0.0076 - 0.0051) + 8.4 \times 0.0051] \times 0.25}$$

$$= \frac{12.85 \times 0.466}{12.90 \times 0.25} = 1.86 > 1.5（安全）$$

### 13.2.4　安全系数

对于边坡静力分析的长期稳定性，取其安全系数不小于 1.5，岩土工程师们经常认为是合适的。但该值来源于水坝设计，对于一般的填埋场边坡稳定性，特别是覆盖的稳定，该

值可能合适也可能不合适。美国联邦环保局（USEPA，1992b）建议根据所取抗剪强度的正确程度，安全系数可取 1.25 到 1.50。在选择填埋场最终覆盖的最小安全系数时，下列因素应予考虑：

A. 使用土工合成材料的历史相对较短，经验不足，假定材料性能的可信度如何；

B. 在估计材料性能时也许已把安全系数包括在内；

C. 分析考虑的是最危险的情况，它发生的时间机率较低。

## 13.3 土体侵蚀控制

土的侵蚀是指在水、风和冰的作用下土体表层发生迁移的现象。土的侵蚀过程包括颗粒分离和在这些因素作用下发生搬迁，侵蚀是由作用于表层土体单个颗粒上的拖曳力、冲击力和牵引力引起的（Gray 及 Leiser，1982）。

### 13.3.1 土体侵蚀的自然因素

雨水侵蚀是最常见的侵蚀类型。雨水侵蚀始于雨点的下落，当雨点冲击无遮蔽或未开垦的土地时，它们能逐出并搬运土粒到一个令人吃惊的距离。径流刚开始，水可能汇集成小股水流侵蚀着叫做溪流的小沟渠，而这些小溪最后可能归并成又大又深的冲沟。冲蚀是一个复杂又具破坏性的过程，而且一旦形成将难以阻止。

雨水侵蚀被四种基本因素所控制：气候，土的种类，地形以及植被。这种关系可示意性的表达为

$$雨水侵蚀 = f(气候,土,地形,植被)$$

式中　气候——暴雨的强度和持续时间；

　　　土——内在的侵蚀度；

　　　地形——斜坡的长度和坡度；

　　　植被——覆盖的类型和范围。

雨水侵蚀因素可用已提到过的能识别且能测量的参数来进行描述，这些参数也能用来估计或预测某个地区雨水侵蚀造成的损害，这些将在下节详加说明。

控制雨水侵蚀最重要的气候参数是降水的强度和持续时间。Wischmeier 及 Smith（1958）指出：衡量暴雨侵蚀能力最重要也是"唯一"的尺度是以降水能量乘以最大 30 分钟降雨强度。雨点对无遮蔽土地的冲击，不仅引起了侵蚀，也能压实土体使其透水能力降低。

土体对侵蚀的敏感程度叫做侵蚀度。某些土（如粉砂）比其它的土（如级配良好的砂砾）更易侵蚀。通常，随着土中有机物和粘粒的增加，侵蚀度也将减小。侵蚀度还取决于某些参数如：土的质地，初始含水量，孔隙比，pH 值和侵蚀水的成分或离子浓度等。土体侵蚀度随这些因素的变化规律可归纳如下（Gray 及 Leiser，1982）：

a. 级配良好的砂砾侵蚀度较低；

b. 均匀的粉土及细砂侵蚀度较高；

c. 随着粘粒和有机质含量增加侵蚀度将降低；

d. 孔隙比较小和初始含水量较高的土侵蚀度较低；

e. 随着土粒表面吸附钠的比例增加和侵蚀水中离子浓度的减小，侵蚀度将提高。

到目前为止，还没有一个简单且被公认的土体侵蚀度指标，因此提出了很多测试方法，包括 SCS 离散试验（Volk，1937），团粒试验（Emerson，1967）和针孔试验（Sherard 等，1976）等。根据美国土的统一分类体系（可参见中国国家标准 GBJ 145—90《土的分类标准》中土的分类体系），土的侵蚀度序列为：

$$ML > SM > SC > MH > OL \gg CL > CH > GM > GP > GW$$

（最易侵蚀 → 最不易侵蚀）

以上符号为：$ML$——低液限粉土；$SM$——含粉土的砂；$SC$——含粘土的砂；$MH$——高液限粉土；$OL$——低液限有机质土；$CL$——低液限粘土；$CH$——高液限粘土；$GM$——含粉土的砾；$GP$——级配不良砾；$GW$——级配良好的砾。

这种土的侵蚀度序列很简单，但仅仅是建立在重塑土的级配和塑性指数基础上的，而没有考虑到土的质地、孔隙比和初始含水量的影响。Wischmier 等（1971）已作出通用水土流失方程的诺模图，该方程是根据几个极易量测的土的性质指标建立起来的。

影响雨水侵蚀的地形变量有坡角，坡的长度和流域大小和形状。随着坡度变陡，长度的影响或重要性将增加。例如，坡长从 30m 至 60m 增长了一倍，在 6% 的坡上，土的流失仅增加 29%；而在 20% 的坡上，坡长同样增长一倍，土的流失却能增加到 49%。这就是为什么要对长而陡的边坡采用阶梯式和等高围护等措施的原因之一。

植被在控制雨水侵蚀中起着相当重要的作用。人为或自然（如野火）引起的植被消失或剥落，经常会导致侵蚀的加速。

### 13.3.2 水土流失预测

按规定，由侵蚀引起的水土流失每英亩（0.4 公顷）每年不应超过 2 吨，以便尽量减少对填埋场地区长期维护的任务。由雨水引起的水土流失可用通用水土流失方程（USLE）进行估算。通用水土流失方程考虑了所有上述影响土体侵蚀的因素，即气候、土质、地形和植被。它是根据在天然和模拟降雨状态下进行野外试验所测得的侵蚀数据经过统计分析而得到的。一个场地的年水土流失量可用下列关系进行预测：

$$A = R \cdot K \cdot L_s \cdot C \cdot P \tag{13.10}$$

式中　$A$——预测水土流失量（干重），吨/英亩·年；

　　　$R$——降水能量因子；

　　　$K$——土体侵蚀度因子；

　　　$L_s$——坡长因子；

　　　$C$——植被因子；

　　　$P$——侵蚀控制措施因子，在填埋场设计中可取 $P=1$。

1. 降水能量因子

降水能量因子 $R$ 作为雨水侵蚀指标也是为人们所熟知的。如前所述，"唯一"的也是最重要的度量暴雨引起侵蚀的方法是用降水能量乘以最大 30 分钟降雨强度，对于单场暴雨的降水指标可定义为：

$$R = E \cdot I / 100 \tag{13.11}$$

式中　$E$——某场暴雨的总动能，英尺—吨/英亩；

　　　$I$——该地区最大 30 分钟降水强度，英寸/小时。

雨水能量因子 $R$ 也可表达为仅是降水强度的函数：

$$R = (916 + 331\log I) \cdot I/100 \qquad (13.12)$$

为了获得某个时期（如一个月或一年）的累积 $R$ 值，可将该时间间隔中每一场暴雨的记录进行叠加。Wischmeier 和 Smith（1965）用"等侵蚀线"图的形式总结了美国大约 2000 个地点的年均 $R$ 值，其值在北方大平原区近似于 50 而到海湾区则可高达 600。根据美国联邦农业部水土保持部门的研究，已建立起第 II 类降水（频率 2 年，降雨持续历时 6 小时）与年均降水能量因子之间的关系，这种持续历时和频繁的暴雨可作为一种典型的"平均"暴雨来考虑，因为它预期有可能在 50% 的时间内出现，美国水土保持部门并发现，6 小时为发生最频繁的暴雨历时。年均降水能量因子和第 II 类型降水之间的关系曲线和与第 I 类型降水之间同样的曲线均示于图 13.12 中。第 I 和第 II 类型降水是根据美国不同地区的降水特性分的，见图 13.13。图中并绘出了频率 2 年持续历时 6 小时的降水量等值线。美国任何被研究地区的 2 年频率 6 小时持续历时降水的类型和降水量均可从图中查得，然后利用查得的数据，再由图 13.12 中的曲线确定平均年侵蚀能量因子。对于特殊地区的降水也可从联邦气象局（1963）出版的天气记录上查到。

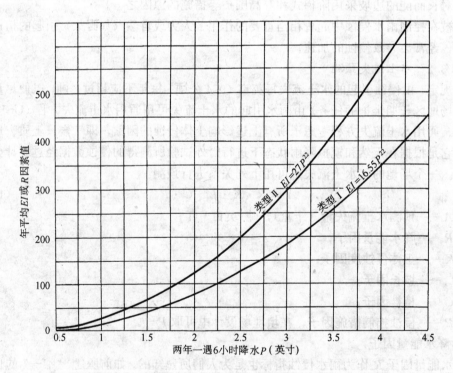

图 13.12　两种降雨类型 2 年频率，6 小时降水量与年平均降水能量因子的
关系（Gray 及 Leiser，1982）

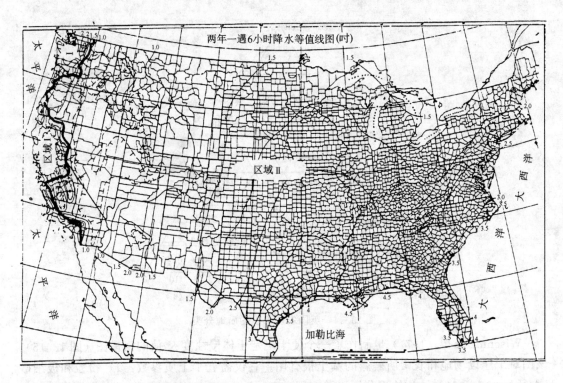

图 13.13　美国各地 2 年频率 6 小时降水量等值线图（美国联邦气象局，1963）

## 2. 土体侵蚀度因子

土体侵蚀度因子 $K$ 也就是土对侵蚀的固有敏感程度，它受前面讨论过的土体质地和级配所控制。土体侵蚀度因子可根据美国联邦农业部对土的质地分类来估算，见表 13.1。土的质地分类是根据土中的砂粒、粉粒和粘粒的百分含量来确定的，见图 13.14（此分类法可参见中国水电部 1962 年颁布的《（62）土工试验操作规程》中的三角坐标分类）。

美国农业部土质分类的侵蚀度 $K$ 值　　　　　　　　　　　　表 13.1

| 土 质 分 类 | 土体侵蚀度因子 $K$ | | |
|---|---|---|---|
| | 有机质含量 | | |
| | <0.5% | 2% | 4% |
| 砂 | 0.05 | 0.03 | 0.02 |
| 细砂 | 0.16 | 0.14 | 0.10 |
| 极细砂 | 0.42 | 0.36 | 0.28 |
| 炉埚质（壤质）砂 | 0.12 | 0.10 | 0.08 |
| 壤质细砂 | 0.24 | 0.20 | 0.16 |
| 壤质极细砂 | 0.44 | 0.38 | 0.30 |
| 砂质炉埚（砂质壤土） | 0.27 | 0.24 | 0.19 |
| 细砂壤土 | 0.35 | 0.30 | 0.24 |
| 极细砂壤土 | 0.47 | 0.41 | 0.33 |
| 炉埚（壤土） | 0.38 | 0.34 | 0.29 |
| 粉质壤土 | 0.48 | 0.42 | 0.33 |
| 粉土 | 0.60 | 0.52 | 0.42 |
| 砂质粘壤土 | 0.27 | 0.25 | 0.21 |
| 粘质壤土 | 0.28 | 0.25 | 0.21 |
| 粉质粘壤土 | 0.37 | 0.32 | 0.26 |
| 砂质粘土 | 0.14 | 0.13 | 0.12 |
| 粉质粘土 | 0.25 | 0.23 | 0.19 |
| 粘土 | 0.13～0.29 | | |

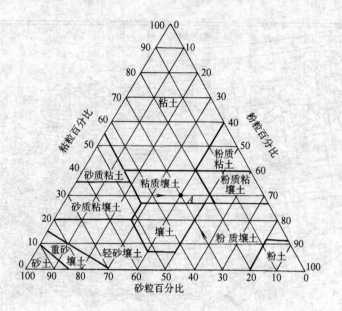

图 13.14 美国农业部土的质地分类

Wischmeier 等（1971）也制作了一个便于确定土体侵蚀度 $K$ 值的诺模图（图 13.15）。该图对于建设场地和农田所暴露的基土很有用。它仅需五个土质参数：$a$）粉粒和极细砂（粒径 $0.002\sim0.10$mm）的百分比；$b$）砂粒（$0.10\sim2.0$mm）的百分比；$c$）有机质的百分比；$d$）土的结构；$e$）透水性。根据前三项参数通常已足以提供侵蚀度一个合理的近似值，然后根据透水性的高低和土体结构利用图 13.15 箭头所示的方法使得到的近似值更精确。

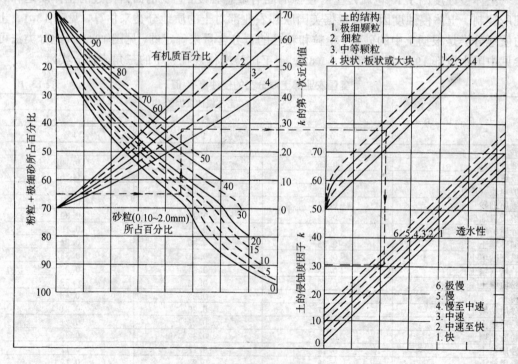

图 13.15　确定 $K$ 值的土体侵蚀度诺模图（Wischmeier 等，1971）

## 3. 坡长因子

坡长因子 $L_s$ 是指给定场地单位面积水土流失量与坡比为 9％，长为 22.14m 的坡地单位面积水土流失量之比。$L_s$ 可用经验公式算出，该式已被图解成图 13.16（实线部分），并被美国水土保持部门推广至覆盖坡长达 488m，坡比可至 1∶1。图 13.16 中坡长超过 400 英尺（122m），坡比大于 20％的部分是由原始图表外延得出的，这些原始资料的外延是建立在通用水土流失方程（USLE）基础之上的。因为这些外延和附加的部分（图中虚线所示）是根据确定的数据外推得到的，所以它们只能作为一种推理性质的估算。坡长因子 $L_s$ 值也列于表 13.2。

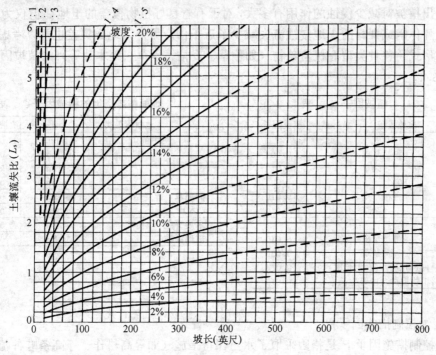

图 13.16　确定坡长因子 $L_s$ 的图解（Gray 及 Leiser，1982）

坡长因子 $L_s$　　　　　　　　　　　　　　　　　　　表 13.2

| 坡长 | 坡比（％） | | | | | | | | | | | | | |
|---|---|---|---|---|---|---|---|---|---|---|---|---|---|---|
| 英尺（m） | 4 | 6 | 8 | 10 | 12 | 14 | 16 | 18 | 20 | 25 | 30 | 35 | 40 | 45 | 50 |
| 50 (15.25) | 0.3 | 0.5 | 0.7 | 1.0 | 1.3 | 1.6 | 2.0 | 2.4 | 3.0 | 4.3 | 6.0 | 7.9 | 10.1 | 12.6 | 15.4 |
| 100 (30.50) | 0.4 | 0.7 | 1.0 | 1.4 | 1.8 | 2.3 | 2.8 | 3.4 | 4.2 | 6.1 | 8.5 | 11.2 | 14.4 | 17.9 | 21.7 |
| 150 (45.75) | 0.5 | 0.8 | 1.2 | 1.6 | 2.2 | 2.8 | 3.5 | 4.2 | 5.1 | 7.5 | 10.4 | 13.8 | 17.6 | 21.9 | 26.6 |
| 200 (61.00) | 0.6 | 0.9 | 1.4 | 1.9 | 2.6 | 3.3 | 4.1 | 4.8 | 5.9 | 8.7 | 12.0 | 15.9 | 20.3 | 25.2 | 30.7 |
| 250 (76.25) | 0.7 | 1.0 | 1.6 | 2.2 | 2.9 | 3.7 | 4.5 | 5.4 | 6.6 | 9.7 | 13.4 | 17.8 | 22.7 | 28.2 | 34.4 |
| 300 (91.50) | 0.7 | 1.2 | 1.7 | 2.4 | 3.1 | 4.0 | 5.0 | 5.9 | 7.2 | 10.7 | 14.7 | 19.5 | 24.9 | 30.9 | 37.6 |
| 350 (106.75) | 0.8 | 1.2 | 1.8 | 2.6 | 3.4 | 4.3 | 5.4 | 6.4 | 7.8 | 11.5 | 15.9 | 21.0 | 26.9 | 33.4 | 40.6 |
| 400 (122.00) | 0.8 | 1.3 | 2.0 | 2.7 | 3.6 | 4.6 | 5.7 | 6.8 | 8.3 | 12.3 | 17.0 | 22.5 | 28.7 | 35.7 | 43.5 |
| 450 (137.25) | 0.9 | 1.4 | 2.1 | 2.9 | 3.8 | 4.9 | 6.1 | 7.2 | 8.9 | 13.1 | 18.0 | 23.8 | 30.5 | 37.9 | 46.1 |
| 500 (152.50) | 0.9 | 1.5 | 2.2 | 3.1 | 4.0 | 5.2 | 6.4 | 7.6 | 9.3 | 13.7 | 19.0 | 25.1 | 32.1 | 39.9 | 48.6 |
| 550 (167.75) | 1.0 | 1.6 | 2.3 | 3.2 | 4.2 | 5.4 | 6.7 | 8.0 | 9.8 | 14.4 | 19.9 | 26.4 | 33.7 | 41.9 | 50.9 |
| 600 (183.00) | 1.0 | 1.6 | 2.4 | 3.3 | 4.4 | 5.7 | 7.0 | 8.3 | 10.2 | 15.1 | 20.8 | 27.5 | 35.2 | 43.7 | 53.2 |
| 650 (198.25) | 1.1 | 1.7 | 2.5 | 3.5 | 4.6 | 5.9 | 7.3 | 8.7 | 10.6 | 15.7 | 21.7 | 28.7 | 36.6 | 45.5 | 55.4 |
| 700 (213.50) | 1.1 | 1.8 | 2.6 | 3.6 | 4.8 | 6.1 | 7.6 | 9.0 | 11.1 | 16.3 | 22.5 | 29.7 | 38.0 | 47.2 | 57.5 |
| 750 (228.75) | 1.1 | 1.8 | 2.7 | 3.7 | 4.9 | 6.3 | 7.9 | 9.3 | 11.4 | 16.8 | 23.3 | 30.8 | 39.4 | 48.9 | 59.5 |
| 800 (244.00) | 1.2 | 1.9 | 2.8 | 3.9 | 5.1 | 6.5 | 8.1 | 9.6 | 11.8 | 17.4 | 24.1 | 31.8 | 40.6 | 50.5 | 61.4 |
| 900 (274.50) | 1.2 | 2.0 | 3.0 | 4.1 | 5.4 | 6.9 | 8.6 | 10.2 | 12.5 | 18.5 | 25.5 | 33.7 | 43.1 | 53.5 | 65.2 |
| 1000 (305.00) | 1.3 | 2.1 | 3.1 | 4.3 | 5.7 | 7.3 | 9.1 | 10.8 | 13.2 | 19.5 | 26.9 | 35.5 | 45.4 | 56.4 | 68.7 |

## 4. 植被因子（种植经营因子）

植被因子 $C$ 是指在特定条件下种有植物的土，其水土流失量与耕作过的大片休闲（裸露）地上相应流失量之比。直观上它表现为植被对抗侵蚀的保护作用。植被或种植经营通过三个各具特色而又互相联系的因素影响着土的侵蚀，这三个因素是林冠（植物顶部）覆盖，与土直接接触的植被覆盖和土面或土下残留的植物。这三个部分对侵蚀的影响结果可被分别说明，但实用上仅用一个简单的 $C$ 值代替就行了。

对于完全裸露或休闲的土地，$C$ 值等于 1。不同覆盖的植被因子 $C$ 值列于表 13.3，从表中可看出植被对减少侵蚀的作用有多大，对于有着良好植物覆盖的土地 $C$ 值仅为 0.003，相对于大片休闲或裸露的土地侵蚀流失减少了近千倍。另外，地面覆盖也可以考虑作为植被的一种形式，各种类型有机覆盖物（如稻草、麦桔、干草、碎木片等）的植被因子 $C$ 值列于表 13.4。

<table>
<tr><th colspan="2">植被因子 $C$    表 13.3</th></tr>
<tr><th>土地覆盖</th><th>植被因子 $C$</th></tr>
<tr><td>95%～100%</td><td></td></tr>
<tr><td>种植草皮</td><td>0.003</td></tr>
<tr><td>杂草</td><td>0.010</td></tr>
<tr><td>80%</td><td></td></tr>
<tr><td>种植草皮</td><td>0.010</td></tr>
<tr><td>杂草</td><td>0.040</td></tr>
<tr><td>60%</td><td></td></tr>
<tr><td>种植草皮</td><td>0.040</td></tr>
<tr><td>杂草</td><td>0.090</td></tr>
<tr><td>草与豆科植物混种（高生长率）</td><td>0.004</td></tr>
<tr><td>草与豆科植物混种（中等生长率）</td><td>0.010</td></tr>
</table>

<table>
<tr><th colspan="3">地面覆盖场地的植被因子 $C$    表 13.4</th></tr>
<tr><th colspan="2">地面覆盖类型</th><th>植被因子 $C$</th></tr>
<tr><td>干草，使用量</td><td>1.25t/hm</td><td>0.25</td></tr>
<tr><td></td><td>2.50t/hm</td><td>0.13</td></tr>
<tr><td></td><td>3.75t/hm</td><td>0.07</td></tr>
<tr><td></td><td>5.00t/hm</td><td>0.02</td></tr>
<tr><td>碎稻草，碎麦桔</td><td>5.00t/hm</td><td>0.02</td></tr>
<tr><td>碎木片</td><td>15.00t/hm</td><td>0.06</td></tr>
<tr><td>木质纤维</td><td>4.38t/hm</td><td>0.10</td></tr>
<tr><td>玻璃纤椎</td><td>3.75t/hm</td><td>0.05</td></tr>
</table>

## 5. 侵蚀控制措施因子

侵蚀控制措施因子 $P$ 是指因采取了水土保持措施（如等高耕作、等高条畦种植、修筑梯田和设置截水沟等）使水土流失减少的一个参数。标准的侵蚀控制措施因子列于表 13.5，$P$ 值从在陡坡（18%～24%）上等高耕作的 0.95 到在缓坡上等高条畦种植仅为 0.25。修筑梯田有效地减小了坡长，从整个场地的长度减小到仅为梯田间的水平距离。对于已给定或需选择的水土保持措施仍可用 Wischneier 及 Smith（1965）叙述的通用水土流失方程（USLE）来确定 $P$ 值。填埋场设计中可取 $P$ 值为 1.0。

<table>
<tr><th colspan="6">标准侵蚀控制措施因子 $P$ 值          表 13.5</th></tr>
<tr><th>坡比（%）</th><th>起伏山坡</th><th>无条畦种植的横坡</th><th>等高耕作</th><th>有条畦种植的横坡</th><th>等高条畦种植</th></tr>
<tr><td>2.0～7.0</td><td>1.0</td><td>0.75</td><td>0.50</td><td>0.37</td><td>0.25</td></tr>
<tr><td>7.1～12.0</td><td>1.0</td><td>0.80</td><td>0.60</td><td>0.45</td><td>0.30</td></tr>
<tr><td>12.1～18.0</td><td>1.0</td><td>0.90</td><td>0.80</td><td>0.60</td><td>0.40</td></tr>
<tr><td>18.1～24.0</td><td>1.0</td><td>0.95</td><td>0.90</td><td>0.67</td><td>0.45</td></tr>
</table>

注：摘自美国联邦农业部水土保持部门，1978

许多侵蚀控制措施如各种构造的、机械的和化学的措施，植被或综合措施均可减少扰动土坡或建筑场地的水土流失。因为美国联邦和州的有关部门规定填埋场每年容许水土流失量不能超过 2 吨/英亩（5t/hm），为了能达到这个标准，通常需要用小于 1∶4 的坡且在垂直方向每隔 20 英尺（6m）设置一排水洼地。

由水引起的侵蚀不仅可通过植被控制，也可采用砌石或抛石护面以强化覆盖。因为没有植被的蒸发作用，所以强化后的覆盖将允许比植被有更多的水渗入，强化覆盖增加了隔离层的费用但可减轻长期维护的负担。

**例 13.3**　一填埋场位于美国密歇根州 St. Clair 城，填埋场最终覆盖的坡比为 1：5（20％），坡长 350 英尺（106.75m），表土为含 4％有机质的壤土，地表覆盖着 80％的草，试用通用水土流失方程计算年均水土流失量。

**解**　由图 13.13 及 13.12 查得 St. Clair 城的降水量因子 $R=85$；查表 13.2 对含 4％有机质壤土的土体侵蚀度因子 $K=0.29$；查表 13.3 因坡比 $S=0.20$，坡长 $L=350$ 英尺（106.75m），得坡长因子 $L_s=7.8$；由表 13.4 得地表覆盖 80％草皮的植被因子为 $C=0.010$；而对填埋场可取侵蚀控制措施因子 $P=1$。利用通用水土流失方程 13.10，可得年均水土流失量为

$$A=R \cdot K \cdot L_s \cdot C \cdot P$$
$$=85 \times 0.29 \times 7.8 \times 0.010 \times 1=1.92 \text{ 吨 / 英亩 · 年} (4.8t/(hm \cdot a))$$
$$<2.0 \text{ 吨 / 英亩 · 年} (5.0t/(hm \cdot a))$$

## 13.4　沉降和下陷的影响

对于填埋场覆盖，有两种形式的沉降应予关注，即总沉降与差异沉降。覆盖面的总沉降是指面上某一点总的向下位移值；差异沉降则需在两点之间进行量测，并定义为该两点总沉降之差，即

$$\Delta Z_{i,i+1}=Z_{i+1}-Z_i \tag{13.13}$$

式中　$\Delta Z_{i,i+1}$——$i$ 点与 $i+1$ 点之间的差异沉降；

$E_i$——$i$ 点的总沉降量；

$Z_{i+1}$——$i+1$ 点的总沉降量。

将两点间的差异沉降与两点间沿地表距离之比定义为斜度，即

$$\Psi_{i,i+1}=\Delta Z_{i,i+1}/L_{i,i+1} \tag{13.14}$$

式中　$\Psi_{i,i+1}$——$i$ 点与 $i+1$ 点之间的斜度；

$\Delta Z_{i,i+1}$——$i$ 点与 $i+1$ 点间的差异沉降；

$L_{i,i+1}$——$i$ 点与 $i+1$ 点间的距离。

下卧废弃物过高的差异沉降会对覆盖系统造成损害。差异沉降所产生的弯曲应力和伸长均将导致覆盖材料内拉伸应变的发展。拉伸应变定义为单元拉伸值与单元原始长度之比，即

$$\varepsilon_{i,i+1}=\frac{(L_{i,i+1})_{fnl}-(L_{i,i+1})_{int}}{(L_{i,i+1})_{int}} \times 100\% \tag{13.15}$$

式中　$\varepsilon_{i,i+1}$——$i$ 与 $i+1$ 点间的拉伸应变；

$(L_{i,i+1})_{int}$——$i$ 与 $i+1$ 点间的原始距离；

$(L_{i,i+1})_{fnl}$——沉降后 $i$ 与 $i+1$ 点间的距离。

一旦覆盖发生差异沉降，覆盖的某些部分将被拉伸并经受拉伸应变。拉伸应变被关注是因为拉伸应变愈大，土体开裂和土工膜断裂的可能性也愈大。

当覆盖产生差异沉降时，因物体受弯而产生的弯曲应力使弯曲的覆盖一部分受拉而另一部分受压。弯曲应力被关注是因为与弯曲有关的拉伸应力可能大到足够使土体产生开裂（见图 13.17）。与土相比，土工膜通常可承受较大的拉伸应变而不破坏，同时，土工膜还可被拉伸很长一段距离而不断裂或被撕破。相反，压实粘土的抗拉能力很差，在拉伸应变不到 1% 时就已经裂开了。

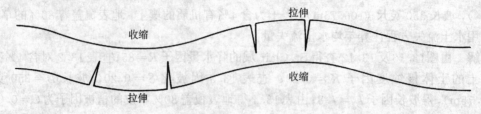

图 13.17 填埋覆盖由于差异沉降而拉裂

Gilbert 及 Murphy（1987）对损害填埋场覆盖的沉降预测和减缓措施进行了讨论。他们建立起填埋场覆盖拉伸应变和畸变的关系，此关系示于图 13.18。随着畸变的增加，覆盖土层的拉伸应变也随之增加。

由于拉伸应力而使表土或排水层发生微小裂缝可不必担心。但对水力隔离层如低透水土层的开裂应予足够重视，因为如果产生裂缝，隔离层的水力完整性就被破坏了。低透水性压实粘土抵抗开裂的极限应变值在很大程

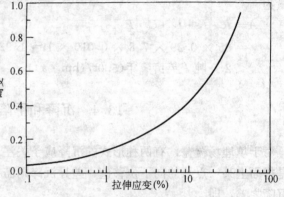

图 13.18 覆盖拉伸应变与畸变的
关系（Gilbert & Murphy，1987）

度上取决于其填筑含水量。如图 13.19 所示，在比最优含水量湿的条件下压实的土与在比最优含水量干的条件下压实的土相比，显得更柔软，更易拉长。对于覆盖系统，柔软的土由于能随一定的拉伸应变而不开裂因而更受欢迎。正因如此，与考虑其透水性一样，低透水性土层更适合于在比最优含水量湿的条件下压实并应保持土体不因干燥而开裂。

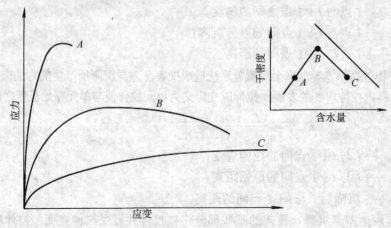

图 13.19 压实土的剪切特性与压实条件的关系（USEPA，1991）

238

Gilbert 和 Murphy（1987）还总结了有关压实粘性土破坏时的拉伸应变资料，这些有关的资料表明，压实粘土能承受的最大拉伸应变为 0.1%～11%。若在设计时采用其下限值 0.1%，则容许的最大畸变值约为 0.05。为直观起见，现假定在覆盖系统内产生一圆形沉降坑，沉陷坑的半径 $L_1$ 为 3m，取最大容许畸变 $\Psi$ 为 0.05，则最大容许差异沉降 $\Delta E$ 为 $0.05 \times 300 = 15$cm。如果沉降坑中心的沉降超过 15cm，粘土层就将会因沉降引起的拉伸应变而开裂。

某些废弃物如松散的城市固体废弃物或不同厚度尚未固结的污泥，其压缩性极高，以致建于其上的覆盖系统其畸变几乎都远大于 0.05，低透水压实粘土层的水力完整性可能因过大的差异沉降引起倾斜而受到严重损害，同时，废弃物由于分解作用也可能持续下沉。此时应很谨慎地在废弃物上设置临时覆盖并等待沉降趋向稳定后再铺设最终覆盖系统。也可对废弃物进行加固，加固方案包括强夯、堆土预压和用袋装砂井加速污泥固结等。

## 13.5　地震的考虑

在地震活动地区，设计城市固体废弃物填埋场时应考虑在地震荷载作用下填埋场、它的支承结构和下卧土层的稳定性。填埋场的稳定性计算首先应致力于在填埋场运营期和封闭后因地震引起的水平加速度对填埋场边坡稳定性的影响。特别应注意在分析时对填埋场衬垫系统中土工膜衬垫的表面摩擦角应取低值。对场地基底特别要注意校核饱和松砂地层的稳定性，因为饱和松砂在地震时可能发生液化。液化是砂土内部因剪切产生超孔隙水应力引起的，在砂土内部形成"流动"状态，这种状态将使基底承载力降低和引起填埋场衬垫系统的破坏。

对于覆盖，推荐使用 Newmark 分析法（1965），分析时应考虑排水层取多大的饱和度才合适（在静力稳定分析中，用最大值计算是很保守的）以及覆盖层能承受多大的变形。因为覆盖变形不危及生命且能被发现和事后加以修复，因此其容许值可较底部衬垫为高。若选择比较保守的设计地震，底部衬垫的容许变形约为 15～30cm（seed 及 Bonaparte，1992）。对于覆盖，一个近似方法是在干燥状态下分析，并采用与底部衬垫相同的标准。因为地震和干燥状态（最保守的饱和状态）同时发生的机会比单独发生地震的机会小得多。另一个近似方法是认为覆盖系统并不直接影响其下填埋场容纳废弃物的能力，而且可以发现和修复，因此，覆盖容许承受较大的变形，如 30～90cm。通常在最危险的静力条件下能满足合理安全度的设计，在地震条件下也是可以接受的。

## 参 考 文 献

1. Emerson，W. W.，(1967) "A Classfication of Soil Aggregates Based on their Coherence in Water," Australian J. Soil Res.，2；pp. 211-217.

2. Frobel，Ron (1991) "Geosynthetic Material Response to Landfill Cap Settlement and Subsidence," Proceedings of Geosynthetics 1991 Conference，IFAI，Atlanta，GA.

3. Gilbert，P. A. and Murphy，W. L.，(1987) "Prediction/Mitigation of Subsidence Damage to Hazardous Waste Landfill Covers," U. S. Environmental Protection Agency，EPA/600/287/025 (PB87-175386)，Cincinnati，Ohio.

4. Gray，D. H. and Leiser，A. T.，(1982) "Biotechnical Slope Protection and Erosion Control," Van Nostrand-Reinhold，New York.

5. MDEQ，(1993) "Act 641 Rules," Michigan Department of Environmental Quality，Waste Management Division，Lans-

ing, Michigan, May3.

6. Newmark, N. M., (1965) "Effects of Earthquakes on Dams and Embankments," Geotechnique, Vol. 5, No. 2, London, England.

7. Seed, R. B. and Bonaparte, R., (1992) "Seismic Analysis and Design of Lined Waste Fills: Current Practice," Stability and Performance of Slopes and Embankments—— II, ASCE Geotechnical Special Publication No. 31, New York.

8. Sherard, J. L., et al., (1976) "Pinhole Test for Identifying Dispersive Soils," Journal of Geotechnical Engineering, ASCE, Volume 102, No. 1, pp. 69-85.

9. Thiel, R. S. and Stewart, M. G., (1993) "Geosynthetic Landfil Cover Design Methodology and Construction Experience in the Pacific Northwest," Geosynthetics'93 Conference Proceedings, Volume 3, Vancouver, Canada, pp. 1131-1144.

10. USDA Soil Conservation Service, (1972a) "Procedures for Computing Sheet and rill Erosion on Project Areas," Technical Release, No. 51, Washington, D. C.

11. USDA Soil Conservation Service, (1978) "Predicting Rainfall Erosion Losses: A Guide to Conservation Planning," USDA Agric. Handbook, No. 537, Washington, D. C.

12. USEPA, (1991a) "Design and Construction of RCRA/CERCLA Final Covers (Seminar Publication)," U. S. Environmental Protection Agency, Office of Research and Development, Washington, D. C., 20460, EPA/625/4-91/025, May.

13. USEPA, (1992b) "Draft Technical Manual for Solid Waste Disposal Facility CriteriaXX40 CFR Part 258," U. S. Environmental Protection Agency, April.

14. U. S. Weather Bureau, (1963) "Rainfall Frequency Atlas for the USA fou durations from 30 minutes to 24 hours and Return Periods from 1 to 100 years," Technical Paper, No. 40. Washington, D, C.

15. Volk, G. M., (1937) "Method of Determining the Degree of Dispersion of the Clay Fraction of Soils," Proc, Soil Sci. Soc, Amer., pp. 432-445

16. Wischmeier, W. H. and Smith D. D., (1958) "Rainfall Energy and Its Relationship to Soil Loss," Trans. Amer. Geophysical Union, Vol. 39, No. 2, pp. 285-291.

17. Wischmeier, W. H. and Smith D. D., (1965) "Predicting Rainfall-Erosion Losses from Cropland east of the Rocky Mountains," Agric. Handbook, No. 282, U. S. Govt. Printing Ofc., Washington, D. C.

18. Wischmeier, W. H., Johnson, C. B., and Cross, B. V., (1971) "A Soil Erodibility Monograph for Farmland and Construction Sites," Journal of Soil Water Conservation, Vol. 26, No. 5, pp. 189-193.

19. 钱学德，郭志平 (1995). 美国的现代卫生填埋工程. 水利水电科技进展，Vol. 15，No. 6，pp. 27-31.

20. 钱学德，郭志平 (1997). 填埋场最终覆盖（封顶）系统. 水利水电科技进展，Vol. 17，No. 3，pp. 62-65.

# 第十四章 土质构筑物的施工

本章讲述有关填埋场基底、土质衬垫、岔道、淋滤液集水沟、砂土铺盖以及最终覆盖（封顶）的施工问题。象土质衬垫、砂土铺盖和最终覆盖这些工程措施的成败均取决于正确选择土料，对所选土料的工程性质进行仔细的评价以及在施工过程中实行合适的质量控制和质量保证。

## 14.1 基底的处理

对其上铺设土质衬垫的基底应进行适当处理，以便施工时能提供足够的承载力来满足对衬垫压实的需要并避免土体发生移动。压实的土质衬垫可铺设于天然地基或土工合成材料之上，这取决于衬垫或覆盖系统的设计和各构筑物的构成情况。

如果土质衬垫位于衬垫系统的最下面，天然土、石地基形成基底，此时基底应加压实以消除软弱带，当需要建立坚实地基时还应按每块场地的规格质量要求适当加水或排水。若天然土质地基不加压实，则衬垫的第一、二层铺土将很难压实到压实度为 90％ 或 95％。天然土质地基一般应压实到和实际土质衬垫同样程度，若地基为砂质土，则应压实到相对密实度为 85％ 至 90％。必须注意，对粗粒料，室内击实试验做出的干密度～含水量关系并不十分可靠，因此需要进行标准的相对密实度试验并加以说明。施工时应在间隔 30m 的网格点上检验其密度，网格点的疏密可根据废弃物种类、土的性质以及对施工队伍的信任程度加以选择。压实砂质土地基可使用振动碾压机，但若砂质地基原已处于紧密状态，振动反而会使其变松。因此，在选择碾压设备之前，应先对砂质地基的实地密度进行检测，检测可用核子测密仪或其它标准方法（如砂锥）进行。

另一种情况是土质衬垫可能被铺设于衬垫系统的土工合成材料（如土工织物）之上。对于这种情况，主要关心的应是在其上铺土的土工合成材料其粗糙程度及其对下卧条件的适应程度（例如能不能跨越基底因车辆经过留下的车辙等）。

在进行填埋场场地设计时，应对土质地基的固结和回弹特性进行研究，但对主要由砂质土组成的地基，对其固结、回弹特性的研究则不象粘质土地基那么重要。现代固体废弃物填埋场基底的可能覆盖压力均非常大，一个典型的例子是位于美国 Staten 岛上的纽约 Frexh Kills 填埋场，它是目前世界上最大的现代固体废弃物填埋场，按现在的填埋速度，到 2005 年，该填埋场将发展成为高 154m 的垃圾山。假定固体废弃物的重度仅为 11kN/m³，则届时作用于填埋场地基的覆盖压力将高达 1695kPa，在这么高的压力下，地基的沉降量是必须校核的。如果是粘质土地基或在地基下不深处有较厚的粘质土层，则由于上覆土层开挖而引起的回弹也应加以验算，因为地基的回弹会使衬垫不均匀上抬从而造成淋滤液收集系统的破坏。计算回弹时，若衬垫可以很快按计划施工则衬垫的重量可以作为阻止回弹的重量来考虑，但废弃物的重量不应计入，因为从衬垫施工到废弃物填埋到一定高度需较长时间，其间地基回弹早已发生了。这些结果在填埋场设计时就应加以研究。

## 14.2　土质衬垫的施工

粘土由于它的高亲水性，施工起来很麻烦。作为填埋场主要的衬垫，粘土必须达到可靠的施工质量标准，以保护地下水不被淋滤液污染。粘土衬垫必须填筑成至少 60cm 厚，并压实至渗透率小于 $1\times10^{-7}$cm/s。为了达到这个质量标准，对压实粘土衬垫的施工应遵循下列步骤：①选择合适的土料；②建立含水量—干密度质量标准；③打碎土块；④进行适当压实；⑤清除压实层界面；⑥避免干裂。为使压实粘土衬垫能达到透水率为 $1\times10^{-7}$cm/s 这个质量指标，在设计和施工时应考虑的最主要影响因素列于表 14.1。

**影响压实粘土衬垫透水性的关键因素**（Elsbury 等，1990）　　表 14.1

| 不同阶段 | 主要考虑项目 | 关键因素 |
|---|---|---|
| 设计阶段 | 土料种类 | 工作性能<br>级配<br>膨胀势 |
| | 其它考虑 | 上覆压力<br>衬垫厚度<br>地基稳定性 |
| 施工阶段 | 基本压实目标 | 打碎土块<br>铺土界面结合 |
| | 主要决择（为达到基本压实目标所需） | 铺土厚度<br>土的含水量<br>碾压机的种类和重量<br>碾压遍数及范围<br>土块大小 |
| | 辅助因素（包括或附属于主要决择） | 干密度<br>饱和度 |
| | 其它考虑 | 土料制备<br>施工质量保证 |
| 施工后的阶段 | 环境的影响 | 干燥<br>冻融 |

### 14.2.1　压实粘土衬垫的土料

对衬垫土料的主要要求是能被压实到具有合适的低透水性。合适的衬垫土料应满足下列条件：

*A.* 细粒含量。土料至少应含有 20% 的细粒，此处细粒含量的定义是指通过 200# 筛，即粒径在 0.075mm 以下的土料干重占土料土粒总干重的百分比。

*B.* 塑性指数。虽然有些土料的塑性指数略低于 10 也能适用，但一般来说，衬垫土料的塑性指数不应小于 10，因为塑性指数小于 10 的土料，其粘粒含量较低，通常不易压实到必须的低透水性。而当土料的塑性指数大于 30～40 时，会对现场施工造成困难，因为这些土干燥时会形成硬块，潮湿时又易形成粘团。某些具有较高胀缩势倾向的土也不合适。一般来说，塑性指数近似在 10～35 之间的土料最为理想。

*C*. 砾粒含量。保留在 4# 筛上（孔径 4.76mm）的砾粒含量不能过高，一个保守的数字是砾粒含量最大不应超过 10%。但对很多土料，只要砾粒均匀分布于土中，并且不妨碍羊足碾的压实，则即使数量较多也是不要紧的。Shakoor 及 Cook（1990）以及 Shelley 及 Daniel（1993）均曾指出：只要砾粒含量不超过 50%～60%，压实后粘质土的透水性对砾粒含量的反应仍是不灵敏的。但如果砾粒之间的孔隙不能被粘质土填满并在衬垫中形成一个连续通道，则砾粒就是有害的了，关键是应避免在砾粒间凹缝中没有或很少有细粒土将砾粒隔开。

*D*. 碎石和石块。衬垫中不允许存在有直径大于 2.5～5cm 的碎石或石块。

土料制备时应将土拌和均匀，剔除砾石或其它不合格的材料，加水或翻晒以达到要求的含水量，对土料进行拌和的一个非常重要的原因就是为了要得到一个合适的均匀的含水量。在铺土时使用松土拌和机对土料进行拌和可以帮助减小土块尺寸和得到接近均匀的含水量。在备料时除了后面将要讨论的土块大小之外，就不必过多考虑其它因素对衬垫的性能有什么大的帮助了。

### 14.2.2 压实的标准和应考虑的项目

土块的破碎和填土层层面的搭接应同时作为压实的基本标准（最重要的影响因素）。而碾压机的类型及种类、压实功能、填土层厚度、填土层层面处理以及含水量等因素则是达到基本压实标准的主要考虑项目。

*A*. 土块的破碎。已经有两种理论，即土粒排列理论和土块理论被提出以说明渗透水经过压实粘土的流动。土粒排列理论是 Lambe 在 1958 年提出的，他把压实粘土的透水性与土料的排列方向联系起来并认为在干于最优含水量情况下压实的粘土，其土粒排列为絮凝结构，而在湿于最优含水量条件下压实的粘土，其排列为分散结构，粒间排列与含水量的关系如图 14.1 所示。Lambe 认为在湿于最优含水量条件下压实的粘土，其透水性所以比在干于最优含水量条件下压实的粘土小，是因为絮凝结构土的孔隙比分散结构土的孔隙要大。

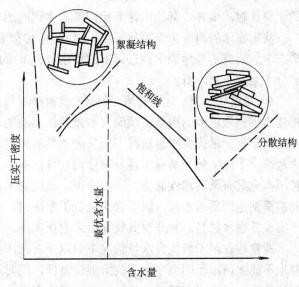

图 14.1 含水量对土体结构的影响（Lambe，1958）

因此，按照土粒排列理论，受制备含水量影响的单个颗粒的排列情况控制着压实粘土透水性。

土块理论则认为压实粘土中的渗透水流，极大部分均发生于粘土土块间相对较大的孔隙中而不是沿土块内部土粒间的微小孔隙流动，如图 14.2 所示。这个理论看来一直在发展，Olsen 在 1962 年首先描述了"团粒"的影响，但他含蓄地指出，这些团粒的尺寸是极微小的。Mitchell 等则在 1965 年解释比最优含水量干的压实粘土其透水性所以较高的原因时，不仅提到了絮凝和分散结构，也提到了可以看得见的团粒及骨料。1970 年，Barden 及 Sides 根据室内试验和扫描显微镜的研究已很明确地断定，造成压实粘土高透水性的主要原因是大土块（Macropeds）及其形成的大孔隙，而不是单独粘土颗粒的排列方式。Garcia-Bangochea 等在 1979 年也描述了经过"大孔隙"的水流。但以上所有这些研究均建立在室内试验基础之上并未经过实地应用的有效验证，Daniel 则在 1990 年描述了土块的存在及大小对现场衬垫透水性的影响，并提出：为了获得低透水率，必须通过湿润土料达到较高的含水量或利用较高的压实功能以破碎土块并消除土块间的孔隙。表 14.1 所列的关键因素是建立在土块理论基础上的。

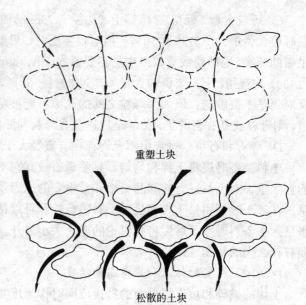

重塑土块

松散的土块

图 14.2　土块重塑对压实粘土层透水性的影响

　　从室内击实土的试验结果可明显看出，有无土块和土块间的孔隙对土样的透水性影响很大，具有肉眼可见的土块孔隙的试样，其透水性要比同类击实试验的均质试样高出约 25000 倍。

　　从形态学的研究也可明显看出，土块的存在和土块间的孔隙控制着现场衬垫的透水性，形态学的研究清楚地表明通过衬垫的渗水极大部分经过土块间大孔隙流动，只有很少的一部分才通过土块本身。

　　*B.* 填筑含水量。对于天然土料，土质衬垫材料压实时的饱和度也许是控制压实材料工程性质唯一最重要的因素。填筑含水量及压实功能对压实土透水性的影响如图 14.3 所示，在低（干）于最优含水量情况下压实的土具有相对较高的透水性，而在高（湿）于最优含水量情况下压实的土其透水性及强度均较低。有些土的塑限含水量可以用来指示该土能否被压实成具有低透水性的土。一般来说，土的含水量高于塑限，土处于可塑状态，就有可能被重塑达到低透水性，而当含水量低于塑限时，说明土仅有很低的"塑性"而且很难被压实成低透水材料，除非对其施加巨大的压实能。

　　通常均在湿于最优含水量情况下对填土进行压实以期得到最低的透水率，但土的含水量也不能太高，否则会令土的抗剪强度过低，同时过湿的填土一旦变干，反有可能发生干裂的危险，当施工车辆经过衬垫时也易形成车辙。

　　*C.* 压实方式。室内试验的经验已经表明，压实方式能够影响到填土的透水性，见图 14.4。对土进行揉搓可以帮助破碎土块并对土进行重塑从而消除空洞和大的孔隙。揉搓对高塑性土特别有益，而对某些混和膨润土的土料因为不形成土块，揉搓就不必要了。大多数粘土衬垫的施工均采用带有"脚"的设备进行碾压，碾压机的"脚"能贯入到松土层中并通过来回行驶揉搓土料。脚的尺寸不尽相同，脚比较短的（75mm 左右）碾压机具称作"兔足辊"，因为脚太短，不能完全贯入到填土层中，只能是部分贯入；脚比较长的（200mm 左右）常被称作"羊足辊"它可以贯入至整个填土层。图 14.5 将具有部分贯入和全部贯入脚的碾压机具进行了对比。

　　*D.* 压实功能。另一个控制土质衬垫材料工程性质的重要变量是压实功能。如图 14.3 所

示,随着压实功能的增加,土的干密度将增加而最优含水量则降低,同时透水性也减小。在湿于最优含水量条件下压实的土,通过增加压实功能,即使土的干密度不增加,也可以将透水性降低1~2个数量级.较高的压实能有助于土块的重塑,使土粒重新排列,并使土中较大孔隙变小,连通度降低从而使土的透水性也减小。关于压实方式 Mitchell 等在 1965 年就指出揉搓压实比其它的压实方式更能得到低透水性,并建议优先采用羊足辗,因为"羊足"能较好地重塑土块。

施加于土体的压实能与碾压机具的重量,给定面积上的碾压遍数和被压实的填土厚度有关。增加辗压重量与遍数和减少填土层厚度均能提高压实效果。当压实低透水土质衬垫时,这些因素的最佳组合还与土料的含水量和填土基底的坚固程度有关。

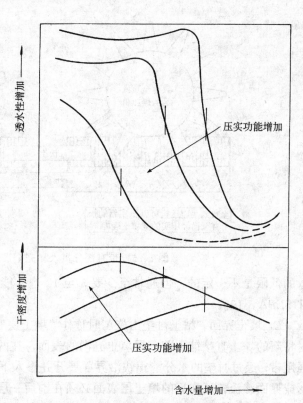

图 14.3　含水量及压实功能对压实土透水性的影响（Elsbary 等，1990）

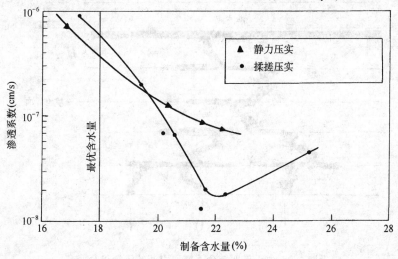

图 14.4　压实方式对透水性的影响（Mitchell 等，1965）

如果土料很潮湿或基底很软并易压缩（例如在压实填埋场覆盖时,在压实层下 30～60cm 处恰好就是固体废弃物）则不宜使用较重的碾压机具。静重大于 13～18 吨的碾压机可用来压实覆盖系统的低透水土层。静重超过 31 吨的碾压设备可用来压实填埋场底部的衬垫,但对大多数覆盖系统来说,这样的碾压机是太重了,因为在其下不深处就存在着易压缩的废弃物。碾压机在给定面积上必须碾压一定的遍数以保证达到足够的压实度。碾压遍

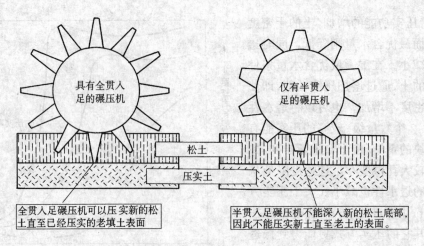

图 14.5　带有部分贯入和完全贯入脚的碾压机具

数的低限是不一定的，但通常至少要 5 至 10 遍才能施加有效的压实能和提供足够的铺垫（USEPA，1991）。

*E.* 填土界面。粘土衬垫由施工时称作"填土层"的水平压实粘土层叠合而成，若施工时将新的填土直接铺于前一层填土光滑的表面，在两层填土的界面处会形成一个高透水低强度带，经过衬垫的水分能很快沿界面展开并渗入下一填土层，如图 14.6 所示。为了避免形成界面渗流，压实后的填土层表面必须在铺后一层土料前被拉毛，拉毛后的粗糙带深度为 25mm，并成为松土的一部分，计入松土的厚度内。

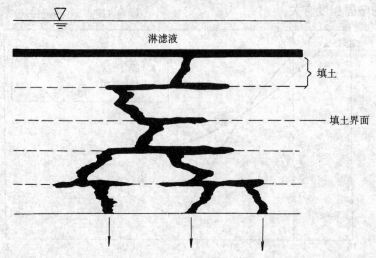

图 14.6　由于界面结合不好而引起的渗流途径

显然存在着这样一个最大的填土层厚度，超过这个厚度，在一定含水量条件下，所选定的碾压机具已不能重塑和粘合土块并达到很好的界面结合，习惯上常取松土的铺土厚度为 20～30cm 而压实后的厚度则为 15cm。能完全贯入填土层的羊足辗可以用来压实新的填土层直至前一层填土，所谓"完全贯入"就是指"羊足"的高度要大于形成新填土层的松土深度，"羊足"能全部贯入到松土层中，包括前一层填土表面的松土在内，这样才能使填土层界面得到充分的压实（见图 14.5）。

### 14.2.3 密度（重度）和饱和度的重要性

*A. 密度（重度）*。压实粘土的干密度（或干重度）被广泛视作粘土衬垫施工的一个重要参数。施工规范通常均要求压实后衬垫的压实度（压实粘土的干密度与室内击实试验最大干密度之比）达到 90%（修正普氏击实试验）或 95%（标准普氏击实试验）。

*B. 饱和度*。图14.3所示的实验室击实试样的透水性与试样的初始饱和度有关，现场压实衬垫的试验资料同样指出这一点。通常倾向于对于任何一种压实方法，压实土的透水性均将随着初始饱和度的增加而减小。通过观察可以发现，低透水性的填土（$k < 1 \times 10^{-7}$cm/s）其初始饱和度通常为 35% 至 100%，而实验室试样的初始饱和度范围过宽，不能作为一个好的透水性指标来考虑（Elsbury 等，1990）。虽然现场衬垫的资料比实验室试样的资料少，但衬垫土的透水性却比同样饱和度的室内试样大 3000 倍。因此初始饱和度不能作为衬垫工作性能的一个指标来考虑。

### 14.2.4 土质衬垫的压实

实验室研究表明，当压实粘土试样中的土块大小由 1.6mm 增至 9.5mm 时，其透水性将增加 30 倍（Daniel，1984），所以减小土块的大小是很重要的。设计工程师们推荐的土块尺寸在 2.5cm 至填土层厚之间（Goldman 等，1986）。如果压实时土料的填筑含水量比最优含水量低，则土块大小更加关键，因为湿润粘土块需要时间，如果用于野外渗透试验的土块比室内试验的大，在现场所容许的短时间内，整个土样并不能达到同样的含水量。压实机具在造成低透水性方面也起很大作用，建议在土块大小接近 2.5cm 情况下开始压实较好。耙犁或圆盘耙可以把表层粘土耙松，而通常用来粉碎沥青路面的高速粉碎拌和机在行驶两遍以后，可以将粘质土中的土块减小至 3.8cm 以下（Goldman 等，1986）。

粘土土料必须在水分湿于最优含水量时压实，要有足够的时间保证水分分布均匀。粘土衬垫中水分分布不均可能是由于土中有大的土块，洒水车洒水不均匀以及缺少让水分充分渗入的足够时间等原因引起的（Ghassemi 等，1983）。粘土衬垫压实部分的含水量在静置期应保持不能过干或过湿，否则会引起干裂或需要化很长时间才能晾干。要保持衬垫水分可通过使用轮胎辗或平轮辗进行"防水碾压"，或用塑料布覆盖衬垫。粘土衬垫一旦开始施工就应完整结束，中间不能停歇，如果在寒冷地区施工因冬季到来而停工，则重新开工后需将衬垫顶部 30cm 内的填土扒松并重新压实。

适用于压实填土的碾压机具主要有羊足辗（自动行驶或用拖拉机牵引）、振动辗（平轮或羊足滚筒）以及轮胎辗。对于粘土衬垫的施工建议采用无振动的羊足辗，因为它可以进行揉搓压实并粉碎土块。振动辗或轮胎辗并不能使颗粒定向符合低透水性衬垫施工要求。振动会使粘土土块间的孔隙应力瞬时增加，抗剪强度也增加，结果需要较高的压力才能构成一个均匀的良好的压实层（Bagchi，1987）。静力压实形成带有大孔隙的絮凝结构（Mitchell 等，1965），当土料比最优含水量湿时，粒团较软，高剪切应变将有助于絮凝结构的破坏（Seed 及 Chan，1959）。揉搓压实的效果与在各种含水量下静力压实对填土透水性的比较表明，填土的最低透水率可以在湿于最优含水量条件下，通过用揉搓压实得到（Mitchell 等，1965）。因此，在压实粘土时，往往喜欢采用重型的羊足辗（Hilf，1975）。但在选择碾压设备时也应考虑填埋场的规模，因为大的碾压机具需要较大的旋转半径，对小型填埋场应选择适当较小的碾压机具，但小的碾压机具有可能提供不了使填土达到低透水率所需的压力，这就对小范围粘土衬垫场地的施工带来一个难题，对某些小场地的施工应加以考虑。

在选择设备时还应考虑填埋场四周边坡的坡度。对边坡衬垫的施工有两个方法即平面施工和阶梯状施工，见图 14.7。通常阶梯状施工用于比 1：3 更陡的边坡，对比较平坦的边坡则用平面施工更方便。图 14.8 上 1：3 的最终边坡坡度是通过很厚的砂质排水层来维持的，除了便于利用羊足辗压实外，较厚的砂质排水层还可以用来很好地保护边坡的粘土衬垫免于冻融或干裂。当然，用比较平坦的边坡构筑填埋场时需要占用较大的土地面积。

通常压实后最大的允许填土层厚度为 15cm，应测量压实后填土层表面高程来计算压实填土层的厚度，

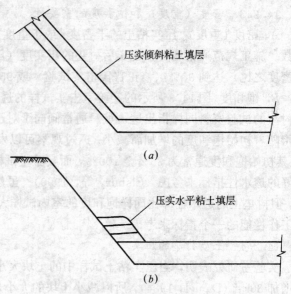

图 14.7　填埋场边坡衬垫的施工
(a) 倾斜边坡衬垫的施工；(b) 阶梯形边坡衬垫的施工

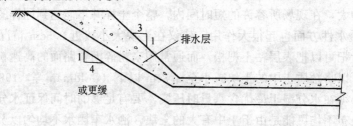

图 14.8　比较平坦的边坡施工图

施工记录下来的最大填土层厚度只是一个名义上的值，真正的数据应通过测量每一压实填土层的表面高程来确定。一个可以接受的惯例是测量施工后衬垫的厚度，然后以总的衬垫厚度除以填土层数来计算每一填土层的平均厚度。

当一个填埋场侧向扩大时，需要将新的粘土衬垫与老的衬垫连结起来。此时可将原有衬垫挖开 3～6m 并挖成梯级，如图 14.9。原有衬垫每个梯级的表面均应被拉毛以便新老断面之间能达到最佳的结合效果。

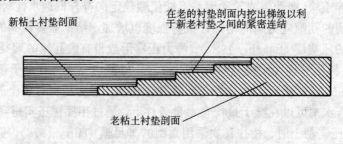

图 14.9　新老粘土衬垫的连结

### 14.2.5　压实土层的保护

众所周知，干裂会使衬垫遭到毁坏 (Daniel，1984；Daniel 及 Wu，1993)，而许多室内

与现场研究均表明冻融能使压实后的细粒土透水性增加 1～2 个数量级 (Zimmie 等，1992；Benson 及 OHman，1993)。研究表明，冻融会使裂隙网中形成冰透镜体，使得填土的透水性增加。因此压实粘土衬垫必须加以保护以避免干裂和冰冻。

A. 干裂。防止压实粘土衬垫材料发生干裂的方法很多。用平轮压路机平碾土体，使填土表面产生一十分致密的薄层，该薄层可减少其下填土水分的损失，但在铺填新的土层之前应将此光滑的表层耙松拉毛。

还有一个简便而有效的方法就是定期给填土层洒水，洒水必须很均匀，不能产生过湿地带，人工洒水因为不能保证填土中水分均匀，因此不宜采用。

另一可行的方法是用土工膜，潮湿的土工织物或湿土临时覆盖填土，土工膜或土工织物要用砂袋或其它材料压紧，以防止土工聚合物和填土之间有空气流通。若用土工膜要注意保证其下填土不会因吸热而干燥，可以使用浅色的土工膜防止填土过热。如在衬垫上铺以湿土，则在下一步施工前需用平整设备将湿土除掉。

如果衬垫表面已经干裂，其深度小于或等于单层填土层的厚度，则可将干裂层耙松，洒水，再重新压实，但耙松的粘土块可能大而且硬，尚需进一步加以粉碎。如果洒水湿润土块，需要有足够的时间让水分被粘土块吸收并发生水化作用。为此，最好能将干裂的土从施工面除掉，对留下的填土面进行处理，并适当换土。

B. 冰冻温度。冻土决不能用来填筑粘土衬垫。冻土会形成硬块，不适宜重塑和压实，当在冰冻温度下施工时，检查人员应当注意从土中找出存在的冰土块。粘土衬垫填土产生冰冻后会使透水性大大增加，因此在施工前后均应防止发生冰冻。如果发现在填土表层发生冰冻，应将表层填土耙松拉毛并重新压实。如果整个填土层均发生冰冻，则整个填土层均应耙松，打碎土块和重新压实。如果土的冰冻深度已超过一层填土则需将冻土剥离并更换土料。

C. 过多的表面水。有时衬垫土料或衬垫完工后暴露在外的填土面会遭到暴雨而使土变软。若填土面凹凸不变（例如使用羊足辗后其表面还未用平滚筒压过）则表面积水会使低洼处出现大量小水坑。在下次填土或在衬垫和覆盖系统其它部分进行施工前，应将水坑除去。土料应反复耙松使土料晾干，当达到合适的含水量时再行压实。或者将湿土除去并换土。

即使没有形成水坑，填土也可能因太软而不足以让施工机具在其上操作而不产生车辙。为此可以让填土逐渐自然晾干，但也不能干得太厉害，而且在晾干过程中不能出现过多裂缝。也可以将土耙松，并在每次松土后将土晾干，然后再加压实。

如果对填土进行重新处理和重新压实，质量保证及控制试验仍应按计划同样进行。如果需重新处理的面积很小，例如集水坑，即使需增加取样次数，仍应在有限的面积内进行试验以证实其压实度是否合适。

## 14.3  戗台的施工

砂质土常被用来填筑填埋场的戗台，而最适合于粗粒料的碾压设备有轮胎辗、平轮压路机和履带式拖拉机。压实前的铺土厚度建议采用 25～30cm，轮胎压力约为 413 至 551kPa，碾压遍数根据设计的相对密实度（通常为 90%）通过现场试验确定，通常为达到设计密实度需碾压 3 至 6 遍。在碾压时可以洒水，但无论是湿法或干法（ASTM D4253）均可用来进行相对密实度试验。戗台采用水平铺土填压，其外表面和顶部要用表土覆盖并尽快种植草皮，因为戗台表面易被暴雨或冻融所侵蚀而遭到毁坏，种植草皮有助于边坡的稳定（Gray 及 Leiser，1982）。

对于自然衰减的填埋场，戗台可设置一个粘土心墙并（或）在内面抛石，应仔细研究设计图纸进而绘制粘土心墙的施工图。随着戗台高度垂直上升，上层的戗台应以 90cm×90cm 至 150cm×150cm 的楔楔入下层戗台中，如图 14.10 所示。原有戗台的顶面也要拉毛，楔和第一层填土应仔细压实，可以使用动力夯或重锤将楔夯

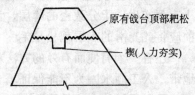

图 14.10　戗台上升详图

实。由于振动压实机具会将下层戗台靠近顶部已经压实的部分振松（注意：紧砂经过振动压实反而会变松），因此上层戗台施工时最好使用无振动的压实机具。由于下层与上层戗台结合处会为淋滤液的渗出提供一个通道，特别对自然衰减的填埋场更是如此，为此可在戗台的内面铺一层 0.5～0.75mm 的合成胶膜以减少淋滤液渗出的机会。

质量控制应包括规定点数的相对密实度试验。试验点数建议如下：对于宽度小于 4.5m 的填土层，每一压实填土层隔 30m 取一点，对于宽度大于 4.5m 的填土层则应每隔 23m 取一点。试验点的平面布置应成之字形，使戗台的两边和中间均有密实度试验点。戗台土料的颗粒分析试验应每使用 765 至 1900m³ 做一次，其中对来自同一料场的土用高限，对来自不同料场的土用低限。用于戗台施工的土，含砾量不能过高，戗台的基底也应压实，可以在基底铺一层 15cm 厚粒径为 2cm 左右的砾石以提供一个坚实的基础。

戗台外表面的基底应至少低于原有地面 15cm，以减少淋滤液渗入戗台趾部的机会。若岩土勘测发现场址下埋藏有软粘土透镜体，设计要求在施工前对该面积进行预压，则需要对预压措施进行必要的安排。进行预压时，某些附加的质量控制试验，例如戗台的沉降过程也应在预压期及施工后一段时间内记录在册。

## 14.4　淋滤液收集槽的施工

淋滤液收集管线路的位置应按设计图纸精确进行放样，为了减少通过衬垫的渗漏，对集水管间距的要求是很严格的。淋滤液集水管可以设置在衬垫之上或衬垫内部，如集水管置于槽内，则应注意保证集水槽能按设计坡度（至少为 1.0%）倾向集水窨井。应在集水槽的预定位置底部先开一条明沟（见图 14.11），为便于衬垫压实，明沟两边的边坡应是平的，如果在粘土或膨润土衬垫上铺设土工膜衬垫，则需在集水槽内再另外加一片土工膜，如图 14.12 所示，在集水槽两侧 90cm 范围内应避免土工膜有搭接。在集水槽及集水管周边堆放砾石应很小心，集水管应就地在集水槽附近进行拼接，以免拖曳衬垫或拉破土工

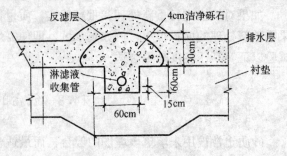

图 14.11　淋滤液集水槽简图

膜。建议在离集水沟15cm范围外的整个线路上先在土工膜衬垫上铺一层排水铺盖，以便铺设管道和堆填砾石的轻型车辆可以在衬垫上行驶。

若淋滤液集水管不放在槽内，就不必要加厚其下面的衬垫，这种类型的集水管设置详图见图14.11及14.13，其中图14.11所示的那一种更为可取。

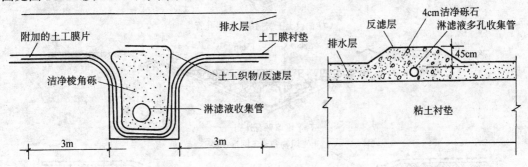

图14.12　使用土工膜的淋滤液集水槽　　　　图14.13　上埋式的淋滤液收集管

至于双层复合衬垫系统的淋滤液集水槽，其施工过程见图14.14，详细步骤如下：

1. 平整并压实基底和第二层粘土衬垫（图14.14（a））；
2. 开挖第二层淋滤液集水槽（图14.14（b））；
3. 铺设第二层HDPE衬垫（图14.14（c））；
4. 铺设土工织物垫层和多孔管（图14.14（d））；
5. 堆填砾石外壳（图14.14（e））；
6. 铺设土工织物和土工网排水层（图14.14（f））；
7. 压实第一层粘土衬垫（图14.14（g））；
8. 开挖第一层淋滤液集水槽（图14.14（h））；

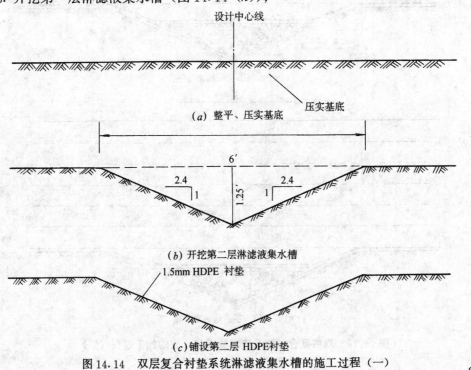

图14.14　双层复合衬垫系统淋滤液集水槽的施工过程（一）

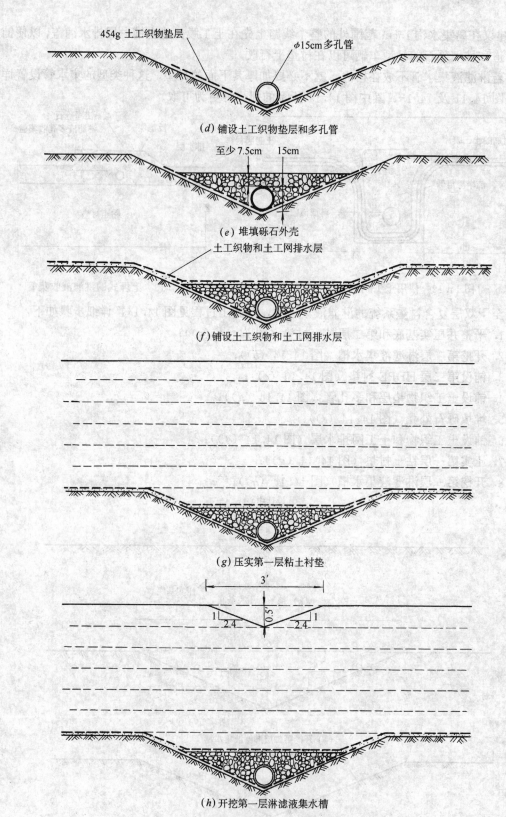

(d) 铺设土工织物垫层和多孔管

(e) 堆填砾石外壳

(f) 铺设土工织物和土工网排水层

(g) 压实第一层粘土衬垫

(h) 开挖第一层淋滤液集水槽

图 14.14　双层复合衬垫系统淋滤液集水槽的施工过程（二）

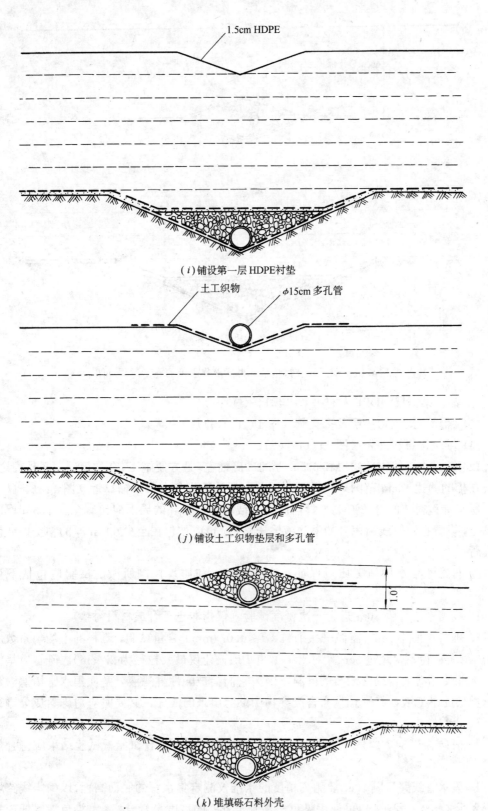

（i）铺设第一层 HDPE 衬垫

（j）铺设土工织物垫层和多孔管

（k）堆填砾石料外壳

图 14.14  双层复合衬垫系统淋滤液集水槽的施工过程（三）

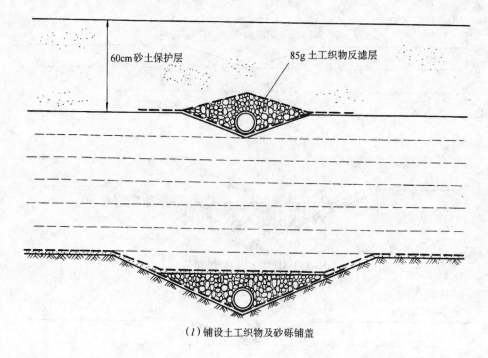

60cm砂土保护层　　　　　85g 土工织物反滤层

（*l*）铺设土工织物及砂砾铺盖

图14.14　双层复合衬垫系统淋滤液集水槽的施工过程（四）

9. 铺设第一层 HDPE 衬垫（图14.14（*i*））；

10. 铺设土工织物垫层及多孔管（图14.14（*j*））；

11. 堆填砾石料外壳（图14.14（*k*））；

12. 铺设土工织物反滤层和 60cm 厚的砂砾铺盖，为方便施工，在堆填砾石料外壳之前，可先在槽的两边 15cm 范围外铺设砂砾铺盖以便施工设备向集水槽靠近（图14.14（*l*））。

所有穿过衬垫的淋滤液集水管均设有一截水环，在环的周围应包有至少 1.5m 厚的压实粘土，设置在该管线面积外的淋滤液输送管道，也应被包在至少 60cm 厚的粘土内或使用双套管。

为淋滤液集水槽施工质量保证（施工监理）和质量控制所做的试验应包括下列内容：

1. 线路中心每隔 30m 进行一次密度试验（仅指非土工合成材料衬垫）。

2. 砾料每使用 76m³ 需做一次细粒（$d \leqslant 0.074mm$）含量试验，砾料的不均匀系数应小于 4，最大粒径不得超过 5cm（对于土工膜垫层，建议最大粒径为 2.5cm）。砾石应呈棱角状，不能使用石灰岩或白云石的砾料，因为它们会被酸性淋滤液分解使集水管堵塞。对于特殊类型的淋滤液，特别是从有害废弃物中淋滤出来的液体，必要时应对砾料成分进行检测。

3. 根据 ASTM D2412 对淋滤液集水管的刚度和应变进行试验，试验结果应符合规定要求。

4. 集水管线路每隔 10m 要用高精度的水准仪测定集水管的底面高程，以确定线路坡度是否大于 1.0%。另外，也可使用染色法来确定管路的坡度是否合格，将染色液以低速率注入集水管（这样染色液不会从管眼中漏出）直至从另一端流出，在稳定流状态下，其流出的速率应与注入的速率相等。对于重要的填埋场，如果认为测量的结果不甚可靠，可采用此法。

5. 在施工结束后，要立即用喷水枪、污水管清洗设备或高速重力流清洗集水管，通过喷水可清理掉管内所有的施工堆积物而且可发现对管身有无严重损伤（如被压碎）。清洗后应进行染色液试验。

## 14.5　砂土排水铺盖的施工

砂土排水铺盖的施工不象衬垫施工这样困难，但也并不是将砂倒在完工后的衬垫上就算了。砂料应仔细铺平，使车辆不直接在衬垫上行驶，为此可使用轻型推土机。若排水层铺设在土工合成材料衬垫上，为保护衬垫，施工应更仔细。在衬垫边缘的砂土排水铺盖易受暴雨侵蚀，如用细砾料则稳定性可能更好。

排水铺盖砂料的细粒（$d \leqslant 0.074$mm）含量不应超过5%，洁净的粗砂最为理想，细的砾料也可使用，但决不能用大的砾石作排水铺盖，因为废弃物中的细颗粒有可能进入并堵塞这种铺盖。可对反滤料进行设计以作为砾料排水铺盖的级配反滤层，在进行排水铺盖施工时，应严格按照设计要求挑选反滤料。

排水铺盖质量控制试验包括颗粒分析试验和渗透试验。通常每使用765m³的砂料就需进行一次颗粒分析试验和每使用1900m³砂料需做一次渗透试验。对于用料量较少的排水铺盖，以上两种试验至少每种做四个试样。做渗透试验的砂料其相对密实度可控制为90%（Bagchi，1990）。

## 14.6　地下排水层的施工

地下排水系统通常设置在砂质土的环境中，排水系统的施工包括：开挖放置排水管的沟，放置多孔地下水排水管和将这些管道和窨井或集水坑连结起来。地下集水沟的详细构造见图14.15。一般的地下水集水管是由重力排水的，允许经过排水沟流入地表水中，但对于有害废弃物填埋场的地下水，由于害怕被污染，所以不允许其流入地表水，而需要安排排水管直接排入单独的窨井或双层窨井中。

有些填埋场的地下水集水系统需埋入砂床内，这种类型集水管的构造见图14.16，在砂床上应铺一层土工织物，可以减少粘土衬垫中细粒的移动，也有助于土工膜衬垫的施工。

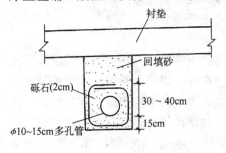

图 14.15　地下水集水沟、管结构详图

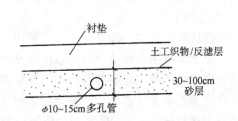

图 14.16　埋入砂床内的地下水集水管结构详图

## 14.7 填埋覆盖的施工

本节讨论与填埋场最终覆盖（封顶）主要单元有关的施工问题，为了计划和编制施工进度，也给出了各单元的预期施工速率（Thiel 及 Stewart，1993）。

*A.* 沉降对设计的影响

对填埋场封顶设计不断进行修正几乎是不可避免的，主要是因为其下填埋的废弃物时在下沉。但是，填埋场业主和经营者总希望设计者能通过准备某些招标文件减少施工程序的变化以减少承包商的索赔要求，使工程费用尽可能降低。尽管如此，由于沉降而变更设计的问题在整个施工期间仍会不断发生并应加以考虑。

对沉降特别敏感的设计项目是对道路、排水沟和管线水平和垂直位置的控制。例如，填埋场边缘的道路其水平和垂直样线早在施工前一年就已在地形图上标定了。图 14.17 表示一原设计成 1:4 坡的道路断面在沉降 1m 后所产生的变化。为了适应这个由沉降产生的变化，或是增加工程量，仍按原设计的样线和坡度施工；或是对该道路沉降后的水平和垂直样线重行进行设计。若仍按原设计施工，需增加土方量为 11.3Yd$^3$/ft（28.4m$^3$/m），相应需增加的费用为 158 美元/ft，为此，整个道路需增加费用 450000 美元，而重新设计即使因此推迟了工期也仍然是十分经济的。

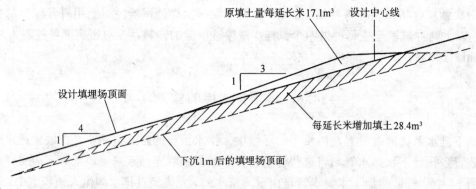

图 14.17  沉降对原设置水平和垂直控制道路设计的影响

有些设计问题也可以设法避免，如可以在招标文件中不规定固定的水平和垂直控制点，而设计一与最终覆盖有关的标准路段的横断面，以后再设定水平线路及必须减少的横坡和纵坡。这样虽然野外工作会比较多，但由于沉降而引起的这些额外工作是必不可少的，受沉降影响的工程项目其最终线路在施工结束之前是无法正确确定的。

*B.* 基础填土

在安排填埋场封顶基础部分施工计划时，一个重要的内容是计算达到设计要求所需的土方量，由于填埋场表面通常缺少坡度并常有垃圾暴露在外，需要大量填土才能满足最小的封顶坡度要求，利用标准覆盖横断面然后假定一个基础填土的平均深度，这样算出的结果往往会使土方量估计过低。经验表明，对于表面较平的填埋场，若其垃圾为新填的，且其日覆盖土比较薄，则为了填筑一个坡度均匀，厚度不小于 30cm 的覆盖层，其所需土方量约为 0.6～0.9m$^3$/m$^2$。

填筑基础填土层的施工速率取决于土料场的远近，有无合适的施工机具和施工场地出

256

入的条件，若土源离施土场地较近，则可达到日填筑量 3800~7600m³，若土源较远，需较庞大的运输车队，而且连日填筑量 4500m³ 也很难达到。

C. 底层填土

铺设底层填土的主要问题是要准备好一个理想的基底（即基础填土的顶面），有一个好的基底可以减少达到最小厚度所需的底层填土量，有孔洞或凹凸不平的粗糙基底将需要较多的底层填土使费用增加并拖延工期。有间隔地进行整平控制也是铺设一个深度均匀品质优良底层的施工关键，通常取 1.5m 的方格来进行整平控制。

底层填土，特别是用来输送填埋场气体或淋滤液的底层填土，是要经过仔细加工和应十分重视的填土。为完成每天 8000~13000m² 面积的底层填土，其施工速率应达到 1150~1500m³/d。

D. 排水层

最终覆盖（封顶）的排水层，特别是在坡度较陡处的排水层，往往是设计中要求最高也是最难施工的部分，很多环节极易出错，事先作好充分准备十分重要。

排水材料必须符合级配和透水性要求，将不符合要求的排水材料随便置于土工膜上将会造成很大麻烦，因为从土工膜上将这些材料除去比放置这些材料要困难得多。若在铺设排水材料之前能按设计书的要求执行比较严格的质量控制计划，则上述问题即可避免，这包括在同意使用材料之前应先在料场取样进行试验并对在工地交付使用的材料进行检测。提供必要的现场试验能力可加快保证材料质量检测的速度。

铺设排水材料时，必须时刻处于严密监测之下以确保土工膜不被损坏或打摺并能达到预期的厚度。最好能采用轻型的推土机进行铺设，但往往需要从材料堆放处进行比较长距离的推运。

排水材料的铺设常为控制封顶覆盖施工进度的关键，有关材料加工、装运、现场处理的时间均需仔细安排，施工速率一般可达 2300~3500m³/d，但要达到这样高的施工速度，意味着施工后勤部门要准备每天有 250 趟运输车来装运材料。

E. 表土

表土铺设是封顶施工的最后一步，它成功的关键是在植物播种期进行施工，使种子可以发芽，并注意表土不被侵蚀。已被证明防止侵蚀的一个简单而有效的方法是在坡上压出车道，推土机的车道应较深，与坡线垂直，并在施工结束的表土上覆以 5~10cm 的稻草。在寒冷季节，这样做可以使种子防冻并进一步防止侵蚀，如果需要也可以采取更加先进的侵蚀控制方法。表土的施工速率通常在基础填土和排水层施工速率之间。

## 14.8 含水量和密度的现场测定

现场测定压实粘土含水量和密度应用最广泛的方法是核子法（ASTM D3017 及 D2922）。核子仪测定含水量通过对快中子源发射的中子进行减速或"加热"。快中子是一种带有约 $5 \times 10^6$ 电子伏能量的中子，其放射源嵌在核子仪的中心部位（见图 14.18）。当快中子进入土中后，每碰撞到一个氧原子其能量就减少，当中子不断与氧原子碰撞，其能量就会急剧降低，最后在与氧原子平均碰撞 19 次后，中子能量停止进一步减少，此时的中子称为"热"中子，其能量约为 $2.5 \times 10^4$ 电子伏。核子仪中的探测器可探测出碰撞后的热中子数，经过一定时间，碰撞后的热中子数与发射源中放射出的快中子数和核子仪下土中的氧原子密度成一定的函数关系，经过事先率定，并假定氧原子均来自土中水分，就可使用核子仪来测定平均深度在 20cm 以上的土体中的含水量。

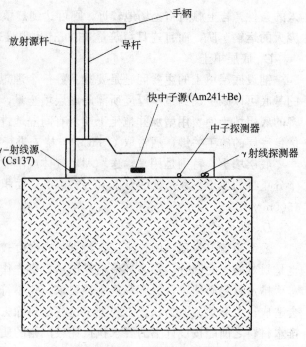

利用核子仪测定含水量可能存在一些误差，产生误差最主要的原因是土中还有水以外的氧原子，它们可能来自碳氧化合物、甲烷（沼气）、含水矿物（如石膏）、亲水矿物（如高岭石、伊利石及蒙脱石）以及土孔隙中的氧气。在最不利条件下，核子仪测出的含水量其误差最大不会超过 10 个百分点（通常测出的数字偏高），在良好的环境条件下，测出的误差通常小于 1%。对一定地点的填土及该地点条件发生变化后，均应先对核子仪进行率定。

图 14.18　含水量、密度核子测定仪示意图

其它发生误差的原因还可能是因为在离仪器 1m 范围内埋设有个别的设备或有暗沟。核子仪应有足够的时间使中子"加热"，否则读数可能会出错，如果土的表面处理不好，使核子仪不能紧贴光滑的表面，也可能会得到一个错误的量测结果。另外，若不能得到核子仪最新的放射源放射强度标准值，其读数也可能会出错。最后，因很多核子仪允许使用者输入一个水分调整系数，用一个固定的数字来修正含水量读数。如果输入了一个错误的水分调正系数，所求得的含水量当然也会产生误差。

非常重要的一点是从事施工质量控制和质量保证（监理）的工作人员应能很熟练地正确使用核子含水量、密度测定仪，如果工作人员没有经过适当的培训或不能正确使用仪器，出错的机会当然会增多。核子仪还应经常用其它类似的设备进行校核，以保证地域特点的变化不会影响试验结果。核子设备也可用其它的核子仪（特别是新的仪器或才校准过的仪器）进行校核以减少潜在的误差。

土的密度（或重度）也可用核子仪进行量测，其操作方法有二，见图 14.19 所示，最普遍的用法称作直接传递法，将 γ 射线放射源放在填土中一个孔的底部进行试验（图 14.19 (a)），由置于核子仪中的探测器探测地表 γ 射线的强度，而在地表检出的 γ 射线强度与放射源强度和土体密度有一定函数关系。核子仪测密度的第二种操作方法称为反向散射法，此时 γ 射线放射源置于地表（图 14.19 (b)），所探测到的地表 γ 射线强度仍是土体密度和放射源放射性的函数。反向散射法的量测值主要为地表下 25～50mm 内土的密度，对土质衬垫建议采用直接传递法，因为直接传递法可量测到比反向散射法深度更深的土体密度平均值。

核子仪直接传递法测密度的操作步骤如下：首先，将试验面平整光滑，在土质衬垫中用钻杆钻一孔，孔的直径约为 25mm，深度则比预定 γ 射线放射源的位置再深 50mm；然后将带有发射管的核子仪放在孔的上面，将发射管放入孔内，使放射源位于孔底以上 50mm，

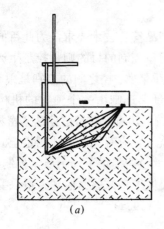 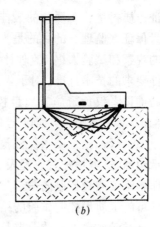

$(a)$ 　　　　　　　　　　　　　　　　$(b)$

图 14.19　核子仪的量测

$a$）直接传递法；$b$）反向散射法

推拉核子仪将发射管贴紧靠近探测器这一边的孔壁，使沿放射源至深测器直线位置上的土能与放射源紧密接触，在一固定时间内例如 30 或 60 秒，用探测器测出射线的强度。操作者可自行选择计数周期，计数周期愈长则量测值愈精确，但计数周期也不能过长，以免影响效率。

填土密度确定以后，就可根据其含水量计算干密度。核子仪的量测误差较少，而且测定密度的方法比测含水量更可靠。测定密度产生误差的主要原因是核子仪操作者操作不当，如有时没有将发射管放入事先钻好的孔中而将其直接插入土内，这样会产生显著的误差。造成误差的其它原因还有：放射源不适当地从孔壁脱开，计数时间不够，"加热"时间不足，$\gamma$ 射线源有问题以及率定不当等（USEPA，1993a）

## 14.9　施工质量保证和质量控制

施工质量保证（即施工监理）和质量控制（两者简称质量监控）对衬垫的透水性并无直接影响，但却是施工程序中一个重要部分。对于土质衬垫的施工，质量监控应包括：粘土衬垫施工前及施工期的质量监控，高素质的质量监控人员及提供合格的监控文件和报告。为使一个填埋场能成功建设并发挥作用，对每一个工程设施的质量监控非常重要。建设填埋场需大量投资，如果填埋场发生破坏，污染地下水，要治理这种污染又要化费上百万资金。因此，对任一建筑设施施工期的质量监控应予足够重视，对于所有土木工程来说，将项目经费的至少 $10\%\sim20\%$ 用于质量监控是很常见的。

### 14.9.1　质量监控的基本内容

对于土质衬垫的质量监控，其基本目标有三：（USEPA，1993a）1. 确保土质衬垫所用材料是合适的；2. 确保土质衬垫所有材料被恰当地铺设和被压实；3. 保证完工后的衬垫得到合理保护。这些目标中，有一些例如完工后，保护衬垫不发生干裂，仅需简单地采用常规的措施，而有些目标的实现例如对材料的前期处理，则可能比较复杂，因为对不同的材料可能需采取各种不同的加工措施。而且在很多基本项目的质量监控中，仅仅进行试验是不够的，可以先通过高水平的监控人员进行肉眼观察，再有计划地选择一些试验加以补充，并能提出保证土质衬垫施工质量的最佳措施。

施工质量保证（监理）的目的是为了保证最终产品符合技术要求，为此目的，必须要有一个详细的观察和试验大纲（监理计划书）。施工质量控制的目的则是控制生产或施工过程使符合设计要求的技术标准。对于土工合成材料，质量监、控之间的差别是很明显的，土工合成材料的铺设者仅负责施工质量控制而施工质量保证则由一个独立的机构（监理单位）负责。然而，对于填土，与铺设土工合成材料比较，其施工质量监控是紧密相联的。例如，对很多土方工程，施工质量保证检查员（施工监理）应有代表性地测定土的含水量并将结果通知承包商，这就意味着监理人员事实上已向承包商提供了一个质量控制的数据。对有些项目，作为施工质量控制的一部分，承包商需要做很多试验而监理人员只要做少量试验以校核或认可施工质量控制试验的结果（USEPA，1993a）。

### 14.9.2　土质衬垫施工的质量监控

关于土质衬垫料场土料的选择在 2.4 节已讨论过，当然必须遵循。土料品质、要求的压实度和压实含水量在衬垫施工之前必须是已知的，为了选择合适的施工机具也必须进行适当的试验。特别值得重视的监控项目有：铺土层的厚度、碾压遍数、压实土密度和含水量试验的次数以及压实衬垫的透水性等。

土料应铺成厚度不超过 23cm 的松土层，经过压实后的填土层厚度不应超过 15cm。第一层填土压实后应很好维护不使其下部位受到损伤并防止将不同的土混合到需重新压实的粘土中去。压实后的填土其渗透系数应不大于 $1\times10^{-7}$cm/s（可由室内压实密度与渗透系数的关系曲线查出），其压实度不小于 90%（修正普氏试验最大干密度的 90%，ASTM D1557—78）。每一层填土均应将底面拉毛并用可贯穿每个压实土层的压实机具，使之与原来的填土层紧密结合，但这样的碾压机具不能直接用于合成材料衬垫、渗漏检查系统或其它衬垫系统敏感部位之上的第一、二层填土（MDEQ，1993），对于边角的衬垫，当采用水平填土法施工时（见图 14.7（b）），这些填土层的连续联结十分重要，如果联结不当，将使沿填土层面的水平方向透水性增大，使用羊足辗可使连续填土层的层面互相咬合，因此，是比较好的压实机具。

碾压机施加的压实功能（以 kN-m/m³ 计）与一定填土面积上碾压机的碾压遍数有关。所谓碾压遍数可以指碾压机具或滚筒在一定填土面积上的来回次数，但这并不意味着可以将碾压遍数任意定成是机具或滚筒的碾压次数，在施工设计书及施工监理计划中均应明确什么是遍数的定义。通常对于自动行驶的碾压机以车辆行驶一遍为准，对牵引式碾压机则以滚筒碾压一遍为准。

在有的施工文件中，尚需列出最小碾压覆盖范围，该值可用下式计算

$$C = (A_f/A_d) \times N \times 100\% \tag{14.1}$$

式中　$C$——覆盖范围；

　　　$A_f$——碾压机滚筒上脚的面积总数；

　　　$A_d$——滚筒自身面积；

　　　$N$——碾压遍数。

施工设计书中有时会提出需要 150%～200% 的碾压覆盖范围。如果碾压机具已经选定，当最小碾压覆盖范围给定以后，其最少的碾压遍数即可用上式算出。

碾压机对填土的碾压遍数对土质衬垫的整体透水性影响很大，要在一定地点定期观测

其碾压遍数，建议每一层填土每公顷面积可观测三处。最少的碾压遍数与很多因素有关，在一般情况下并不能任意确定，但凭经验可知，为了对粘土衬垫土料进行充分重塑和压实，通常在同一地点至少应碾压 5 至 15 遍。美国密歇根州环保署（MDEQ）规定对自动行驶的碾压机，其脚接触压力在 1370～2740kPa 之间时，每层填土应碾压 4～6 遍（注意：脚接触压力应限制在碾压 3～4 遍后土不会被剪坏），规定的脚接触面积为 32.25cm² 及 90.3cm²。

一般的现场作业是在压实开始时比较频繁地观测填土的密度。对于特定的碾压机具，为了得到在略湿于最优含水量之下的 规定密度，其所需的碾压遍数是由最初试验结果决定的。通常在开始时脚会对土产生剪切，但在碾压几遍后脚就会"骑"在土上，不会长期对土产生剪切。若脚的接触压力过高，在碾压 7～8 遍后，填土层仍继续受剪，则应减少滚筒的重量以降低脚的接触压力。但是，若一开始脚就不能对比它长度至少大 2～3 倍的粘土层产生剪切，则应增加滚筒的重量。

为了进行质量监控，应指定现场密度、含水量及渗透试验的次数。土质衬垫从微观上看是不均匀介质，但如果放大观测尺度，也可按均质来考虑。由设计人员指定的质量监控试验次数变化很大，通常在施工期间要进行大量的密度和含水量试验以保证其均匀性，而渗透试验（室内或野外）次数则比较少。对粘土衬垫的压实密度、含水量和透水性的详细研究指出，在衬垫内部土的特性会有些变化（Daniel 及 Eenson，1990），但这些变化仍在合理的限制范围内。美国密歇根州环保署规定的施工质量控制试验项目列于表 14.2。

用于粘土衬垫施工的试验项目（Sherman，1992）        表 14.2

| 工程设施 | 试验项目 | 试验次数 | 试验方法 |
|---|---|---|---|
| 料场粘土料 | 土的分类试验 | 每 5000Yd³（3830m³）一次及土料整个改变时 | ASTM D2487（常规） |
| | 击实试验（含水量—干密度曲线） | 每 5000Yd³（3830m³）一次及土料整个改变时 | ASTM D1557（常规） |
| | 含水量—密度—渗透系数三者的关系 | 刚开始和土料整个改变时 | ASTM D1557 ASTM D5084（密歇根环保署） |
| 压实的基底 | 含水量、密度 | 每一填土层每英亩（0.4047 公顷）5 次或每填土层 100ft（30m）网格点上 1 次（每天至少 3 次） | ASTM D2922（核子法） |
| 粘土衬垫 | 含水量、密度 | 同上 | 同上 |
| | 现场渗透试验 | 每 10000Yd³（7660m³）一次及土料整个改变时（每一个衬垫或覆盖至少 3 次） | ASTM D5084 |
| | 厚度 | 每一填土层每英亩（0.4047 公顷）5 次或每一填土层 100ft（30m）网格点上一次 | 测量或直接观测 |
| | 坡度 | | 测量 |

土质衬垫施工质量监控基本上由下列三部分组成：使用合适的土料，合理铺填和压实土料以及对完工后的衬垫加以维护。完成这些要求所必需的步骤可总结如下：

1. 铺设土质衬垫的基底应加以适当清理；

2. 土质衬垫施工所用土料应合适，并遵循该项目计划和设计书的规定要求；

3. 土质衬垫所用土料应事先加工过，如果需要，应调整含水量，剔除大尺寸颗粒，打碎土中的土块，或者添加改良剂如膨润土等；

4. 土料应铺填成适当厚度的填土层，然后适当地加以重塑和压实；

5. 压实后的土质衬垫应仔细维护以免受到干燥或冰冻的损害；

6. 土质衬垫的最终表面应加以适当清理以准备承接将铺设在衬垫顶部的上一层材料。

### 14.9.3 文件及报告

所有的施工项目均需提供合理的文件和报告，详细而简洁的文件应能提供施工的各个细节，记录任何一个与原始标书不同的偏差，并讨论产生每一个偏差的原因，它在万一发生诉讼时是很有用的，所以提供文件和报告非常重要。任何一个试验的位置均应仔细标出，由于压实度、含水量、渗透性及其它试验都是在不同填土层内做的，最好的办法是分别绘出每一填土层，然后标明相应的试验位置。描绘和叙述均应仔细而简洁，施工过程以及质量监控试验的日记应由现场技术人员妥善保存。每一个现场记录都是重要文件，特别当有争议时更是如此。应避免对记录进行删改，万一发生错误，错处应简单地加以义掉并加说明。在向有关部门提交报告之前，应经由所有单位仔细检查，包括业主、承包商和监理小组。最后，设计和监理单位应准备一个详细的施工鉴定报告，以提供有关部门进行检查。

# 参 考 文 献

1. Bagchi. A., (1987) Discussion on "Hydraulic Conductivity of Two prototype Clay Liners" by S. R. Day and D. E. Daniel (1985), Journal of Geotechnical Engineering, ASCE, Vol. 113, No. 7, pp. 796-799.

2. Barden, L. and Sides, G. R., (1970) "Engineering Behavior and Structure of Compacted Clay," Journal of Soil Mechanics and Foundation Division, ASCE, Volume 96, No. 4, pp. 1171-1200.

3. Benson, C. H. and Othman, M. A., (1993) "Hydraulic Conductivity of Compacted Clay Frozen and Thawed In Situ," Journal of Geotechnical Engineering, ASCE, Vol. 119, No. 2. 276-294.

4. Daniel, D. E., (1984) "Predicting Hydraulic Conductivity of Clay Liners," Journal of Geotechnical Engineering, ASCE, Volume 110, No. 4, pp. 285-300.

5. Daniel, D. E., (1990) "Summary Review of Construction Quality Control for Compacted Soil Liners," Waste Containment System: Construction, Regulation, and Performance, ASCE, R. Bonaparte, ed., New York, NY, pp. 175-189.

6. Daniel, D. E. and Benson, C. H., (1990) "Water Content-Density Criteria for Compacted Soil Liners," Journal of Geotechnical Engineering, ASCE, Volume 116, No. 12, pp. 1811-1830.

7. Daniel, D. E. and Wu, Y. -K., (1993) "Compacted Clay Liners and Covers for Arid Sites," Journal of Geotechnical Engineering, ASCE, Volume 119, No. 2, pp. 223-237.

8. DM-7, (1971) "Design Manual, Soil Mechanics, Foundations and Earth Structures," NAVFAC DM-7, pp. 7-9-8 to 7-9-9, U. S. Department of the Navy, Washington, D. C.

9. Elsbury, B. R., Daniel, D. E., Sraders, G. A., and Anderson, D. C., (1990) "Lessons Learned from Compacted Clay Liner," Journal of Geotechnical Engineering, ASCE, Volume 116, No. 11, pp. 1641-1660.

10. Garcia-Bengochea, I., and Lovell, C. W., and Altschaeffl, A. G., (1979) "Pore Distribution and Permeability of Silty Clay," Journal of Geotechnical Engineering, ASCE, Volume 105, No. 7, pp. 839-856.

11. Ghassemi, M., Haro, M., Metzgar, J., et al., (1983) "Assessment of Technology for Constructing Cover and Bottom Liner Systems for Hazardous Waste Facilities," EPA/68-02/3174. U. S. Environmental Protection Agency. Cincinnati, Ohio.

12. Goldman, L. J., Truesdale, R. W., Kingsbury, G. L., Northeim, C. M., and Damle, A. S., (1986) "Design Construction and Evaluation of Clay Liners for Waste Management Facilities," EPA/530-SW-86/007. U. S. Environmental Protection Agency, Cincinnati, Ohio.

13. Gray, D. H. and Leiser, A. T., (1982) "Biotechnical Slope Protection and Erosion Control," Van Nostrand-Reinhold, New York.

14. Hilf, J. W., (1975) "Compacted Fill," Foundation Engineering Handbook, Edited by H. F. Winterkorn and H.

Y. Fang, Van Nostrand-Reinhold, New York, pp. 244-341.

15. Lambe, T. W., (1958b) "The Structure of Compacted Clay," Journal of Soil Mechanics and Foundation Engineering, ASCE, Volume 84, No. 2, pp. 1-34.

16. MDEQ, (1993) "Act 641 Rules," Michigan Department of Environmental Quality, Waste Management Division, Lansing, Michigan, May 3.

17. Mitchell, J. K., Hopper, D. R., and Campanella, R. G., (1965) "Permeability of Compacted Clay," Journal of Soil Mechanics and Foundation Engineering, ASCE, Vol. 91, No. 4, pp. 41-65.

18. Olsen, H. W., (1962) "Hydraulic Flow through Saturated Clays," Clays and Clay Minerals, Vol. 9, No. 2, pp. 131-161.

19. Seed, H. B. and Chan, C. K., (1959) "Structure and Strength Characteristics of Compacted Clays," Journal of Soil Mechanics and Foundation Engineering, ASCE, Vol. 85, No. 5, pp. 87-128.

20. Shakoor, A. and Cook, B. D., (1990) "The Effect of Stone Content, Size, and Shape on the Engineering Properties of a Compacted Silty Clay," Bulletin of Association of Engineering, Geologists, XXVⅡ (2), pp. 245-253.

21. Shelley, T. L. and Daniel, D. E., (1993) "Effect of Gravel on Hydraulic Conductivity of Compacted Soil Liners," Journal of Geotechnical Engeineering, ASCE, Volume 119, No. 1, pp. 54-68.

22. Sherman, V. W., (1992) "Construction Quality Control and Construction Quality Assurance for Low Permeability Clay Barrier Soils," Michigan Department of Environmental Quality, Lansing, Michigan.

23. Thiel, R. S. and Stewart, M. G., (1993) "Geosynthetic Landfill Cover Desing Methodology and Construction Experience in the Pacific Northwest," Geosynthetics'93 Conference Proceedings, Volume 3, Vancouver, Canada, pp. 1131-1144.

24. USEPA, (1991a) "Desing and Construction of RCRA/CERCLA Final Covers," EPA/625/4-91/025, Office of Research and Development, U. S. Environmental Protection Agency, Washington, D. C., May.

25. USEPA, (1993a) "Quality Assurance and Quality Control for Waste Containment Facilities," Techmical Guidance Document, EPA/600/R-93/182, U. S. Environmental Protection Agency, Office of Research and Development, Washington, D. C., September.

26. Zimmie, T. F., LaPlante, C. M., and Bronson, D., (1992) "The Effects of Freezing and Thawing on the Permeability of Compacted Clay Landfill Covers and Liners," Environmental Geotechnology, Proceedings of the Mediterranean Conference on Environmental Geotechnology, A. A. Balkema Publishers, pp. 213-218.

27. 钱学德，郭志平（1997）. 填埋场粘土衬垫的设计与施工. 水利水电科技进展，Vol, 17, No. 4, pp. 55-59.

# 第十五章　土工合成材料的铺设

　　土工合成材料铺设的施工内容包括土工膜、土工网、土工织物、土工复合材料和土工聚合粘土衬垫的铺设。在土工合成材料铺设过程中，有些问题包含在提供适当的质量保证和质量控制措施内。质量保证指的是土工合成材料的加工与铺设均应符合工程具体质量保证计划、图纸、说明书、合同和管理部门的规定要求。质量保证由独立于生产厂家和铺设单位的第三方（即工程监理单位）负责。质量控制仅指保证材料和许多工艺均符合计划和说明书的要求。质量控制由土工合成系统各组成部分的制造商和铺设单位负责。

## 15.1　材料的运输和相应的测试

　　无论什么时候，只要有可能，一个第三方的施工质量保证顾问代表（工程监理）应该在现场监督材料的运输和卸货。监理人员必须记下收到的任何一个受损坏的材料，并记下卸货中损坏的材料。材料的贮存必须保证有效地防止灰尘、被偷、被破坏和车辆通行对它的影响。

　　除了土工膜、土工网和土工织物的运输外，监理人员还应采集几个测试样品，这些样品应该送到土工合成材料质量保证实验室去测试以确保跟它们的产品说明书相一致。

　　作为样品的几卷应由全体监理人员来选择，样品应取一卷中整个宽度且不应包括最前端的一米。除非另外有规定，否则样品应有一米长、宽度同整卷宽度相同。对土工膜、土工网、土工织物和土工聚合粘土衬垫，应该至少每 10000m² 取一样品，对土工复合材料则每 5000m² 取一样品。至少应该做以下的应用测试（括号中为美国材料试验协会 ASTM 的试验标准编号）。

　　*A*. 土工膜

　　（1）密度（ASTM D5199）；

　　（2）拉伸强度和延伸率（对 HDPE 和 VLDPE 采用 ASTM D638，对 PVC 采用 ASTM D882，对 CSPE-R 采用 ASTM D751）；

　　（3）可能的刺伤（FTM 标准 101C，HDPE 和 VLDPE）；

　　（4）抗撕裂强度（ASTM D1004 DieC 对 HDPE，VLDPE，PVC）；

　　（5）层间粘附性（ASTM D413 对 CSPE-R）；

　　（6）机械方法（A 型，对 CSPE-R）。

　　*B*. 土工网

　　（1）密度（ASTM D1505 或 ASTM D792）；

　　（2）每单位面积的质量（ASTM D5261）；

　　（3）厚度（ASTM D5199）；

　　（4）压缩性（ASTM D1621）（垂向）；

(5) 过滤系数（ASTM D416）（垂向）。

*C.* 土工织物

(1) 单位面积质量（ASTM D5261）；

(2) 握持拉伸强度（ASTM D4632）；

(3) 梯形抗撕裂强度（ASTM D4533）；

(4) 冲击强度（ASTM D3786）；

(5) 刺破强度（ASTM D4833）；

(6) 有效孔径（ASTM D4751）；

(7) 介电常数（ASTM D4491）。

*D.* 土工复合材料

(1) 厚度（ASTM D5199）；

(2) 竖起尖端的厚度（ASTM D1621）；

(3) 竖起尖端的间距（ASTM D1621）；

(4) 压缩性（ASTM D1621）（垂向）。

*E.* 土工聚合粘土衬垫（GCL）

(1) 每单位面积质量（ASTM D5261）测样频率按 ASTM D4354 的有关规定；

(2) 粘土部分的自由膨胀，测样频率按 ASTM D4354 的有关规定；

(3) 水力传导性（ASTM D5084 或 CRI-土工聚合粘土衬垫）；

(4) 直剪试验（ASTM D5321）；

(5) 针刺或针脚接合的土工聚合粘土衬垫的撕裂试验（ASTM D413），每 $2000m^2$ 做一次试验。

在土工合成材料使用之前，监理工程师应该仔细审核从实验室中得来的应用测试结果，并向项目经理汇报任何不适应性。全体监理人员负责检查所有的测试结果是否达到或超过项目细则中列出的性能指标。

## 15.2　土工膜的铺设

与其它土工合成材料的铺设相比，土工膜铺设的施工步骤是最关键且最复杂的。

### 15.2.1　土工膜的设置

当地基或基底（土或者一些别的土工合成材料）被验收通过后，临时贮存土工膜的筒或托板被带到它们的预期位置，铺开或展开，并准确进行现场缝合。

1. 地面工作

总承包人或地面工作承包人应该负责准备和保持地基满足适合于衬垫铺设的条件。地成工作质量控制通常应遵守如下规则：

（1）需铺设衬垫的表面应该光滑并没有废渣、树根、有棱角或很锋利的岩石。所有的填料都应由级配良好的材料组成，而没有有机物、垃圾、粘土球或别的有害杂质，这些都可能引起土工膜破坏。完工地基的上部 15cm 之内不应包含直径大于 4cm 的石头或碎屑，地基应该根据设计细则进行压缩，但无论什么时候都需要提供一个坚固、不屈服的基础以允许车辆运行和焊接设备通过，地基土不应产生压痕或受别的有害影响。地基性质不应有大的变化或等级上的突变。

（2）地面工作承包人应保护地基不受干燥、洪水或冰冻的影响。如果需要，可在整个地基上铺上薄塑料保护膜（或施工工程师 认可的别的材料），直到土工膜衬垫开始铺设。地基干燥裂开 4cm 长或深、或有明显膨胀、突起或类似情况都应该由总承包人或地面工作承包人重新布置作业以消除这些不利因素。

（3）按照要求，铺设者的现场监察员将提供给业主和（或）承包人对衬垫表面的书面验收意见。这种意见仅限于在某一特定的工作台班中铺设者能够进行衬垫施工的那部分范围。对于地基后来的修复包括地基表面任何指导和控制，将仍是地面工作承包人的责任。

锚固槽应在土工膜放置之前，由总承包人或地面工作承包人按设计图纸上标明的位置和宽度来进行开挖（图 15.1、图 15.2）。在易干燥的粘土中开挖锚固槽应该只在衬垫施工的前几天开挖，这样可以最大限度地减小粘土干燥裂开的可能。在土工格栅连接的地方，锚固角应该轻轻地卷起以尽量避免土工膜的突变。

2. 现场模块的设置

在衬垫铺设之前，应在放样图上标出模块的外形及土工膜放置和现场缝合的位置，每一模块都应以数字或字母标号，标号数应该同模块设置表格中土工膜的制造卷号相一致，以显示材料类型，批号和生产日期。

土工膜在任何降水期间均不能铺设，过大的湿度（雾、露水）、过高或过低的大气温度、经过滞水区或风速过大（超过 30km/h）时都应暂停施工。

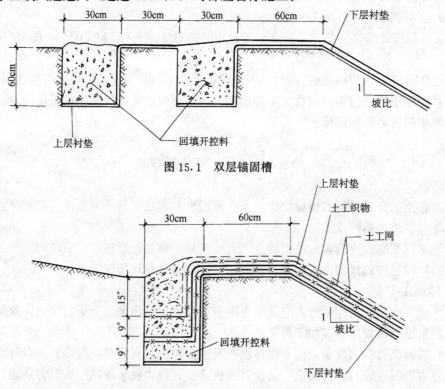

图 15.1　双层锚固槽

图 15.2　多层锚固槽

铺设者应该按照放样图标定的位置来铺设现场模块。如果模块不是按放样图上标明的地方施工，则应在实际施工图上注明校正位置。实际施工图必须在工程竣工时修正以反映实际模块位置。实际施工图将根据工程细则和合同文件由进行衬垫施工的公司或施工质量保证公司（监理公司）的代表保存或呈送。土工膜模块的铺设应遵守如下规则。

（1）模块铺设使用的方法和设备，必须不损坏土工膜或其下地基表面；

（2）工作人员在土工膜上工作时都必须脱鞋，否则会损坏土工膜或因工作忙乱而导致土工膜的损坏；

（3）必须有足够的临时荷载或锚固物（如砂袋，轮胎）以防止土工膜被风吹起；

（4）土工膜铺设时应尽量避免折皱；

（5）任何遭到严重损坏（如拉坏、卷曲或起皱）的地方都必须标明并修补。

跟土工膜模块铺设有关的信息包括日期，时间，模块号和模块尺寸，都必须在模块设置的表格中标明。如果一卷土工膜的一部分被留起来下次再用，必须在剩下部分的几个地方同时标明卷号。

15.2.2　土工膜的缝合

各卷土工膜或模块之间的现场缝合是它们是否能成功地阻止液体流动的关键工作内容。本节将描述当前使用的各种缝合方法，也描述测试条（或试验接缝）的概念和重要性。

1. 缝合的要求与准备

A. 放样

通常情况下，接缝应该与斜坡平行（例如，沿着斜坡，而不是和斜坡相垂直），无论什么时候只要有可能，水平接缝应该放在单元的底部，至少离斜坡的坡脚处 1.5m 远。在现场做的每一个缝合都应编号并在记录图纸上标明缝合信息，包括接缝数，焊接机号码，机械数，温度设定和气候条件，这些都必须记在模块缝合表格中。

B. 人员素质

施工质量保证监督人员（现场监理）必须确保现场缝合人员具备如下素质：

（1）缝合负责人应该至少有缝合土工膜 90000m² 的经验，且使用的是本工程使用的施工缝合机械。缝合负责人在全部缝合操作过程中都必须在场。

（2）其他缝合者应该至少有缝合土工膜 9000m² 的经验，缝合负责人将对所有缝合者进行直接监督。

C. 设备

熔化焊接　熔化焊接由固定在自行推进的小车上的加热快组成。在两个弯起的薄条之间，两个薄条的表面都被加热到聚乙烯的熔点之上（图 15.3）。经过加热块加热以后，模块通过一系列预先设置好的压力齿轮使得两个弯起的模块被焊接在一起。熔化焊接机装备有不断调节加热块温度的装置。

热压角焊接　热压角焊接是沿着要焊接的两层土工膜薄层弯曲的边缘插入熔化树脂焊条（图 15.4）。热空气预热和附加的熔化聚合物引起每个面的材料熔化，将熔化焊条和弯曲的薄层表面均匀地粘结起来。热压焊机装有仪表显示装置的温度和预热单元的号码设定。

D. 注意事项

熔化焊接

（1）土工膜模块在焊前必须重叠大约 10～15cm，模块必须调整好以使接缝尽量减少折皱和成"鱼嘴"的可能；

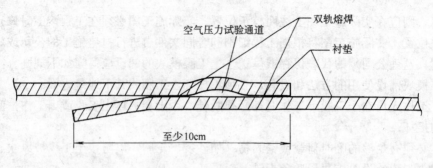

图 15.3　熔化焊接缝截面图

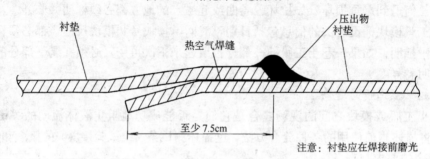

注意：衬垫应在焊接前磨光

图 15.4　热压焊接缝截面图

（2）在缝合之前缝合区域必须先清理干净以确保清洁并没有水、灰尘、杂物或任何碎屑，熔化焊接不需要磨光；

（3）根据铺设方项目主管的判断，应有一个可移动的保护层直接放到要缝合的土工膜重叠处的底下以阻止两层模块之间灰尘或水的堆积。

**热压角焊接**

（1）无论什么时候只要有可能，热压焊的接缝在适当热处理之前要预先削平；

（2）土工膜模块至少应重叠7.5cm，缝合区域在缝合之前必须进行清理以确保该区域清洁且没有水、灰尘、垃圾或任何碎屑；

（3）热气装置只能用于土工膜模块的加热粘接，注意不要损坏土工膜；

（4）接缝在焊接操作的一个小时内必须卷起，磨光也不应该损坏土工膜，磨光标记应尽可能盖上压物，在所有情况下，磨光都不应超过焊接时覆盖压物范围边缘的3.5cm；

（5）在开始每一个接缝之前应从栅栏中重新移动所有降热压出物，压出物都必须清洁，清洁的压出物将被放置到废料上以阻止同已安装好的土工膜接触；

（6）焊条必须保持清洁和干燥。

**2. 试验焊接**

试验焊接应由焊接技术人员完成，在所有开始阶段与即将关机前，或在设备出现故障需中断休息至少四小时才能重新起动时，或者当气候条件发生变化，或有焊接问题被检查出来而主管监理认为需要时，都应进行试焊。

所有的试验焊接将在与实际相同的缝合条件下进行。一旦试验焊接质量被确认合格，焊接技工不得改变焊接参数（温度，速度等），直到进行下一个试验焊接为止。

*A. 试验焊接长度*

试验焊接应由两片土工膜接合而成，用于熔化焊的试验至少需为4.5m长，热压焊试验接缝至少需 1.2m 长。

　　*B.* 现场测试程序

　　（1）主管监理应目测核查接缝，检查有无挤出、脚印、按压和其它违反常规的现象。

　　（2）应从试验缝中截取三个 2.5cm 宽的窄条，其中一个应位于接缝的中部附近，另外两个应靠近试验焊缝的两端；两个试样进行撕裂测试，一个用现场数字伸长仪进行剪切。

　　（3）当得到下列结果时试样就认为合格（双面焊，两个焊条都需要测试且通过撕裂试验）：

　　剪切强度测试（ASTM D4437）

　　通过值应不小于衬垫屈服强度的 90%，样本的最小值为屈服强度的 80%。

　　双轨熔化焊条撕裂粘结测试（ASTM D4437）

　　通过值应不小于衬垫屈服强度的 70%，样品的最小值为屈服强度的 60%。

　　热压角焊条撕裂粘结测试（ASTM D4437）

　　通过值应不小于衬垫屈服强度的 60%，样本的最小值为屈服强度的 50%。

　　（4）若两个试样均通过表 15.1 所列撕、剪试验标准，则可认为试焊样本合格。

焊缝强度分类表　　　　　　　　　　　　　　表 15.1

| 材料类型 | 厚度（mm） | 熔焊 | | 压焊 | |
|---|---|---|---|---|---|
| | | 剪切强度（kN/m） | 撕裂强度（kN/m） | 剪切强度（kN/m） | 撕裂强度（kN/m） |
| HDPE | 0.76 | 11.04 | 8.58 | 11.04 | 6.13 |
| | 1.02 | 15.07 | 11.74 | 15.07 | 8.41 |
| | 1.52 | 22.08 | 17.17 | 22.08 | 12.26 |
| | 2.03 | 29.96 | 23.30 | 29.96 | 16.64 |
| | 2.54 | 37.84 | 29.43 | 37.84 | 20.15 |
| 织造 HDPE | 1.02 | 13.32 | 10.51 | 13.32 | 7.36 |
| | 1.52 | 19.80 | 15.42 | 19.80 | 11.04 |
| | 2.03 | 26.46 | 20.67 | 26.46 | 14.72 |
| VLDPE | 0.51 | 3.50 | 2.98 | 3.50 | 2.98 |
| | 0.76 | 5.26 | 4.03 | 5.26 | 4.03 |
| | 1.02 | 7.01 | 6.13 | 7.01 | 6.13 |
| | 1.52 | 8.76 | 9.11 | 8.76 | 9.11 |
| | 2.03 | 10.51 | 12.26 | 10.51 | 12.26 |
| | 2.54 | 17.52 | 15.42 | 17.52 | 15.42 |
| 织造 VLDPE | 1.02 | 7.01 | 5.26 | 7.01 | 6.13 |
| | 1.52 | 10.51 | 8.76 | 10.51 | 9.11 |

　　（5）如果有任何一个样本不能通过撕裂或剪切试验，都应该重新进行试焊。

　　（6）当重新试验失败后，现有焊接装置和焊条将不能再用来焊接，直到其缺陷或条件得到改善并取得两个连续成功试验后才能使用。

　　（7）失败的关闭试焊可用如下方法处理：铺设者应重新跟踪焊接路径到一个中间位置（大约回到最后焊接的半中间），在主管监理的指示下，进行附加的小样本现场测试。如果此测试通过，那么应在此处和原来失败地方之间的焊缝上盖上盖条；如果测试失败，还得重做。若焊缝失败的长度过长，铺设者或切除旧焊缝，重新放置模块并重新焊接，或在焊缝上盖上盖条，一切按监理的要求来做。

C. 试验焊接条件

在撕裂和剪切试验过程中主管监理都必须在场，而且要记录日期、时间、操作者、机器号码、户外空气和操作间的温度、速度设定、撕裂值与试验焊接是通过还是失败。所有的试验焊接记录都应该保存在试验焊接表格里。主管监理将在看到试验焊接的结果后决定是否同意焊接施工。

3. 一般缝合步骤

（1）主管监理必须检查缝合区以确保清洁，无积水、灰尘、杂物和任何碎屑。土工膜的重叠对熔化焊至少 10cm，热压焊至少需 7.5cm。

（2）焊接技工必须定期检查机器操作温度和速度，并在土工膜上标明这些信息。对熔化焊，正在缝合的土工膜的重叠部分，应直接在下面放置活动的塑料保护层。这样可防止需焊的夹层之间积水并为块体熔化焊接机提供稳定的速率。

（3）重叠带的"鱼嘴"或折皱应沿折皱的边缘切除以使得重叠部分平坦。"鱼嘴"的切口或需缝合的折皱和任何重叠不充分的部分都应该以同一土工膜补以椭圆型或圆型的补丁，而且在各个方向的延伸长度不小于 15cm。

（4）缝合应该延伸到需要设置锚固槽的外边缘。所有的横接缝在交叉的地方都应该热压焊。在需热压焊的区域其顶部扁平膜应该切除而且在焊前焊区应和接缝基本平行。

（5）无论什么时候，只要有可能，焊接技工都应在每一条接缝的末端切下一个样本。在焊下一条接缝之前，此样本应用现场拉伸仪来测试，主管监理在测试结果的基础上提出附加的试验焊接要求。

（6）在没有合适的缝合测试条情况下，不能使用焊接机，直到试验焊接合格为止。附加的样本必须局限在有缺陷的地方。

（7）主管监理在发现有缺点时可在任何一个接缝中采取有问题的样本，现场缝合测试条的结果将被保存在模块缝合表格的有问题测试栏内。

4. 缝合气候条件

在缝合期间影响缝合质量的一个非常重要的因素就是气候条件。

A. 正常的气候条件

缝合所需正常气候条件为：

（1）大气温度在 4～40℃ 之间；

（2）干燥条件，特别是没有降水或别的过多水份如雾或露水；

（3）风速大于每小时 32km。

监理工程师应该证实这些气候条件是否都满足，如果不满足时需通知项目经理。在需放置模块的区域，大气温度应由主管监理来测量，然后由项目经理决定是否停止铺设，或是否需要采取特殊措施。

B. 寒冷气候条件

为保证铺设质量，当大气温度低于 4℃ 而仍需进行缝合时，必须符合如下条件（Blayer，1993）：

（1）土工膜表面的温度应由主管监理以至少 30m 长的间隔来测定看是否需预热，对于热压焊，如果表面温度低于 4℃ 就需要预热；

（2）如果铺设单位能使监理工程师理解在没有预热到预期铺设温度的条件下仍可以取

得同等焊接质量，项目经理可以同意在监理工程师建议的基础上不进行预热；

（3）如果需要预热，主管监理将在缝合之前用热气装置对已经预热过的所有土工膜进行检查，以确保它们没有过热，所有的预热装置都应在使用之前得到项目经理的批准；

（4）应该注意确保表面温度不低于其它不利条件下规定的最低表面温度，因此必须对缝合区域提供防风保护；

（5）附加的缺陷性测试应根据主管监理的指示每隔150m和75m进行一次；

（6）如果可以的话，表面磨光应在预热之前进行；

（7）试验缝合应在与大气温度相同的实际缝合预热条件下进行：在寒冷气候条件下，如果大气温度比开始测试时的温度变化超过3℃，就必须进行新的试验缝合。

*C.* 炎热气候条件

大气温度超过40℃就不能进行土工膜的缝合，除非铺设者能使项目经理相信质量可以保证。试验缝合应在实际缝合同样的温度条件下进行。在主管监理的随意挑选下，附加有缺陷的测试需要在任何有疑问的区域进行。

5. 缝合文件

所有的缝合操作都必须由主管监理或设计助理记录。在每一缝合的开始，焊接技工必须在衬垫上用永久性记号记下如下信息：日期，时间，焊工身份证号，机器号码，机器温度和速度。主管监理或助理必须在模块缝合表格上记录日期，时间，缝合号，技工身份证号，机器的号码，设置温度、速度和气候条件。

焊工必须定期检查操作温度、速度并在接缝上标明这些信息。主管监理必须对焊接操作作定期检查以核实重叠、清洁等。

15.2.3　土工膜缝合试验

双轨熔化焊产生的焊缝，由一个起始接缝和一个产生无焊接通道的焊缝组成。无焊接通道的存在允许要测试的熔化焊缝通过膨胀密封通道的空气来预测压力并观察压力通道随时间的稳定性。

1. 空气压力试验

空气压力试验是一个非破坏性的测试，用来检查熔化焊缝的质量。

*A.* 空气试验的装置

（1）一个能产生的维持137kPa到410kPa的空气泵。

（2）一个有配件和连接件的橡皮软管。

（3）一个尖针或别的提供压力的设备并附带一个能读出和维持0到410kPa的压力仪表。

*B.* 空气试验的步骤

（1）封闭要测试的接缝两头，从熔化焊产生的封闭通道插入针或别的压力提供设备（图15.5）

（2）增大压力通道的压力大约到205kPa，并维持压力在表15.2所列范围内，关紧阀门，观察并记录初始压力。

（3）记下初始压力后五分钟记下空气压力。如果压力损失超过表15.3中列出的值，或如果压力不恒定，记下薄弱地带并修复它。

（4）所有的压力测试结束以后，要切断压力表对面的空气槽。同时观察压力表读数的下降，或当空气槽被认为阻塞的话，测试应从阻塞处重新做起。如果找不到阻塞处，则在

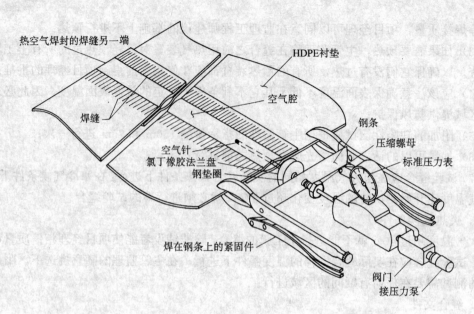

图 15.5　熔焊缝的空气压力试验

接缝中部切断空气槽并每次取一半作一个单独试验。

（5）除去压力传送针并密封热压焊产生的孔洞。

初始压力一览表　　　　　　　　　　　　　　　　　表 15.2

| 材料厚度（mm） | 1.0 | 1.5 | 2.0 | 2.5 |
|---|---|---|---|---|
| 最小压力（kPa） | 164 | 185 | 205 | 205 |
| 最大压力（kPa） | 205 | 240 | 240 | 240 |

注：初始压力测试仪表需要约 2 分钟的稳定时间，其目的是为了使空气温度及压力达到稳定，达到稳定后，应立即将初始压力读数记录下来。

五分钟最大压力差　　　　　　　　　　　　　　　　表 15.3

| HDPE 材料（mm） | 1.0 | 1.5 | 2.0 | 2.5 |
|---|---|---|---|---|
| 最大压力差（kPa） | 27.4 | 20.6 | 13.7 | 13.7 |

C. 检查空气试验不合格接缝的步骤

（1）检查接缝末端并密封重试的接缝。如果一个接缝没有达到规定的压力，对接缝应该进行外部检查以确定缺陷的位置。如果这种方法不成功就在每个接缝的末端取一个 2.5cm 的样本。

（2）用现场伸长仪对样本进行破坏性拉伸测试。

（3）如果所有的样本都通过了破坏性测试，就除去块体焊机产生的重叠并用真空试验测试接缝的全部长度。

（a）如果真空测试找到一个漏洞，就用热压角焊进行修复，用真空测试来测试修复情况。

（b）如果真空测试没有找到漏洞，就认为接缝已经通过了非破坏性测试。

（4）如果一个或多个撕裂试样不满足要求就必须采取附加的样本进行试验。

（a）当两个已通过测试的样本位置已定，以该两样本位置为边界的接缝长度就可能是不合格的。将沿接缝的整个长度对块体焊机产生的重叠进行适当热处理，对缝合不合格的部分进行热压角焊。

（b）真空试验的所有信息（日期，初始时刻和压力，终止时刻和压力，是否通过设计和技工的姓名）必须写在接缝的两端或测试的那部分接缝上。所有上面的信息也必须由主管监理记录在非破坏性测试表格上。

2. 真空试验

真空试验是非破坏性测试，它用于检查热压焊缝和修复缝的质量。当熔化焊的形状使得空气压力测试不可能或不现实的时候，或在空气压力测试后需努力去录找确实存在毛病的确切位置时，真空试验也可用于熔化焊缝。

A. 真空试验的装备

（1）真空箱，包括一个底部有软聚氯丁橡胶篮的硬盒，一个透明的视窗，一个洞，一个阀门和一个真空表；

（2）一个有压力控制器和管道网的真空泵；

（3）一个带有配件和连接件的橡皮压力管或真空管；

（4）一个活塞且能提供肥皂液。

（5）肥皂液。

B. 真空试验的步骤

（1）从接缝中剪掉超过重叠部分；

（2）打开真空泵，降低真空箱内压力到 25cm 水银柱高即 34kPa；

（3）对要测试的区域施用大量液体清洁剂和水的稀释物；

（4）放置真空箱到测试的区域并施用足够的向下压力使密封圈贴到衬垫上；

（5）关闭流体阀并打开真空阀；

（6）对要测试的区域施以最小 34kPa 的真空压力，这一压力在真空箱的压力表上显示；

（7）确保缺陷已被封紧；

（8）大约 10 到 15 秒后，通过视窗检查土工膜看有否肥皂泡出现；

（9）如果 15 秒后没有肥皂泡出现，关闭真空阀，打开流体阀并移动真空箱到下一连接处，重复这些步骤，注意每次和前次的重叠不小于 7.5cm；

（10）在对"T"型接缝或有接缝交叉的补丁进行真空试验时要特别小心。

（11）记下并修复所有出现肥皂泡的区域并需重新测试。

C. 真空试验文件

真空试验全体人员必须用永久性的标志写在衬垫上以记下操作者姓名，日期和所有的区域是否通过设计要求。真空试验的记录必须由主管监理以非破坏性测试表格制成文件。

3. 破坏性测试

破坏性测试的目的是决定和估计缝合的强度。这些测试需直接取样并进行修补，应尽量减少土工膜的修补工作量。

A. 破坏性测试的步骤

（1）破坏性测试的样本应在每 150m 长接缝内以最小的频率随机地标记和截取；

（2）破坏性样本的位置应由主管监理来选择，由铺设者截取，破坏性测试的附加样本在有些情况下应在主管监理的指导下进行，如污染的区域，可见结晶体或别的潜在的误焊区域；

（3）破坏性样本应在接缝焊后当天尽快进行测试，以便及时取得测试结果；

（4）主管监理应观察所有的破坏性测试并在测试表上记录日期、时间、接缝号、地址和测试结果；

(5) 取缝合样本时造成土工膜上的测洞应及时修复，所有的补丁都应进行真空试验。

(6) 样本位置应在设计图纸上标明。

(7) 样本的大小

($a$) 样本应在接缝中心长度中取 90cm 长，宽 30cm 的一段，也可按业主的要求取更大一些去做独立的实验室测试，或按具体的工程项目来规定，样本应截成三片，两片送给主管监理，另外一片送给衬垫铺设者；

($b$) 衬垫铺设者应从现场测试的破坏性试样中取出 10 个 2.5cm 宽的副本，其中 5 个用于抗剪强度试验，另外 5 个用于撕裂强度试验，根据表 15.1 和图 15.6 和 15.7 中的标准，所有的样本都必须通过才可以被接受。

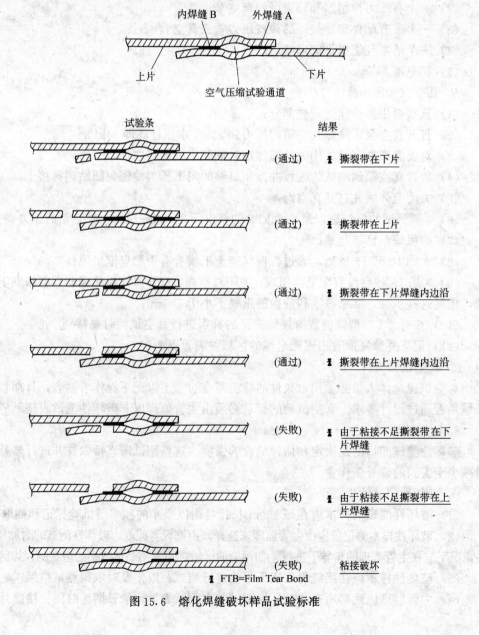

图 15.6　熔化焊缝破坏样品试验标准

274

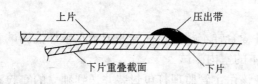

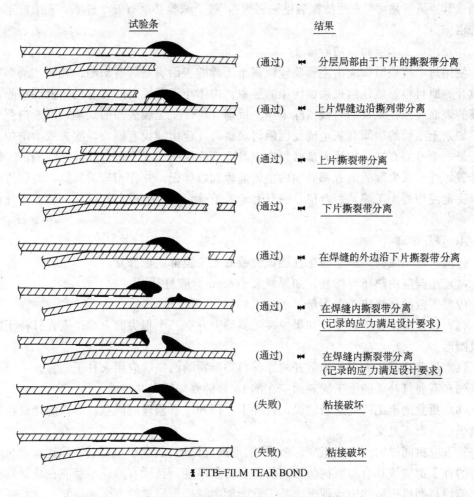

图 15.7 热压焊缝破坏样品试验标准

*B.* 破坏性测试不合格时应采取的步骤

无论什么时候有一个样本不能通过现场或实验室破坏性测试时应采取如下步骤：

（1）铺设者可在主管监理的指导下追踪焊缝到中间位置（到测试失败的每一边至少要3m），并取一个小样本作附加现场测试。如果现场测试通过，那么就可以截取实验室样本并送到实验室作全面测试。如果现场测试失败，须重复上述步骤。

（2）如果实验室样本通过，则应对此两个通过样本位置之间的接缝重新施工。

（3）如果两个样本中有一个不合格，就必须按上述步骤采取附加样本直到在应该重新施工的缝合带里找到两个通过的样本。

（4）所有通过的接缝必须和已经通过实验室破坏性测试的样本位置划分清楚。

（5）如果重新施工的接缝超过45m，则在此带中已重新施工的样本必须进行并通过破坏性测试。

（6）所有的破坏性缝合样本都应该标号并记录在破坏性测试表上。

*C.* 破坏性缝合样本的室内测试

破坏性缝合样本应该由主管监理打包封装并送到独立的实验室去分析、破坏性样本必须测试其"抗剪强度"和"抗撕裂粘附强度"，每个试验必须有五个样本，五个样本必须全部合格。

15.2.4  土工膜的缺陷和修复

使用每个模块时都应由主管监理观察土工膜的表面看是否有缺陷、孔洞、局部隆起或未散开的原材料，或任何被杂物污染的迹象。由于土工膜反射的光有助于发现缺陷，故土工膜的表面应该在观察的时候清除干净。反射光将使土工膜表面的缺陷，变成白色或成彩包。如果土工膜的表面有灰尘或泥巴阻碍观察时，应由铺设者刷去，吹去或清洗掉。

每一个可能有缺陷的地方都必须在主管监理在场的情况下进行非破坏性测试。每个进行非破坏性测试失败的地方都必须由主管监理加以标记，并作相应的修复，最后再浏览一遍以决定使用的土工膜是否合格，一旦有地方被确定为不准进入的区域，就不准任何人进入。

*A.* 修复步骤

任何有缺陷或破坏和非破坏性测试失败的土工膜都应该修复。

（1）小洞应由热压焊修复，如果洞大小 6mm，应打补丁。

（2）失败的接缝应盖上帽条。

（3）拉裂应用补丁修复，如果拉裂在斜坡上并有一个很尖的末端、则在打补丁之前须切成圆形。

（4）局部隆起，大洞，未散开的原材料和杂物的污染物应用大补丁修复。

（5）需要打补丁的土工膜表面应在前 15 分钟修复磨光并清洁。

（6）折叠的土工膜应重新铺设，打补丁应得到主管监理的同意，提供的接缝位置应和斜坡平行，而不是交叉。

补丁应由同样的土工膜组成，并切成圆形或椭圆形，其大小应超过缺陷边缘至少 15cm。所有的补丁都应该具有与原衬垫相同的复合物和厚度，且所有的补丁都应在放置到土工膜上之前用打磨机把顶部边缘削平。补丁只能用主管监理同意的方法来修复。

修复时所有的表面都应该保持清洁和干燥。用于修复的所有缝合装备都必须得到主管监理和业主的同意，且所有的修复步骤、材料和技术也都应该事先得到主管监理和业主的同意。

*B.* 修复的检核

对每个修复位置都应该进行非破坏性测试，除非主管监理要求从一个修复的接缝中取一个破坏性缝合样本，否则通过非破坏性测试的修复将被认为合格。如果测试失败，则应重新修复并重新测试直到合格为止。

非破坏性和破坏性测试的日常文件都应该由主管监理来记录。这份文件应详细记载所有一开始测试的失败接缝，修复和成功通过重新测试的过程，模块和接缝的位置也应该标出，修复的类型也应该记录下来，如补丁，盖帽等，用于修复的没有通过破坏性测试的帽条的号码也应该记下来，修复的位置也应在记录图纸上标明。图 15.8 表示土工膜模块的平面布置图。

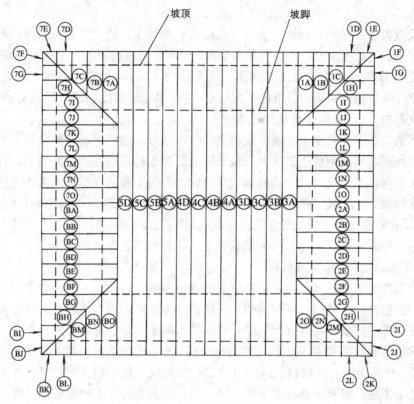

坡顶　　　　坡脚

图15.8　土工膜模块平面布置图

### 15.2.5　土工膜的保护和回填

现场铺设和缝合后的土工膜必须在监理人员的同意下及时用回填土或土工合成材料来覆盖。如果紧接覆盖的是土，则通常是排水材料如砂或砾石，根据覆盖层所需的渗透性而定。根据土颗粒大小、硬度和是否有棱角，决定是否需要土工织物或别的保护层。如果覆盖层是土工合成材料，则通常是土工网或土工合成排水网作排水材料，它们直接铺在土工膜的上面。这显然是一个很关键的步骤，因为土工膜相对来说是一个很薄的材料，仅具有有限的抗刺破和抗撕裂强度。为了土工膜能耐久，作为铺设的最后一道工序其技术要求必须非常清楚和明确。(USEPA,1993a)

1. 土工膜的回填土

回填土至少应考虑三个重要因素：(1)回填土料的类型；(2)放置设备的类型；(3)考虑土工膜的松弛。

关于回填土料的类型，颗粒大小特征，硬度和棱角都对土工膜的刺破和撕裂起很大作用。一般来说，最大土颗粒的尺寸是最重要的，另外级配好坏，棱角，硬度也很重要。过去对土工膜刺破的研究表明对通常厚度的土工膜来说，HDPE 和 CSPE-R 膜比 VLDPE 和 PVC 膜对刺破更为敏感，对 HDPE 和 CSPE-R 土工膜，回填土料的最大尺寸不应超过12～25mm，VLDPE 和 PVC 土工膜则似乎能承受颗粒大一点的回填土料。如果土颗粒大小必须超过大约给定的极限（例如为了在排水层中提供高透水性等诸多原因），则必须在土工膜之上，填土之下放置保护材料，土工织物可用于此，新材料如回收的纤维土工织物和橡皮材料也可考虑。

关于放置设备的类型，回填土的起吊高度很重要（注意施工设备决不允许直接移到使用的土工膜上，包括橡皮轮胎车如汽车和卡车，但不包括轻的设备和平底车）。最小起吊高度应由放置设备和土的类型确定，然而，通常认为 150mm 为最小高度。在此值和大约 300mm 之间，应先用地面压力较低的放置设备，建议采用地面接触压力低于 35kPa 的装置。对起吊高度超过 300mm 的，可选用适当重一些的放置设备。

回填土的放置应从使用土工膜邻近稳定的工作区域开始并逐渐向外发展。填土决不能用侧倒车或前载车直接倒到土工膜上。填土应该以向上抖动的方式向前倒下，以不致于直接作用于土工膜。填土应由推土机或前载车放置，但决不能用汽车推土机，这样将不可避免地将其前轮驶上土工膜。有时回填的"手指"将被推到土工膜以外以控制其松弛的数量。图 15.9 显示这种类型填土的大致情况，回填后再加宽以连接"手指"和土工膜中的控制松弛部分，这个步骤应根据设计工程师指示并依具体材料和条件来确定。

2. 覆盖土工膜的土工合成材料

各种类型的土工合成材料均可用来覆盖已铺设和缝合后的土工膜，通常用土工织物和土工网作为覆盖材料。然而，有时也用土工格栅（为了扩大垂直填埋，在现有填埋物上设置衬垫系统，要对边坡和基底进行加筋）甚至排水的土工复合材料（放到斜坡上以避免自然排水土的不稳定）。和前面关于填土的讨论一样，所有的施工车辆都不允许直接开到土工膜上（或其它任何土工合成材料上），发电机、低胎充气平板车和其它与缝合有关的设备可以允许开上土工膜，但要注意不损坏土工膜。因此，大卷的土工织物或土工网的移动就很费劳力，合理的计划和操作步骤对合理控制是很重要的。土工合成材料可直接放置到土工膜上而无需粘接，例如将土工网热熔到土工膜上是不允许的。

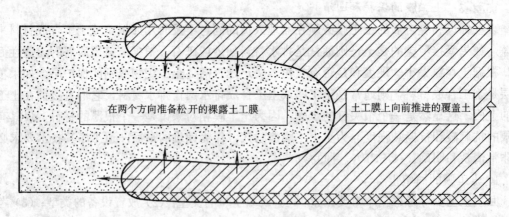

在两个方向准备松开的裸露土工膜

土工膜上向前推进的覆盖土

图 15.9 土工膜上"手指型"淋滤液排水带的推进

注：箭头表示土工膜上覆盖土的推进方向

放到土工膜上的土工合成材料可进行重叠（同一类土工织物），缝合（同别的土工织物）和塑料带连接（和别的土工网），和杆或棒机械连接（土工格栅），或者企口对接（与一些排水土工合成材料），但均不应破坏下面的土工膜。

## 15.3  土工网的铺设

土工网通常用土工膜或土工织物等覆盖，决不能直接盖上土，因为土颗粒会塞满土工网的孔使之失去作用。

### 15.3.1  土工网的放置

土工网的清洁对其性质影响是很大的。因此在土工网的运输和保存期，应尽力防止灰尘和脏物。主管监理应在铺设之前核实土工网有没有灰尘和脏物，并把校核结果报告给项目经理。如果土工网被确认为有灰尘和脏物，则应在铺设之前由铺设者清洗干净，主管监理应察看清洗过程，如果有不正确的清洗操作须报告项目经理。

铺设者对待所有的土工网都必须确保一点都没受损坏，应遵守如下原则：

1. 在斜坡上，土工网应被安放在锚固槽内并滚下斜坡以保持土工网表面伸展。如果必要的话，在展到最小打皱时，应记下土工网的位置。在有些特别的地方（如在斜坡脚趾处或需要另外一层土工网的地方）土工网可以铺成水平方向（和斜坡相交），这样的位置应由设计工程师在图纸上标明。

2. 土工网不能用热压焊机焊到土工膜上，土工网要用合适的剪切工具来剪：如勾剪、剪刀等，注意不要损坏底下的垫层。

3. 注意不要在土工网中落入灰尘，引起排水系统的阻塞或混入石头损坏邻近的土工膜。

### 15.3.2  土工网的连接

同时铺设几层土工网时应注意防止这一层的纤维穿透下一层，而大大减小过滤系数。铺设的土工网应和原来的同方向，不能和下层的土工网垂直，邻近的土工网应按下列要求进行连接。

1. 邻近土工网的边缘至少重叠 75 至 100mm，土工网卷的末端至少重叠 150 到 200mm，因为水通常是沿机械加工方向流动的（见图 15.10）。

2. 所有的重叠都应该用塑料扣件或聚合材料连结，金属带或金属扣件是不允许的，结的颜色应该是白的或黄的，相对黑色的土工网容易检查。

3. 结应沿边缘每 1.5m 打一个，在末端和锚固槽每 150mm 打一个。

4. 水平接缝不允许放在边坡上。这要求土工网的长度至少与边坡、锚固槽和铺在衬垫底部的最小伸出长度之和相当，如果允许水平方向缝合，从一卷到另一卷应错开（见图 15.11）。

5. 在需要垂直重叠的土工网边角处，应在预先铺设好的土工网顶部沿边坡铺设另一层土工网，从顶直到边坡底。

6. 如果使用双层土工网，在顶部就应互相分开，以防结头发生互锁现象，卷边和末端应错开，以防结头接靠在一起。

### 15.3.3  土工网的修复

土工网上的任何孔洞或裂隙都应放一个土工网补丁来修复，边缘处重叠至少 300mm，补丁应按 150mm 间距绑扎在下层的土工网上。如果孔洞或裂隙超过一卷宽度的 50%，则应切除损坏部分再将余下的两部分土工网连接起来。

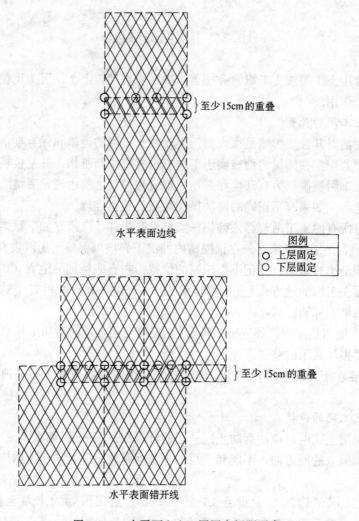

水平表面边线

| 图例 |
|---|
| ○ 上层固定 |
| ○ 下层固定 |

}至少15cm的重叠

水平表面错开线

}至少15cm的重叠

图15.10　水平面上土工网固定间距要求

## 15.4　土工织物的铺设

土工织物通常放置在土工网，透水性土或别的土料上，土工织物覆盖材料可以是土工膜，土工聚合粘土衬垫，压实粘土衬垫，土工网或透水性土。

### 15.4.1　土工织物的放置

在运输和贮存阶段，土工织物应避免紫外线照射，降水或淹没，泥、脏物、灰尘污染，刺破、切坏或其它任何损坏或别的有害条件。土工织物应用相对透明和防水的封套来运输和贮存。保护土工织物的封套只有在监理人员的同意下，在衬垫底层，土或别的土工合成材料施工完成后才可移去。

放置土工织物时应考虑下列规则

1. 铺设者应采取必要的预防措施来保护要放置土工织物的下一层衬垫。如果衬垫是土，施工设备可以用，只要没有过分的压痕。在有些情况下，允许最大压深25mm，如果地面冻结，压深应再减小到某一规定值。如果衬垫是土工合成材料，必须用手或用小千斤顶

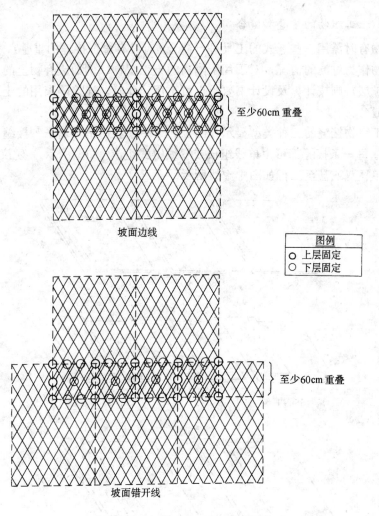

坡面边线

| 图例 |
|---|
| ⊙ 上层固定 |
| ○ 下层固定 |

坡面错开线

图 15.11 边坡上土工网固定间距要求

将土工织物放在地面接触压力较低的充气轮胎上，或用地面接触压力较低的平底车。

2. 放置阶段，必须注意不要让土工织物内或底下落入石头、土块、过多的灰尘或水，否则会损坏土工膜，引起排水或过滤层的阻塞，或妨碍后来的缝合。

3. 在边坡上，土工织物应先在顶部锚固然后滚下边坡以使土工织物不折叠，不打皱。

4. 土工织物应用合适的剪刀来剪，如果现场剪取材料，应特别注意保护别的土工合成材料不受破坏。

5. 在土工膜上放置无纺土工织物很麻烦，因为粘滞使得织物很难对中或与另一土工膜分开。在这方面，用一薄层塑料放在土工膜上会很有帮助。当然，在摆正土工织物的位置后要移去。

6. 所有的土工织物都应压以砂袋等重物以防风吹起，这样的砂袋应在铺设时放置并保存直到用覆盖材料来代替。

7. 铺设之后，应对土工织物进行表面检查，以确保没有潜在的有害物，比如石头、尖物、小工具、砂袋等。

### 15.4.2 土工织物的重叠和缝合

土工织物有时需用一些老式的工具进行缝合（对没有缝合接缝的重叠），这通常适用于使用土工织物作为过滤的情况，对于用于隔离的土工织物（例如废弃物上的气体收集层或土工膜的保护层）则按计算及设计书要求也可不用，此时，连接隔离用的土工织物也可使用加热粘接缝合。

缝合土工织物接缝的三种类型显示在图15.12中，它们是"扁平"接缝，"J"接缝和"蝴蝶"接缝。每一条接缝都可由单线组成或双线链式组成（如图所示），建议采用后者，缝合可以采用单、双或甚至三行如图中虚线所示。

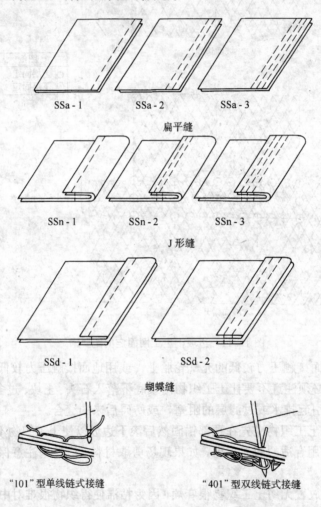

SSa - 1　　SSa - 2　　SSa - 3

扁平缝

SSn - 1　　SSn - 2　　SSn - 3

J形缝

SSd - 1　　SSd - 2

蝴蝶缝

"101"型单线链式接缝　　　"401"型双线链式接缝

图15.12　连接土工织物的几种接缝型式

#### 1. 接缝的类型

缝的类型，缝数或单位长度缝的数目和行数应按纤维的走向，纤维所需强度和粗糙度来确定。对用于渗透和隔离的土工织物，两线链的扁平接缝或单线接缝常被采用，对用于加筋的土工织物，则需用更强或更复杂的缝合。根据 ASTM D4884，可以确定一个最小的接缝强度。

2. 接缝应该是连续的，即通常不允许小块缝合。

3. 对坡度大于 1∶5 的斜坡，建议土工织物沿接缝的全长连续缝起，在缝合前，土工织物至少需重叠 10cm。通常情况下不允许边坡上有水平方向接缝（即接缝应沿着斜坡而不是和斜坡相交），除非要用小补丁修复。

4. 缝合线必须是比土工织物本身更具有防止化学和紫外光照射特性的聚合物。

5. 缝合线的颜色和土工织物颜色相比要易于检查，这在有些情况下用聚合物制品可能做不到。

6. 对某些特定的接缝允许加热缝合，许多方法可以采用，如热盘、热刀和超声波装置。如果用加热缝合，在缝合前土工织物至少应重叠 20cm。

7. 对某些特定的接缝可以允许土工织物重叠缝合，重叠距离依具体的现场条件而定。

15.4.3　土工织物的缺陷和修复

在设置土工织物时或在回填之前，土工织物上的破洞和裂缝应按如下方法修复：

1. 用来补洞或补裂缝的补丁材料应和受损土工织物是同类型的聚合材料或得到监理工程师认可的材料。

2. 补丁应延伸到受损土工织物范围外至少 30cm。

3. 补丁应用手或机器缝上去以防偶然脱掉或在回填和覆盖操作中被移动。

4. 补丁的机器加工方向应和修复的土工织物的机器加工方向一致。

5. 缝合线必须具有明显的色彩并比土工织物本身抗化学破坏和紫外光照射的能力更强。

15.4.4　土工织物的回填和覆盖

覆盖于铺设的土工织物上面的材料是土，固体废弃物或别的土工合成材料。覆盖土可以是压实的粘土层或粗粒料的排水层；固体废弃物也应该经过"选择"，即进行分选和仔细放置，不致引起土工织物的损坏；土工合成材料则可以是土工膜或土工聚合粘土衬垫。施工时应遵守如下要点：

1. 如果用土来覆盖土工织物，应保证土工织物不从原先的位置移动且下卧层不暴露或不被损坏。

2. 如果用土工合成材料来覆盖土工织物、铺好的土工织物和新铺设的材料在整个过程中都不能被损坏。

3. 如果用固体废弃物来覆盖土工织物，废弃物的类型应由监理人员确定并全过程观察。

4. 覆盖材料不应在铺设的土工织物内产生过大的张力，在边坡上，要求土的回填从边坡底部向上进行。

5. 对某些特定的土工织物，其上土的回填或用另一种土工合成材料覆盖，应在规定时间内进行，对聚丙烯类型的土工织物施工时间为 14 天之内，对聚酯土工织物为 28 天之内。

## 15.5　土工复合材料的铺设

排水土工复合材料通常放在边坡上以增加淋滤液排水层和土工膜之间的摩擦阻力。

15.5.1 土工复合材料的放置

排水土工复合材料在现场的放置和土工网与土工织物类似，可参考15.3.1及15.4.1。

15.5.2 土工复合材料的连接和修复

排水土工复合材料通常由折叠的土工织物和土工网排水芯连接而成。土工织物与土工网排水芯的重叠距离沿边缘至少75到100mm，沿末端150到200mm，用塑料扣件或聚合物编带系紧邻近的肋，最小打结间距沿边缘为1.5m，沿末端为150mm。土工织物必须重叠到连接区域以确保完全覆盖排水芯表面。

设计书上通常建议排水土工复合材料的连接事项包括以下几点：

1. 排水芯邻近边缘至少重叠两行交线或与土工网重叠75至100mm。

2. 排水芯的末端（水流方向）应至少重叠4行交线或与土工网芯重叠150至200mm。

3. 覆盖连接排水芯的土工织物必须密封以防回填土进入排水芯。

4. 边坡上不允许水平方向的接缝，这要求排水土工复合材料至少和边坡同长。

5. 排水芯的孔洞或裂缝必须在受损区域上放材料类型相同的补丁。补丁应超过孔洞或裂缝边缘4行交线或150到200mm。

6. 边坡上孔洞或裂缝超过排水芯宽度的50%时就必须切除整个排水芯并重新放置。

7. 覆盖在排水芯上的土工织物的孔洞或裂缝应按15.4.3所述进行修复。

15.5.3 土工复合材料的覆盖

和土工织物一起，排水土工复合材料用土，废弃物或有时用土工格栅来覆盖。施工时应遵守以下几点：

1. 排水土工复合材料的排水芯在回填或盖以土工膜之前不应有土，灰尘或聚集的碎物。在特殊情况下还要求清洗排水芯将聚集的某些物质移动至末端范围。

2. 回填土，废弃物或土工膜的放置不应移动排水土工复合材料的位置，也不应损坏排水土工复合材料，土工织物或排水芯。

3. 用土或废弃物作为边坡的回填料，应先从坡脚处开始往上进行。

## 15.6 土工聚合粘土衬垫的铺设

这一节包括土工聚合粘土衬垫（GCL）的放置，连接，修复和覆盖（USEPA，1993a）。

15.6.1 土工聚合粘土衬垫的放置

在现场底层（土或别的土工合成材料）得到监理人员的认可后，铺设承包人才能拆去保护土工聚合粘土衬垫的封套。设计书和施工质量保证的文件应写清楚以确保土工聚合粘土衬垫（GCL）没有任何损坏。在GCL的处理，放置和覆盖的整个过程中应至少有一个质量保证检查员在场。

1. 铺设者应采取必要的预防措施以保护GCL下卧层的材料。如果底层是土，施工设备可用于铺设GCL，但不允许有过深的压痕，对过深的压痕应加以限制，在有些情况下，允许最大压深为25mm，如果地面冰冻，压深应再减小。如果衬垫是土工合成材料，GCL的铺设应用手工或用小型千斤顶、充气轮胎等地面接触压力较低的轻型设备。

2. 应校核规定的最小重叠距离，一般为150到300mm，依特定的产品和现场条件确定。

3. 附加的膨润土应装入一定型式的GCL重叠区域内，通常其表面为针刺无纺土工织物。粘土通常用撒布机或带有干膨润土的线路白垩处理机来添加，将膨润土膏交替用 4 到 6 份水对 1 粉粘土挤压在重叠区域内。应采纳制造商关于 GCL 的类型和质量方面的附加建议。

4. 放置阶段应注意不要在 GCL 内部或下面有遗留的粘土，石头或砂，以免损坏土工膜，引起滤网排水阻塞或妨碍 GCL 上下材料的缝合。

5. 在边坡上，GCL 应在顶部锚固后再展开，以使得材料没有起皱和折叠。

6. GCL 的裁剪也应十分注意，使遗留的粘土颗粒不和排水材料如土工网、土工复合材料或天然排水材料相接触。

7. 对铺设的 GCL 应进行全面检查以确保没有潜在有害物质如石头，剪断的刀片，小工具、砂袋等等。

15.6.2 土工聚合粘土衬垫的连接

GCL 的连接通常重叠即可，而不需缝起或用别的机器连接。要求的重叠距离应明确标出，对所有 GCL，其所需的重叠距离应以一对连续的样线标在下卧层上，重叠距离通常为 150 到 300mm。对那些表面有针刺无纺土工织物的 GCL；通常把干膨润土放在重叠区域，在这种情况下，应特别注意避免遗留的膨润土颗粒和淋滤液收集系统相接触。另一种做法是把潮湿的膨润土管子压入重叠区域。

15.6.3 土工聚合粘土衬垫的修复

对于由土工织物聚合的 GCL，在运输、处理，放置过程中或回填之前发现覆盖的土工织物上有孔洞，裂缝或凹槽都应该用土工织物补丁来修复。如果 GCL 的膨润土部份缺少或发生移动，应用同种类型产品的整块 GCL 衬丁来覆盖。

施工时应遵守如下规则：

1. 用于修复土工织物上的裂缝或凹槽的任何补丁都应用和受损土工织物同样的材料或别的得到监理工程师同意的土工织物。

2. 土工织物补丁的大小必须至少延伸到受损边缘外 30cm 并粘附或热焊到上面，以防止回填土或覆盖另外土工合成材料时产生移动。

3. 如果 GCL 内膨润土颗粒缺失或移动，则应用整个的 GCL 产品作补丁。在所有地方，补丁应至少延伸超过受损边缘 30cm。对那些在重叠缝合中需添加膨润土的 GCL，可用类似的步骤来补丁。

4. 使用 GCL 补丁时应特别仔细，因为丢失或遗留的膨润土粒可能会进入最终要缝在一起的排水材料或有土工膜的区域。

15.6.4 土工聚合粘土衬垫的回填或覆盖

覆盖在 GCL 上的材料可能是土或别的土工合成材料，覆盖土可以是压实粘土或粗颗粒的排水层。土工合成材料通常采用土工膜，虽然根据现场具体情况也可采用其它土工合成材料。下雨或下雪之前 GCL 应覆盖好。将粘性 GCL 覆盖起来的原因是因为覆盖之前的水化作用能引起厚度的变化，结果在遇到压缩或剪切荷载时会产生不均匀膨胀。覆盖前的水化作用可能对针刺或编织的 GCL 影响很小，但这些产品中充分水化后的粘土在持续压缩和剪切荷载作用下产生移动也是可能的。

如果用土来覆盖 GCL，则不应损坏 GCL 或底层材料。回填的方向应按 GCL 重叠向下挤压的方向进行。

覆盖材料不应铺设得使GCL中产生过大的张力。在边坡上，要求回填应从边坡的底部向上进行。

## 参 考 文 献

1. Blayer, S. R., (1993) "Brent Run Landfill Cold Weather Seaming," Michigan Department of Environmental Quality, Waste Management Division, Morrice, Michigan.

2. USEPA, (1993a) "Quality Assurance and Quality Control for Waste Containment Facilities," Technical Guidance Document, EPA/600/R-93/182, U. S. Environmental Protection Agency, Office of Research and Development, Wshington, D. C., September.